できる®

パワーポイント

PowerPoint 2024

生成AI Copilot対応

Office 2024 & Microsoft 365版

井上香緒里 & できるシリーズ編集部

インプレス

動画について

操作を確認できる動画をYouTube動画で参照できます。画面の動きがそのまま見られるので、より理解が深まります。QRコードが読めるスマートフォンなどからはレッスンタイトル横にあるQRコードを読むことで直接動画を見ることができます。パソコンなどQRコードが読めない場合は、以下の動画一覧ページからご覧ください。

▼動画一覧ページ
https://dekiru.net/ppt2024

●用語の使い方

本文中では、「Microsoft PowerPoint 2024」のことを、「PowerPoint 2024」または「PowerPoint」、「Microsoft Windows 11」のことを「Windows 11」または「Windows」、「Microsoft Excel 2024」のことを「Excel 2024」または「Excel」と記述しています。また、本文中で使用している用語は、基本的に実際の画面に表示される名称に則っています。

●本書の前提

本書では、「Windows 11」に「Microsoft PowerPoint 2024」または「Microsoft 365のPowerPoint」がインストールされているパソコンで、インターネットに常時接続されている環境を前提に画面を再現しています。また一部のレッスンでは有償版のCopilotを契約してMicrosoft 365のPowerPointでCopilotが利用できる状況になっている必要があります。

まえがき

2023年にリリースされたChatGPTの登場によって、AI（エーアイ）はより身近な存在となりました。そしてPowerPointをはじめとしたMicrosoft365アプリやWindowsでも「Copilot（コパイロット）」という名前のAIを活用することができるようになったのです。AIがすべてやってくれるならPowerPointの操作を勉強しなくてもいいと思われるかもしれませんが、Copilotはあくまでも人間の「副操縦士」。人間がリードしていく必要があります。そのためには、自己流の操作ではなく、PowerPointの機能を正しく理解して使うことが大切です。そのほうがAIも精度の高い回答を用意してくれます。

本書は、顧客向けのプレゼンテーションや社内会議で発表することを想定し、自分の考えを整理する操作から、スライド作成、印刷、発表本番にいたるまで、プレゼンテーションの各過程で必要な操作を解説しています。
基本編では、PowerPoint 2024/ Microsoft 365版のPowerPointを初めて使う初心者の方に、真っ先に習得して頂きたい基本操作を丁寧に解説しています。1章から6章までを順番に操作して頂くことで、基本操作が身に付きます。また活用編では、スライドをより魅力的に分かりやすくするためのテクニックや効率よく操作する時短テクニック、スマートに発表するための発表者用のテクニック、クラウドやAIを利用するテクニックなどを数多く紹介しています。活用編はレッスンごとに操作が完結するので、順番に読み進める必要はありません。スライドの見せ方で困っていることや苦労していることがあれば、そのページを開いてみてください。

なお、本書で使用するサンプルは、PowerPointの機能や操作を効果的に身に付けられるように、章ごとやレッスンごとにじっくり練って作成しました。どのサンプルもダウンロードして利用できるので、スライドのデザインやプレゼンテーション全体の構成のヒントにしていただけると嬉しいです。本書が、皆様のプレゼンテーションを成功へ導く手助けになることを願っています。

2024年の終わりに

井上香緒里

本書の読み方

練習用ファイル

レッスンで使用する練習用ファイルの名前です。ダウンロード方法などは6ページをご参照ください。

YouTube動画で見る

パソコンやスマートフォンなどで視聴できる無料の動画です。詳しくは2ページをご参照ください。

レッスンタイトル

やりたいことや知りたいことが探せるタイトルが付いています。レッスン番号の下に「Microsoft 365」と入っているレッスンはMicrosoft 365のみに対応していることを示しています。

サブタイトル

機能名やサービス名などで調べやすくなっています。

操作手順

実際のパソコンの画面を撮影して、操作を丁寧に解説しています。

●手順見出し

1 名前を付けて保存する

操作の内容ごとに見出しが付いています。目次で参照して探すことができます。

●操作説明

1 ［ホーム］をクリック

実際の操作を1つずつ説明しています。番号順に操作することで、一通りの手順を体験できます。

●解説

［ホーム］をクリックしておく　　ファイルが保存される

操作の前提や意味、操作結果について解説しています。

レッスン

02 PowerPointを使うには

起動、終了

練習用ファイル　なし

基本編 第1章 PowerPointを使い始める

PowerPointの画面を表示して使えるように準備することを「起動」と呼びます。ここでは、Windows 11のパソコンで、PowerPointを起動してから終了するまでの操作を確認します。

1 PowerPointを起動する

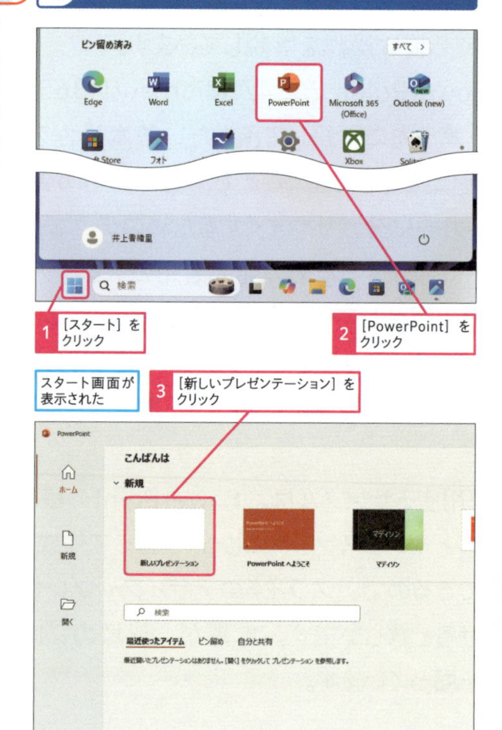

キーワード

タスクバー	P.313
テーマ	P.314
デスクトップ	P.314

使いこなしのヒント

デザイン付きのスライドも選べる

操作3のスタート画面で［マディソン］［アトラス］などを選ぶと、レッスン17で紹介するテーマを適用したデザイン付きのスライドが表示されます。また、［チラシ］や［年賀状］など、テンプレートと呼ばれるデザインのひな形も利用できます。

時短ワザ

最近使ったファイルは履歴からすぐに開ける

PowerPointのスタート画面や、［ファイル］タブから［開く］をクリックすると、過去に利用したスライドの一覧が表示されます。頻繁に使うスライドを素早く開くには、一覧から目的のスライドをクリックしましょう。ただし、一覧に表示されるスライドの数は決まっています。一覧から特定のスライドが消えないようにするには、以下の手順で一覧の上側に常に表示されるようにしましょう。

用語解説

スタート画面

PowerPointを起動した直後に表示される操作3の画面を「スタート画面」と呼びます。スタート画面は、これからPowerPointをどのように使うのかを選択する画面です。

28 できる

キーワード

レッスンで重要な用語の一覧です。巻末の用語集のページも掲載しています。

● 白紙のスライドが表示された

PowerPointでスライドの編集ができる状態になった

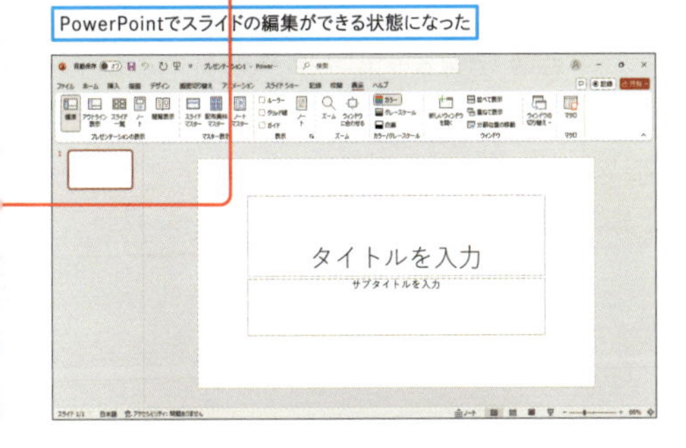

2 PowerPointを終了する

ここではファイルを保存せずに終了する

1 ［閉じる］をクリック

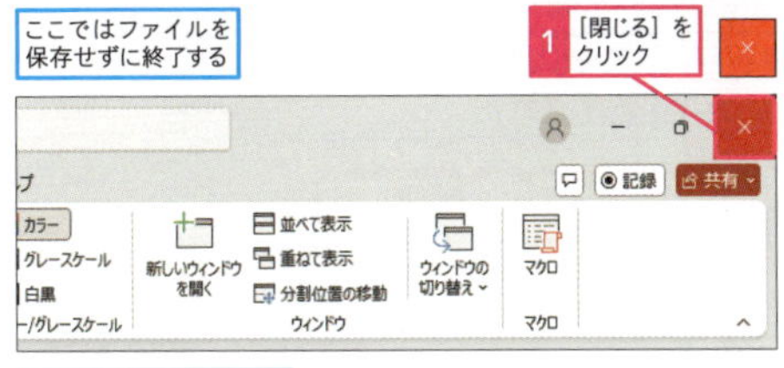

PowerPointが終了して、デスクトップが表示された

使いこなしのヒント

デスクトップから起動できるようにするには

PowerPointの起動後にタスクバーに表示されるPowerPointのボタンを右クリックしてタスクバーにピン留めすると、次回からは、タスクバーのボタンをクリックするだけで素早く起動できます。

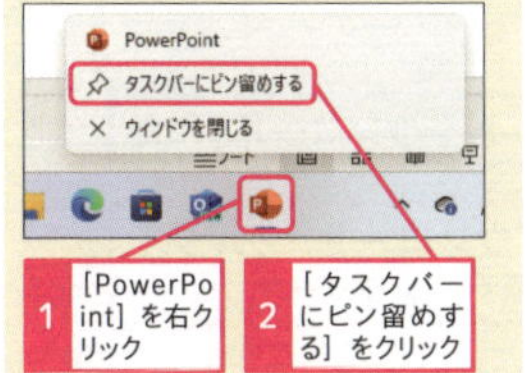

1 ［PowerPoint］を右クリック

2 ［タスクバーにピン留めする］をクリック

ショートカットキー

アプリの終了　Alt + F4

まとめ　起動と終了の方法を覚えよう

「起動」とは、アプリ（ソフトウェア）を使える状態にする操作のことです。起動方法はいくつかありますが、PowerPointをはじめ、パソコンで何かを「始める」ときは、［スタート］ボタンをクリックします。スタートメニューが表示されたら、目的のアプリを探してクリックします。頻繁に使うアプリは、デスクトップ画面のタスクバーにピン留めしておくと便利です。まずは、アプリの起動方法をしっかり覚えましょう。

02 起動、終了

できる　29

※ここに掲載している紙面はイメージです。実際のレッスンページとは異なります。

関連情報

レッスンの操作内容を補足する要素を種類ごとに色分けして掲載しています。

使いこなしのヒント

操作を進める上で役に立つヒントを掲載しています。

ショートカットキー

キーの組み合わせだけで操作する方法を紹介しています。

時短ワザ

手順を短縮できる操作方法を紹介しています。

スキルアップ

一歩進んだテクニックを紹介しています。

用語解説

レッスンで覚えておきたい用語を解説しています。

ここに注意

間違えがちな操作について注意点を紹介しています。

まとめ　起動と終了を覚えよう

レッスンで重要なポイントを簡潔にまとめています。操作を終えてから読むことで理解が深まります。

練習用ファイルの使い方

本書では、レッスンの操作をすぐに試せる無料の練習用ファイルとフリー素材を用意しています。ダウンロードした練習用ファイルは必ず展開して使ってください。ここではMicrosoft Edgeを使ったダウンロードの方法を紹介します。

▼練習用ファイルのダウンロードページ
https://book.impress.co.jp/books/1124101076

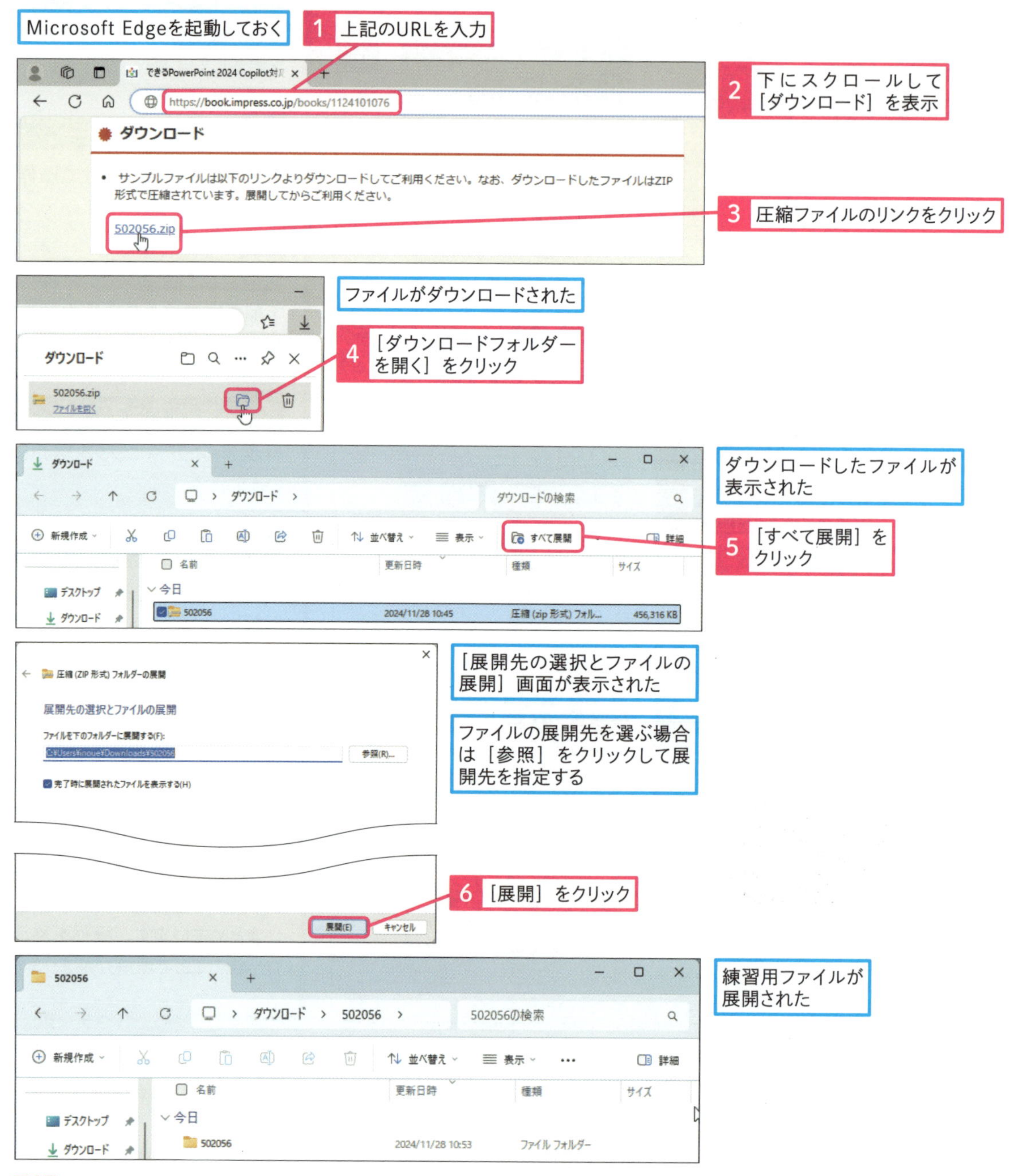

●練習用ファイルを使えるようにする

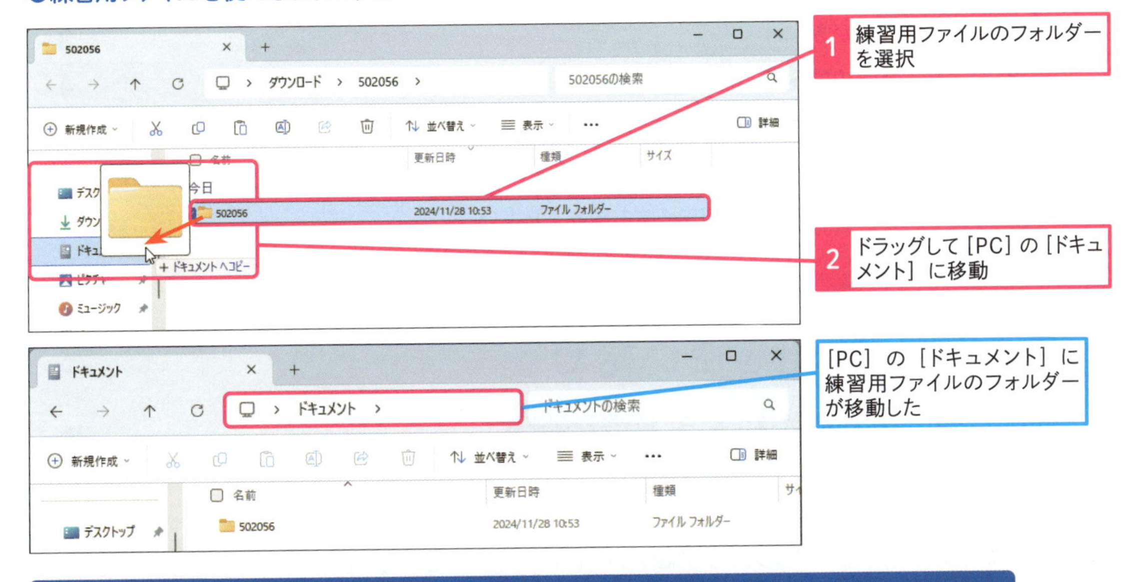

練習用ファイルの内容

練習用ファイルには章ごとにファイルが格納されており、ファイル先頭の「L」に続く数字がレッスン番号、次がレッスンのサブタイトル、最後の数字が手順番号を表します。レッスンによって、練習用ファイルがなかったり、1つだけになっていたりします。 手順実行後のファイルは、収録できるもののみ入っています。

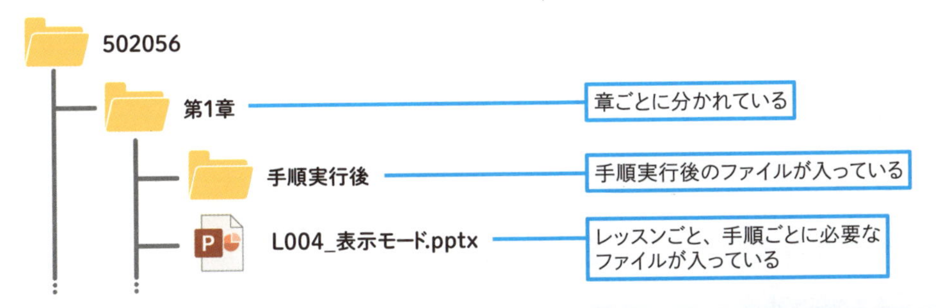

［保護ビュー］が表示された場合は

インターネットを経由してダウンロードしたファイルを開くと、保護ビューで表示されます。ウイルスやスパイウェアなど、セキュリティ上問題があるファイルをすぐに開いてしまわないようにするためです。ファイルの入手時に配布元をよく確認して、安全と判断できた場合は［編集を有効にする］ボタンをクリックしてください。

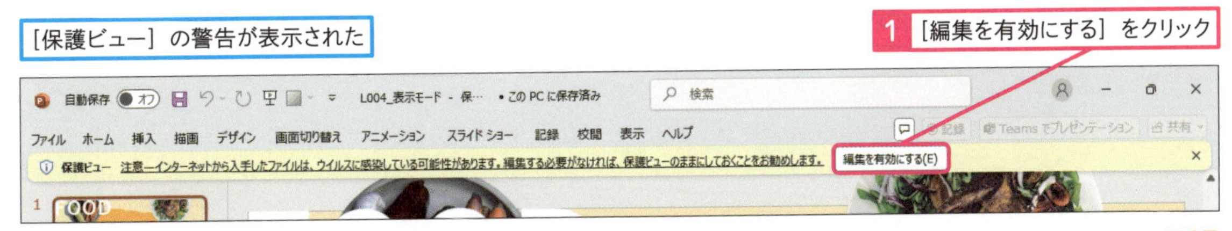

目次

本書の前提 2
まえがき 3
本書の読み方 4
練習用ファイルの使い方 6
本書の構成 23
ご購入・ご利用の前に必ずお読みください 24

基本編

第1章 PowerPointを使い始める 25

01 PowerPointの特徴を知ろう Introduction 26
直感的に伝わる資料にするための機能が豊富
資料の見栄えをよくするデザインがいっぱい！
資料作成からプレゼンまでワンストップでサポート！

02 PowerPointを使うには 起動、終了 28
PowerPointを起動する
PowerPointを終了する

03 PowerPoint 2024の画面を確認しよう 各部の名称と役割 30
各部の名称を確認する
それぞれの役割を確認する

04 PowerPointの表示モードを知ろう 表示モード 32
表示モードの種類を確認する
表示モードを切り替える

05 スライドのサイズを変更しよう スライドサイズ 34
用途に合わせてサイズを設定する
スキルアップ A4サイズやはがきサイズに変更するには 34
スライドのサイズを変更する

06 スライドを保存するには 名前を付けて保存 36
ファイルに名前を付けて保存する
ファイルを上書き保存する
ファイルの自動保存を有効にする

07 保存したスライドを開くには ファイルを開く 38

PowerPointを起動してから開く
エクスプローラーからファイルを開く

この章のまとめ PowerPointの使い方を正しく知ることが時短の「鍵」 40

基本編

第2章 スライド作成の基礎を学ぶ 41

08 プレゼンテーションの内容を作成する Introduction 42

目的を明確にして全体の構成を考えよう
文字だけを入力して資料の骨格を作ろう

09 表紙になるスライドを作成するには タイトルスライド 44

タイトルを入力する
サブタイトルを入力する

10 新しいスライドを追加するには 新しいスライド 46

新しいスライドを挿入する
スライドのレイアウトを変更する

11 スライドの内容を入力するには 箇条書きの入力 48

箇条書きを入力する
スキルアップ 行頭文字を変更するには 49
行頭文字を付けずに改行する
スキルアップ ［アウトライン表示］モードで構成を練る 49

12 箇条書きにレベルを付けるには レベル 50

Tab キーでレベルを変更する
行頭文字をドラッグしてレベルを変更する

13 箇条書きの行頭文字を連番にするには 段落番号 52

段落番号を付ける
段落番号の種類を変更する

14 任意の位置に文字を入力するには テキストボックス 54

テキストボックスを挿入する

15 スライドの順番を入れ替えるには スライドの移動 56

スライドを移動する
スライドをコピーする

この章のまとめ 全体の構成がプレゼンテーションの「要」 58

基本編
第3章 配色やフォントを変更してデザインを整える 59

16 見栄えのするスライドにしよう Introduction 60

[デザイン] タブを使えば簡単に仕上がる！
機能を組み合わせることでデザインの幅が広がる

17 スライドのデザインを変更するには テーマ 62

テーマを変更する
配色を変更する

18 スライドの背景の色を変えるには 背景の書式設定 64

背景グラフィックを非表示にする
背景色を変更する

19 スライド全体のフォントを変更するには フォント 66

フォントの組み合わせを変更する

スキルアップ 特定の文字の種類を変更するには 67

20 特定の文字に色や飾りを付けるには フォントの書式 68

文字の色を変更する
文字を太字にする
文字に影を付ける

この章のまとめ ひと手間がデザインの差別化につながる 70

基本編

第4章 表やグラフを挿入して説得力を上げる 71

21 説得力のあるスライドを作成しよう Introduction 72
データは整理してから使おう
表やグラフは分かりやすさが第一

22 表を挿入するには 表の挿入 74
表を挿入する
表の内容を入力する
表のデザインを変更する
列や行を後から追加する
列や行を削除する

23 表の列幅や文字の配置を整えるには 列幅の変更・文字の配置 78
列の幅を変更する
表の位置を移動する
文字の配置を変更する

24 スライドにグラフを挿入するには グラフの挿入 82
縦棒グラフを挿入する
カテゴリと系列を入力する
スキルアップ 後からデータを修正するには 84
グラフ化される範囲を変更する

25 グラフのデザインを変更するには グラフのスタイル 86
グラフ全体のデザインを変更する
グラフの色を変更する

26 表の数値をグラフに表示するには データラベル 88
グラフ要素を削除する
データラベルを表示する
データラベルの文字サイズを変更する

27 Excelで作成したグラフを利用するには グラフのコピーと貼り付け 92
Excelのグラフをコピーする
コピーしたグラフを貼り付ける
スキルアップ 貼り付けのオプションで選択できる貼り付け方法 94
スキルアップ 貼り付けたグラフを編集するには 95

この章のまとめ 表やグラフは分かりやすさが大事 96

第5章 写真や図表を使ってイメージを伝える 97

28 表現力のあるスライドを作成しよう Introduction 98

画像や図表の有無でスライドの印象はどう変わる？

視覚効果を利用し情報を分かりやすく伝える

29 図表を素早く作る SmartArt 100

図表を挿入し、テキストを入力する

図表のサイズを変更する

30 図表のデザイン変更するには SmartArtのスタイル 102

図表の色を変更する

図表のスタイルを変更する

31 図形を挿入するには 図形 104

図形を挿入する

図形に文字を入力する

スキルアップ 入力する文字に応じて図形の大きさを変更できる 105

図形の色を変更する

図形内の文字のサイズを変更する

32 写真を挿入するには 画像 108

パソコンに保存した画像を挿入する

スキルアップ 画像素材をPowerPointで探すには 109

33 写真の一部を切り取るには トリミング 110

範囲を指定して画像を切り取る

34 写真の位置やサイズを変更するには 写真の移動と大きさの変更 112

画像のサイズを変更する

画像の位置を変更する

この章のまとめ 図表や画像などの視覚効果を積極的に利用しよう 114

第6章 スライドショーの実行と資料の印刷 115

35 プレゼンテーションを実行しよう Introduction 116

プレゼン前にミスがないか必ずチェックしよう
用途や目的に応じた配布資料を用意しよう

36 スライドに番号を挿入するには スライド番号 118

表紙以外にスライド番号を挿入する
スライドの開始番号を設定する
スキルアップ スライド番号の位置を変更できる 121

37 プレゼンテーションを実行するには スライドショー 122

最初のスライドから開始する
途中からスライドショーを実行する

38 スライドを印刷するには 印刷 124

すべてのスライドを印刷する
特定のスライドを印刷する

39 配布用の資料を印刷するには 配布資料 126

1ページに複数のスライドをレイアウトする
配布資料に会社名を表示する

40 スライドをPDF形式で保存するには エクスポート 128

PDFに出力する
PDFファイルを開く

この章のまとめ プレゼンテーションの発表方法はいろいろある 130

活用編

第7章 内容がしっかり伝わる箇条書きの作り方 131

41 読みやすい箇条書きを作ろう Introduction 132

文字を並べるだけの箇条書きは読みづらい
行頭文字や行間を工夫して「伝わる」箇条書きにしよう

42 要点を惹きつける箇条書きの作り方 行頭文字をアイコンに変更 134

アイコンを使った一味違う箇条書き
アイコンを図として保存する
行頭文字を変更する
行頭文字のサイズや文字の配置を調整する

43 箇条書きの行間を変えてグルーピングして見せる 段落後の行間 138

行間を調整して見栄えの完成度を上げる
スキルアップ PowerPointに存在する3つの行間 138
行の間隔を変更する

44 複数の文字の色やサイズを変更するには フォントの色とサイズ 140

複数の文字を選択する
フォントの色やサイズを変更する
スキルアップ プレースホルダーを選択して文字を大きくする 141

45 スペースキーを使わずに文字の先頭位置を揃える タブ 142

ルーラーを表示する
文字の先頭を特定の位置で揃える

46 箇条書きを図形で見せる SmartAtrグラフィックスに変換 144

箇条書きを図表に変換する
図表内の色を変更する

この章のまとめ 魅力的な箇条書きを作ろう 146

活用編

第8章 見る人をワクワクさせるデザインの演出 147

47 より印象に残るスライドを作ろう Introduction 148

「普通」すぎないスライドにしたい！
図形や画像をうまく使って「伝わる」資料にしよう

48 アイコンの色を変えてオリジナリティを出す アイコン 150

アイコンを使ってスライドにアクセントを加える
アイコンを挿入する
アイコンのパーツを分解して色を変える
複数の図形をグループ化する

49 図形の形に写真を切り抜いて一体感を出す 図形の形にトリミング 154

スライドに配置する画像の形を工夫しよう
図形の形にトリミングする
図形のサイズを確認する
画像のサイズを数値で指定する

50 図形を背景と同じ色で塗りつぶして統一感を出す スポイト 158

色を合わせて全体の雰囲気を揃える
画像の色を抽出する
塗りつぶしの透明度を変更する
スキルアップ ほかのスライドの色を使うには 159

51 手書きの文字を入れてメリハリを出す 描画タブ 160

手書き文字をワンポイントに使う
スキルアップ ペン先は3種類から選べる 160
手書きの文字を入力する

52 図形の線を手書き風にしてドラフト感を出す スケッチ 162

手書き風の線を使ってラフな印象にする
スキルアップ アイコンのイラストも手書き風にできる 162
直線を手描き風にする

53 スライド全面に写真を敷いてイメージを伝える 背景を図で塗りつぶす 164

表紙のスライドを写真で彩ろう
スライドの背景に画像を挿入する

54 グラデーションで表紙を印象的に仕上げる　グラデーション　166

2色のグラデーションで映える表紙を作る

スキルアップ　グラデーションと写真を組み合わせる　166

スライドの背景をグラデーションにする

分岐点の色を変更する

グラデーションの種類と方向を変更する

55 Webページの必要な範囲を簡単に貼り付ける　スクリーンショット　170

開いている画面の一部をスライドに追加する

図形にハイパーリンクを設定する

56 独自性のあるスライドをワンクリックで作る　デザイナー　174

デザインのアイデアを表示する

デザインアイデアを適用する

57 複数の図形の端と間隔を正確に配置する　配置　176

図形をきれいに配置する

スキルアップ　スライドにガイドを表示するには　177

この章のまとめ　「普通」のスライドから「普通すぎない」スライドへ　178

活用編

第9章 相手に寄り添うワンランク上の表やグラフの魅せ方　179

58 よく使われるグラフと注意点を押さえよう　Introduction　180

グラフを使い分けて上手にデータを可視化しよう

こんな使い方はNG？　誤解を受けるデータの見せ方

59 表の罫線を少なくしてすっきり見せる　表スタイル　182

デフォルトの表をカスタマイズする

表スタイルのオプションで書式を変更する

スキルアップ　罫線の色や種類を変更する　183

60 スライド全体がすっきり見えるドーナツ型の円グラフ ドーナツグラフ 184

余白を効果的に使った円グラフ

グラフの種類を変更する

データラベルの書式を変更する

スキルアップ 円グラフのデータを大きい順に並べるには 187

61 棒グラフを太くしてどっしり見せる 要素の間隔 188

棒グラフの棒を太くする

スキルアップ 要素の間隔を0にしてヒストグラムを作る 188

要素の間隔を変更する

62 無彩色を利用して目的のデータを目立たせる 図形の塗りつぶし 190

全体をグレースケールにし特定の系列を強調する

棒グラフをグラデーションにする

目立たせたい棒だけ色を変える

スキルアップ 補助目盛線の色を変更する 193

63 棒グラフに直線を追加して数値の差を強調する 集合縦棒グラフ・直線 194

点線や矢印を使って比較対象の数値を明確化する

実線を点線に変更する

図形を垂直方向にコピーする

矢印を挿入する

64 折れ線グラフのマーカーの色や大きさを改良する 線とマーカー 198

折れ線グラフの視認性を高める

折れ線グラフの線の太さを変更する

マーカーのサイズや形を変更する

マーカーの色を変更する

マーカーの輪郭の色や太さを変更する

65 凡例を折れ線の右端に表示して視認性をアップする データラベル 202

データラベルの位置を工夫する

系列名を右端に表示する

この章のまとめ 表やグラフのカスタマイズに手を抜かない 204

第10章 スライドマスターで作業を効率化する 205

66 資料の修正をもっと効率化しよう Introduction 206

一枚ずつ手作業で修正していない？
知らないばかりに損してる？　その作業はもっと効率化できる！

67 すべてのスライドの書式を瞬時に変更する スライドマスター 208

スライドマスターって何？
スライドマスターを表示する
すべてのタイトルのフォントと色を変える

スキルアップ すべてのスライドにロゴをまとめて入れる 211

68 特定のレイアウトの書式をまとめて変更する 書式変更 212

特定のレイアウトの背景に画像を挿入する

69 よく使うオリジナルのレイアウトを登録する レイアウトの挿入 214

新しいレイアウトを追加する
レイアウト名を変更する
コンテンツのプレースホルダーを挿入する
追加したレイアウトを確認する

70 スライド番号に総ページ数を追加して全体のボリュームを見せる スライド番号に総スライド数を追加 218

スライド番号の見せ方を工夫しよう
スライドに総ページ数を表示する

71 テーマのデザインを部分的に変更する テーマのデザイン 222

テーマを変更する
テーマに用意されている図形を削除する

この章のまとめ スライドの修正は素早く正確に行おう 224

第11章 アニメーションで印象に残るスライドを作る 225

72 スライドに動きを付けよう Introduction 226

PowerPointに存在するアニメーションの種類
アニメーションは絶対必要？

73 ダイナミックに動く目次を作る ズーム 228

「スライドズーム」で各スライドへ自由に移動する
スライドへのリンクを作成する
スライドショー中に目的のスライドへ移動する

74 スライドをサイコロのように切り替えてリズム感を出す 画面切り替え効果 232

スライドが切り替わるときに動きを付ける
画面切り替え効果を設定する
すべてのスライドに同じ効果を適用する
プレビューで動きを確認する

スキルアップ 画面切り替え効果の方向を変更するには 235

75 箇条書きを順番に表示して聞き手の注目を集める 開始のアニメーション 236

説明に合わせて箇条書きを1行ずつ表示する
文字に動きを設定する
文字の表示方向を設定する

スキルアップ グラフにアニメーションを設定する 239

76 複数のアニメーションを自動的に動かしてクリックの手間を省く アニメーションの追加 240

会社のロゴと組み合わせた「締め」に使えるアニメーション
複数のアニメーションを組み合わせる
再生するタイミングを変更する
動きを追加し再生のタイミングを変える

77 動く3Dイラストで注目を集める 3Dモデル/変形 244

スライド上で走る自転車を作る
3Dモデルを挿入する
3Dモデルの角度を変更する
スライドショー中に3Dに動くよう設定する

78 手順や操作を動画でじっくり見せる ビデオの挿入/ビデオのトリミング 248

動画を挿入する

動画をトリミングする

79 ナレーション付きのスライドショーを録画する このスライドから録画 252

発表者不在でもプレゼンできる！

スライドショーの録画を開始する

録画を終了する

80 ほかのアプリの操作を録画して教材を作る 画面録画 256

パソコンの操作画面を簡単に録画できる

画面録画を開始する

画面録画を終了する

スキルアップ YouTube動画を挿入するには 259

81 録画した動画にテロップを付けて理解を促す ブックマークの追加 260

録画した操作画面にキャプションを入れる

ブックマークを追加する

テロップにアニメーションを設定する

スキルアップ テロップが消えるようにするには 263

この章のまとめ 「動き」を取りいれる目的を理解して使おう 264

活用編

第12章 スマートなプレゼンや資料共有のひと工夫 265

82 資料共有時に役立つテクニックを知ろう Introduction 266

スライドショー実行時に役立つテクニック

OneDriveを活用してデータを共有する

83 自分の画面だけに虎の巻のメモを表示する ノートペイン/発表者ツール 268

発言内容をまとめたメモを見ながらプレゼンできる

ノートペインを表示する

発表者ツールを表示する

84 説明中にペンを使ってライブ感を出す ペン 272

ペンを使って注目してほしい部分を目立たせる

蛍光ペンで書き込みをする

85 プレゼン直前にスライド枚数を調整する 非表示スライド 274
使わないスライドを一時的に非表示にする
非表示スライドに設定する

86 ダブルクリックでスマートにスライドショーをスタートする スライドショー形式で保存 276
スムーズにスライドショーを実行する
スライドショー形式で保存する

87 スライド全体を動画として保存する ビデオの作成 278
メディアに名前を付けて保存する
動画ファイルを開く

88 共有したスライドで仲間と自由に意見を交換する 共有 280
クラウドに保存してプレゼンテーションファイルを共有する
OneDriveに共有するファイルを保存する
OneDriveに保存したスライドを共有する
共有されたファイルを開く
共有されたスライドにコメントを入力する
投稿されたコメントに返信する

この章のまとめ 便利な機能はとことん使おう 288

活用編
第13章 生成AI使ってスライドを楽々自動作成 289

89 AIを使うとスライド作成で楽ができる Introduction 290
Copilot って何？
Copilotの種類と使い方

90 テーマに沿ったスライドを自動的に作成する Copilot in PowerPoint 292
Copilotでスライドを生成する

91 デザイナーでスライドの見栄えを変える デザインを適用 294
スライドのデザインを変更する
ほかのスライドのデザインも変更する

92 Copilotでスライドを追加する スライドの追加 296
スライドを追加する

93 Copilotで写真を追加する 写真の追加 298

2枚目のスライドに写真を追加する

94 イラストや画像を生成して挿入する Microsoft Copilot 300

既存の画像を削除する
Microsoft Copilotを起動して画像を生成する
スライドに画像を挿入する

95 Copilotでアニメーションを付ける アニメーション 302

1枚目のスライドにアニメーションを付ける
プレビューで動きを確認する

96 スライドの内容を要約する スライドの要約 304

スライドを要約する
文字数を指定して要約する
スキルアップ セクションでスライドを整理する 305

97 Word文書からスライドを作る 文書からスライド作成 306

Word文書のリンクをコピーする
文書からスライドを作成する

この章のまとめ Copilotが活きるシーンで使おう 308

付録 ショートカットキー一覧 309
用語集 311
索引 316

本書の構成

本書は手順を1つずつ学べる「基本編」、便利な操作をバリエーション豊かに揃えた「活用編」の2部で、PowerPointの基礎から応用まで無理なく身に付くように構成されています。

基本編
第1章～第6章

基礎的な操作方法から、グラフや画像の挿入、スライドショーの実行方法などPowerPointの基本についてひと通り解説します。最初から続けて読むことで、PowerPointの操作がよく身に付きます。

活用編
第7章～第13章

より印象に残るスライドにする方法や、つまづきがちな操作を効率化するテクニックなど、便利な使い方を紹介します。興味のある部分を拾い読みして、サンプルを操作することで学びが深まります。

用語集・索引

重要なキーワードを解説した用語集、知りたいことから調べられる索引などを収録。基本編、活用編と連動させることで、PowerPointについての理解がさらに深まります。

登場人物紹介

PowerPointを皆さんと一緒に学ぶ生徒と先生を紹介します。各章の冒頭にある「イントロダクション」、最後にある「この章のまとめ」で登場します。それぞれの章で学ぶ内容や、重要なポイントを説明していますので、ぜひご参照ください。

北島タクミ（きたじまたくみ）
元気が取り柄の若手社会人。うっかりミスが多いが、憎めない性格で周りの人がフォローしてくれる。好きな食べ物はカレーライス。

南マヤ（みなみまや）
タクミの同期。しっかり者で周囲の信頼も厚い。タクミがミスをしたときは、おやつを条件にフォローする。好きなコーヒー豆はマンデリン。

パワポ先生
PowerPointのすべてをマスターし、その素晴らしさを広めている先生。基本から活用まで幅広いPowerPointの疑問に答える。好きな機能はスライドマスター。

ご購入・ご利用の前に必ずお読みください

本書は、2024年11月現在の情報をもとに「Microsoft PowerPoint 2024」の操作方法について解説しています。本書の発行後に「Microsoft PowerPoint 2024」の機能や操作方法、画面などが変更された場合、本書の掲載内容通りに操作できなくなる可能性があります。本書発行後の情報については、弊社のWebページ（https://book.impress.co.jp/）などで可能な限りお知らせいたしますが、すべての情報の即時掲載ならびに、確実な解決をお約束することはできかねます。また本書の運用により生じる、直接的、または間接的な損害について、著者ならびに弊社では一切の責任を負いかねます。あらかじめご理解、ご了承ください。

本書で紹介している内容のご質問につきましては、巻末をご参照のうえ、お問い合わせフォームかメールにて問い合わせください。電話やFAX等でのご質問には対応しておりません。また、本書の発行後に発生した利用手順やサービスの変更に関しては、お答えしかねる場合があることをご了承ください。

基本編

第1章

PowerPointを使い始める

プレゼンテーションアプリであるPowerPointを使う前に必要な、起動や終了などの基本操作を説明します。また、作成したスライドを保存したり開いたりといったファイル操作についても解説します。

01	PowerPointの特徴を知ろう	26
02	PowerPointを使うには	28
03	PowerPoint 2024の画面を確認しよう	30
04	PowerPointの表示モードを知ろう	32
05	スライドのサイズを変更しよう	34
06	スライドを保存するには	36
07	保存したスライドを開くには	38

レッスン 01

Introduction この章で学ぶこと

PowerPointの特徴を知ろう

PowerPointを使うと、企画書や報告書などのプレゼンテーション資料を効率よく作成し、作成した資料を使って相手に説明するまでの一連の作業を行うことができます。最初に、PowerPointの3つの特徴を見てみましょう。

1 直感的に伝わる資料にするための機能が豊富

1つ目の特徴は視覚効果の高い資料にするための優れた機能が備わっていること。グラフやSmartArtなどを使うことで直感的に伝わる資料が作れるよ。

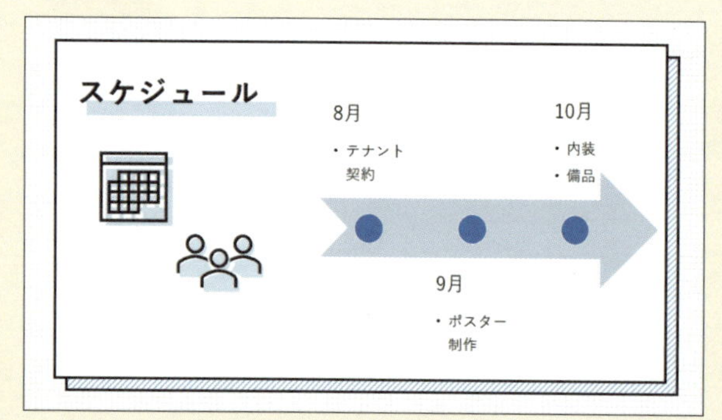

文字だけの説明よりも、数値の傾向や割合が一目瞭然ですね！

社内の男女比

女性 60%

男性 40%

社員数 139人

83人

56人

グラフや図表を使えば、説得力のある資料になりそうだけど、こういう機能って使いこなすのが難しいんじゃや……

機能の基本的な使い方を覚える必要があるけど、難しい操作をせず、簡単に作れるのが、PowerPointの醍醐味！ グラフや図表の作り方は、第4章で詳しく解説するね！

2 資料の見栄えをよくするデザインがいっぱい！

2つ目は、見栄えのする資料にするためのデザインが豊富に用意されていること。オリジナリティのあるスライドが簡単に作れてしまうんです！

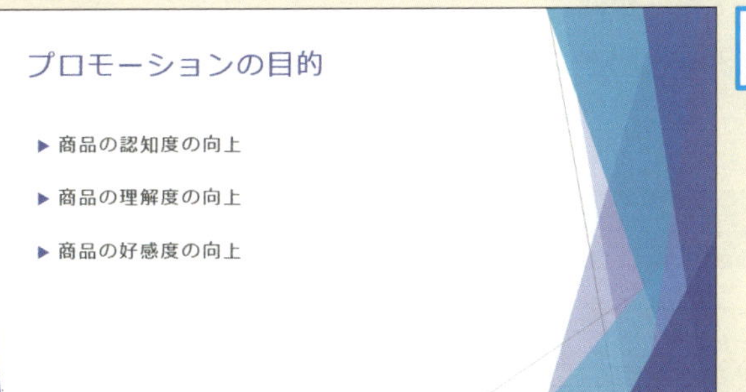

統一感のあるデザインの資料がワンクリックで作れる

うまく使えば、きれいな資料が短時間で作れそう！

3 資料作成からプレゼンまでワンストップでサポート！

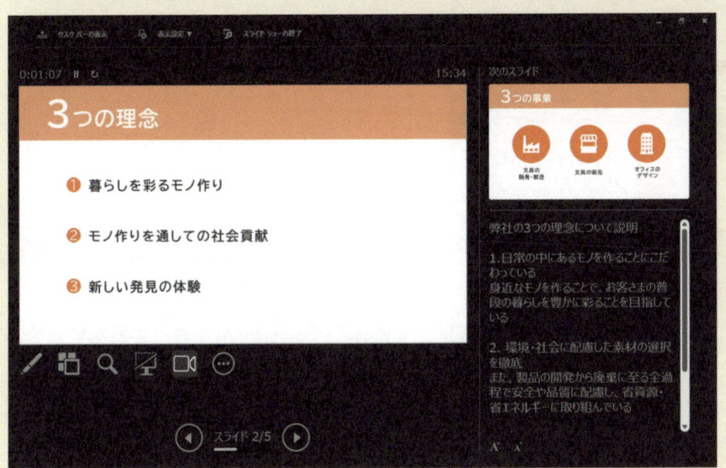

発表者用のメモや経過時間なども表示できる

最後の特徴は、本格的なプレゼンに必要な機能も備わっていること。スマートな発表を行うための機能がたくさんあるんです！

PowerPointは、資料作成からプレゼンテーションの実行までこなす優秀なマルチプレイヤーなんですね！ がぜん、学ぶ気が湧いてきました！

レッスン

02 PowerPointを使うには

起動、終了

練習用ファイル　なし

PowerPointの画面を表示して使えるように準備することを「起動」と呼びます。ここでは、Windows 11のパソコンで、PowerPointを起動してから終了するまでの操作を確認します。

1 PowerPointを起動する

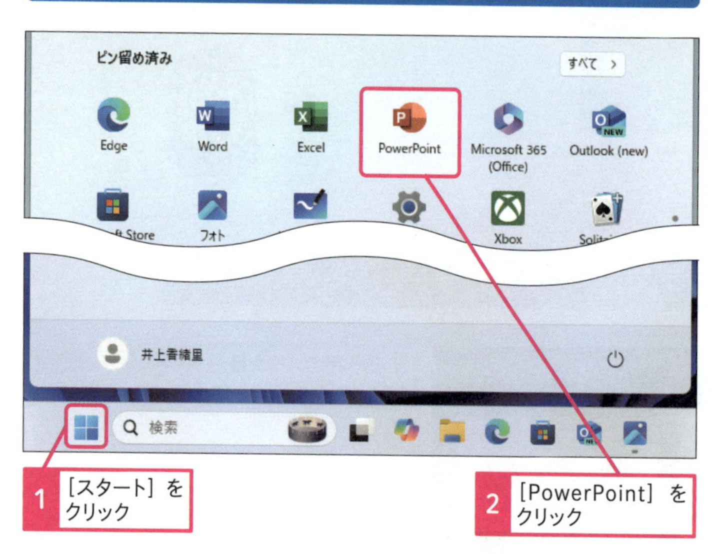

1 ［スタート］をクリック

2 ［PowerPoint］をクリック

スタート画面が表示された

3 ［新しいプレゼンテーション］をクリック

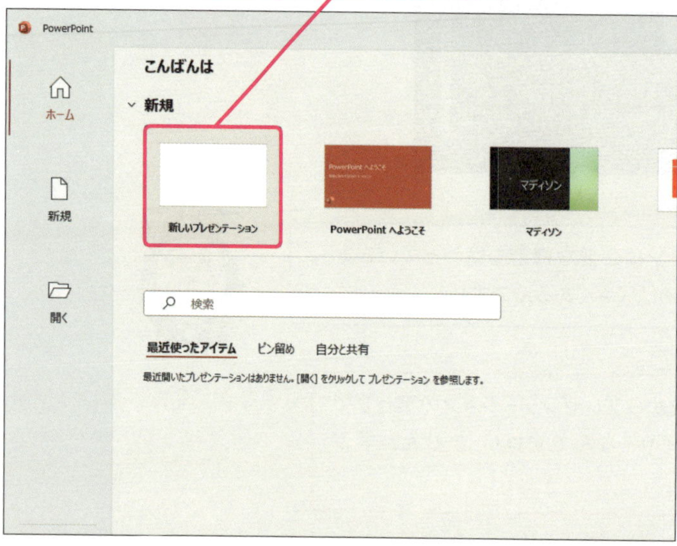

キーワード

タスクバー	P.313
テーマ	P.314
デスクトップ	P.314

使いこなしのヒント

デザイン付きのスライドも選べる

操作3のスタート画面で［マディソン］［アトラス］などを選ぶと、レッスン17で紹介するテーマを適用したデザイン付きのスライドが表示されます。また、［チラシ］や［年賀状］など、テンプレートと呼ばれるデザインのひな形も利用できます。

ショートカットキー

［スタート］メニューの表示

⊞ ／ Ctrl + Esc

使いこなしのヒント

PowerPointが見つからない

操作2でPowerPointが表示されない場合は、右上の［すべて］をクリックします。

用語解説

スタート画面

PowerPointを起動した直後に表示される操作3の画面を「スタート画面」と呼びます。スタート画面は、これからPowerPointをどのように使うのかを選択する画面です。

● 白紙のスライドが表示された

PowerPointでスライドの編集ができる状態になった

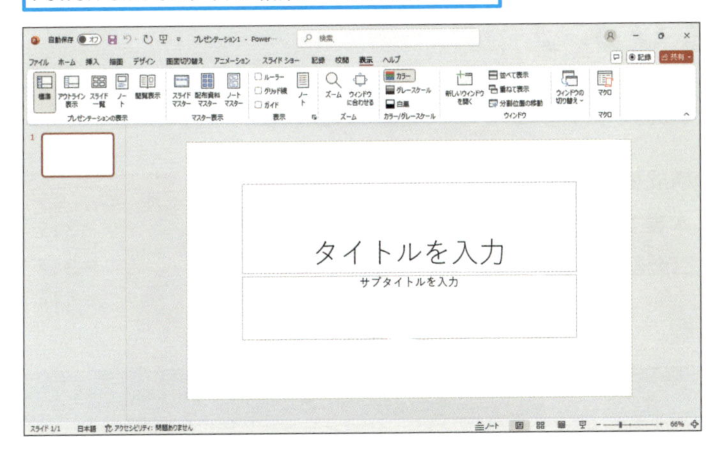

2 PowerPointを終了する

ここではファイルを保存せずに終了する

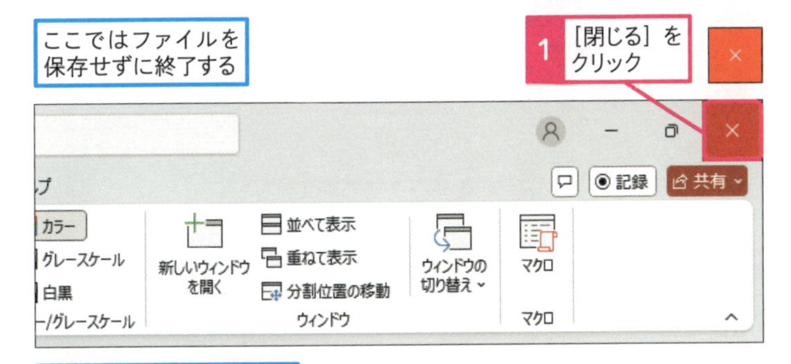

PowerPointが終了して、デスクトップが表示された

使いこなしのヒント

デスクトップから起動できるようにするには

PowerPointの起動後にタスクバーに表示されるPowerPointのボタンを右クリックしてタスクバーにピン留めすると、次回からは、タスクバーのボタンをクリックするだけで素早く起動できます。

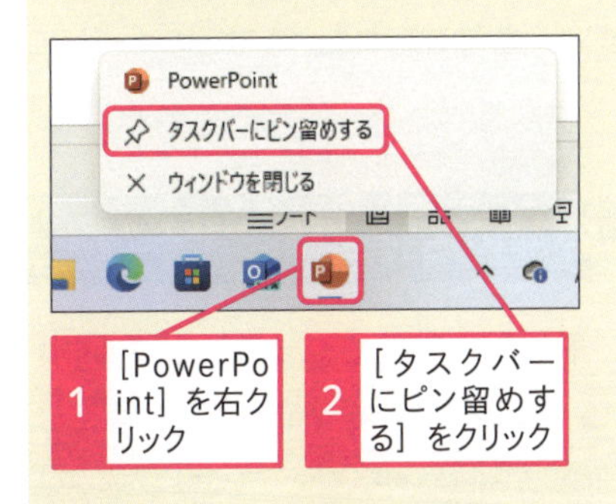

ショートカットキー

アプリの終了　Alt + F4

まとめ　起動と終了の方法を覚えよう

「起動」とは、アプリ（ソフトウェア）を使える状態にする操作のことです。起動方法はいくつかありますが、PowerPointをはじめ、パソコンで何かを「始める」ときは、［スタート］ボタンをクリックします。スタートメニューが表示されたら、目的のアプリを探してクリックします。頻繁に使うアプリは、デスクトップ画面のタスクバーにピン留めしておくと便利です。まずは、アプリの起動方法をしっかり覚えましょう。

レッスン

03 PowerPoint 2024の画面を確認しよう

各部の名称と役割

練習用ファイル なし

PowerPointを使うには、基本となる画面の構成要素とその役割を理解しておくことが大切です。各部の名称は本書でも頻繁に登場します。名称を忘れたときはこのページに戻って確認しましょう。

キーワード

共有	P.312
スライド	P.313
プレースホルダー	P.315

各部の名称を確認する

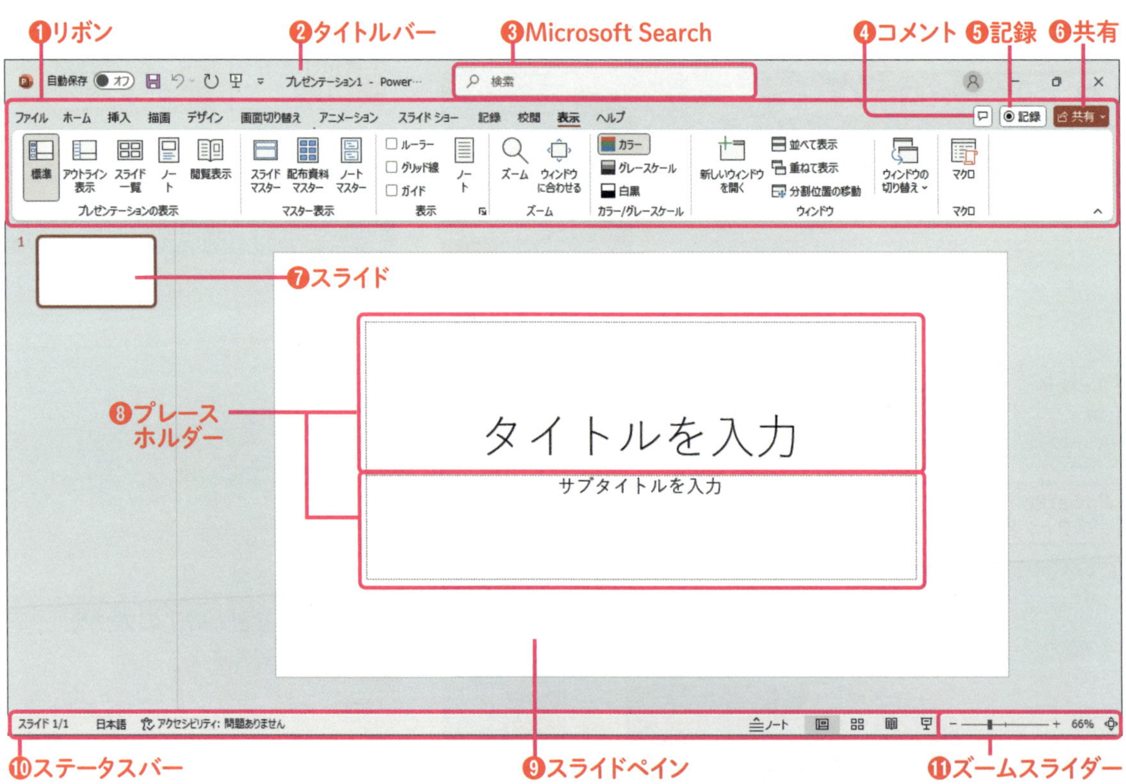

それぞれの役割を確認する

❶リボン
役割別にいくつかのタブに分かれており、リボン上部のタブをクリックして切り替えると、目的のボタンが表示される。必要なボタンを探す手間が省け、より効率的に操作できる。

❷タイトルバー
ファイル名やアプリの名前が表示される。

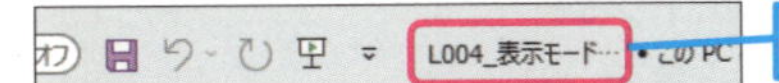
作業中のファイル名が表示される

❸Microsoft Search
次に行いたい操作を入力すると、関連する機能の名前が一覧表示され、クリックするだけで機能を実行できる。目的の機能がどのタブにあるかが分からないときに便利。

❹コメント
クリックすると、画面右側に［コメント］ウィンドウが開き、スライドにメモを残すことができる。

❺記録
スライドショーを記録できる。クリックすると、記録画面が表示され、ナレーションやアニメーション、レーザーポインタージェスチャーなどを記録したい内容を選択できる。

❻共有
Web上の保存場所であるOneDriveに保存したプレゼンテーションファイルを、第三者と共有して同時に編集するときに利用する。

❼スライド
PowerPointで作成するプレゼンテーションのそれぞれのページのこと。作成したスライドの縮小版が表示される。

❽プレースホルダー
スライド上に文字を挿入したり、イラストやグラフなどを挿入したりするための専用の領域。

❾スライドペイン
スライドを編集する領域。

❿ステータスバー
現在のスライドの枚数や全体の枚数が表示されるほか、［ノート］ペインの表示／非表示の切り替え、［標準表示］や［スライド一覧表示］などのモードの切り替えが行える。

⓫ズームスライダー
つまみを左右にドラッグすると、スライドの表示倍率を変更できる。［拡大］ボタン（+）や［縮小］ボタン（−）をクリックすると、10%ごとに表示の拡大と縮小ができる。

使いこなしのヒント
リボンを表示しないようにするには

リボンのタブをダブルクリックするか、Ctrl+F1キーを押すと、リボンが非表示になります。その分、スライドペインを大きく表示できます。同じ操作でリボンの表示と非表示を交互に切り替えられます。

使いこなしのヒント
リボンの表示は画面の解像度によって変わる

ディスプレイの解像度によっては、リボンの中に表示されるボタンの並び方や形が変わる場合もあります。

●1920×1080ピクセルのリボン

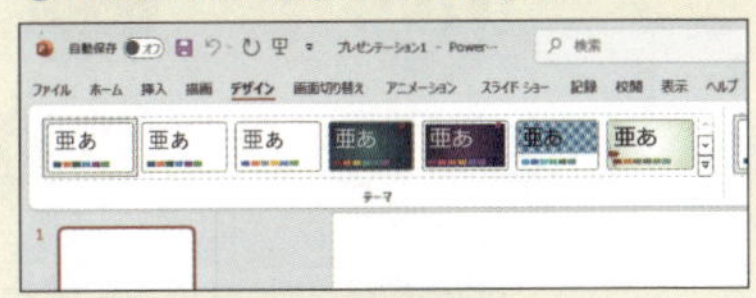

●1366×768ピクセルのリボン

まとめ　スライドペインが操作の中心

PowerPointの画面は、中央の「スライドペイン」を中心に構成されています。「スライドペイン」は、文字やグラフなどの情報を入力・編集する領域です。スライド上側の「リボン」にはPowerPointで使える機能が並んでいます。また、左側にはスライドの縮小画像が表示されて、常に全体を確認しながら操作できます。

レッスン

04 PowerPointの表示モードを知ろう

表示モード　練習用ファイル　L004_表示モード.pptx

PowerPointを起動すると、最初はスライドを中心に構成された［標準表示］モードで表示されます。PowerPointには全部で6種類の表示モードが用意されており、操作の目的に合わせて使い分けます。

キーワード

スライド	P.313
スライドショー	P.313
ノート表示	P.314

1 表示モードの種類を確認する

◆［標準表示］モード
スライドを編集するときに利用する

◆［アウトライン表示］モード
画面の左にはスライドの文字だけが表示される

◆［スライド一覧表示］モード
スライドが縮小して一覧で表示される

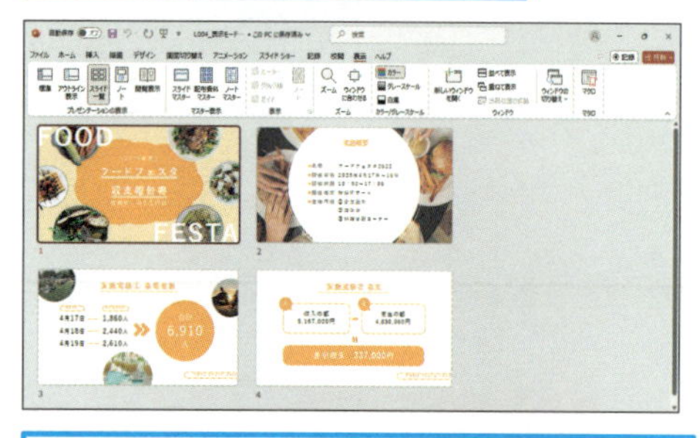

◆［ノート表示］モード
発表者用のメモを入力する欄が表示される

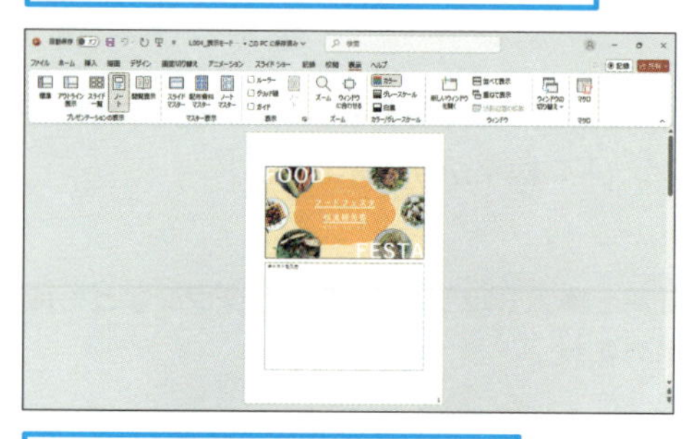

◆［閲覧表示］モード
タイトルバーやステータスバー以外は非表示になる

◆［スライドショー］モード
スライドが画面いっぱいに表示される

2 表示モードを切り替える

ここでは、［標準表示］モードから［ノート表示］モードに切り替える

1 ［表示］タブをクリック

2 ［ノート］をクリック

［ノート表示］モードに切り替わった

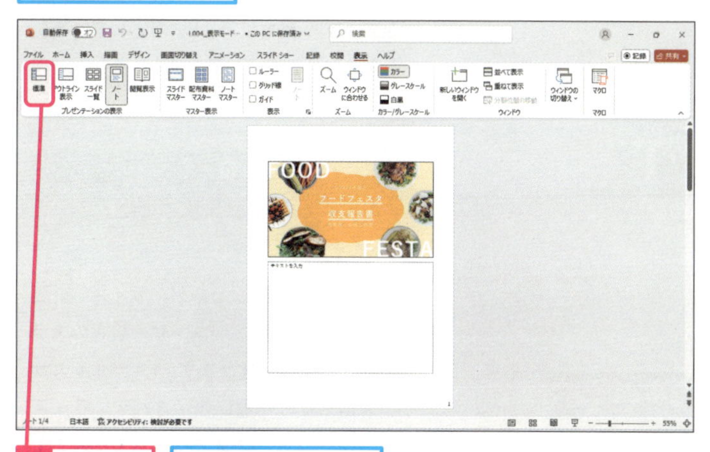

3 ［標準］をクリック

［標準表示］モードに切り替わる

レッスン02を参考に、PowerPointを終了しておく

使いこなしのヒント

ステータスバーのボタンでも表示モードを切り替えられる

ズームスライダー左の［標準］［スライド一覧］［閲覧表示］［スライドショー］のボタンをクリックしても表示モードを切り替えられます。ただし、ステータスバーには、［アウトライン表示］モードと［ノート表示］モードに切り替えるボタンはありません。そのため、［表示］タブの［ノート］ボタンや［アウトライン表示］ボタンで表示モードを切り替えます。

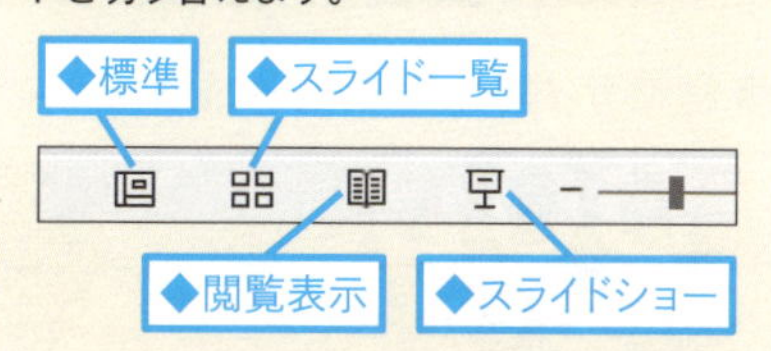

まとめ 作業目的に合わせて表示モードを使い分ける

［標準表示］モードは、スライドをじっくり作るのに適していますが、全体を確認するときは［スライド一覧表示］モードが便利です。また、プレゼンテーションの構成を練るには［アウトライン表示］モード、発表者用のメモを用意するには［ノート表示］モードを使います。さらに、作成したスライドを確認するときには［閲覧表示］モードや［スライドショー］モードを使うなど、目的によって表示モードを使い分けると効率よく操作できます。

レッスン

05 スライドのサイズを変更しよう

スライドサイズ

練習用ファイル なし

PowerPointのスライドサイズには、「標準4：3」と「ワイド画面16：9」の2種類があります。最終的にどの画面でプレゼンテーションを行うかによって、スライドサイズを決めましょう。

1 用途に合わせてサイズを設定する

● 標準サイズ（4:3）で作成されたスライド

プロジェクターや大型モニター、スクリーンなどでプレゼンテーションを行うときは、標準が適している

● ワイドサイズ（16:9）で作成されたスライド

ワイドディスプレイ付きのパソコンでプレゼンテーションを行うときは、ワイド画面が適している

キーワード

スライド	P.313
タブ	P.314
プレゼンテーション	P.315

使いこなしのヒント

新規のプレゼンテーションは、ワイドサイズ（16:9）に設定されている

最初に表示されるスライドは、ワイド画面（16：9）に設定されています。ただし、16：9に対応していないプロジェクターやスクリーンに表示すると、左右が切れたり不自然な余白ができたりします。スライドを表示する画面が16：9に対応しているかをあらかじめ確認しておきましょう。

スキルアップ

A4サイズやはがきサイズに変更するには

［標準］［ワイド画面］以外のサイズに変更するには、操作3で［ユーザー設定のスライドサイズ］を選びます。［スライドのサイズ指定］の一覧に表示されないサイズは、幅や高さを数値で指定することもできます。

幅や高さを数値で指定できる

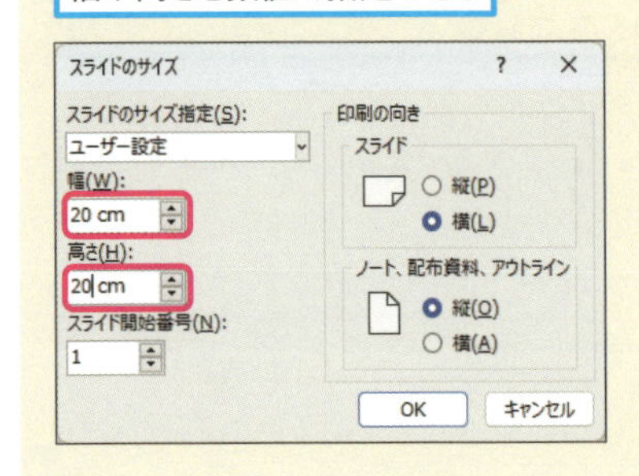

2 スライドのサイズを変更する

レッスン02を参考に、新規プレゼンテーションを作成しておく

1 ［デザイン］タブをクリック

2 ［スライドのサイズ］をクリック

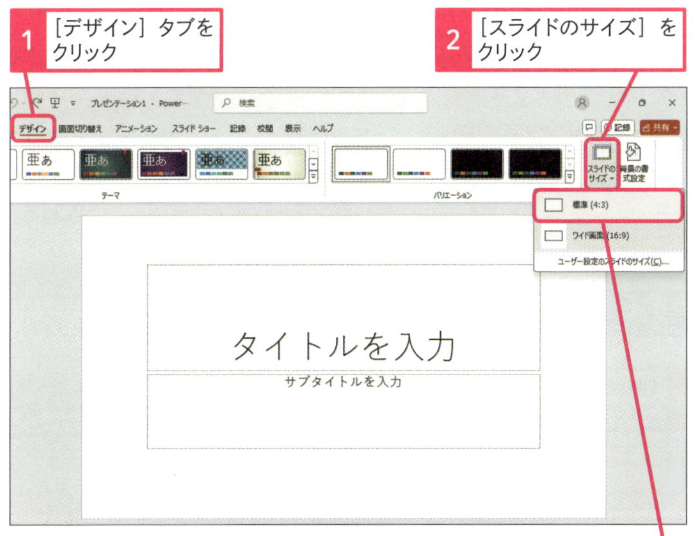

3 ［標準（4:3）］をクリック

スライドのサイズが標準（4:3）に設定された

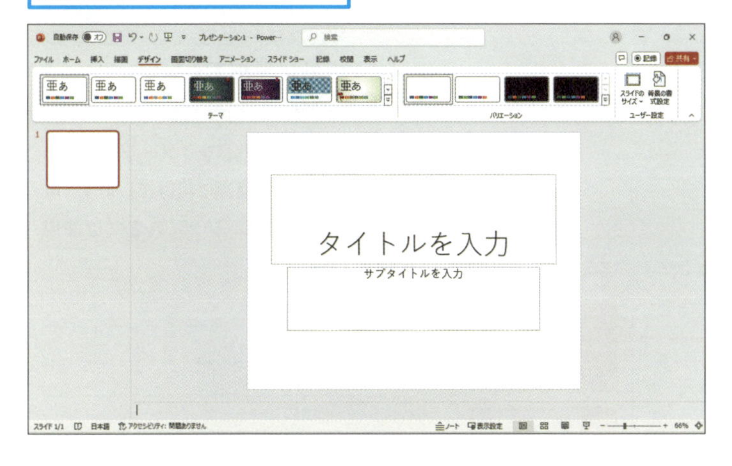

使いこなしのヒント

すでに入力済みの内容があるときは？

スライドサイズは、左の手順で後から変更することができます。ただし、ワイド画面から標準に変更すると、スライドからあふれる情報をどうするかを問う画面が表示されます。［最大化］を選ぶと情報の一部が欠けてしまうので、［サイズに合わせて調整］を選ぶといいでしょう。なお、標準からワイド画面に変更するときは、この画面は表示されません。

［最大化］か［サイズに合わせて調整］を選択する

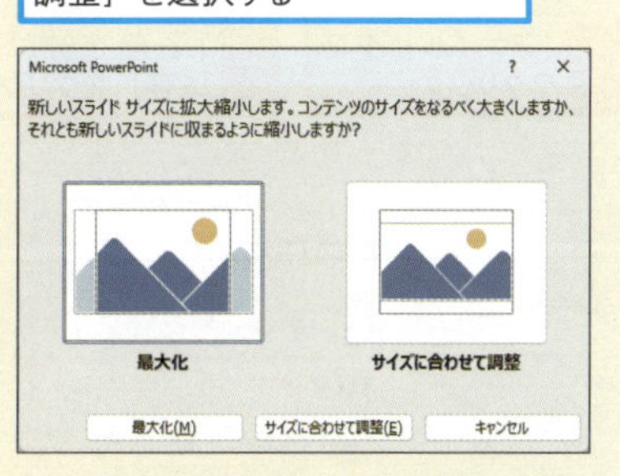

まとめ 最初にスライドサイズを設定する

スライドサイズを意識しないでスライドを作成すると、画面に表示したときにイメージ通りに表示されないことがあります。後からスライドサイズを変更することもできますが、レイアウトが崩れて修正に時間を要します。最終的に使う画面に合わせて、スライドを作成する前にスライドサイズを変更しておくようにしましょう。

レッスン

06 スライドを保存するには

名前を付けて保存

練習用ファイル なし

作成したスライドを保存すると、後から何度でも利用できます。PowerPointでは、複数のスライドを「プレゼンテーションファイル」として保存します。2回目以降は［上書き保存］を実行すると、最新の内容に更新されます。

1 ファイルに名前を付けて保存する

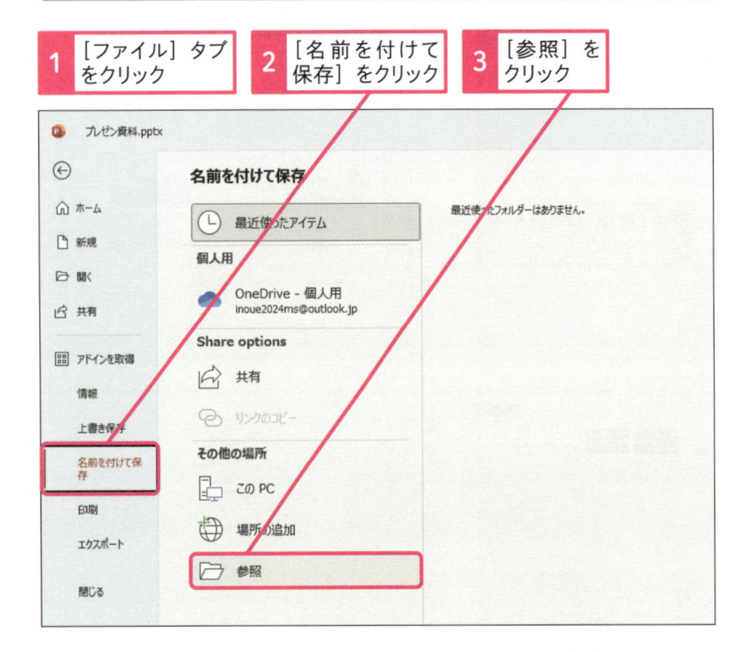

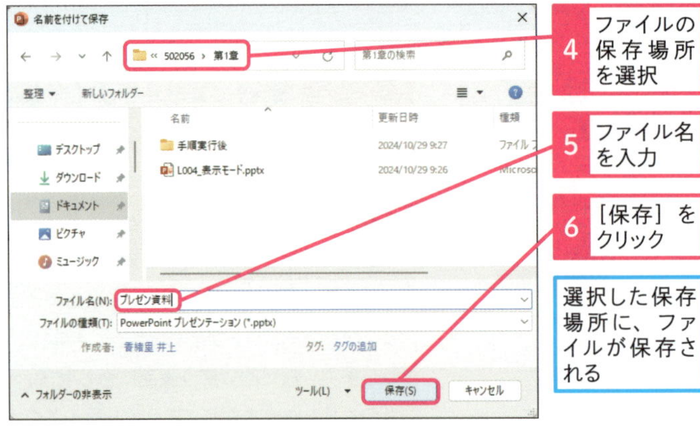

キーワード

上書き保存	P.311
ショートカットキー	P.312
プレゼンテーション	P.315

ショートカットキー

名前を付けて保存 Alt + F2

使いこなしのヒント

よく使う保存先が表示される

［名前を付けて保存］をクリックすると、右側に直近で使用したフォルダーが日ごとや週ごとに表示されます。よく使う保存先は、一覧からクリックするだけで選べるので便利です。

使いこなしのヒント

ファイル名に使用できない文字がある

ファイル名には、内容をイメージできる分かりやすい名前を簡潔に付けましょう。以下の半角の記号は、ファイル名には使用できません。

記号	名称
¥	円記号
/	スラッシュ
:	コロン
*	アスタリスク
?	クエスチョンマーク、疑問符
"	ダブルクォーテーション
<>	不等号
|	縦棒

2 ファイルを上書き保存する

1 ［ファイル］タブをクリック

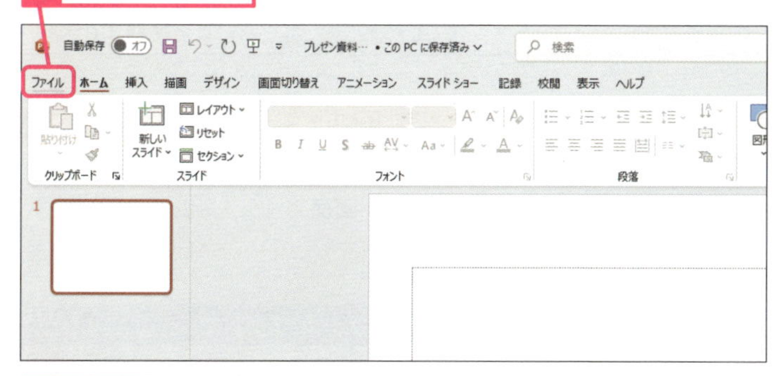

2 ［上書き保存］をクリック

同じ保存場所で、ファイルが上書き保存される

3 ファイルの自動保存を有効にする

1 ［自動保存］のここをクリック

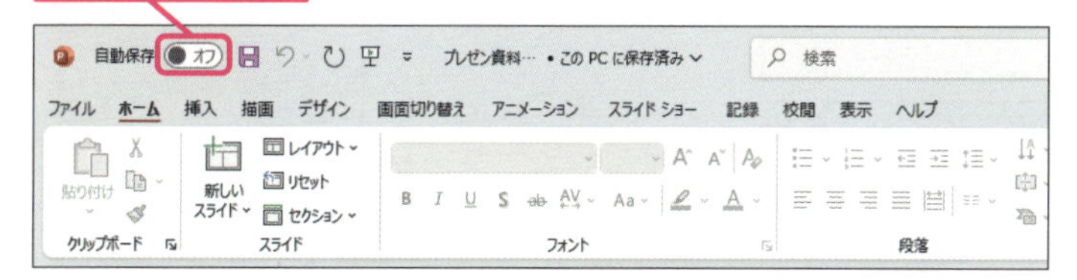

［自動保存］が［オン］と表示され、自動保存が有効になった

これ以降、OneDriveに自動保存される

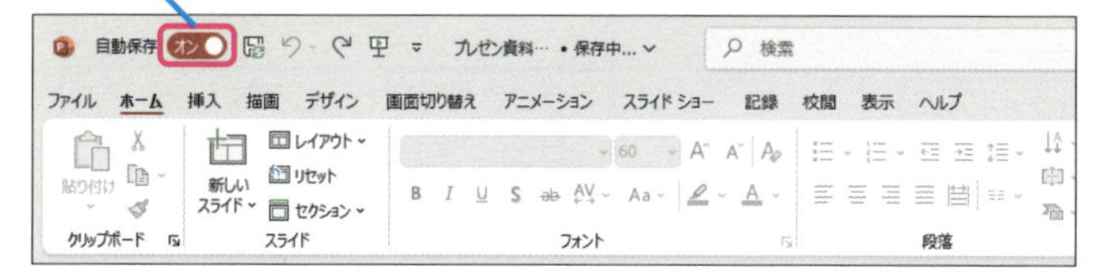

ショートカットキー

上書き保存　Ctrl + S

使いこなしのヒント

2回目以降はすぐに保存できる

一度保存したスライドに変更を加えた場合には、クイックアクセスツールバーの［上書き保存］ボタン（）をクリックすると便利です。「上書き保存」は同じ場所に同じファイル名で保存するため、前の内容は削除され、新しい内容に置き換わります。前の内容と変更した内容の両方を残しておきたい場合は、手順1の操作で［名前を付けて保存］を選択し、違う名前でスライドを保存します。

使いこなしのヒント

どのタイミングで自動保存されるの？

PowerPointには自動保存の機能が備わっており、手動で保存を実行しなくても、一定の間隔（初期設定では10分）ごとに自動で保存されます。自動保存したファイルは、［ファイル］タブの［情報］をクリックし、［プレゼンテーションの管理］の一覧に表示されます。

まとめ　小まめに保存して最新の状態を保つ

スライドを保存する操作には、「名前を付けて保存」と「上書き保存」の2種類があります。初めて保存するときは、このレッスンのように［名前を付けて保存］を選んで、保存場所やファイル名を指定します。2回目以降に保存するときは、上書き保存を実行します。上書き保存を実行するたびに、ファイルの内容が上書きされて最新の状態に保つことができるのです。パソコンのトラブルなどによって作成したスライドが失われないように、できるだけ小まめに上書き保存するようにしましょう。

レッスン

07 保存したスライドを開くには

ファイルを開く

練習用ファイル　プレゼン資料.pptx

レッスン06の操作で保存したスライドを開くときは、保存場所を正しく指定しましょう。ここでは、PowerPointでスライドを開く方法と、［エクスプローラー］からスライドを開く方法を解説します。

1 PowerPointを起動してから開く

PowerPointを起動しておく

1 ［開く］をクリック

2 ［参照］をクリック

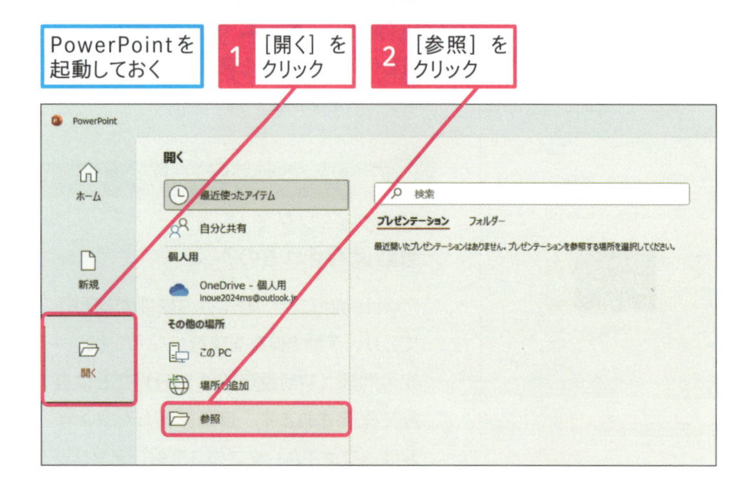

［ファイルを開く］ダイアログボックスが表示された

3 ファイルの保存場所を選択

4 ファイルをクリック

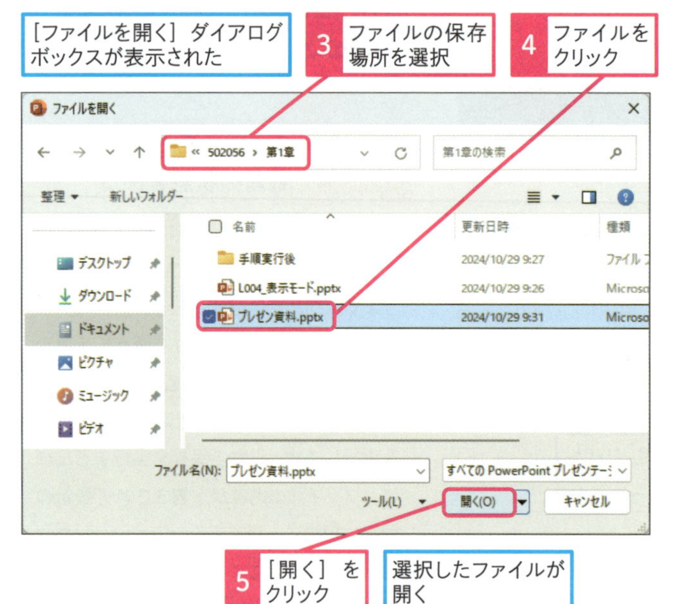

5 ［開く］をクリック

選択したファイルが開く

キーワード

エクスプローラー	P.311
スタート画面	P.313
スライド	P.313

ショートカットキー

ファイルを開く　Ctrl + O

使いこなしのヒント

作業中にファイルを開くには

手順1では、PowerPointのスタート画面からファイルを開く方法を解説しました。PowerPointを起動して作業を開始してから別のファイルを開く場合は、［ファイル］タブから［開く］をクリックします。

1 ［ファイル］タブをクリック

2 ［開く］をクリック

3 ［参照］をクリック

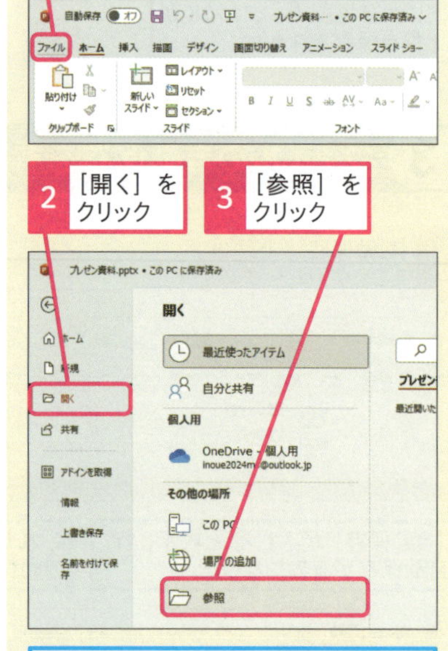

表示された［ファイルを開く］ダイアログボックスで、開くファイルを選択する

2 エクスプローラーからファイルを開く

1 ［エクスプローラー］をクリック

2 ［ドキュメント］をクリック

3 ［502056］をダブルクリック

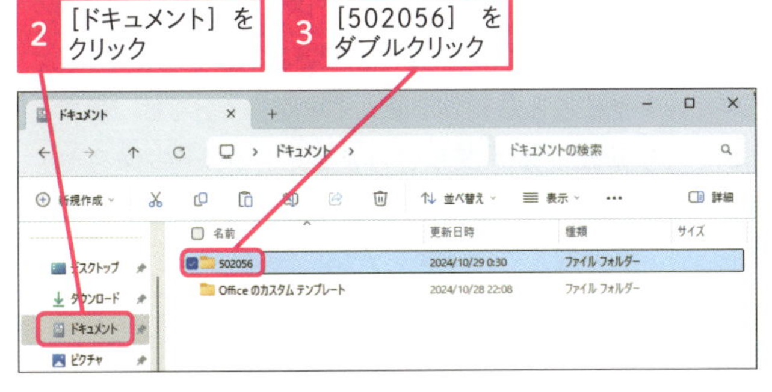

4 ［第1章］をダブルクリック

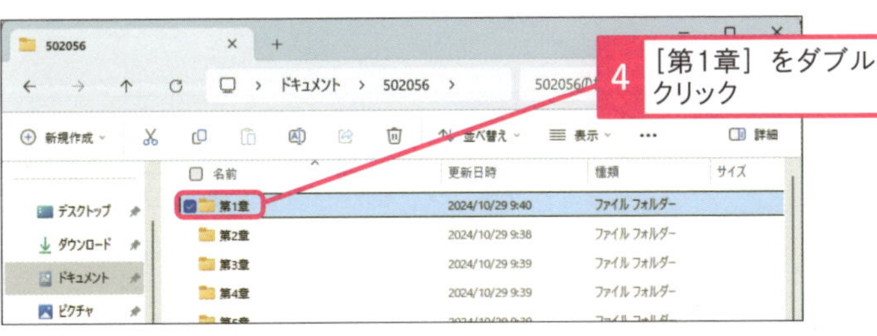

5 ファイルをダブルクリック

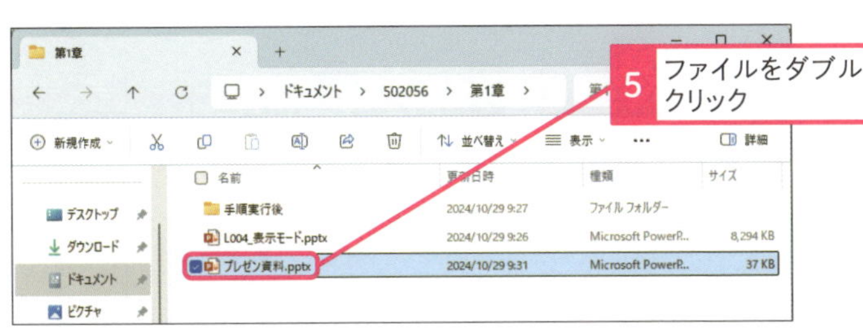

PowerPointが起動して、選択したファイルが開いた

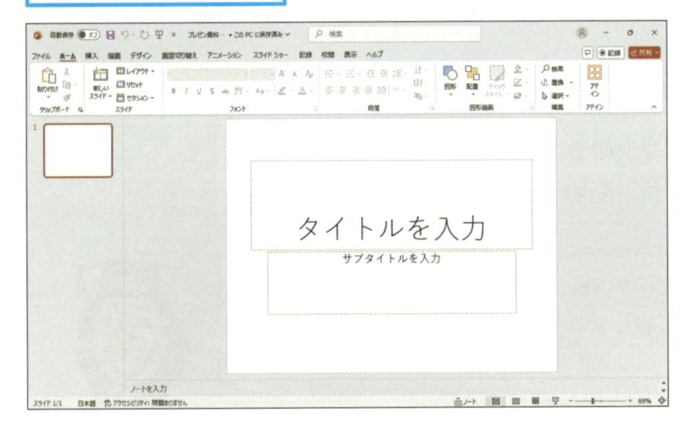

ショートカットキー

エクスプローラーの起動 ⊞+E

時短ワザ

最近使ったファイルは履歴からすぐに開ける

PowerPointのスタート画面や、［ファイル］タブから［開く］をクリックすると、過去に利用したスライドの一覧が表示されます。頻繁に使うスライドを素早く開くには、一覧から目的のスライドをクリックしましょう。ただし、一覧に表示されるスライドの数は決まっています。一覧から特定のスライドが消えないようにするには、以下の手順で一覧の上側に常に表示されるようにしましょう。

1 ［ファイル］タブをクリック

2 ［開く］をクリック

3 ピンのアイコンをクリック

まとめ 素早く目的のスライドを開こう

スライドを開く方法はいろいろあります。PowerPointの起動後にスライドを開くときには、スタート画面や［開く］の画面でよく使うスライドを手早く開く方法を覚えておくといいでしょう。PowerPointを起動する前であれば、保存先のフォルダーを直接開く方法が便利です。そうすると、PowerPointの起動とスライドを開く操作が同時に行えます。状況に合わせて素早くスライドを開いて、次の操作に取り掛かりましょう。

この章のまとめ

PowerPointの使い方を正しく知ることが時短の「鍵」

ビジネスパーソンにとって、スライドを短時間で効率よく作成することは重要なテーマです。どれだけ内容が充実していても、スライド作成に膨大な時間をかけていると生産性が落ちるからです。PowerPointを上手に使うには、機能の使い方を正しく知ることが大切です。PowerPointの表示モードを使いこなせば、目的に合わせて最適の表示モードで作業できます。また、スライドサイズを最初から正しく設定しておくと、後から修正する手間を省けます。スライドの保存や開き方など、効率よく機能を実行すると、スライド完成までの時間を大幅に短縮できます。

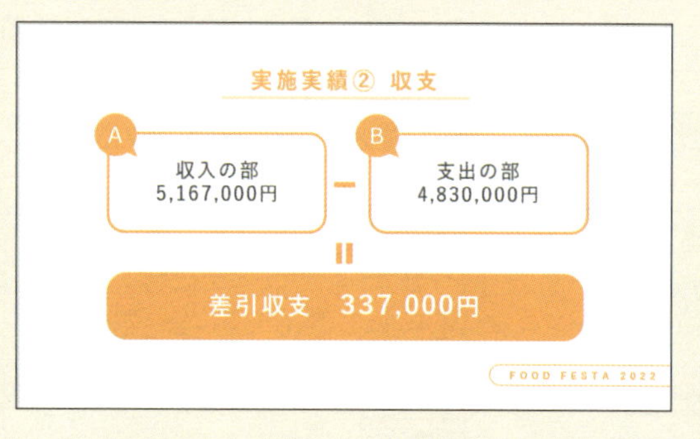

作成後にスライドサイズを変更するとレイアウトや表示が崩れてしまう

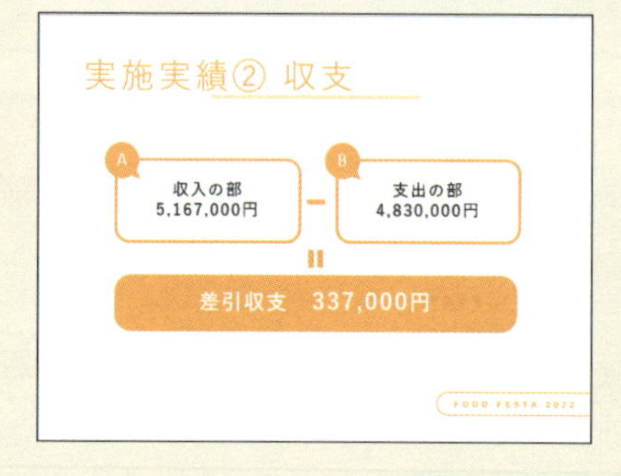

ほんとだ！　後からスライドサイズを変更したら、画像や文字の位置がずれちゃった。

スライドの余白も変わるから、文字や図形のサイズも調整しないといけないね。完成した後で、また作業が発生するのは、けっこうショックかも……。

最初から正しいスライドサイズにしていれば、そんなことにもならないからね！「最終的にどの画面でプレゼンテーションを行うのか」をしっかり踏まえて、資料を作ろう。

基本編

第2章

スライド作成の基礎を学ぶ

この章では、プレゼンテーション資料の内容を入力しながら、伝えたい内容の骨格を作成していきます。また、箇条書きにレベルや記号を付けて、分かりやすく見せる操作についても解説します。

08	プレゼンテーションの内容を作成する	42
09	表紙になるスライドを作成するには	44
10	新しいスライドを追加するには	46
11	スライドの内容を入力するには	48
12	箇条書きにレベルを付けるには	50
13	箇条書きの行頭文字を連番にするには	52
14	任意の位置に文字を入力するには	54
15	スライドの順番を入れ替えるには	56

レッスン

08 Introduction この章で学ぶこと
プレゼンテーションの内容を作成する

プレゼンテーション資料を作成するときは、最初に文字だけを入力して全体の構成を練ることから始めます。デザインを決めたり写真やグラフを入れたりするよりも前に、構成を考える重要性を理解しましょう。

目的を明確にして全体の構成を考えよう

ここから本格的に資料作りが始まりますね！
さて、どの写真やイラストを入れようかな……。

ちょっと待った！　いきなりデザインを作り込むのは、非効率だよ。
資料の構成を練りながら、骨格を作ることからスタートしてね。

初めからデザインを作り込むと、視覚的要素が気になり、何度も構成を練り直すことになる

構成を考える前に「何を誰に、何のために発表するのか」目的を明確にすることも忘れずに！　目的を達成するために、どんな情報やデータが必要なのか、どんな説明が伝わりやすいのかが分かって、構成も考えやすくなるよ。

文字だけを入力して資料の骨格を作ろう

資料の骨格は文字だけで作ろう。これには「入力」と「推敲」の2つの段階が必要になるよ！

● 内容の入力

スライドを追加して、思い付いたキーワードをどんどん入力していく

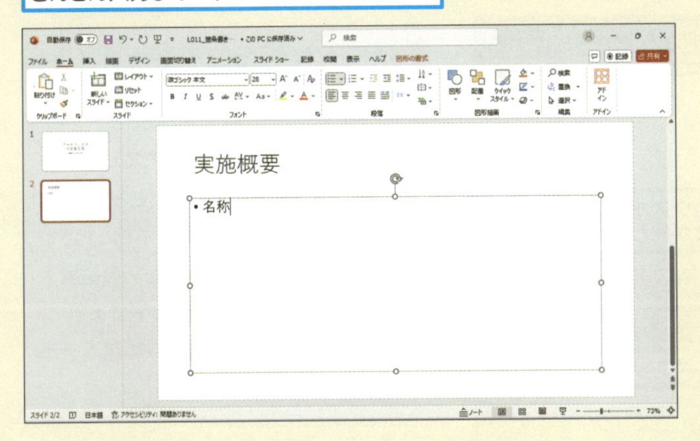

内容の順番や、箇条書きの階層は気にしなくてもいいんですか？

うん！　ただ、スライドに内容を詰め込み過ぎないよう、1枚のスライドに1つのテーマを入力するように心がけてね！

うーん、文字だけだと、物足りない感じがするし、余白も気になる～。画像とかグラフを入れたくなっちゃいますね……。

● 内容の推敲

入力したキーワードをじっくり見ながら推敲し、内容の順番や箇条書きの階層を調整する。また、不要なキーワードがあれば削除する

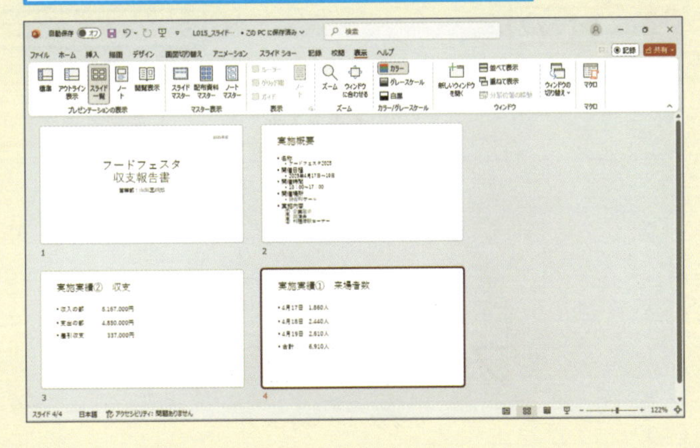

遠回りのように見えても、この作業が効率化を生むんです。はやる気持ちをグッと抑えて、骨格をしっかり作りましょう！

レッスン

09 表紙になるスライドを作成するには

タイトルスライド

練習用ファイル　なし

PowerPointの起動後に［新しいプレゼンテーション］を選ぶと、表紙用のスライドが表示されます。「タイトルを入力」などのメッセージに従って文字を入力するだけで、表紙のスライドを作成できます。

1 タイトルを入力する

◆［タイトルスライド］レイアウト

1 ここにマウスポインターを合わせる

マウスポインターの形が変わった

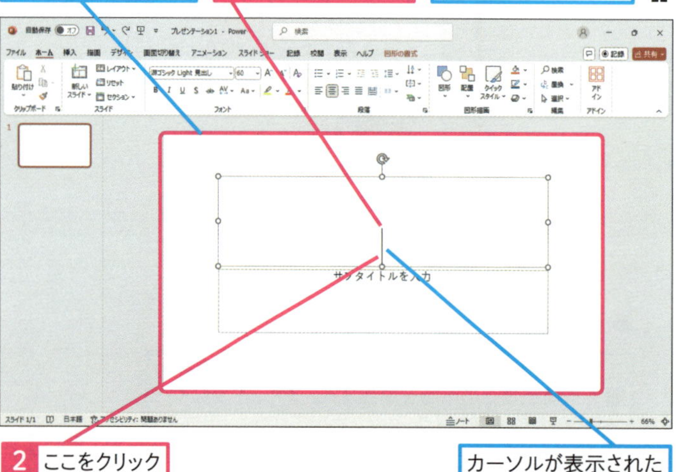

2 ここをクリック

カーソルが表示された

3 「フードフェスタ」と入力

4 Enter キーを押す

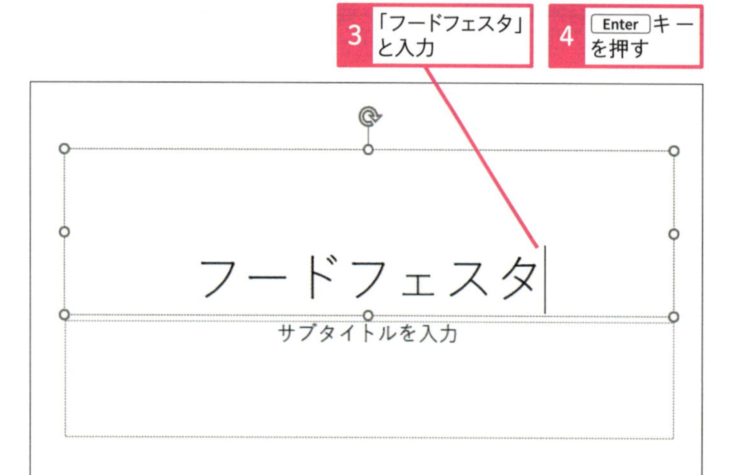

キーワード

書式	P.312
プレースホルダー	P.315
レイアウト	P.315

用語解説

プレースホルダー

スライド上に点線で表示されている枠のことを「プレースホルダー」と呼びます。プレースホルダーとは、スライドに文字や画像、グラフなどを入れるための領域のことで、スライドのレイアウトによって、さまざまなプレースホルダーの組み合わせがあります。

◆プレースホルダー

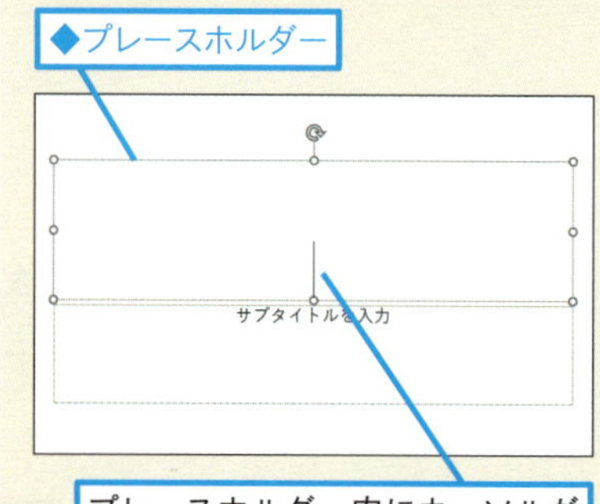

プレースホルダー内にカーソルが表示されると、文字が入力できる

● 続けて文字を入力する

5 「収支報告書」と入力

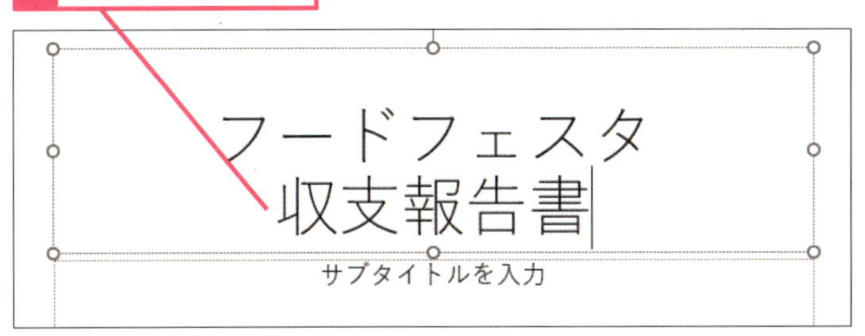

2 サブタイトルを入力する

1 ここをクリック

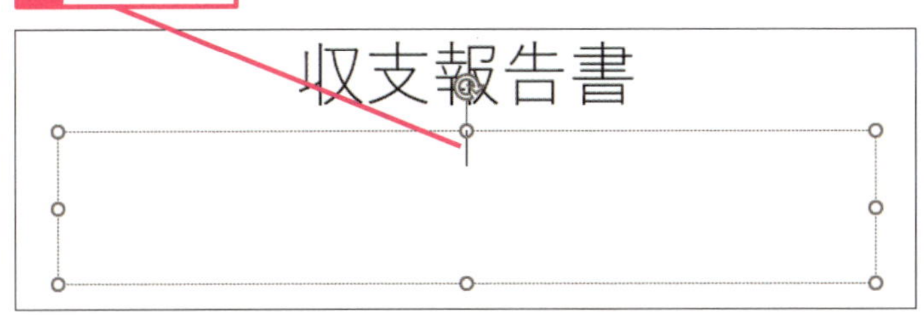

ここでは発表者の名前を入力する

2 「営業部：山田三四郎」と入力

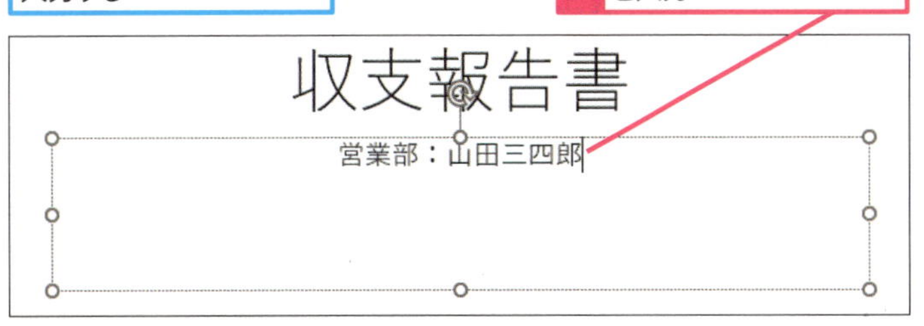

3 スライドの外側をクリック

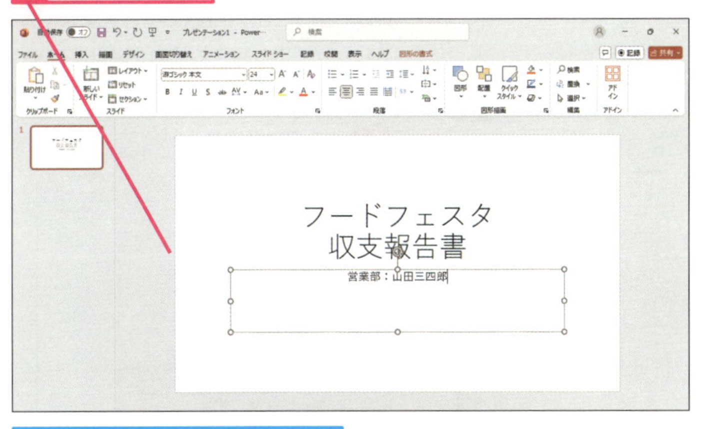

プレースホルダーの枠が非表示になり、選択が解除される

使いこなしのヒント

入力した文字には自動的に書式が設定される

表紙のスライドを見ると、タイトルの文字が大きく、サブタイトルの文字が小さめに表示されています。それぞれのプレースホルダーにはあらかじめ書式が設定されているので、文字を入力するだけで見栄えがする仕上がりになります。

用語解説

書式

書式とは、文字や図形などに色や飾りを付けて見た目を変えることです。

ここに注意

タイトルやサブタイトルが2行にまたがる場合は、区切りのいい箇所で Enter キーを押して改行します。

まとめ 表紙のスライドから始めよう

PowerPointの起動後に［新しいプレゼンテーション］を選ぶと、白紙のスライドが1枚だけ用意されます。これはプレゼンテーションや企画書の表紙になるスライドです。表紙のスライドには、2つのプレースホルダーが用意されており、タイトル用のプレースホルダーには全体を象徴するタイトルを入力します。また、サブタイトル用のプレースホルダーには、会社名や部署名、名前などを入力するといいでしょう。プレースホルダーの説明に従って操作すれば、誰でも簡単に適切な内容を入力できます。

レッスン

10 新しいスライドを追加するには

新しいスライド　練習用ファイル　L010_新しいスライド.pptx

このレッスンでは、2枚目のスライドを追加します。スライドには「白紙」や「タイトルのみ」など、いくつかのレイアウトが用意されており、スライドを追加するときにレイアウトを指定できます。

1 新しいスライドを挿入する

タイトルスライドの下に、2枚目のスライドを挿入する

1 ［ホーム］タブをクリック

2 ［新しいスライド］をクリック

3 ［白紙］をクリック

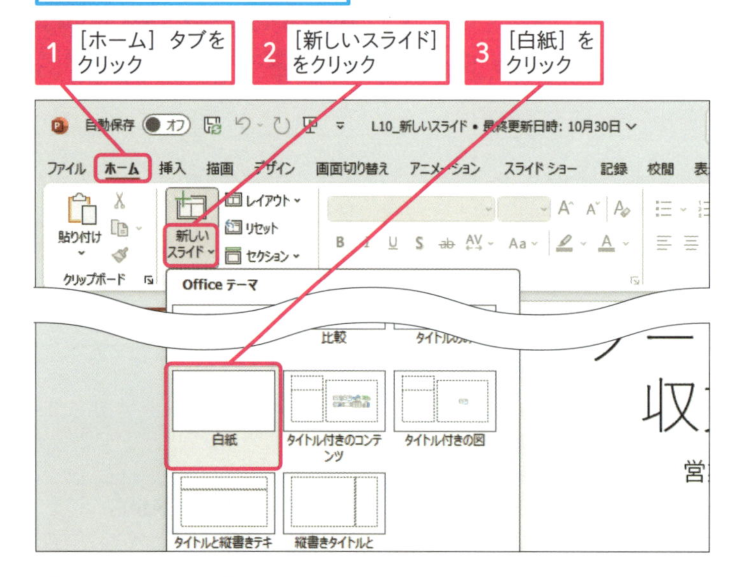

新しい白紙のスライドが挿入された

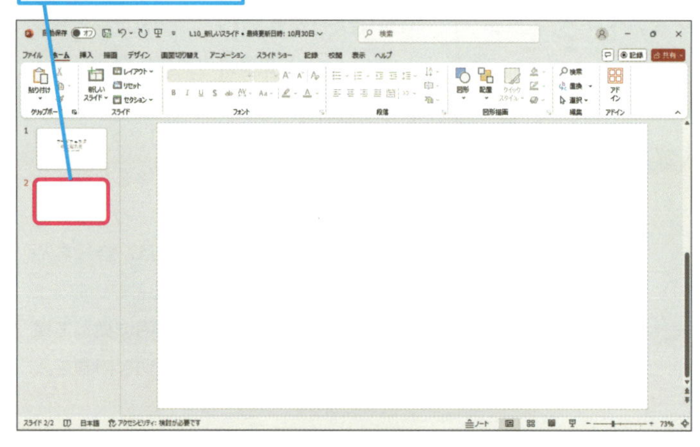

キーワード

スライド	P.313
プレゼンテーション	P.315
レイアウト	P.315

ショートカットキー

新しいスライド　Ctrl + M

使いこなしのヒント

選択したスライドの下に追加される

［ホーム］タブの［新しいスライド］ボタンをクリックすると、現在表示されているスライドの下に新しいスライドが追加されます。目的とは違う位置にスライドが追加されてしまったら、レッスン15の操作でスライドを移動しましょう。

使いこなしのヒント

右クリックからでもスライドを追加できる

以下の手順でも、スライドを追加できます。ほかのタブが表示されているときは、［ホーム］タブに切り替える手間が省けて便利です。

1 スライドを右クリック

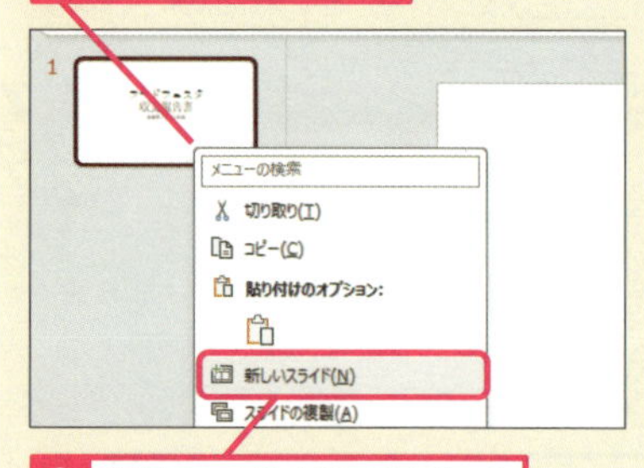

2 ［新しいスライド］をクリック

2 スライドのレイアウトを変更する

手順1で挿入した白紙のスライドを［タイトルとコンテンツ］のレイアウトに変更する

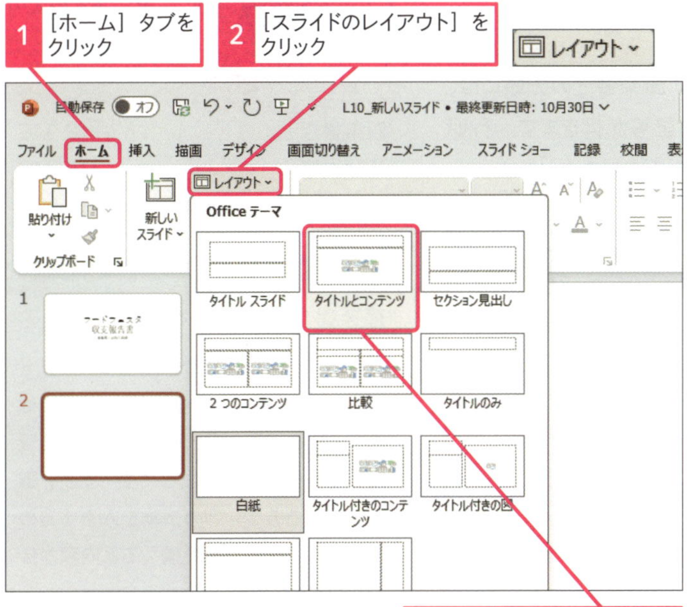

白紙のスライドに、プレースホルダーが追加された

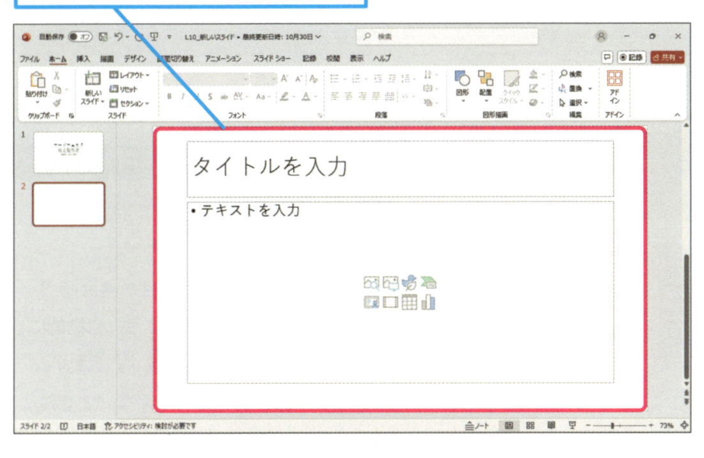

用語解説
スライドのレイアウト

PowerPointには、プレースホルダーの組み合わせによって、複数のレイアウトが用意されています。［ホーム］タブの［新しいスライド］ボタンの下側をクリックすると、レイアウトの一覧が表示され、スライドを追加するときにレイアウトを選択できます。また、［スライドのレイアウト］ボタンを使って、後からレイアウトを変更することもできます。

まとめ スライドを追加しながら資料を作る

PowerPointでは、「スライド」という単位が基本です。PowerPoint起動後に［新しいプレゼンテーション］を選ぶと、表紙用のスライドが1枚だけ表示されます。スライドを2枚3枚と追加しながら、文字や表、グラフなどを入力して、プレゼンテーションの資料を作成していきます。最終的に何枚ものスライドが集まってできたものが、「プレゼンテーションファイル」です。

レッスン

11 スライドの内容を入力するには

箇条書きの入力

練習用ファイル L011_箇条書きの入力.pptx

2枚目のスライドに箇条書きを入力しましょう。箇条書きの先頭には、自動的に「行頭文字」と呼ばれる「・」の記号が付きます。行頭文字を付けずに改行して、箇条書きを入力する方法もあります。

キーワード

箇条書き	P.312
行頭文字	P.312
スライド	P.313

1 箇条書きを入力する

1 2枚目のスライドを選択

2 ここをクリック

実施概要

• テキストを入力

カーソルが表示され、箇条書きが入力できるようになった

3 ここに「名称」と入力

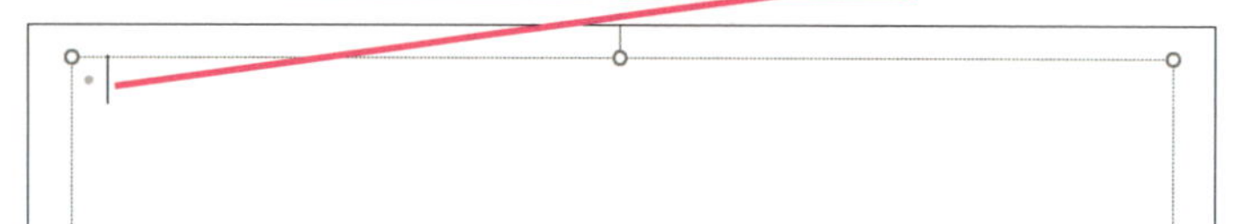

1つ目の項目が入力された

4 Enter キーを押す

• 名称

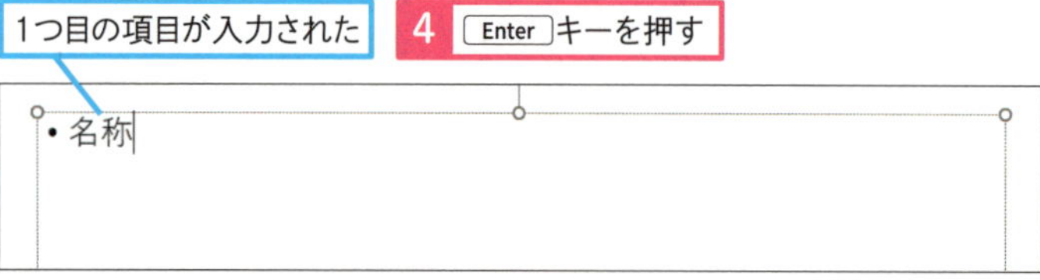

次の行にカーソルと行頭文字が表示された

5 ここに「フードフェスタ2025」と入力

• 名称

使いこなしのヒント

箇条書きは体言止めが基本

プレゼンテーションや企画書のスライドは、じっくり読んでもらうことが目的ではありません。短時間でスライドの内容を理解してもらうためには、「です・ます」調や「だ・である」調の文章を入力するのではなく、体言止めで揃えると内容が伝わりやすくなります。

使いこなしのヒント

行数が増えると文字のサイズが小さくなる

プレースホルダー内の項目が増えると、プレースホルダーに収まるように自動的に文字のサイズが小さくなります。自動的に文字のサイズを調整されたくないときは、プレースホルダーの左下に表示される［自動調整オプション］ボタン（ ）をクリックしてから、［このプレースホルダーの自動調整をしない］をクリックします。ただし、プレースホルダーから文字がはみ出てしまうので、必要に応じて文字を削除しましょう。

スキルアップ
行頭文字を変更するには

箇条書きの先頭に付く行頭文字の記号は、後から別の記号や連番に変更できます。最初にプレースホルダーの外枠をクリックしてプレースホルダー全体を選択しておくと、箇条書きの行頭文字をまとめて変更できます。詳しくは、レッスン13を参照してください。

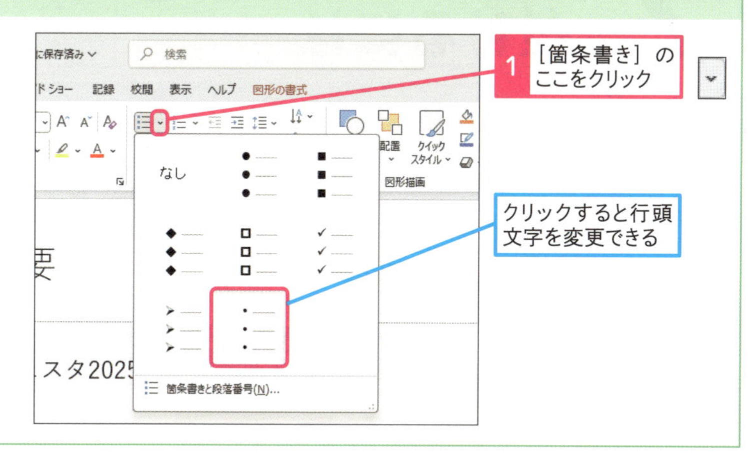

● 2つ目の項目が入力できた

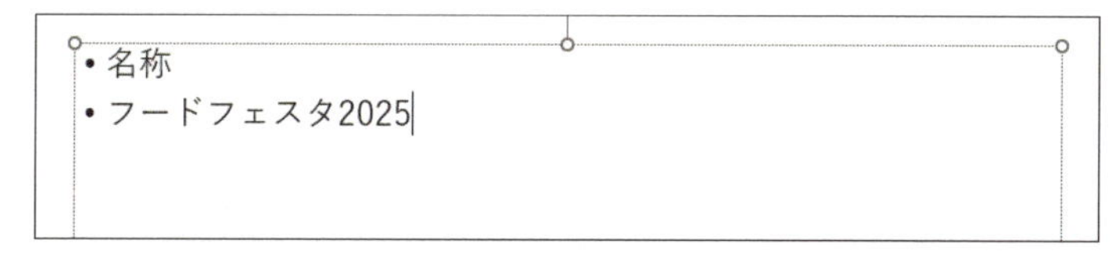

2 行頭文字を付けずに改行する

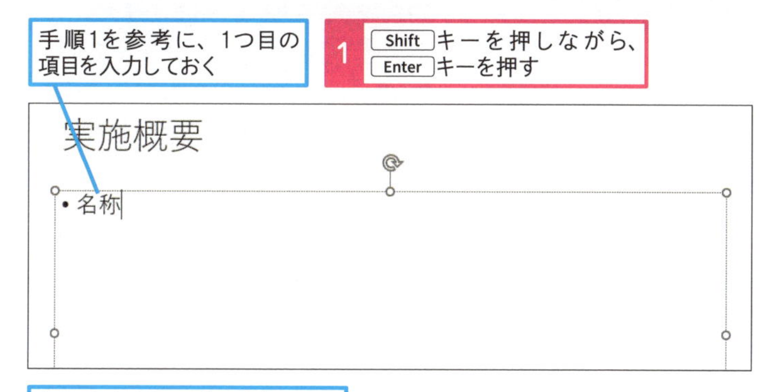

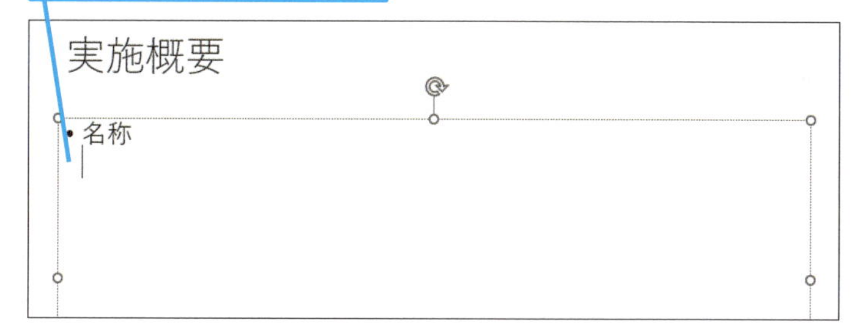

スキルアップ
［アウトライン表示］モードで構成を練る

［アウトライン表示］モードは、文字だけを表示するモードです。［アウトライン表示］モードを使うと、ワープロ感覚で内容を入力しながら全体の構成を練ることができます。

まとめ スライドの文字は箇条書きで簡潔に

PowerPointで作成するスライドは、じっくり読んでもらうことが目的ではなく、発表者の説明を補完することが目的です。スライドに長々と文章を入力してしまうと、聞き手が文章を読むことに集中してしまい、発表者の話に耳を傾ける余裕がなくなります。スライドに入力する内容は、発表者が説明する中でも特に重要なキーワードだけを箇条書きで列記します。そうすると、耳と目の両方から同じ情報を繰り返し取り入れることになり、聞き手の印象に残りやすくなるのです。

レッスン

12 箇条書きにレベルを付けるには

レベル

練習用ファイル L012_レベル.pptx

箇条書きには階層を付けることができます。PowerPointでは、階層のことを「レベル」と呼びます。このレッスンでは、1行目の箇条書きの下にレベルを下げた箇条書きを追加します。

1 Tabキーでレベルを変更する

ここでは2行目のレベルを変更する

1 2行目をクリック

2 Tabキーを押す

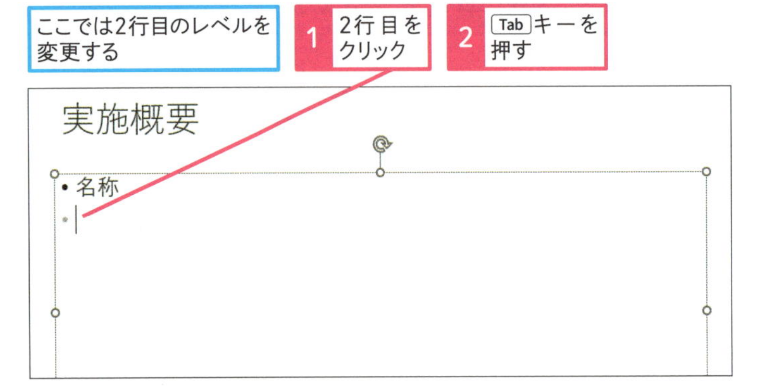

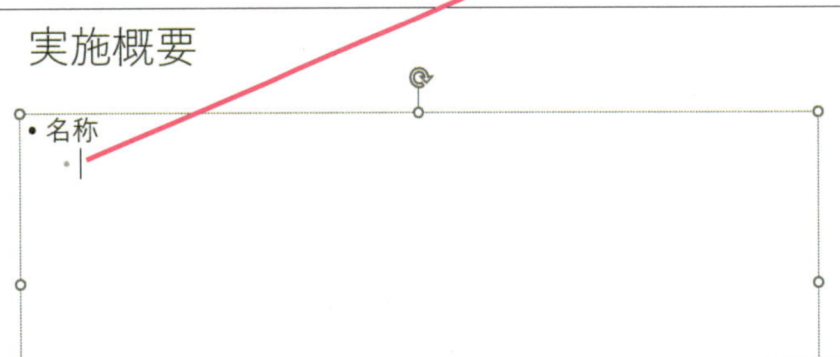

レベルを下げると、文字の大きさが小さくなる

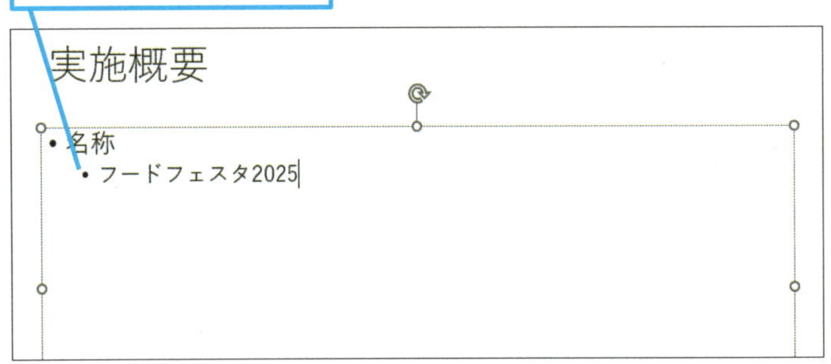

キーワード

箇条書き	P.312
行頭文字	P.312
マウスポインター	P.315

ショートカットキー

レベル上げ	Shift + Tab
レベル下げ	Tab

用語解説

レベル

箇条書きの階層のことを「レベル」と呼びます。レベルを下げるときにはTabキーを押します。反対にレベルを上げるときにはShift+Tabキーを押します。箇条書きのレベルは9段階ありますが、あまり階層を深くすると複雑になるので注意しましょう。

レベルごとに文字の大きさや字下げの位置が異なる

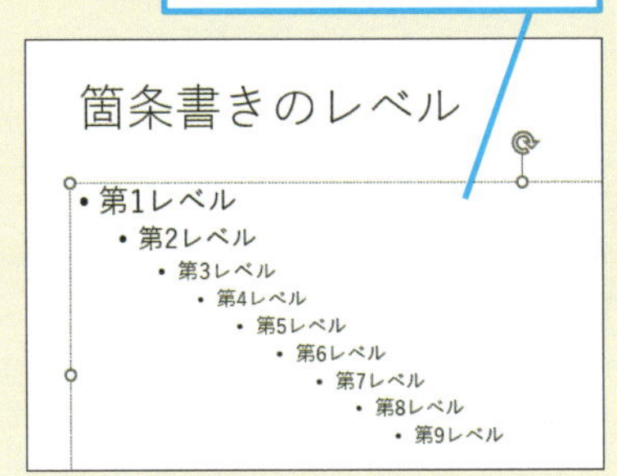

レベルを下げすぎると複雑になるので、「第2レベル」ぐらいまでにとどめておく

2 行頭文字をドラッグしてレベルを変更する

ここでは2行目のレベルを変更する

1 行頭文字にマウスポインターを合わせる

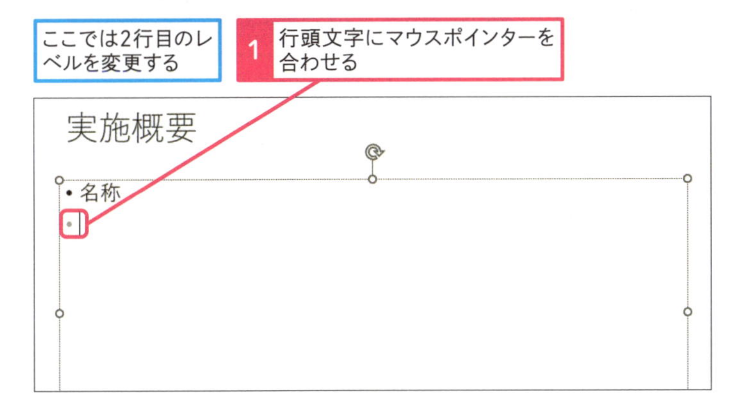

マウスポインターの形が変わった

2 ここまでドラッグ

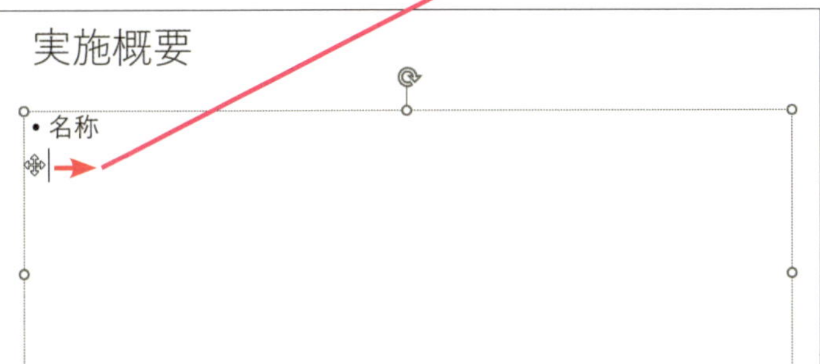

3 ここをクリック

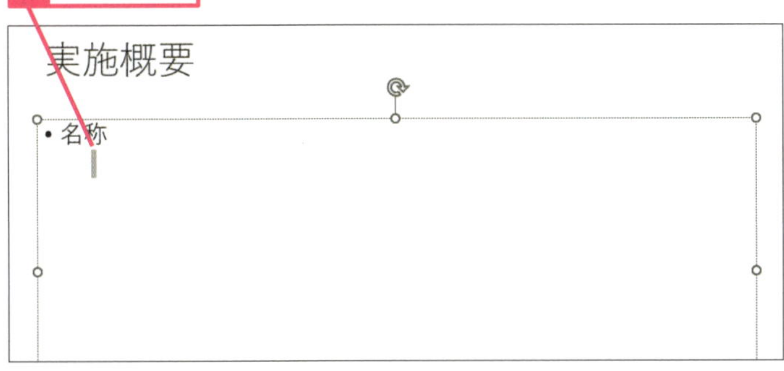

箇条書きのレベルが下がった

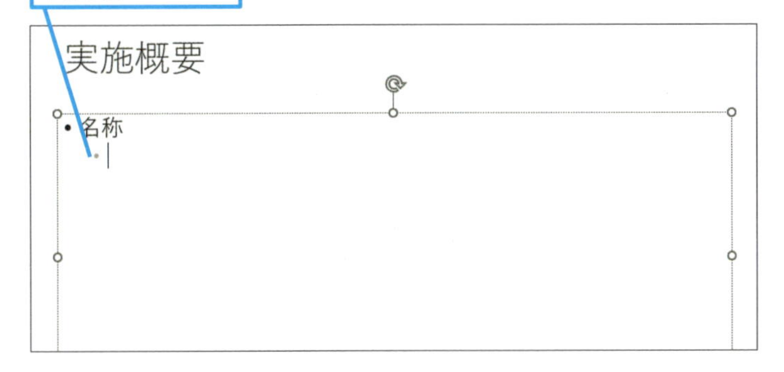

使いこなしのヒント

後からレベルを変更するには

箇条書きを入力した後でレベルを変更するには、箇条書きの先頭文字の前をクリックしてから[Tab]キーでレベルを下げたり、[Shift]+[Tab]キーを押してレベルを上げたりします。また、行頭文字を左右にドラッグしてレベルを変更することもできます。

使いこなしのヒント

直前のレベルが引き継がれる

箇条書きを入力した後で[Enter]キーを押すと、前の行と同じレベルを入力できる状態になります。これは直前のレベルが引き継がれるためです。必要に応じてレベルを上げたり下げたりして使いましょう。

ここに注意

ドラッグ操作でレベルを変更するときに、意図したレベルと違うところまでドラッグしてしまうことがあります。このようなときは、正しい位置までドラッグし直します。

まとめ　レベルで階層関係がはっきりする

1つの箇条書きに含まれる内容があるときは、階層関係がはっきりするようにレベルを設定します。レベルを下げると、文字の先頭位置が右にずれ、文字のサイズが変わるため、見ただけで、全体の構成が伝わりやすくなります。

レッスン

13 箇条書きの行頭文字を連番にするには

段落番号

練習用ファイル L013_段落番号.pptx

箇条書きを入力すると、最初は箇条書きの先頭に「・」の行頭文字が表示されます。「・」の記号を後から連番に変更するには、[ホーム] タブの [段落番号] ボタンを使います。

1 段落番号を付ける

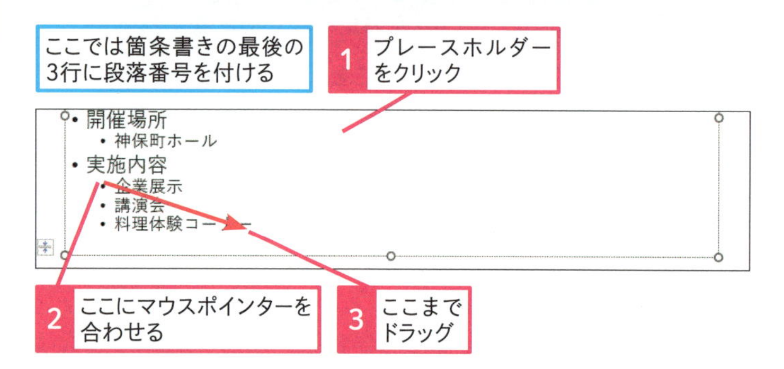

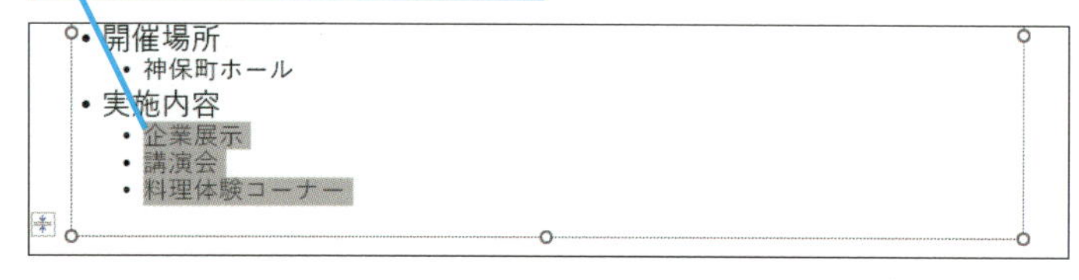

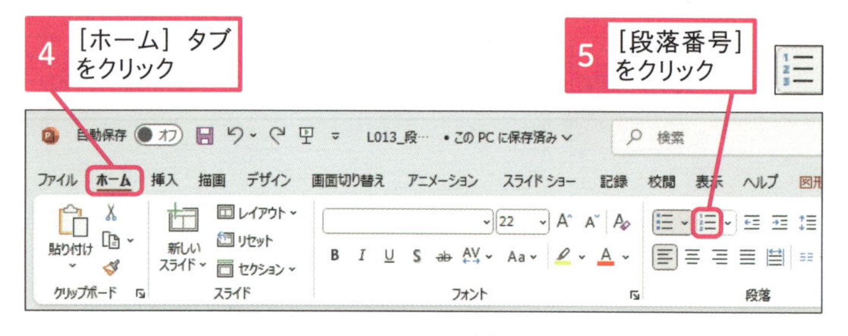

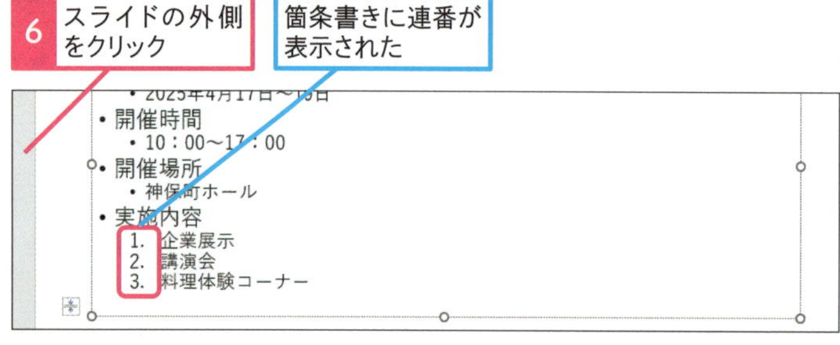

キーワード

箇条書き	P.312
行頭文字	P.312
段落	P.314

使いこなしのヒント

段落番号から箇条書きに戻すには

段落番号に変更した行頭文字を箇条書きの記号に戻すには、段落番号にした個所を選択し、[箇条書き] ボタン（☰）をクリックします。

使いこなしのヒント

段落番号はどういうときに使うといいの?

段落番号は、作業の手順を連番で示すときに便利です。また、「3つのポイント」といったスライドの箇条書きに連番を付けると、数字を強調する効果もあります。

2 段落番号の種類を変更する

手順1を参考に、段落番号を付けておく

1 ［ホーム］タブをクリック

2 ［段落番号］のここをクリック

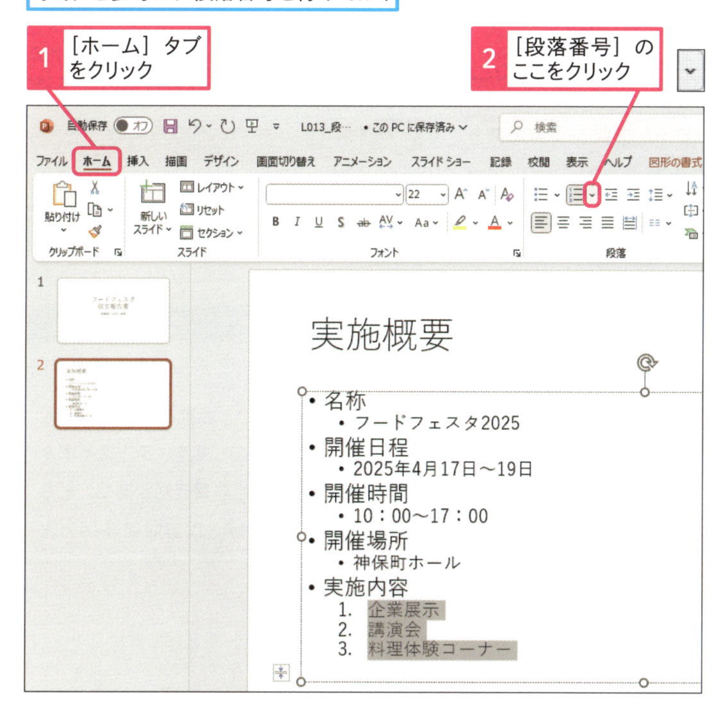

3 ［囲み英数字］をクリック

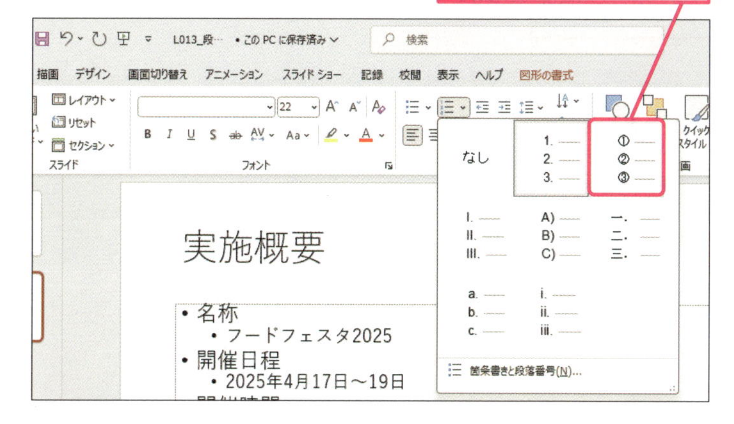

4 スライドの外側をクリック

段落番号の種類が変更された

- 開催時間
  - 10：00～17：00
- 開催場所
  - 神保町ホール
- 実施内容
  - ① 企業展示
  - ② 講演会
  - ③ 料理体験コーナー

使いこなしのヒント

連番の開始番号を変更するには

段落番号を設定すると、最初は「1」から始まる連番が表示されます。開始番号を変更するには、手順2の操作3で［箇条書きと段落番号］をクリックし、開く画面の［段落番号］タブで［開始番号］を指定します。

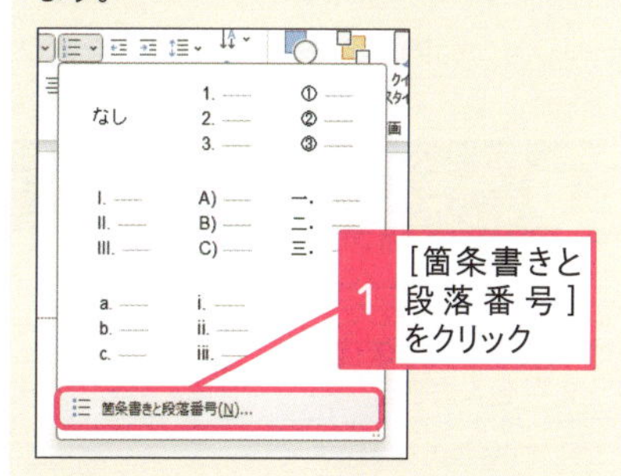

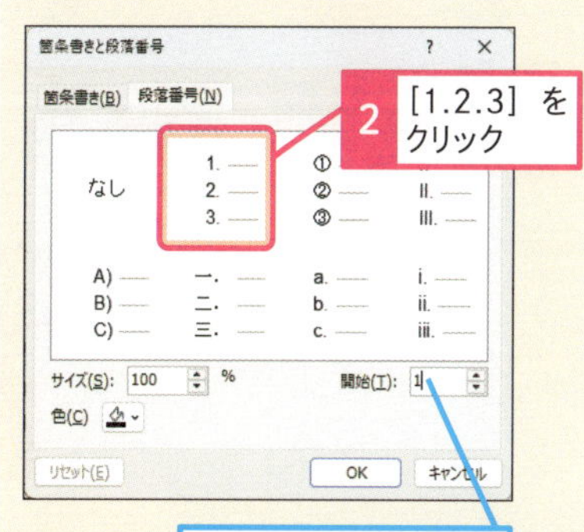

まとめ 箇条書きと段落番号を区別して使う

箇条書きは、通常何行かの項目が並んで表示されています。PowerPointでは、箇条書きの先頭に「行頭文字」と呼ばれる記号が表示されますが、この行頭文字には「箇条書き」と「段落番号」の2つの種類があります。箇条書きが並列の内容で、1つ1つを明確に区別したいときは「箇条書き」の記号を設定します。また、箇条書きの中でも数を示したり、手順やステップを示す場合には、「段落番号」を設定し、連番を表示すると効果的です。「箇条書き」と「段落番号」の行頭文字の違いを理解して上手に使い分けましょう。

レッスン
14 任意の位置に文字を入力するには

テキストボックス

練習用ファイル L014_テキストボックス.pptx

プレースホルダー以外の場所に文字を入力するときは、「テキストボックス」の図形を使います。出典元の情報や備考など、プレゼンテーションの内容を補足する情報を入力するときに使うと便利です。

1 テキストボックスを挿入する

ここでは1枚目のスライドの右上に「2025年度」という文字を入力する

1 ［ホーム］タブをクリック

2 ［図形］をクリック

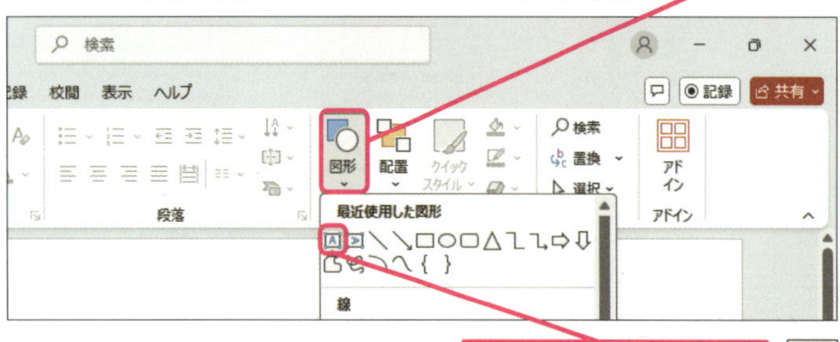

3 ［テキストボックス］をクリック

4 ここにマウスポインターを合わせる

5 ここまでドラッグ

フードフェスタ

テキストボックスが挿入された

フードフェスタ

キーワード

プレースホルダー	P.315
プレゼンテーション	P.315
マウスポインター	P.315

用語解説

テキストボックス

テキストボックスは、名前の通り文字を入れるための図形のことです。テキストボックスには横書き用と縦書き用があり、どちらもスライド内の好きな位置に文字を入力できます。

使いこなしのヒント

縦書きのテキストボックスはどういうときに使うといいの?

縦書き用のレイアウトを利用しているときは、［縦書きテキストボックス］を使って文字の方向を揃えるといいでしょう。ただし、半角の英字は横向きに回転して表示されます。

使いこなしのヒント

テキストボックスの位置や大きさを変更するには

テキストボックスの位置やサイズは後から変更できます。テキストボックスの周りにある白いハンドルをドラッグしてサイズを変更したり、テキストボックスの外枠をドラッグして移動したりして調整しましょう。

● 大きさの変更

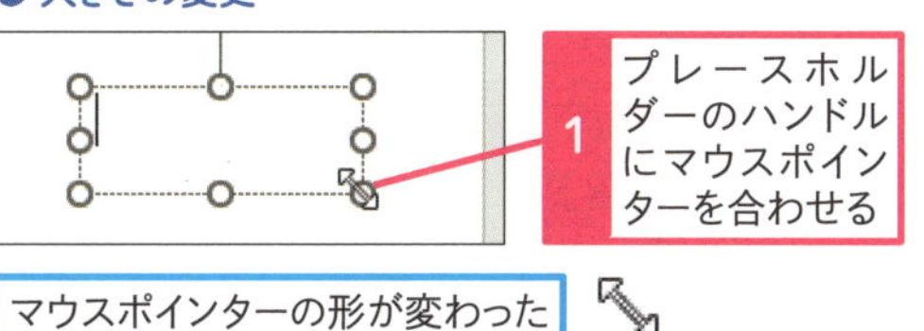

1 プレースホルダーのハンドルにマウスポインターを合わせる

マウスポインターの形が変わった

● 位置の変更

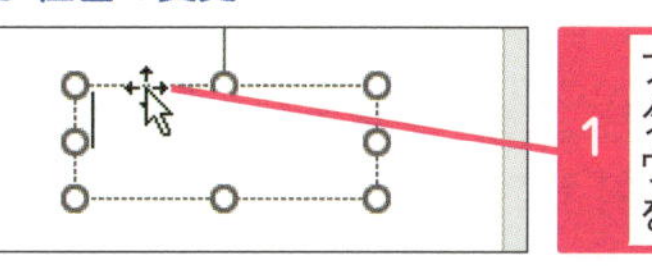

1 プレースホルダーの点線にマウスポインターを合わせる

マウスポインターの形が変わった

● 文字を入力する

6 「2025年度」と入力

7 スライドの外側をクリック

文字が入力された

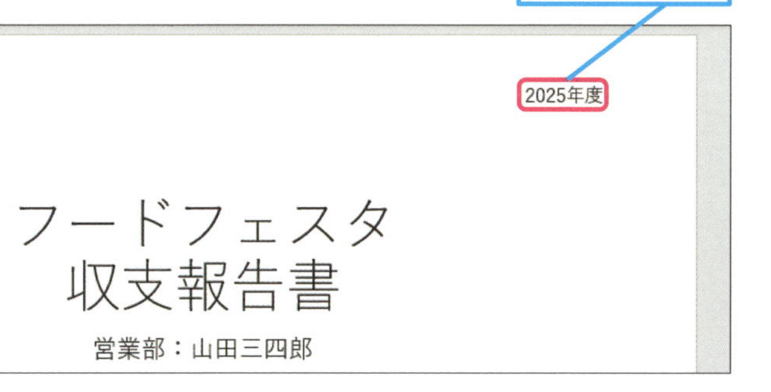

使いこなしのヒント

後から文字を編集するには

入力済みのテキストボックス内をクリックすると、テキストボックス内にカーソルが表示され、文字を編集できる状態になります。

1 文字にマウスポインターを合わせる

2025年

マウスポインターの形が変わった

2 そのままクリック

文字が編集可能な状態になった

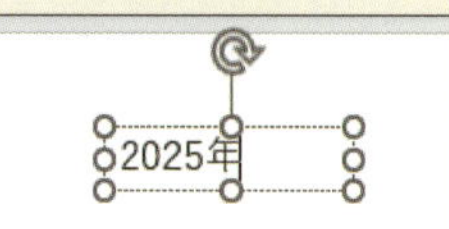

まとめ 補足事項はテキストボックスに入力する

スライドの端に日付や年度を表示したり、表やグラフの右下に出典情報を表示したりするなど、プレースホルダー以外の場所に文字を入力するときは、テキストボックスを使うと便利です。これらの補足事項は、プレースホルダー内の文字よりも小さなサイズで表示します。

レッスン

15 スライドの順番を入れ替えるには

スライドの移動

練習用ファイル　L015_スライドの移動.pptx

［スライド一覧表示］モードに切り替えて、全体の構成を見ながら、スライドの順番を入れ替えてみましょう。また、スライドをコピーして複製したり、不要なスライドを削除したりする操作も覚えましょう。

1 スライドを移動する

1［表示］タブをクリック

2［スライド一覧］をクリック

ここでは3枚目のスライドを、4枚目のスライドの後に移動する

3 左下に［3］と表示されたスライドをクリック

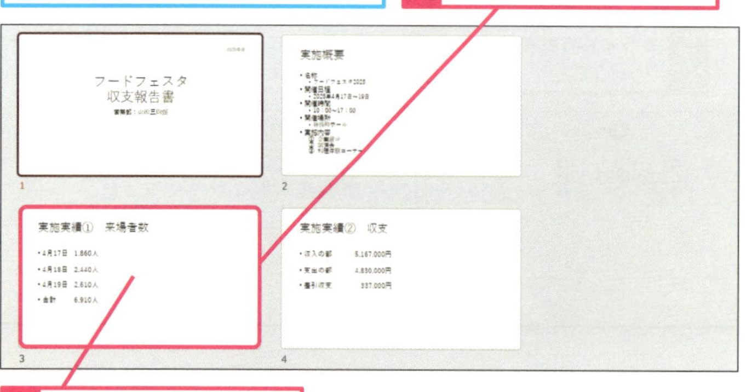

4 選択したスライドにマウスポインターを合わせる

5 ここまでドラッグ

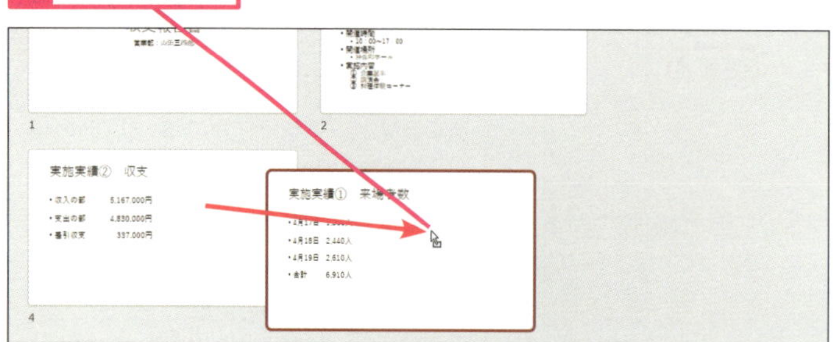

キーワード

スライド	P.313
プレゼンテーション	P.315
マウスポインター	P.315

使いこなしのヒント

スライド全体を見直そう

［スライド一覧表示］モードは、作成済みの複数のスライドが一覧形式で表示されるため、全体をじっくり推敲しながらスライドの順番を調整できます。なお、スライドの枚数が多いときは、以下の操作で表示倍率を縮小して全体を表示するとよいでしょう。

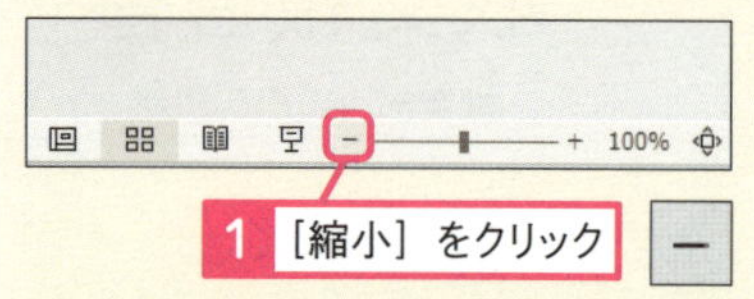

1［縮小］をクリック

使いこなしのヒント

［標準表示］モードでもスライドを移動できる

［標準表示］モードでもスライドを移動できます。画面左のスライドをクリックして、そのまま移動先までドラッグしましょう。

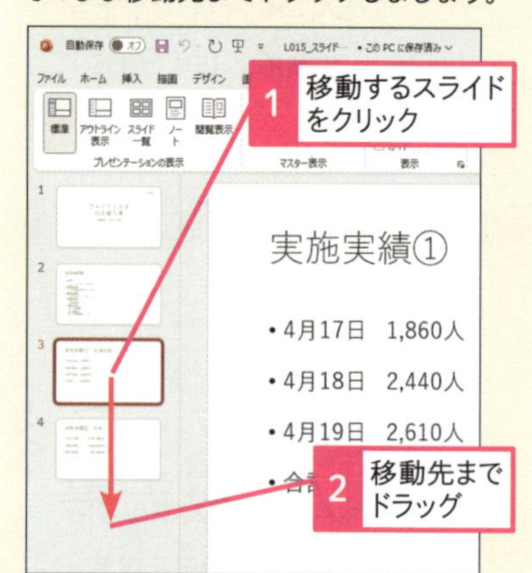

1 移動するスライドをクリック

2 移動先までドラッグ

2 スライドをコピーする

ここでは2枚目のスライドを、3枚目にコピーする

1 コピーするスライドをクリック

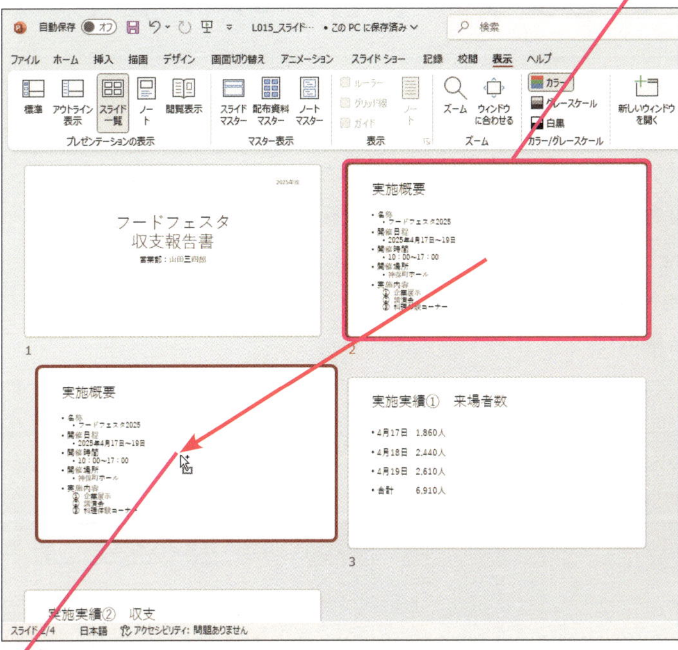

2 Ctrlキーを押しながら、コピー先までドラッグ

● スライドをコピーできた

2枚目のスライドがコピーされ、3枚目のスライドとして表示された

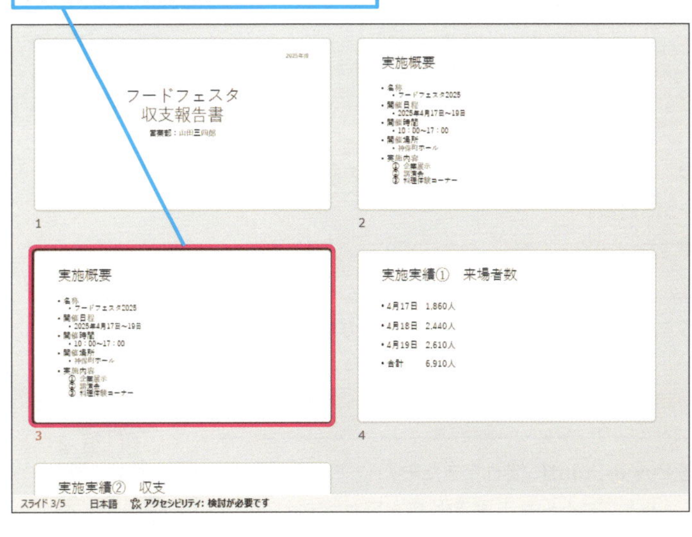

ショートカットキー

切り取り	Ctrl+C
貼り付け	Ctrl+V

使いこなしのヒント

スライドを削除するには

スライドを選択し、Deleteキーを押すと削除できます。

1 スライドをクリック

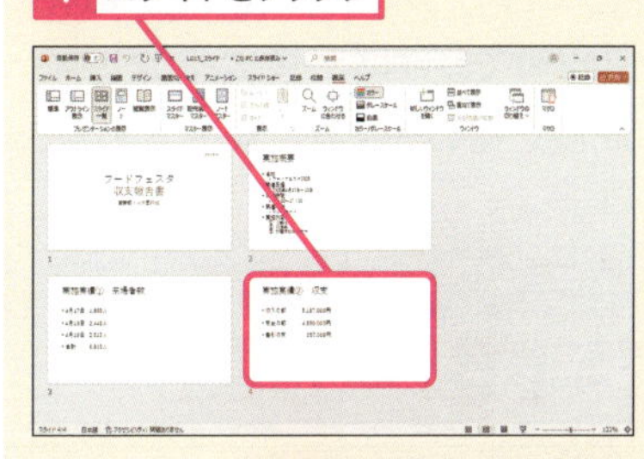

2 Deleteキーを押す

まとめ 説明の順番とスライドの枚数を熟考しよう

プレゼンテーションは、最初に結論を述べるか、問題点を提起してから結論を述べるかで全体の印象が変わります。プレゼンテーションの目的や聞き手を分析し、効果的な順番を考えましょう。また、スライドの複製や削除を行って、スライドの枚数を調整することも大切です。

この章のまとめ

全体の構成がプレゼンテーションの「要」

スライドを作るときに、スライドを作り込みながら同時に全体の構成を考えると、デザインや画像などの視覚的要素が気になって、何度も構成を練り直すことになります。最初に構成をしっかり固めておけば、後は心置きなくスライドの完成度を高める作業に集中できるため、結果的にかなりの時間が節約できます。

スライドを早く作りたい気持ちを抑えて、まずは構成をしっかり練ることに時間をかけましょう。遠回りのように見えても、かえって効率がよくなります。

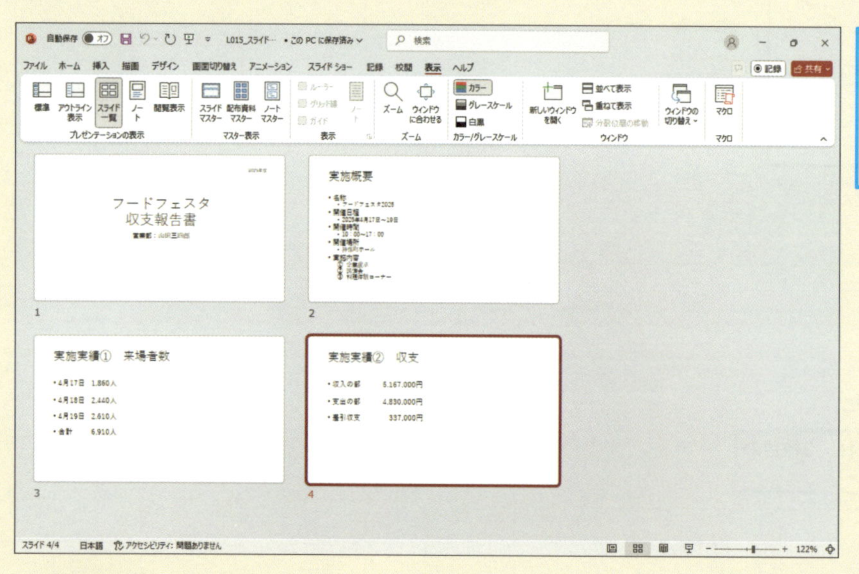

伝えたいポイントを箇条書きで簡潔にまとめてスライドに入力する。すべてのスライドを表示して順番や内容をよく考える

スライド一覧表示モードは、全体が俯瞰できて、スライドの順番を入れ替えるときにはうってつけだね！

ね！　画面右下のステータスバーのボタンを使えば、表示の切り替えも簡単だし♪

早速PowerPointに慣れてきたみたいで、嬉しいよ。あ！　あと、こまめな上書き保存を忘れずにね！

基本編

第3章

配色やフォントを変更してデザインを整える

この章では、スライドに「テーマ」と呼ばれるデザインを適用して、見栄えのするスライドにします。さらに、デザインの背景や配色を変更したり、文字に書式を設定したりしてスライドのデザインを整えます。

16	見栄えのするスライドにしよう	60
17	スライドのデザインを変更するには	62
18	スライドの背景の色を変えるには	64
19	スライド全体のフォントを変更するには	66
20	特定の文字に色や飾りを付けるには	68

Introduction この章で学ぶこと

見栄えのするスライドにしよう

プレゼンテーションでは、相手の目を引き付ける工夫も必要です。［デザイン］タブにはスライドの見栄えを整える機能が集まっており、スライドの内容に合ったデザインや文字の書式を選ぶことで、伝えたい内容が相手にはっきり伝わるスライドになります。

［デザイン］タブを使えば簡単に仕上がる！

「デザイン」って苦手！　時間がかかるし、自分で作る資料ってなんだか見栄えがイマイチなんだよなあ……。

分かる！「デザイン」って、専門知識とセンスが必要だから、みんなができる作業ではないよね。資料の見た目をパパっときれいに仕上げる機能があったらなあ……。

大丈夫！［デザイン］タブの機能を使えば、簡単にスライドの見栄えを整えられるよ。

◆［デザイン］タブ

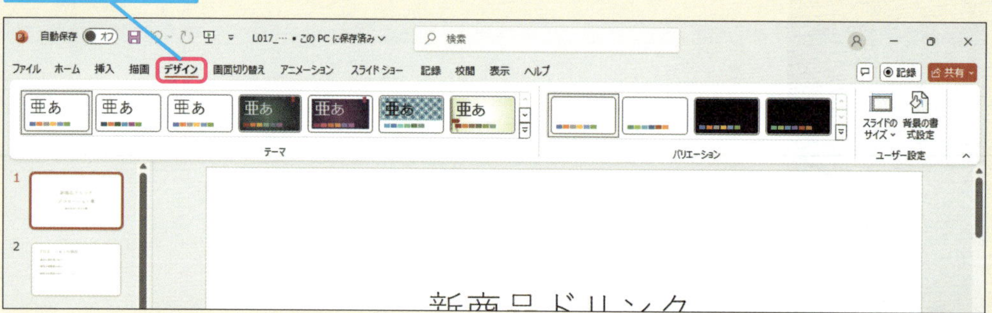

「テーマ」？「バリエーション」??
ここで何ができるんですか？

［テーマ］は、模様や色などがセットになったデザインのひな形のこと。［バリエーション］は、スライドに適用した［テーマ］の色や模様のパターンを変更するときに使う機能だよ！

機能を組み合わせることでデザインの幅が広がる

◆［テーマ］
スライドに統一感のある
デザインを適用できる

新商品ドリンク
プロモーション案
株式会社できる企画

新商品ドリンク
プロモーション案
株式会社できる企画

［バリエーション］を使うと、色や模様の組み合わせを変更できる

［テーマ］を使って、全体のデザインを設定した後に、［バリエーション］で模様や色を変えるということですね！

ちょっと待って！ ［バリエーション］が4つしか表示されていないよ。これじゃ、全然種類がないじゃないですか！

［テーマ］に合った［バリエーション］の候補が表示される

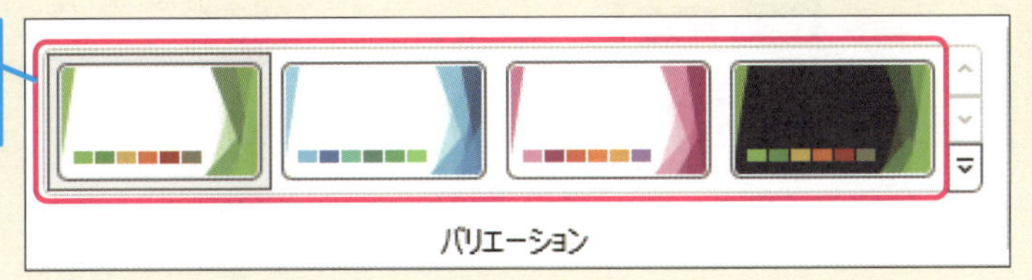

安心して！ このほかにも配色やフォントの組み合わせを変更できる機能がしっかりあるから。次のページから早速、作っていきましょう！

レッスン
17 スライドのデザインを変更するには

テーマ

練習用ファイル L017_テーマ.pptx

PowerPointにはあらかじめ、「テーマ」と呼ばれるスライドのデザインがいくつも用意されています。テーマを適用すると、すべてのスライドの色や模様がまとめて変わるだけでなく、文字の書式も同時に変わります。

1 テーマを変更する

1 ［デザイン］タブをクリック

2 ［テーマ］のここをクリック

テーマの一覧が表示された

テーマにマウスポインターを合わせると、一時的にスライドのデザインが変わり、設定後の状態を確認できる

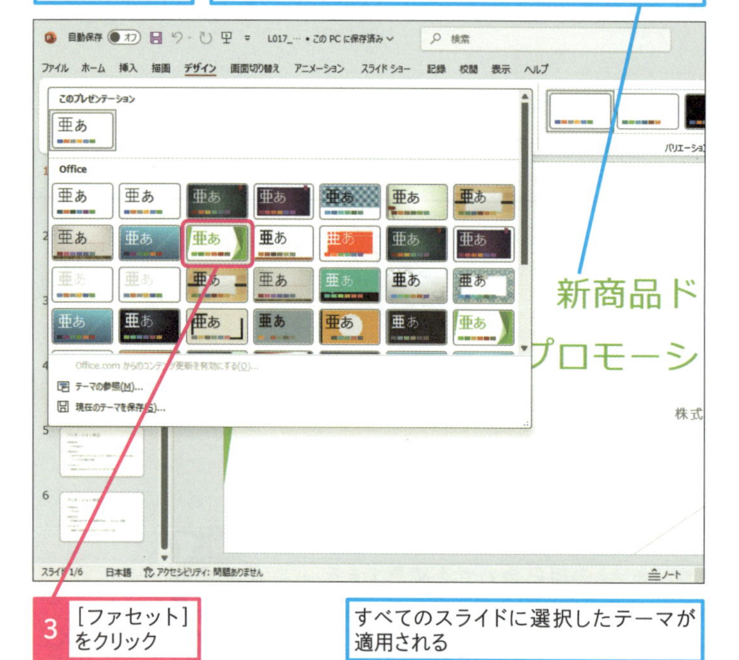

3 ［ファセット］をクリック

すべてのスライドに選択したテーマが適用される

キーワード

スライド	P.313
テーマ	P.314
マウスポインター	P.315

用語解説

テーマ

「テーマ」とは、スライドの色や模様、文字のフォントやフォントサイズ、図形やグラフなどの書式がセットになったひな形のことです。テーマを適用すると、すべてのスライドのデザインをまとめて変更できます。

使いこなしのヒント

テーマの一覧が邪魔になるときは

このレッスンのようにテーマの一覧を表示すると、スライドが隠れてしまってデザインを確認しづらい場合があります。以下の手順でボタンをクリックすれば、一覧を表示せずにテーマを変更できます。

1 ［テーマ］のここをクリック

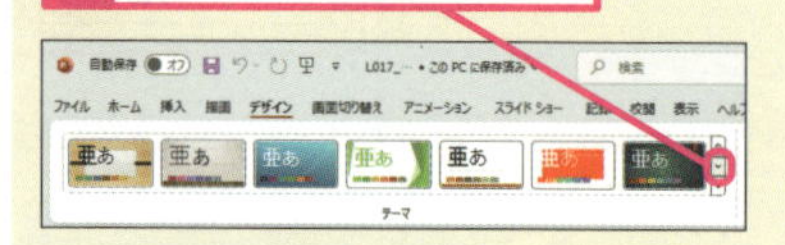

テーマに表示される一覧が切り替わった

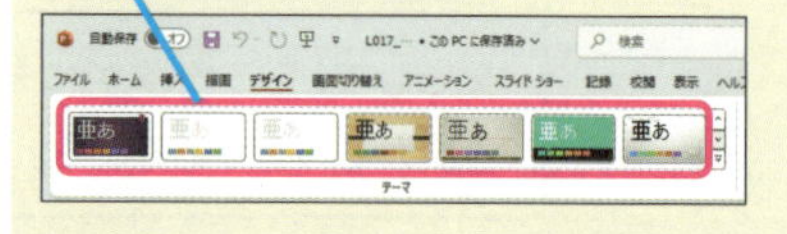

2 配色を変更する

1 ［バリエーション］のここをクリック

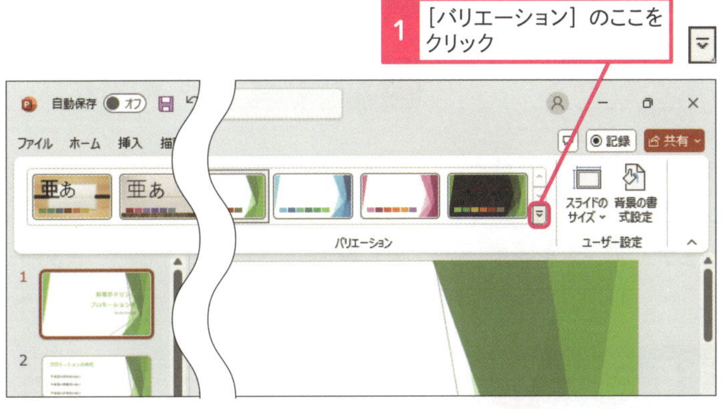

2 ［配色］にマウスポインターを合わせる

3 ここをドラッグして下にスクロール

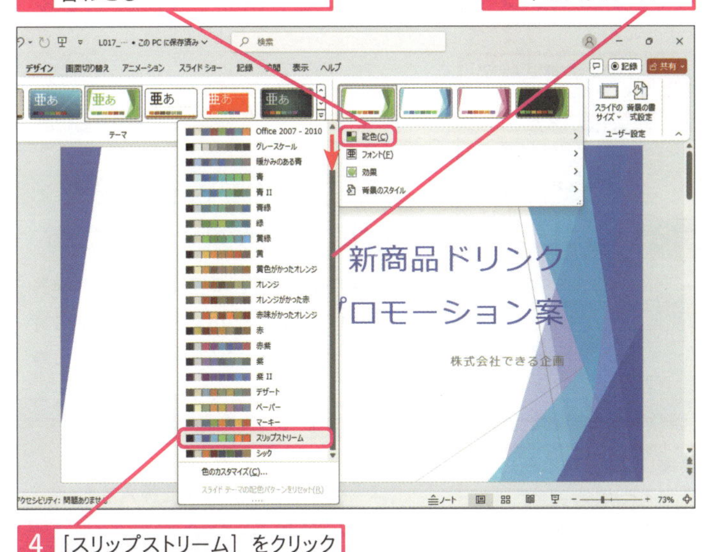

4 ［スリップストリーム］をクリック

すべてのスライドの配色が変更した

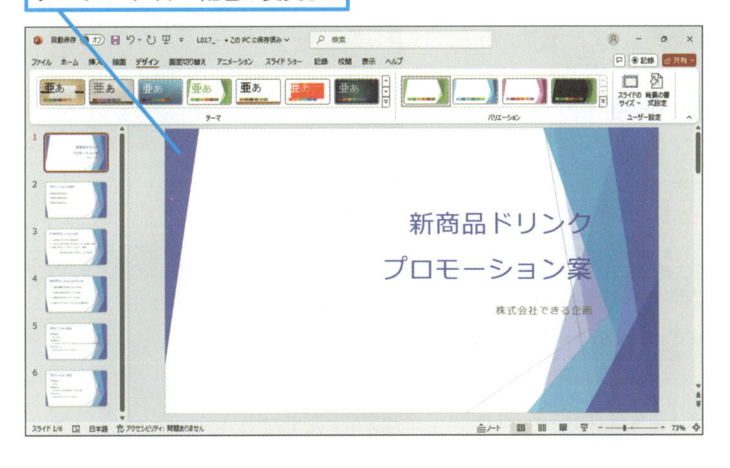

用語解説
バリエーション

バリエーションは、テーマに設定されている基本的なデザインを変えずに、背景や模様、色だけを変更する機能です。バリエーションを変えることで、テーマが同じでも異なる雰囲気のデザインになります。

使いこなしのヒント
特定のスライドだけにデザインを適用するには

テーマを選択すると、自動的にすべてのスライドに同じテーマが適用されます。一覧表示されたテーマを右クリックし、［選択したスライドに適用］を選択すれば特定のスライドだけにテーマを適用できます。ただし、1つのプレゼンテーションの中に、複数のテーマが混在していると、統一感が失われるので注意が必要です。

使いこなしのヒント
元の状態に戻すには

スライドのデザインを標準の設定に戻すには、［テーマ］の一覧から［Officeテーマ］を選択します。

まとめ スライドの内容にあったデザインを選ぶ

PowerPointには、ビジネスシーンで活用できるシンプルなテーマがいくつも用意されています。テーマを選ぶときには、リアルタイムプレビューでいろいろなテーマを適用しながら、スライドの内容に合ったものを選ぶことがポイントです。また、テーマを適用すると、文字の位置やサイズが変わるため、適宜調整が必要になる場合もあります。

レッスン
18 スライドの背景の色を変えるには

背景の書式設定

練習用ファイル L018_背景の書式設定.pptx

スライドの背景色やデザインは、[背景の書式設定] の機能を使って変更できます。ここでは、テーマを適用した表紙のスライドの背景を、模様のない青色の塗りつぶしに変更します。テーマを適用していないスライドでも同じ操作が可能です。

キーワード

作業ウィンドウ	P.312
書式設定	P.313
テーマ	P.314

1 背景グラフィックを非表示にする

ここでは1枚目のスライドだけ、背景グラフィックを非表示にする

1 1枚目のスライドを選択

2 [デザイン] タブをクリック

3 [背景の書式設定] をクリック

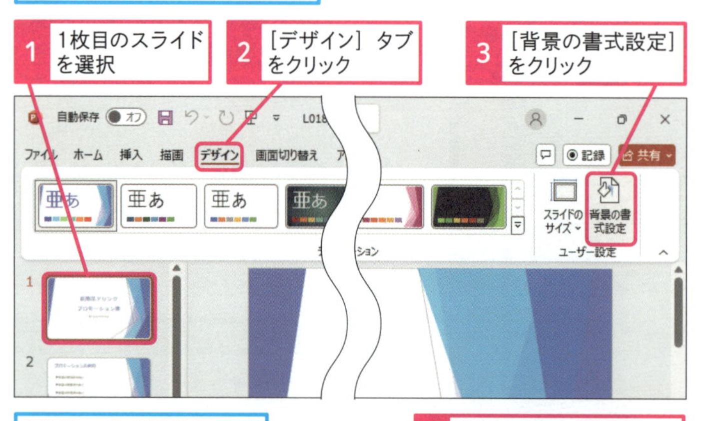

[背景の書式設定] 作業ウィンドウが表示された

4 [塗りつぶし (単色)] をクリック

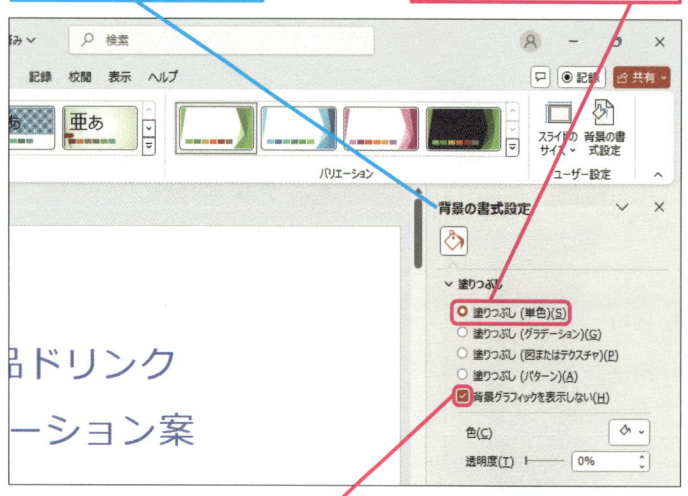

5 [背景グラフィックを表示しない] のここをクリックしてチェックマークを付ける

背景グラフィックが非表示になった

使いこなしのヒント

背景には写真や模様も表示できる

[背景の書式設定] の機能を使うと、単色で塗りつぶすだけでなく、スライドの背景に大きく写真を表示したり (レッスン53)、グラデーションを付けたりすることもできます (レッスン54)。

スライドいっぱいに写真を挿入する
→レッスン53

背景をグラデーションで塗りつぶす
→レッスン54

これだけは守りたい!
オンライン会議マニュアル
2025年2月
Japan Dekiru Ltd.

2 背景色を変更する

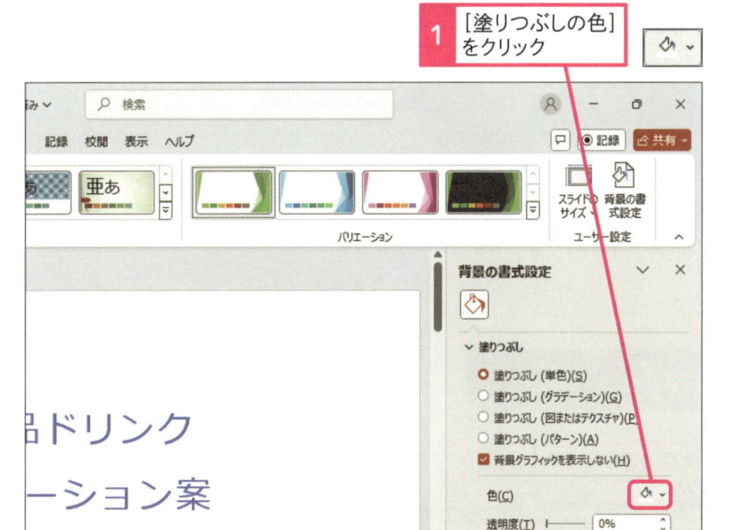

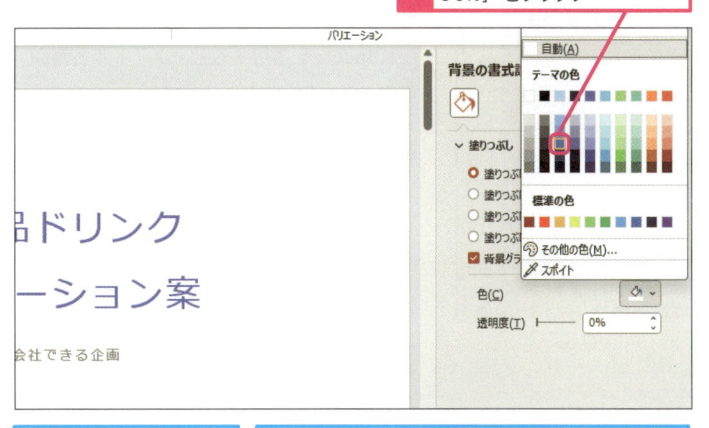

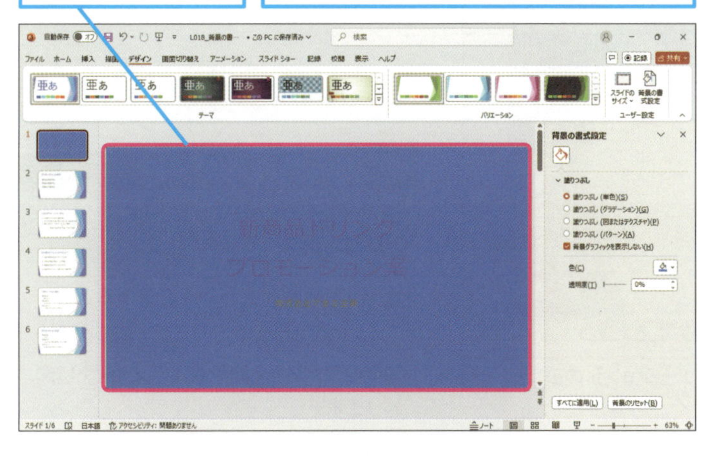

使いこなしのヒント

背景に簡単に色を付けるには

このレッスンでは、背景の色を手動で指定しましたが、[デザイン] タブの [バリエーション] グループの [バリエーション] ボタンをクリックし、表示されるメニューから [背景のスタイル] を選ぶと、スライドに適用しているテーマに合った背景色が表示され、クリックするだけで色が付きます。

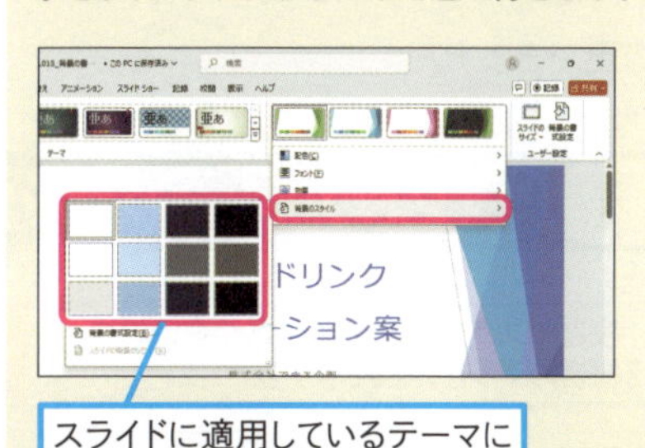

使いこなしのヒント

背景グラフィックって何?

手順1の操作5で [背景グラフィックを表示しない] にチェックマークを付けると、もともとテーマに設定されている模様（このレッスンでは、スライド左右にある青や灰色の模様）を消すことができます。

まとめ 文字を引き立てる背景を選ぼう

スライドの中で大きな面積を占める背景を何色にするかで、スライド全体の印象が変わります。背景が白のままでもかまいませんが、スライドの内容に合わせて色を付けたり写真を表示したりすると、プレゼンテーションを華やかにスタートできます。コーポレートカラーがあれば、それを使うのも効果的です。ただし、2枚目以降のスライドの背景は文字が読みやすいようにシンプルなものを選びましょう。

レッスン
19 スライド全体のフォントを変更するには

フォント

練習用ファイル L019_フォント.pptx

スライド全体のフォント（文字の形）を変更します。［フォント］の機能には、タイトルと箇条書きのフォントの組み合わせのパターンが用意されており、クリックするだけですべてのスライドのフォントを変更できます。

1 フォントの組み合わせを変更する

1枚目のスライドは文字が見づらいので、2枚目のスライドを表示する

1 2枚目のスライドをクリック

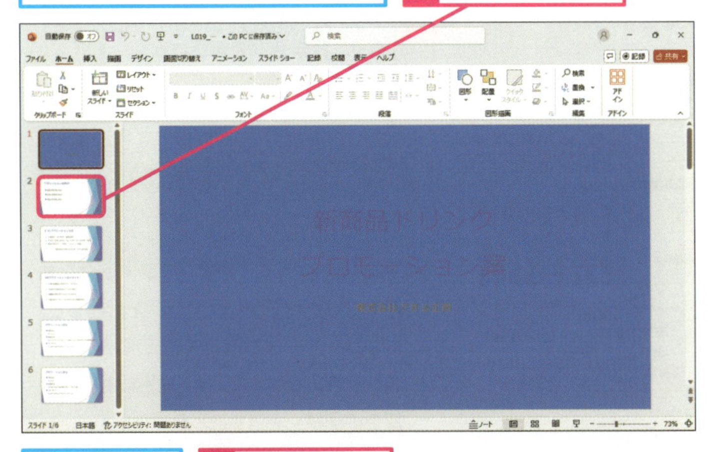

2枚目のスライドが表示された

2 ［デザイン］タブをクリック

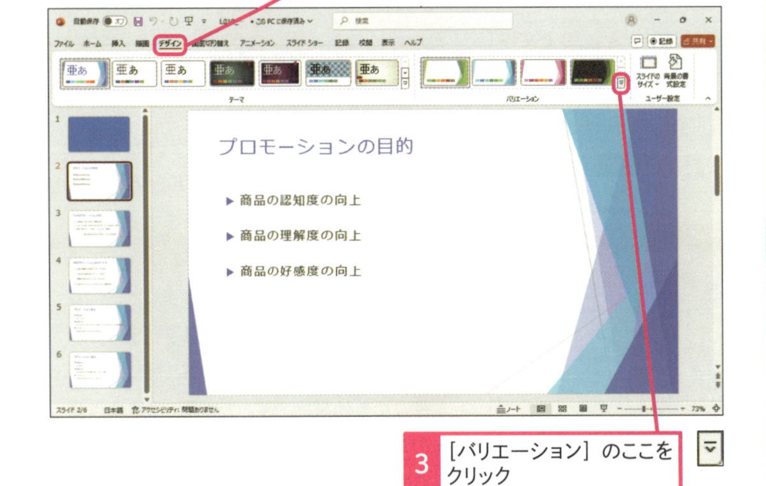

3 ［バリエーション］のここをクリック

キーワード

箇条書き	P.312
フォント	P.315
マウスポインター	P.315

使いこなしのヒント

タイトル用と箇条書き用のフォントで1セットになっている

［フォント］の一覧は、3段のフォント名が1セットです。1段目が半角の英数字用のフォント、2段目がスライドのタイトルのフォント、3段目が箇条書き用のフォントを表しています。このレッスンで選んだ［Office］を適用すると、タイトルと箇条書きの文字がともに「游ゴシック」のフォントに変更されます。

タイトル用のフォントが上に表示される

項目用のフォントが下に表示される

使いこなしのヒント

表や図形の中のフォントはどうなるの？

フォントの組み合わせを変更すると、スライドに挿入した表やグラフ、図形の中の文字のフォントも箇条書きのフォントに変わります。

● フォントの組み合わせを選択する

4 ［フォント］にマウスポインターを合わせる

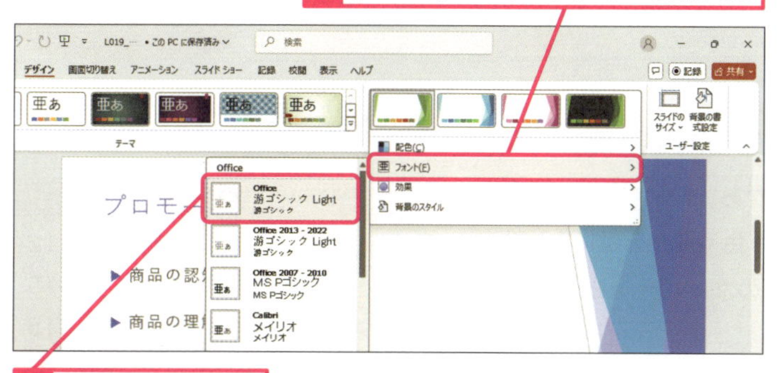

5 ［Office］をクリック

すべてのスライドのフォントが変更された

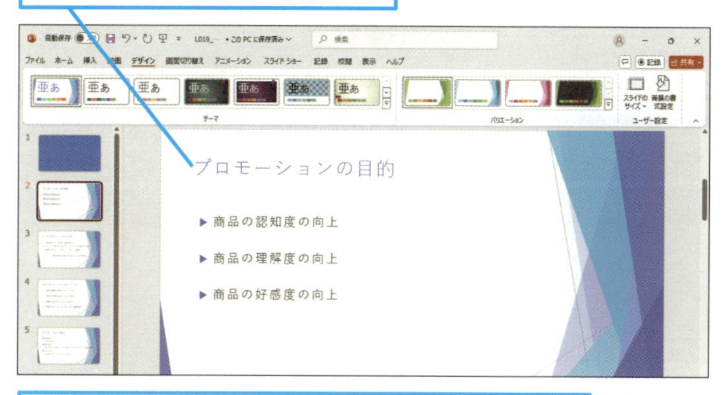

変更したフォントが気に入らないときは、もう一度操作2からやり直して、何回でもフォントを変更できる

まとめ　スライドのイメージに合ったフォントを選ぶ

フォントの機能には、タイトルのフォントと箇条書きのフォントの組み合わせが登録されています。このフォントの組み合わせはテーマごとに異なります。ただし、テーマのフォントがスライドのイメージと合うとは限りません。縦横の線の太さが同じゴシック体は力強くてクールな印象を与えますが、女性向けや和をテーマにしたプレゼンテーションにはしっくりこない場合もあるでしょう。反対に、横の線が細い明朝体は繊細で優しい印象を与えます。スライドのフォントは、内容を引き立てる効果があります。スライドの内容に合わせて、効果的なフォントの組み合わせを選んでください。

スキルアップ

特定の文字の種類を変更するには

フォントの機能を使うと、すべてのスライドにある文字のフォントが変更されます。特定の文字のフォントだけを変更したいときは、以下の手順で対象となる文字を選択し、［ホーム］タブの［フォント］ボタンから変更後のフォントをクリックします。

1 文字をドラッグして選択

プロモーションの目的
▶ 商品の認知度の向上
▶ 商品の理解度の向上
▶ 商品の好感度の向上

2 ［ホーム］タブをクリック

3 ［フォント］のここをクリック

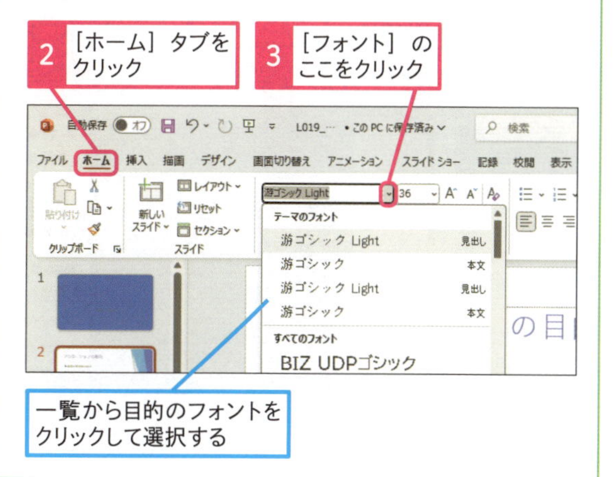

一覧から目的のフォントをクリックして選択する

レッスン
20 特定の文字に色や飾りを付けるには

フォントの書式

練習用ファイル L020_フォントの書式.pptx

背景の色によっては文字が目立たない場合があります。また、特に強調したい文字がある場合は、ほかとは違う色や飾りを付けると効果的です。このレッスンでは、表紙のスライドの文字の色を白にして、太字と影の飾りを付けます。

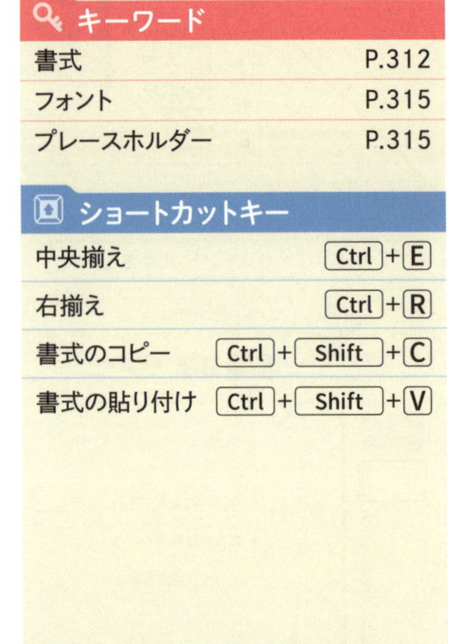

キーワード

書式	P.312
フォント	P.315
プレースホルダー	P.315

ショートカットキー

中央揃え	Ctrl+E
右揃え	Ctrl+R
書式のコピー	Ctrl+Shift+C
書式の貼り付け	Ctrl+Shift+V

1 文字の色を変更する

ここでは1枚目のスライドの文字を、見やすいように変更する

1 タイトルのプレースホルダーをクリック

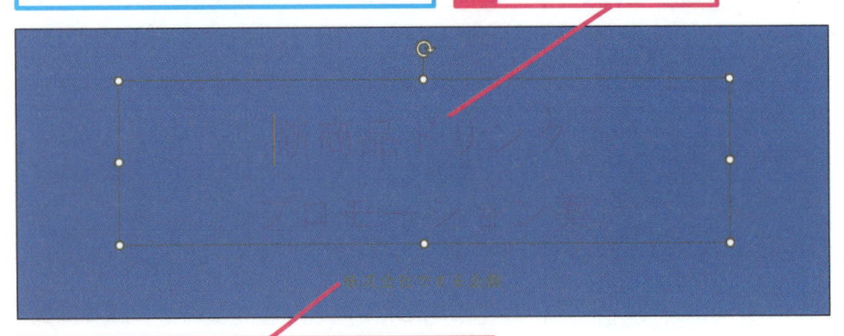

2 Shiftキーを押しながらサブタイトルのプレースホルダーをクリック

タイトルとサブタイトルのプレースホルダーが選択された

3 ［ホーム］タブをクリック

4 ［フォントの色］のここをクリック

5 ［白、背景1］をクリック

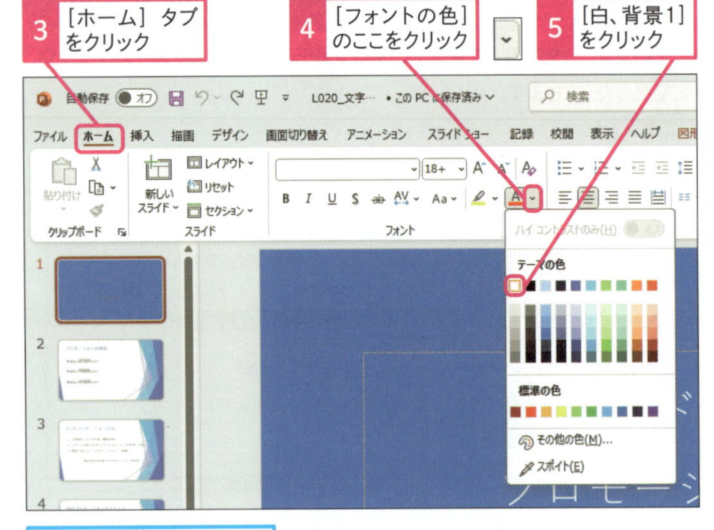

タイトルとサブタイトルの文字が白色になる

使いこなしのヒント
文字の配置を変更するには

プレースホルダー内の文字の配置を変更するには、［ホーム］タブの［中央揃え］や［右揃え］［均等割り付け］ボタンを使います。

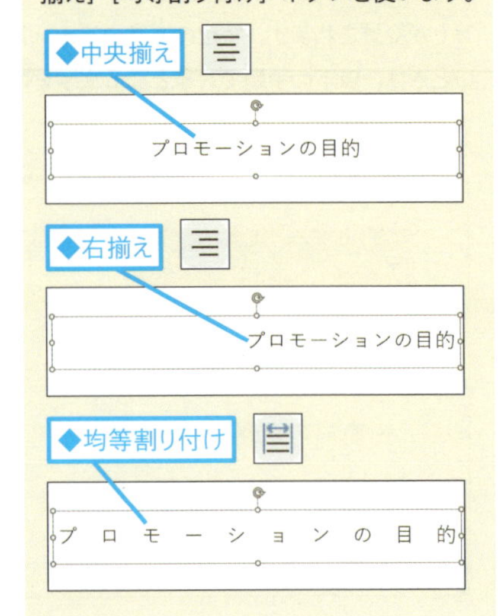

2 文字を太字にする

1 ［太字］をクリック

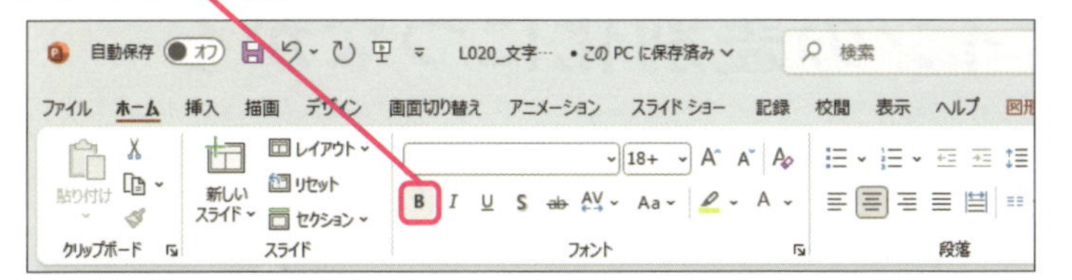

文字が太字になった

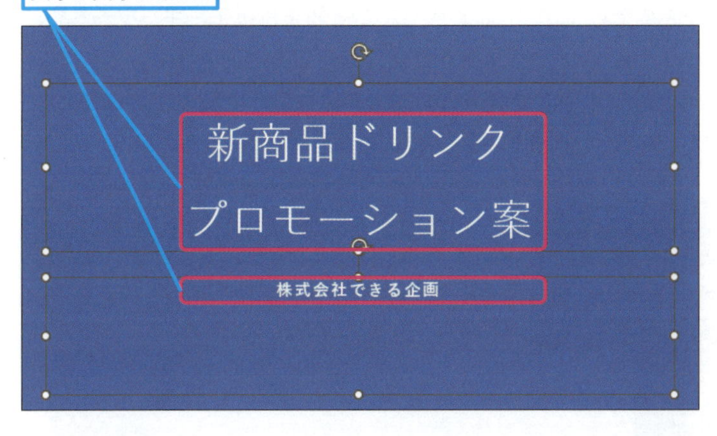

3 文字に影を付ける

1 ［文字の影］をクリック

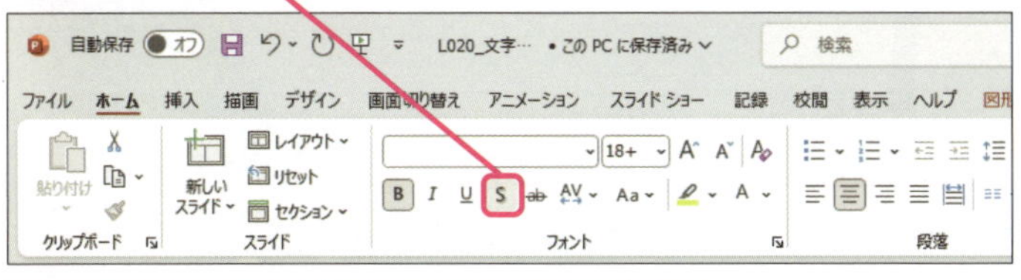

2 スライドの外側をクリック

1枚目のスライドの文字が、見やすいように変更された

新商品ドリンク
プロモーション案
株式会社できる企画

使いこなしのヒント

［テーマの色］を使うとテーマに連動して色が変わる

［フォントの色］ボタンの⌄をクリックしたときに表示されるパレットは、［テーマの色］と［標準の色］に分かれています。［テーマの色］を使うと、後からテーマを変更したときに、連動して文字の色も変わります。［標準の色］を使うと、テーマを変えても文字の色は変わりません。

使いこなしのヒント

文字の書式だけをコピーするには

文字に設定した書式をほかの文字にコピーするには、［書式のコピー/貼り付け］ボタン（🖌）を使います。

1 書式をコピーする文字をドラッグ

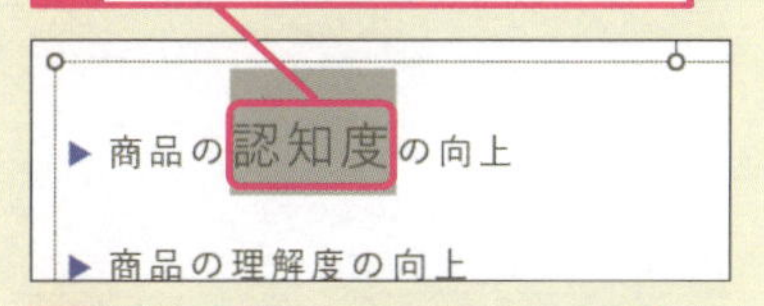

2 ［ホーム］タブの［書式のコピー/貼り付け］をクリック

3 書式を貼り付ける文字をドラッグ

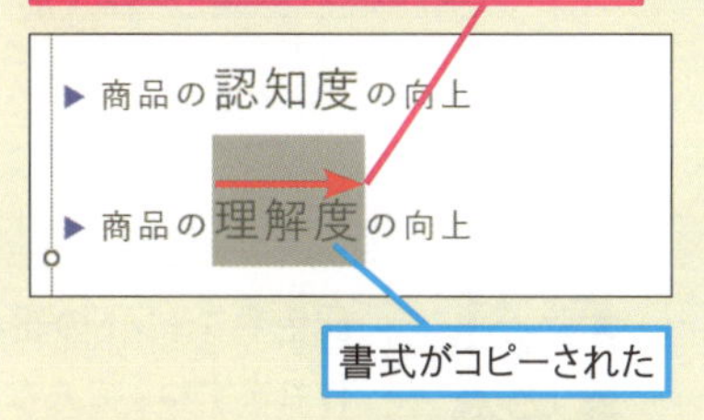

書式がコピーされた

まとめ 文字が読みやすい色に変更して使う

このレッスンのように、スライドの背景に色を付けると、スライド内の文字が読みづらくなる場合があります。背景が濃い色の場合は、文字の色を白にして太字にすると、コントラストがはっきりして読みやすくなります。プレゼンテーション資料の主役である文字がはっきり読めるかどうかを常にチェックしましょう。

この章のまとめ

ひと手間がデザインの差別化につながる

［テーマ］の機能を使うと、デザインが苦手な人でも見栄えのするスライドに仕上げられるので便利です。しかし、PowerPointは多くの企業で使われているため、既存のテーマを使ったスライドをあちこちで見かけます。ほかとはちょっと違った個性のあるスライドデザインにするには、背景の色を変更したり、既存のテーマの「配色」や「フォント」を変更したりするといいでしょう。また、文字サイズに強弱を付けて、キーワードとなる文字を目立たせる工夫も必要です。このひと手間をかけるかかけないかで聞き手の印象に残るスライドになるかどうかが決まるのです。

新商品ドリンク
プロモーション案
株式会社できる企画

プロモーションの目的
▶商品の認知度の向上
▶商品の理解度の向上
▶商品の好感度の向上

用意されているテーマを適用した後に、配色やフォントを変更する

配色やフォントの組み合わせ次第でいろいろなデザインのスライドが作れますね。こんなに簡単だとは思いませんでした！

手ごたえをしっかり掴めたみたいでよかった！　それから、内容に合ったデザインにすることも忘れないように。今回のスライドでいうと、配色を緑色にした場合はお茶や健康飲料のプロモーション案に見えるけど、青にすると、飲料水やスポーツドリンクなど、爽やかなイメージがある飲み物が想起されるよね。

確かに、緑色のスライドで、スポーツドリンクのプロモーションを提案されたら、ちょっと違和感があるなあ。見た目が与える影響って大きいですね！

基本編

第4章

表やグラフを挿入して説得力を上げる

この章では、スライドに表やグラフを挿入する操作を解説します。表やグラフを編集して見やすく整える方法や、Excelで作成したグラフをスライドに貼り付けて利用する方法を紹介します。

21	説得力のあるスライドを作成しよう	72
22	表を挿入するには	74
23	表の列幅や文字の配置を整えるには	78
24	スライドにグラフを挿入するには	82
25	グラフのデザインを変更するには	86
26	表の数値をグラフに表示するには	88
27	Excelで作成したグラフを利用するには	92

レッスン
21 Introduction この章で学ぶこと
説得力のあるスライドを作成しよう

スライドに表やグラフを挿入すると、説明の裏付けとなるデータを提示することで説得力が増します。必要なデータを表に整理してまとめたり、数値をグラフ化して視覚的に見せたりすると、相手に伝わりやすくなります。

データは整理してから使おう

グラフと表の機能なら使ったことがあるから、楽勝ですよ。練習がてらPowerPointの機能で売上実績を表にまとめてみました！

お！　頼もしいね。どれどれ……。

売上実績

商品	前年度売上高	今年度売上高	対前年比
商品A	6,428,594	10,265,485	160%
商品B	4,806,665	4,859,933	101%
商品C	2,509,678	2,700,882	108%
商品D	2,162,584	2,052,505	95%
商品E	748,843	1,624,572	217%
商品F	2,263,693	1,607,644	71%
商品G	1,597,980	1,530,633	96%
商品H	664,082	1,318,439	199%
商品I	1,233,842	940,326	77%
商品J	1,141,655	858,075	75%

わわっ！　なにこの数字だらけの表は！　文字も小さいしすっごく見にくいよ……。何でも表にすればいいわけじゃないって。

そうかなあ……？　正確に伝えるためにも、見せたいデータや情報は漏れなく、提示したほうがいいように思ったんだけど……。

確かに、情報を正しく伝えることは大切だよ！　でも表やグラフの基になるデータがたくさんあるからといって、大量のデータを提示するのは逆効果。本当に伝えたい内容が分かりにくくなってしまうことがあるからね。

表やグラフは分かりやすさが第一

プレゼンテーションの最終的な目的は、相手を説得すること。表やグラフの情報が多すぎないか、文字の大きさや色が見やすいか、聞き手にとって分かりやすい内容になっているか、チェックすることを心掛けてね。

（ギクッ！　やっぱりさっきの表は詰め込み過ぎだったのか……）

ちょっと待ってください。表とグラフってどう使い分けたらいいんでしょう？

いい質問だね！　数値を「正確に」伝えたいときは表、細かい数値よりも大きさや増減などの「全体的な傾向」を見せたいときはグラフを使うよ！

● 表で表すデータ

表は数値や文字の情報を線で区切って見せることができるため、情報を項目ごとに整理して伝えたいときに使う

募集要項

項目	内容
職種	①営業 ②中継地点スタッフ
勤務地	東京近郊
応募方法	エントリーシートによる応募
選考方法	①書類審査 ②面接

● グラフで表すデータ

配達要員の年代別割合

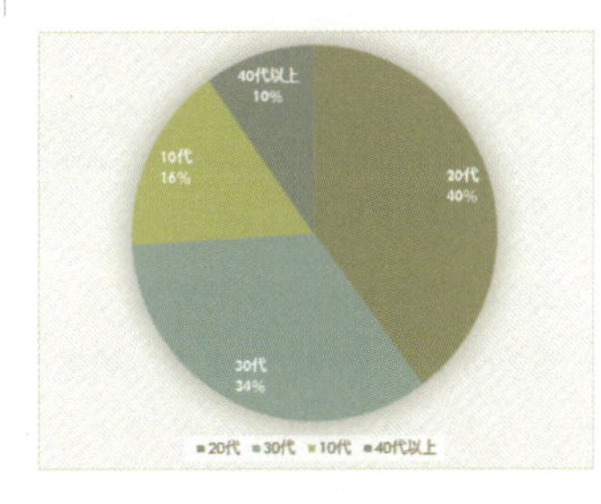

平均年齢

28.8歳

グラフは、数値の全体的な傾向を視覚的に見せることができるため、割合や伸び率、推移などを伝えたいときに使う

ふむふむ。で、肝心の表やグラフの作り方なんですが。（ちょっと自信ない……）

次のページから一歩ずつ解説するからご安心あれ。

レッスン

22 表を挿入するには

表の挿入

練習用ファイル　L022_表の挿入.pptx

[表の挿入] 機能を使うと、列数と行数を指定するだけで、あっという間に表が挿入できます。表の完成形をイメージして、必要な列数と行数を考えておくといいでしょう。ここでは、2列5行の表を挿入します。

1 表を挿入する

1 6枚目のスライドをクリック

2 [表の挿入] をクリック

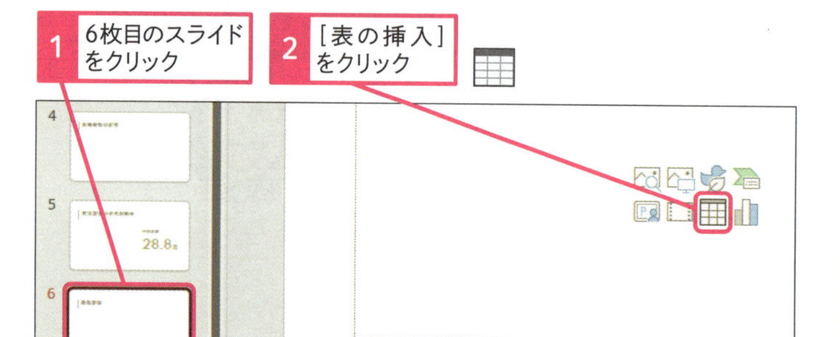

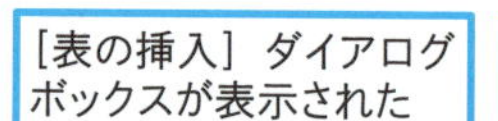

[表の挿入] ダイアログボックスが表示された

ここでは2列5行の表を挿入する

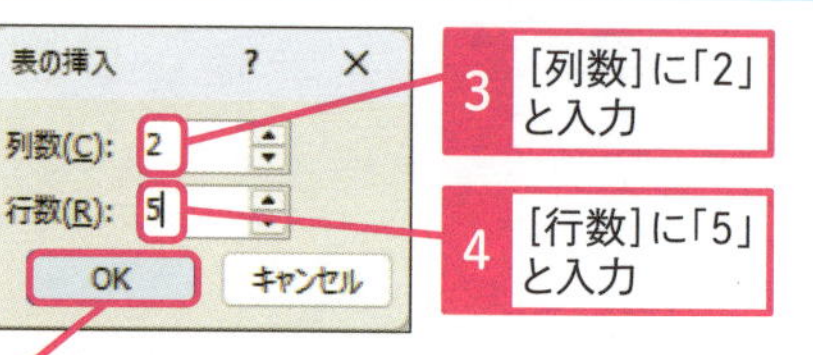

3 [列数]に「2」と入力

4 [行数]に「5」と入力

5 [OK] をクリック

2 表の内容を入力する

2列5行の表が挿入された

1 1行目の左側のセルをクリック

カーソルが表示された

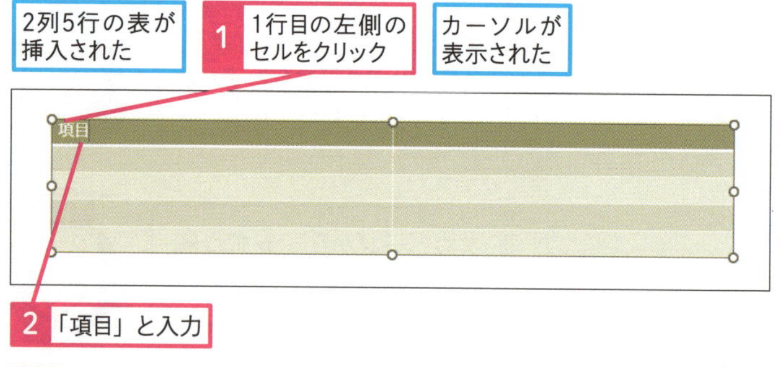

2 「項目」と入力

🔍 キーワード

ダイアログボックス	P.313
表	P.314
マウスポインター	P.315

💡 使いこなしのヒント

1枚のスライドに複数の表を挿入するには

[ホーム] タブの [スライドのレイアウト] の一覧にある [2つのコンテンツ] や [比較] のレイアウトを使うと、左右に2つの表を並べて作成できます。

1 [スライドのレイアウト] をクリック

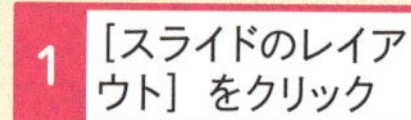

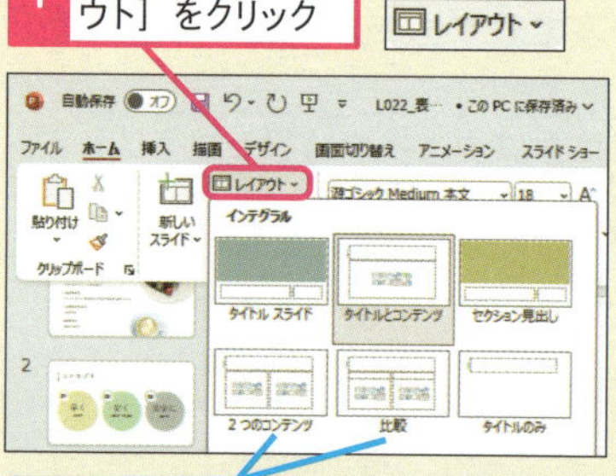

[2つのコンテンツ] や [比較] のレイアウトを選択する

💡 使いこなしのヒント

セル内で改行するには

セルの中にカーソルがある状態で Enter キーを押すと、改行されます。間違って改行したときは、Back space キーを押すと、改行が削除されて前の行に戻ります。

基本編　第4章　表やグラフを挿入して説得力を上げる

● 隣のセルの内容を入力する

3 Tab キーを押す

カーソルが隣のセルに移動した

4 「内容」と入力

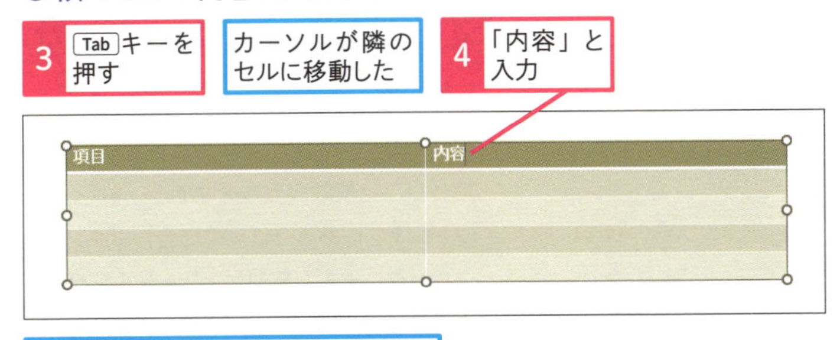

同様の手順で表の内容を入力しておく

3 表のデザインを変更する

ここでは表のスタイルを選択し、デザインを変更する

1 表の枠をクリック

表が選択された

2 ［テーブルデザイン］タブをクリック

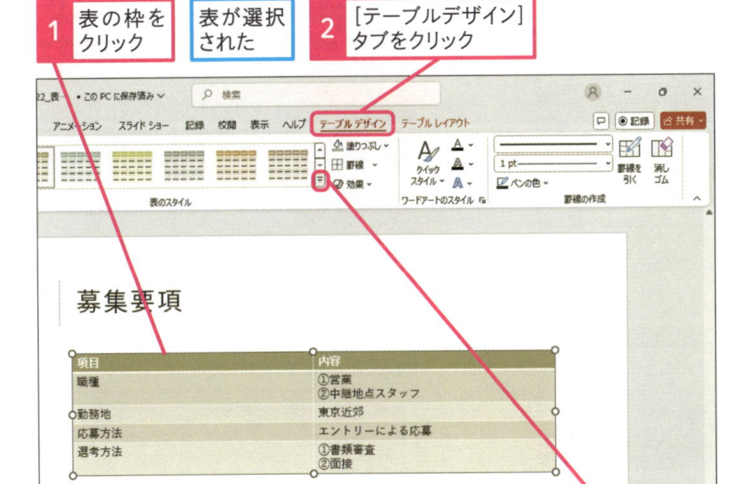

3 ［表のスタイル］の［テーブルスタイル］をクリック

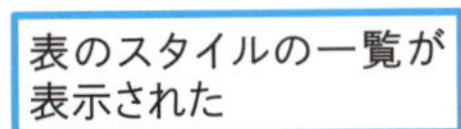

表のスタイルの一覧が表示された

4 ［中間スタイル2 アクセント2］をクリック

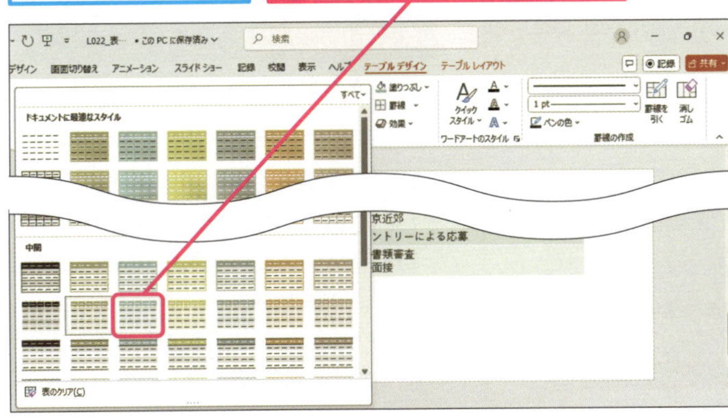

使いこなしのヒント

［挿入］タブからでも表を挿入できる

手順1のように［タイトルとコンテンツ］のレイアウトを使う以外に、［挿入］タブの［表］ボタンをクリックしても表を挿入できます。既存のスライドに表を挿入するときに利用するといいでしょう。

1 ［挿入］タブをクリック

2 ［表］をクリック

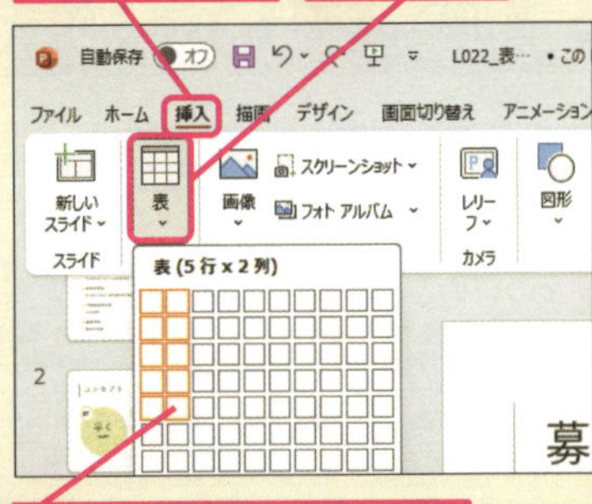

3 ［表（5行×2列）］と表示される位置をクリック

時短ワザ

キーボードでセル間を移動できる

表の1つ1つのマス目のことを「セル」と呼びます。セル間を移動するには、マウスで直接セルをクリックする以外に、キーボードでも移動できます。文字を入力しているときに、わざわざマウスに持ち替えるのが面倒なときに便利です。

●セル間の移動に使えるショートカットキー

キー	移動先
Tab キー	1つ次のセルに移動
Shift + Tab キー	1つ前のセルに移動
↑↓←→キー	上下左右のセルに移動

使いこなしのヒント

WordやExcelの表も利用できる

WordやExcelで作成済みの表があれば、そのままスライドに貼り付けて利用できます。操作は、レッスン27で紹介するグラフの貼り付けと同じです。

次のページに続く →

● 表のデザインが変更された

選択した表のスタイルが適用された

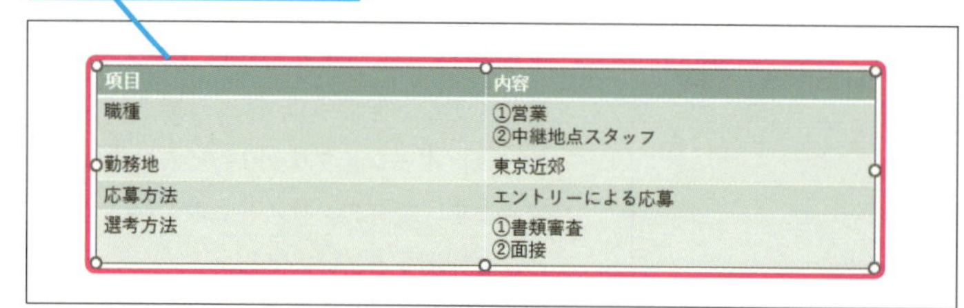

4 列や行を後から追加する

ここでは表の最下部に行を追加する

1 これから挿入する行の1つ上の行のここにマウスポインターを合わせる

マウスポインターの形が変わった

2 そのままクリック

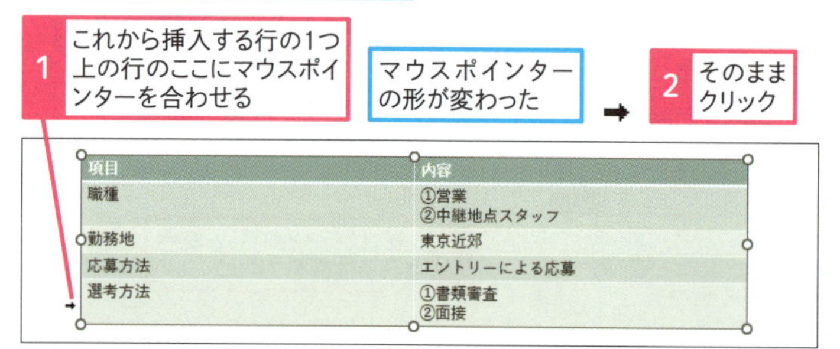

行が選択された

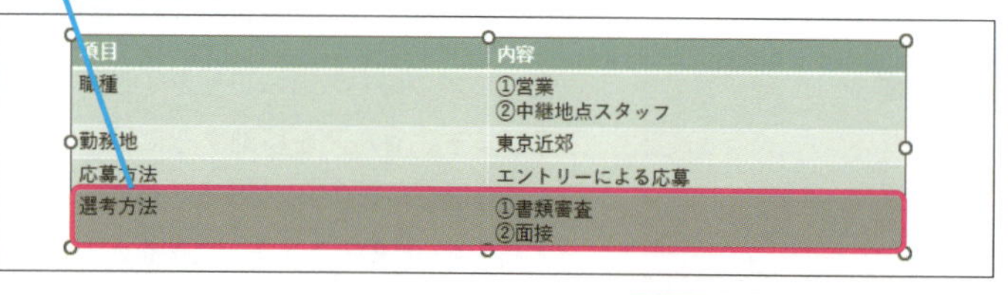

3 [テーブルレイアウト]タブをクリック

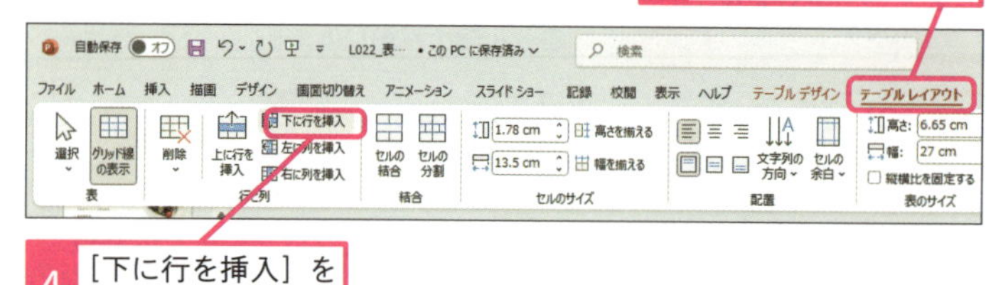

4 [下に行を挿入]をクリック

選択した行の下に新しい行が挿入された

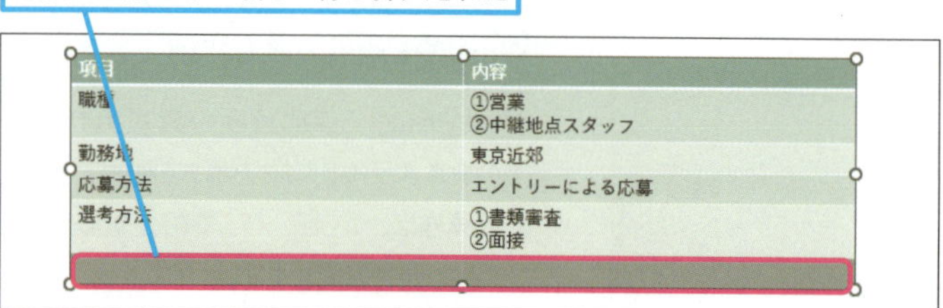

使いこなしのヒント

セルを結合するには

複数のセルを1つにすることを「セルの結合」といいます。セルを結合するには、結合したい複数のセルを選択し、[レイアウト]タブにある[セルの結合]ボタンをクリックします。反対に1つのセルを複数のセルに分割するには、[テーブルレイアウト]タブから[セルの分割]ボタンをクリックし、分割後の列数や行数を指定します。

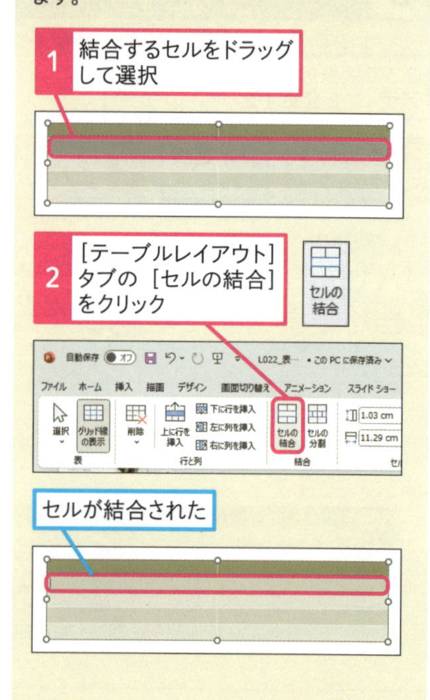

使いこなしのヒント

列を挿入するには

列が不足しているときは、最初に列を追加したい位置をクリックし、[テーブルレイアウト]タブの[行と列]から[左に列を挿入]や「右に列を挿入」を選びます。反対に、列を削除するときは、[テーブルレイアウト]タブの[行と列]にある[削除]ボタンから[列の削除]を選択します。

5 列や行を削除する

ここでは手順4で追加した行を削除する

手順4の操作1 〜 2を参考に、削除する行を選択しておく

募集要項

項目	内容
職種	①営業 ②中継地点スタッフ
勤務地	東京近郊
応募方法	エントリーによる応募
選考方法	①書類審査 ②面接

1 [テーブルレイアウト] タブをクリック

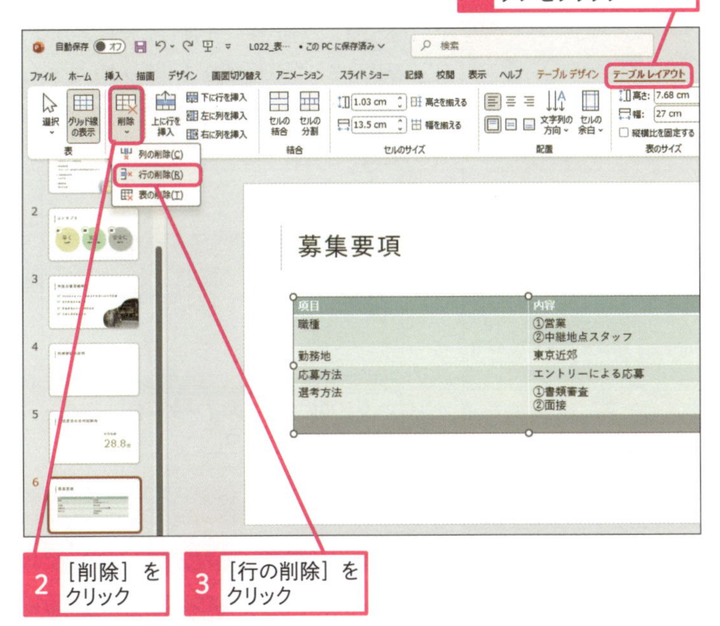

2 [削除] をクリック

3 [行の削除] をクリック

選択した行が削除された

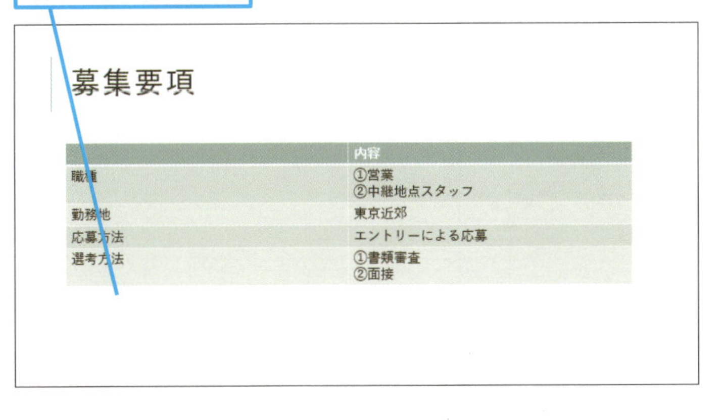

使いこなしのヒント

表や列・行、セルを選択するコツ

表を操作するときは、目的の範囲を正しく選択しておく必要があります。表全体を選択するには、表の外枠をクリックします。行を丸ごと選択するには、行の左端にマウスポインターを合わせて➡に変化した状態でクリックします。列を丸ごと選択するには、列の上端にマウスポインターを合わせて⬇に変化した状態でクリックします。また、特定のセルを選択するには、目的のセルをドラッグします。

使いこなしのヒント

セルをクリックするだけでも選択できる

手順4の操作1では行全体を選択していますが、行を追加したり削除したりするときは、行のいずれかのセルをクリックするだけでもかまいません。

まとめ 表の情報を整理して一覧性を高める

表はたくさんの情報を整理して正確に伝えるためのものです。項目が多岐にわたるたくさんの情報をそのまま提示すると、数値や文字ばかりの分かりにくいスライドが出来上がってしまいます。また、提示された情報を聞き手が頭の中で整理するため、理解するまでに多少時間がかかります。その点、表を使えば数値や文字などの項目を縦横の罫線で区切って見せることができるので、一覧性が高まります。罫線で区切られた表にまとめることで、情報が整理され、グンと分かりやすくなります。

レッスン

23 表の列幅や文字の配置を整えるには

列幅の変更・文字の配置

練習用ファイル L023_列幅や文字位置.pptx

表を挿入した直後は、すべての列幅が同じです。セルに入力した文字数に合わせて列幅を変更しましょう。また、表全体を移動したり、セル内の文字の配置を調整したりして、表の見た目を整えます。

1 列の幅を変更する

ここでは表の横幅を短くする

1 6枚目のスライドをクリック

2 セルをクリック

表が選択された

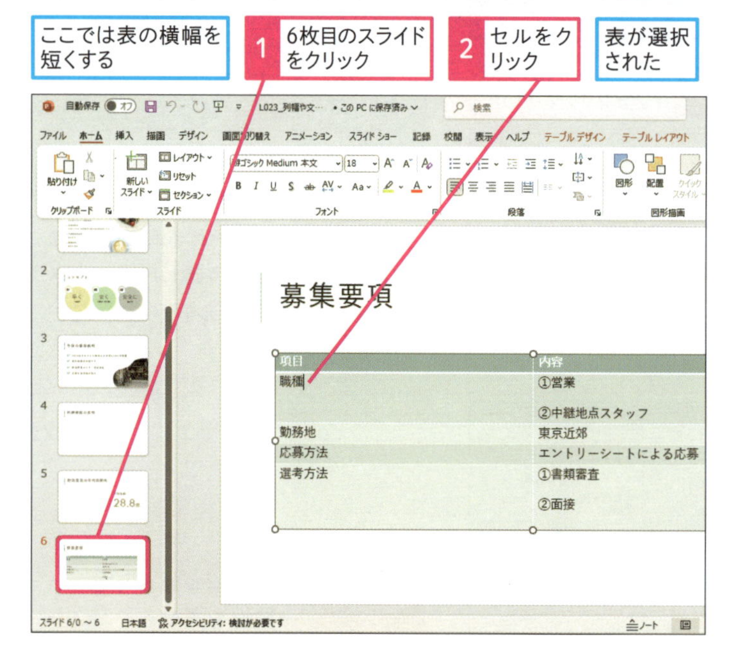

3 ハンドルにマウスポインターを合わせる

マウスポインターの形が変わった

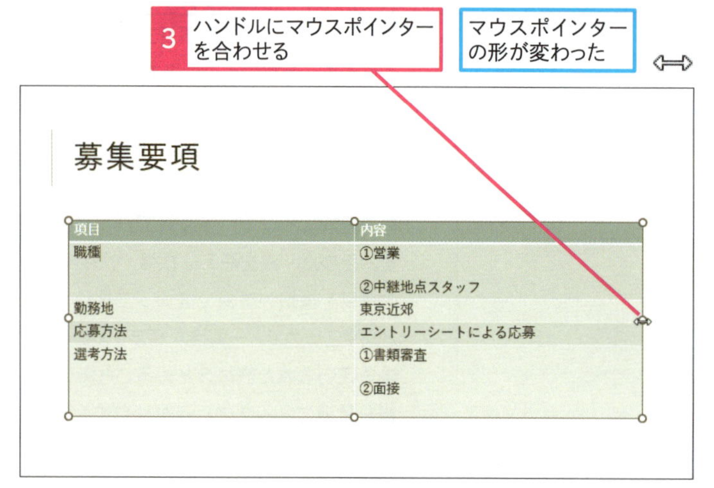

キーワード

ハンドル	P.314
表	P.314
マウスポインター	P.315

使いこなしのヒント

表の縦横比を保ったままサイズを変更するには

表の縦横比を保ったままサイズを変更するには、Shift キーを押しながら表の四隅にあるハンドル（◯）をドラッグします。

◆ハンドル

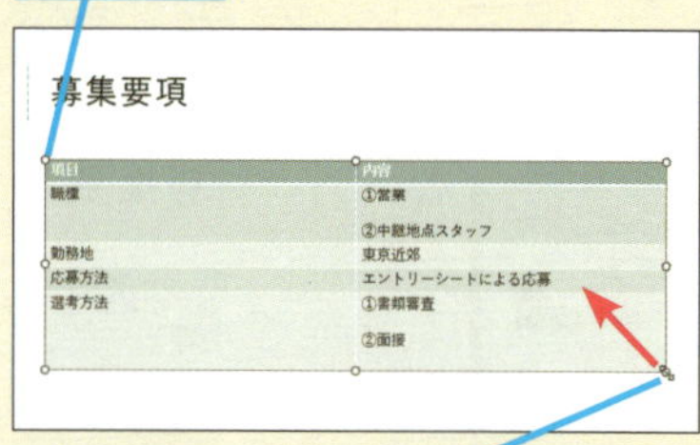

ハンドルにマウスポインターを合わせドラッグする

● 列の幅の変更を続ける

4 ここまでドラッグ

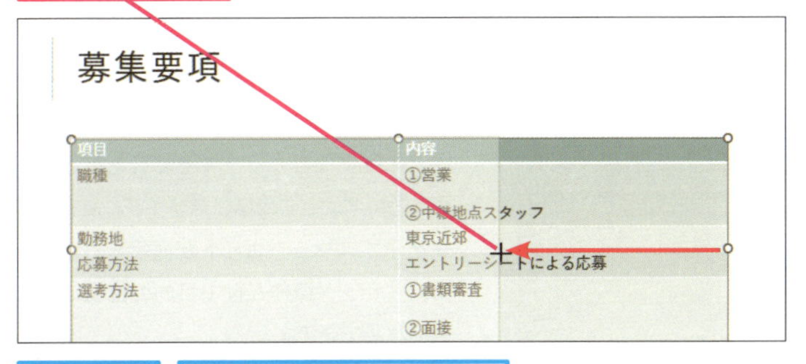

表の横幅が短くなった

続けて表の横幅はそのままで、1列目だけ横幅を短くする

5 1列目と2列目の間の罫線にマウスポインターを合わせる

マウスポインターの形が変わった

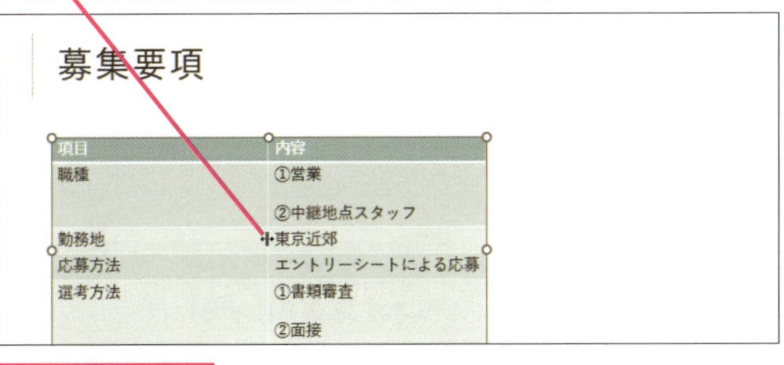

6 ここまでドラッグ

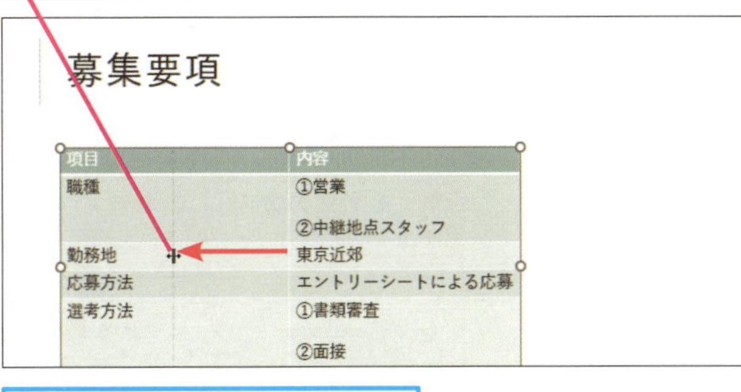

表の横幅はそのままで、1列目だけ横幅が短くなった

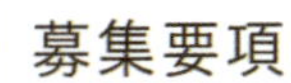

使いこなしのヒント

行の高さを変更するには

行の高さを変更するには、変更したい行の下側の罫線にマウスポインターを合わせ、マウスポインターの形が÷に変わった状態でドラッグします。なお、表の底辺中央にある白いハンドル（◯）をドラッグすると、表のサイズが縦方向に広がり、結果的にすべての行の高さが広がります。

1 行の下側の罫線にマウスポインターを合わせてドラッグ

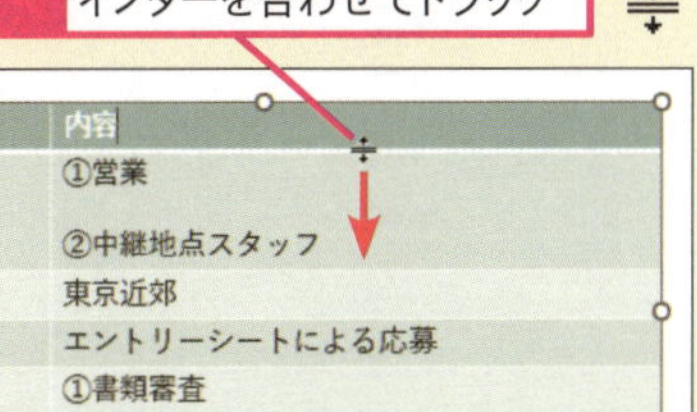

行の高さが変更される

時短ワザ

文字の長さに合わせて列幅を自動調整する

列幅を変更したい右側の罫線にマウスポインターを合わせてダブルクリックすると、左側の列の文字数に合わせて、自動的に列幅が変化します。

1 罫線をダブルクリック

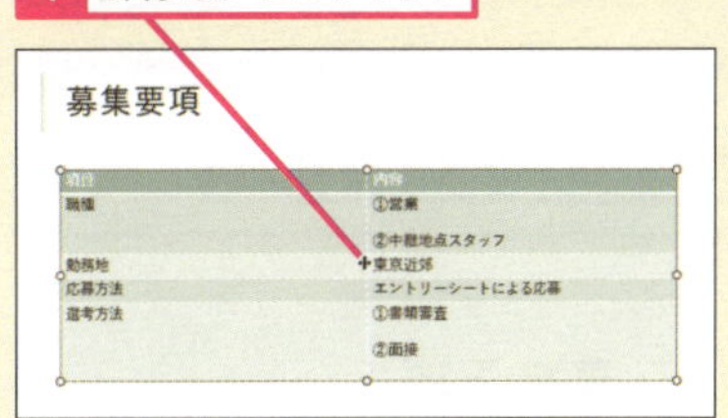

文字の長さに合わせて列幅が変更した

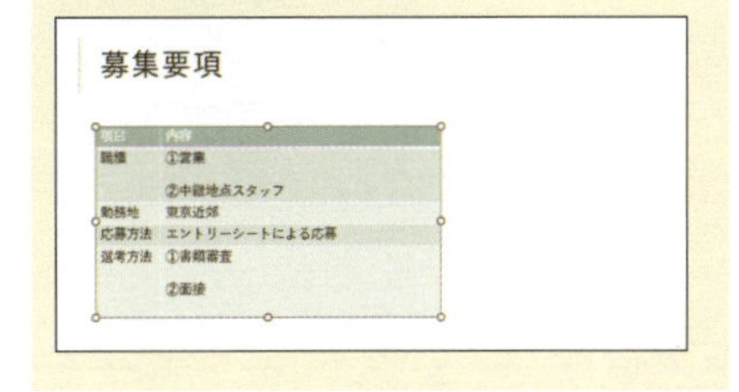

次のページに続く

2 表の位置を移動する

ここでは表をスライドの中心に移動する

表をクリックして選択しておく

1 表の外枠にマウスポインターを合わせる

マウスポインターの形が変わった

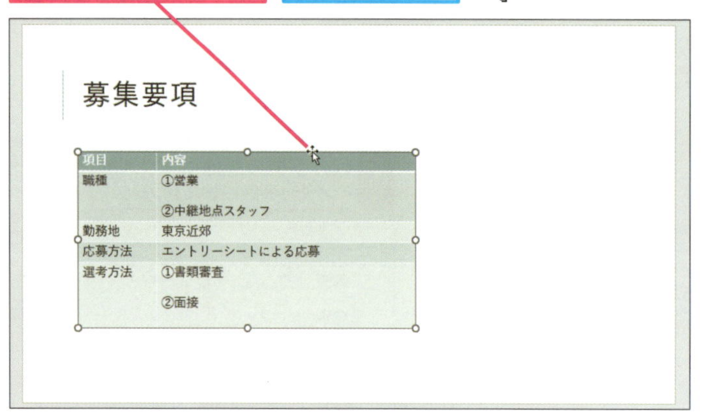

2 スマートガイドが十字に表示されるところまでドラッグ

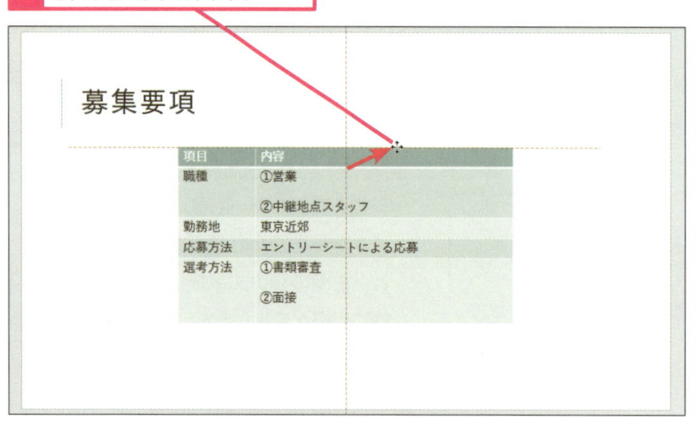

表がスライドの中心に移動した

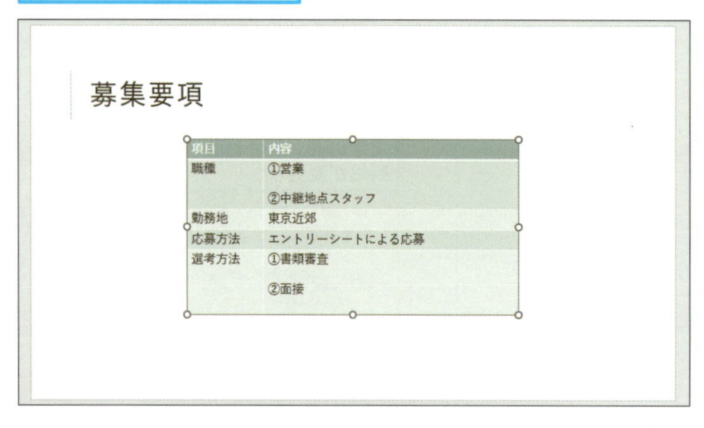

用語解説

スマートガイド

手順2の操作2で表をドラッグしたときに表示される赤い点線を「スマートガイド」と呼びます。スマートガイドは、表や画像などの配置をサポートする目安となる線のことです。ここでは、スライドの左右中央を示すスマートガイドが表示されるため、ドラッグ操作だけで目的の位置に正確に移動できます。

使いこなしのヒント

文字を縦書きにするには

セル内の文字を縦書きにするには、目的のセルを選択し、[テーブルレイアウト] タブの [文字列の方向] から [縦書き] を選択します。そうすると、入力済みの文字が縦書きで表示されます。

1 [文字列の方向] をクリック

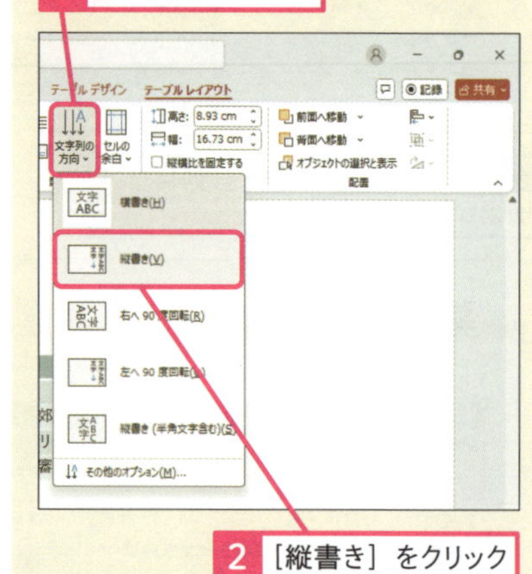

2 [縦書き] をクリック

3 文字の配置を変更する

ここではセル内の文字を上下で中央に配置する

1 表の外枠をクリック

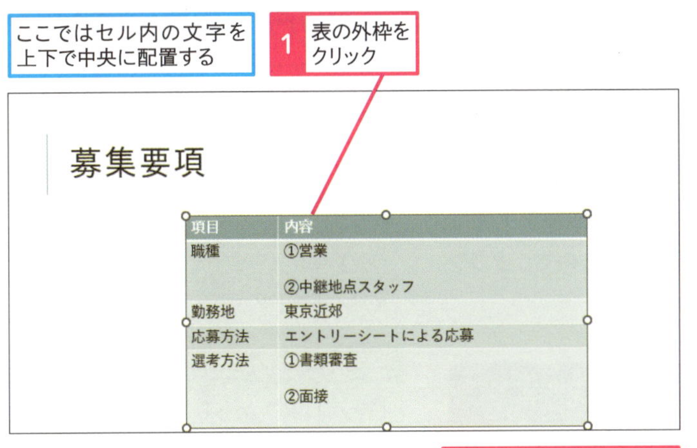

2 [テーブルレイアウト]タブをクリック

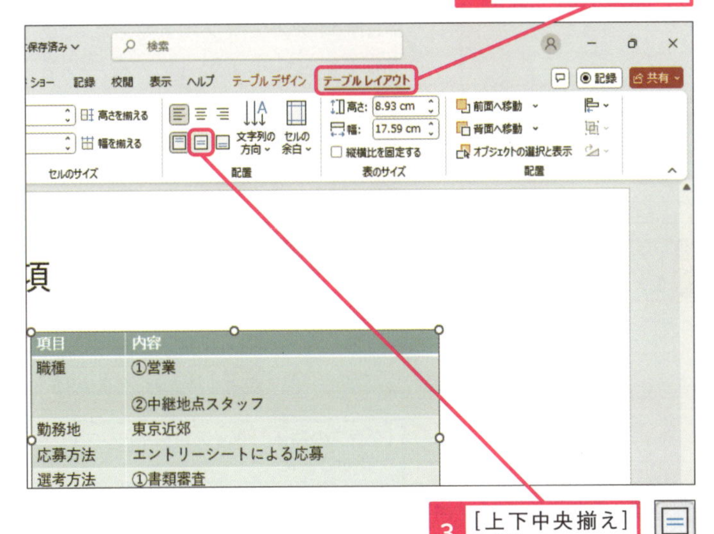

3 [上下中央揃え]をクリック

セル内の文字が上下で中央に配置された

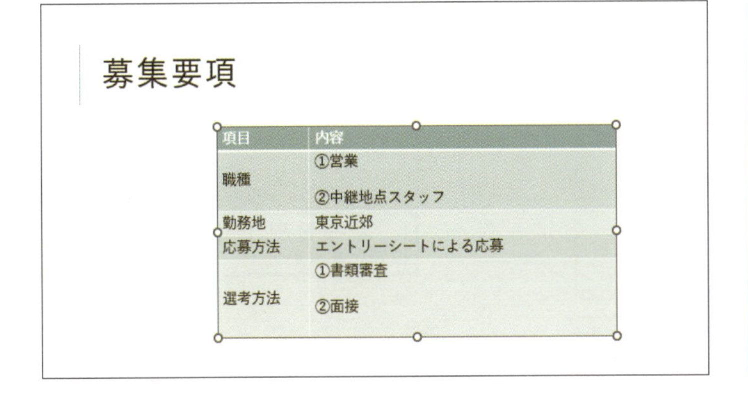

使いこなしのヒント

文字の配置は内容に合わせて変更する

表のセルに文字を入力すると、最初はセルの横方向に対して左揃えで表示されます。横方向の配置は、文字ならば左ぞろえ、数値ならば右揃えというように、データの種類に合わせて変更します。セル内の配置を変更するには、[テーブルレイアウト]タブにある[配置]のボタンを使います。

● 文字配置のおすすめの設定

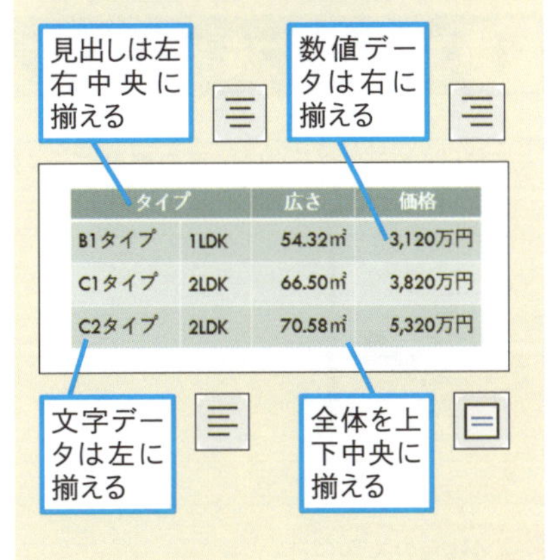

まとめ 見やすい表に仕上げよう

表のセルに文字を入力できたら、列幅や文字の配置などの見た目にも手を加えましょう。最初は、すべての列が同じ幅なので、セル内の文字数が少ないと間延びした印象を与えてしまいます。また、セルの上側に文字が詰まっていると窮屈なイメージになりがちです。文字を上下中央に配置し直すと、セル内に余裕が生まれます。表を見た人が文字を読みやすいように見た目を調整しましょう。

レッスン

24 スライドにグラフを挿入するには

グラフの挿入

練習用ファイル L024_グラフの挿入.pptx

数値の大小や推移などの全体的な傾向を示すときは、グラフを使って視覚的に見せると効果的です。[グラフの挿入] の機能を使うと、グラフの種類を選んだ後にワークシートが表示されるので、グラフに必要なデータを入力できます。

キーワード

グラフ	P.312
ハンドル	P.314
マウスポインター	P.315

使いこなしのヒント

[挿入] タブからもグラフを作成できる

既存のスライドにグラフを挿入するときには、[挿入] タブの [グラフ] ボタンをクリックしてもいいでしょう。[グラフ] ボタンをクリックすると、[グラフの挿入] ダイアログボックスが表示されます。

1 [挿入] タブをクリック

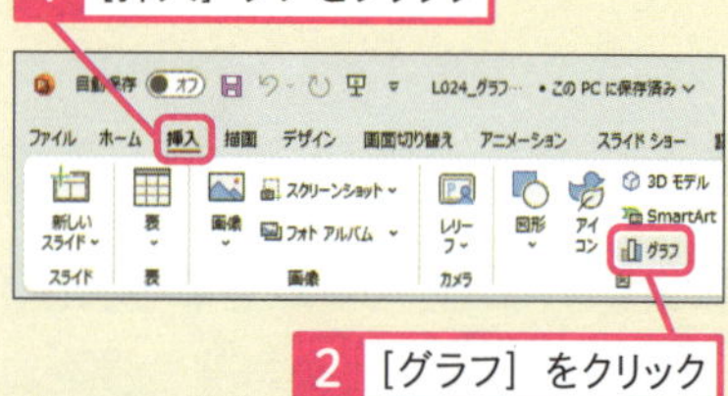

2 [グラフ] をクリック

[グラフの挿入] ダイアログボックスが表示された

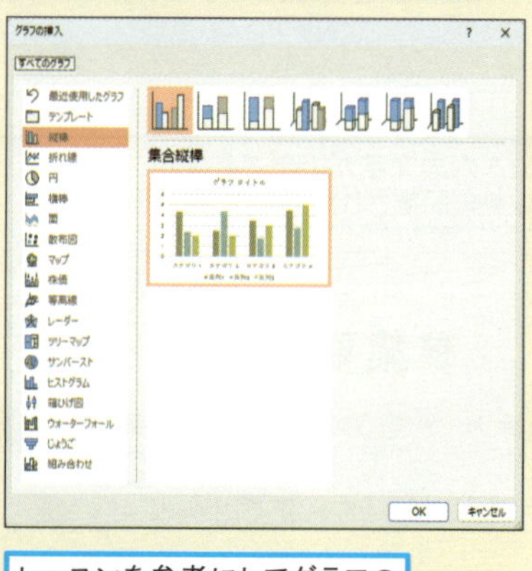

レッスンを参考にしてグラフの種類を選択する

1 縦棒グラフを挿入する

ここでは4枚目のグラフに、集合縦棒グラフを挿入する

1 4枚目のスライドをクリック

2 [グラフの挿入] をクリック

[グラフの挿入] ダイアログボックスが表示された

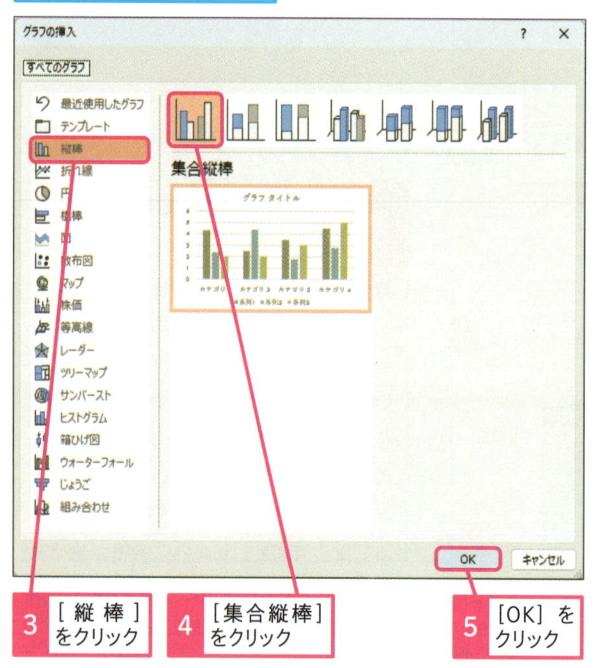

3 [縦棒] をクリック

4 [集合縦棒] をクリック

5 [OK] をクリック

2 カテゴリと系列を入力する

[Microsoft PowerPoint内のグラフ] ウィンドウが表示された

ワークシートの表にサンプルのデータが入力されている

1 [カテゴリ1] と表示されているセルA2をクリック

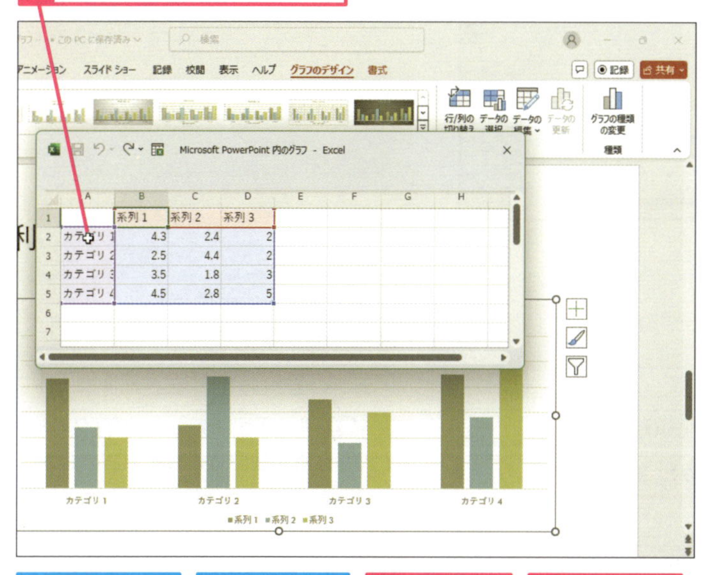

カテゴリの名前を入力する

A列のセルの幅を広げておく

2 「2021年」と入力

3 Enter キーを押す

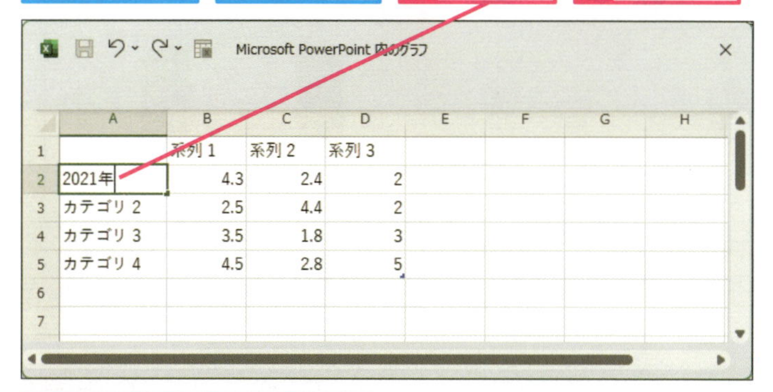

4 同様に、カテゴリの名前を入力

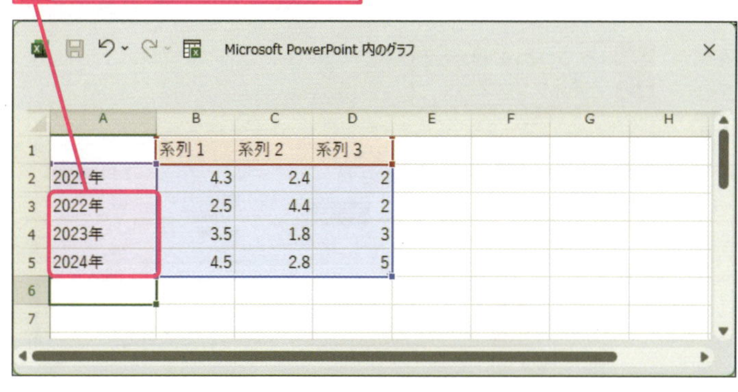

使いこなしのヒント

[Microsoft PowerPoint内のグラフ] って何?

手順1の操作3～5でグラフの種類を選ぶと[Microsoft PowerPoint内のグラフ]ウィンドウが表示され、ワークシートが表示されます。これは、PowerPointでExcelの一部の機能を利用できるウィンドウです。Excelのすべての機能を利用してデータを入力・編集するには、ワークシートが表示された後に [グラフのデザイン] タブの[データの編集] から [Excelでデータを編集] をクリックします。

使いこなしのヒント

グラフの種類は後から変更できる

最初に選択したグラフが数値を表すのに適さなかったときは、[グラフのデザイン] タブにある [グラフの種類の変更] ボタンをクリックしてグラフの種類を変更します。レッスン60では、円グラフの種類を変更する操作を解説しています。

1 [グラフのデザイン] タブをクリック

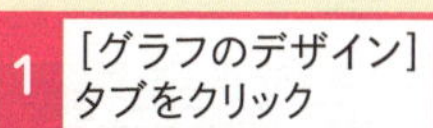

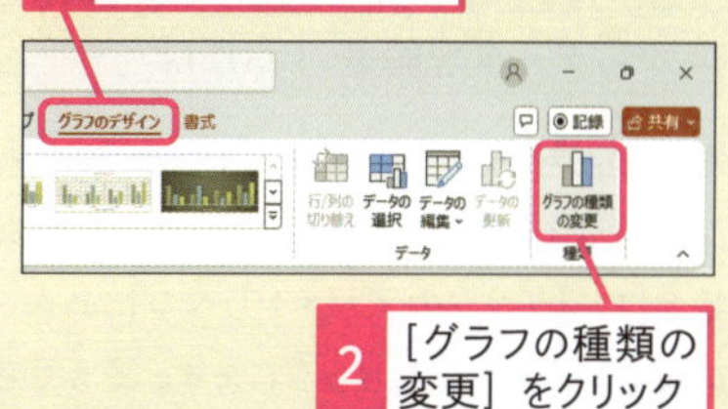

2 [グラフの種類の変更] をクリック

表示される [グラフの種類の変更] ダイアログボックスでグラフの種類を変更できる

次のページに続く

● 続けてグラフのデータを入力する

系列の名前と数値を入力する

5 ［系列1］と表示されているセルをクリック

6 「利用者数」と入力

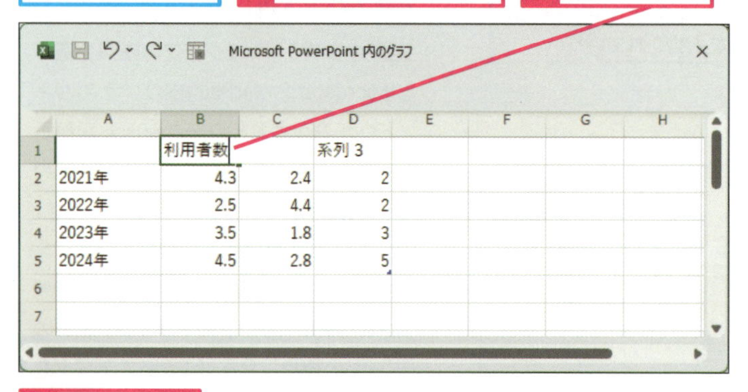

	A	B	C	D	E	F	G	H
1		利用者数		系列 3				
2	2021年	4.3	2.4	2				
3	2022年	2.5	4.4	2				
4	2023年	3.5	1.8	3				
5	2024年	4.5	2.8	5				
6								
7								

7 Enter キーを押す

8 同様にセルB2 ～ B5に画面のデータを入力

	A	B	C	D	E
1		利用者数	系列 2	系列 3	
2	2021年	863	2.4	2	
3	2022年	1612	4.4	2	
4	2023年	8750	1.8	3	
5	2024年	9128	2.8	5	
6					
7					

使いこなしのヒント

ワークシート内で計算もできる

グラフの基になるデータはワークシートに入力します。そのため、ワークシートの計算機能を使って求めた合計や平均をグラフ化することもできます。

使いこなしのヒント

グラフのサイズや位置を調整するには

グラフの選択時に表示されるハンドル（○）をドラッグすると、グラフのサイズを自由に調整できます。このとき、Shift キーを押しながら四隅のハンドルをドラッグすると、グラフの縦横比を保持したままサイズを変更できます。また、グラフの外枠をドラッグすると、グラフを移動できます。

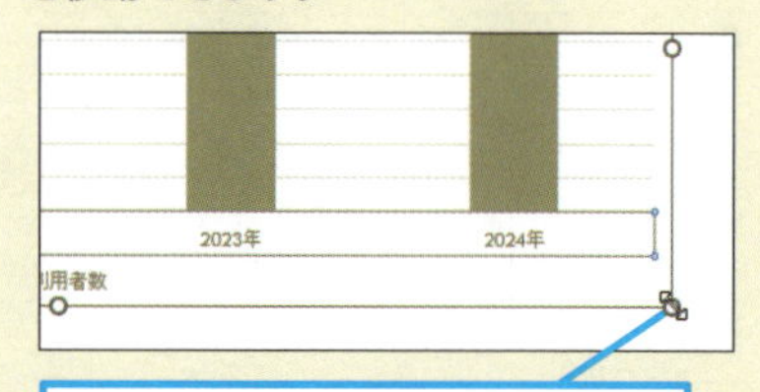

ハンドルをドラッグすると、グラフのサイズを変更できる

スキルアップ

後からデータを修正するには

手順3の操作3で［Microsoft PowerPoint内のグラフ］のウィンドウを閉じた後にデータを編集する場合は、［グラフのデザイン］タブにある［データの編集］ボタンをクリックします。そうすると、再び入力済みのデータ入りのワークシートが表示されます。

1 ［グラフのデザイン］タブをクリック

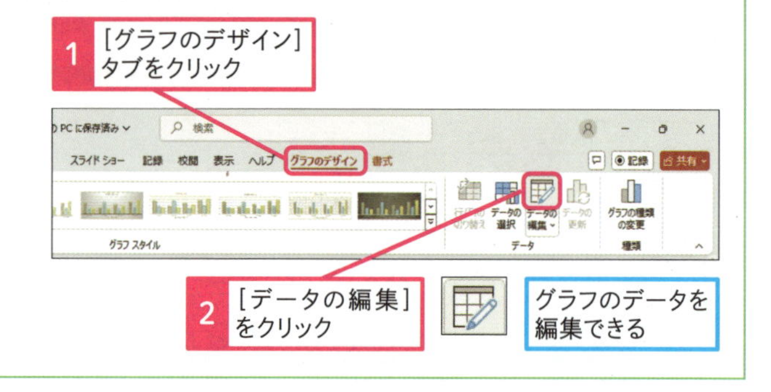

2 ［データの編集］をクリック

グラフのデータを編集できる

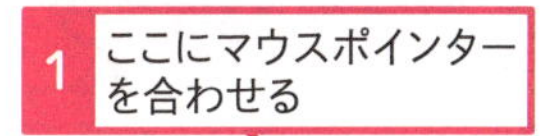

3 グラフ化される範囲を変更する

1 ここにマウスポインターを合わせる

マウスポインターの形が変わった

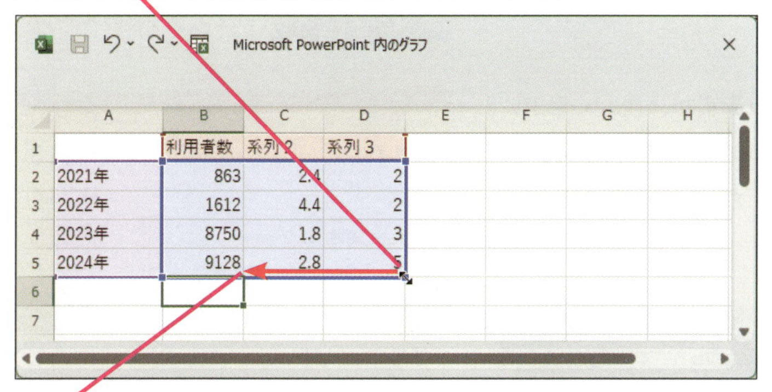

2 セルB5までドラッグ

系列2と系列3のデータがグラフ化されなくなった

3 ［閉じる］をクリック

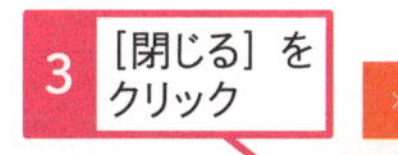

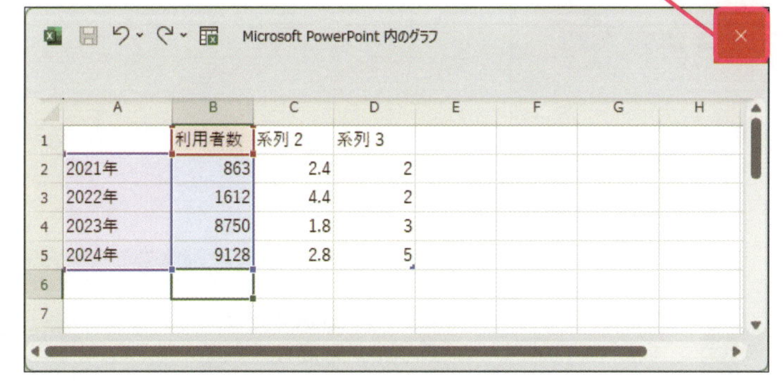

［Microsoft PowerPoint内のグラフ］ウィンドウが閉じた

スライドにグラフが挿入された

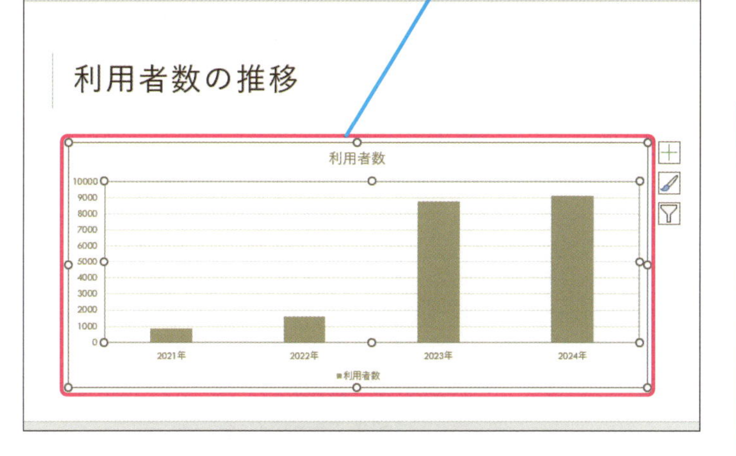

使いこなしのヒント

青枠の内側がグラフ化される

ワークシートに青枠で囲まれている内側がグラフ化されるデータです。不要なデータがあれば、青枠の右下にマウスポインターを合わせてから内側にドラッグしましょう。反対に青枠を外側にドラッグすると、グラフ化する範囲を拡大できます。

まとめ　グラフのデータはワークシートで編集する

スライドの中にグラフを挿入するときは、PowerPoint内に計算用のワークシートのウィンドウを表示します。グラフの種類を選ぶと、サンプルデータを使った仮のグラフが表示されるので、ワークシートのデータを変更して使います。その際、グラフ化したいデータ範囲に青枠が付いていることを確認しましょう。

レッスン
25 グラフのデザインを変更するには

グラフのスタイル

練習用ファイル L025_グラフのスタイル.pptx

グラフには自動的に色やデザインが適用されますが、後から自由に変更できます。[グラフスタイル] 機能や [色の変更] 機能を使うと、グラフの色や背景の色など、グラフ全体のデザインを一覧から選ぶだけで変更できます。

1 グラフ全体のデザインを変更する

4枚目のスライドを表示しておく

1 [グラフエリア] をクリック

2 [グラフのデザイン] タブをクリック

利用者数の推移

3 [グラフスタイル] の [クイックスタイル] をクリック

グラフのスタイルの一覧が表示された

4 [スタイル15] をクリック

グラフ全体のデザインが変更される

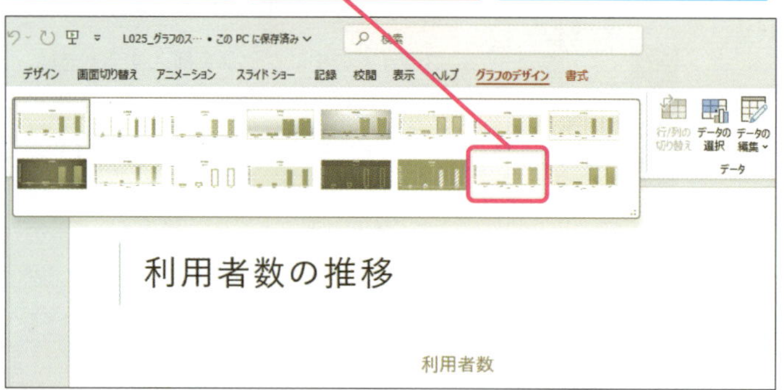

キーワード

スタイル	P.313
凡例	P.314
プレースホルダー	P.315

用語解説

グラフエリア

グラフが表示されているプレースホルダーを「グラフエリア」と言います。グラフエリアにはグラフを構成する系列やタイトル、凡例など、すべての要素が含まれます。

使いこなしのヒント

グラフの右横のボタンでデザインを変えられる

グラフの右横に表示される [グラフスタイル] ボタン (🖌) でも、グラフのスタイルや色を変更できます。

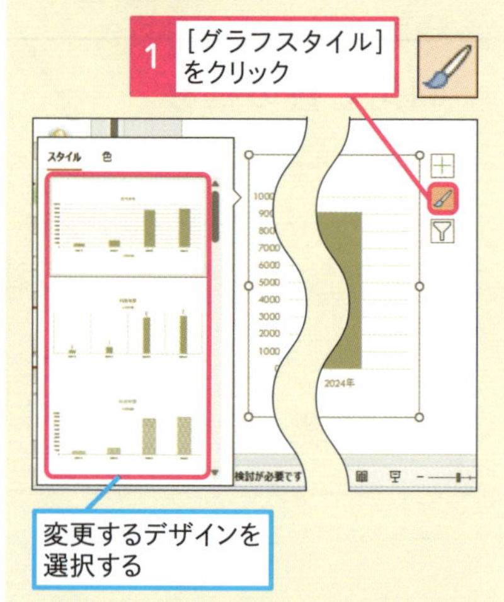

2 グラフの色を変更する

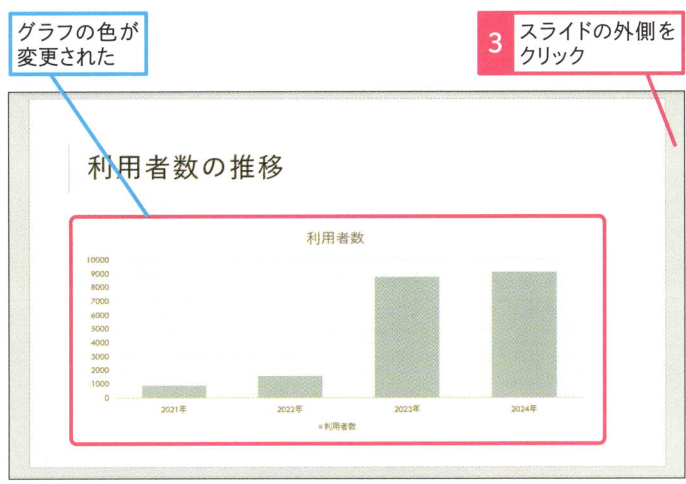

結果が気に入らないときは、操作1からやり直して何回でもデザインを変更できる

使いこなしのヒント

グラフの各要素を個別に変更するには

グラフはタイトルや凡例など、複数の要素で構成されています。例えば、1本の棒の色だけを変更したいというように、それぞれの要素を個別に変更するには、変更したい要素をクリックして選択し、[書式] タブで書式を設定します。レッスン62では、棒の色を個別に変更する操作を解説しています。

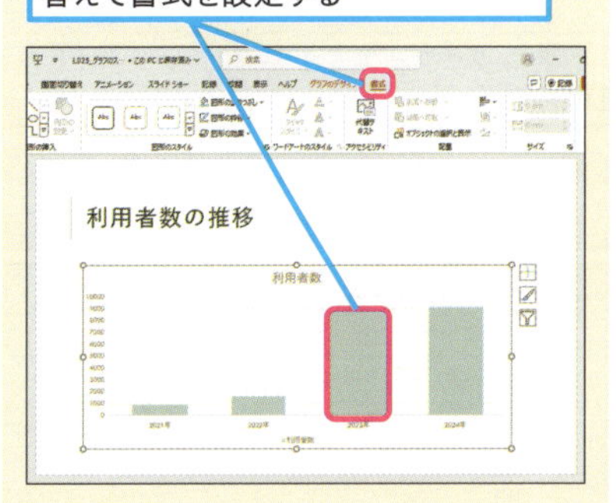

まとめ グラフのデザインはPowerPointに任せよう

グラフの見栄えは、[グラフスタイル] の機能を使って手際よくデザインするのがおすすめです。[グラフスタイル] や [色の変更] には、スライドに適用している「テーマ」に合ったデザインや色合いが用意されているため、スライド全体を通して統一感のある仕上がりになるからです。グラフのデザインはPowerPointに任せて、その分をほかの作業にあてると、プレゼンテーション資料を作成する時間を短縮できます。

レッスン
26 表の数値をグラフに表示するには

データラベル

練習用ファイル L026_データラベル.pptx

グラフはいくつもの要素で構成されています。不要な要素を削除したり、不足している要素を追加したりして分かりやすいグラフに整えます。また、[データラベル] の機能を使うと、グラフの中にワークシートの数値を表示できます。

1 グラフ要素を削除する

不要なグラフ要素を削除する

1 グラフタイトルをクリック

2 Delete キーを押す

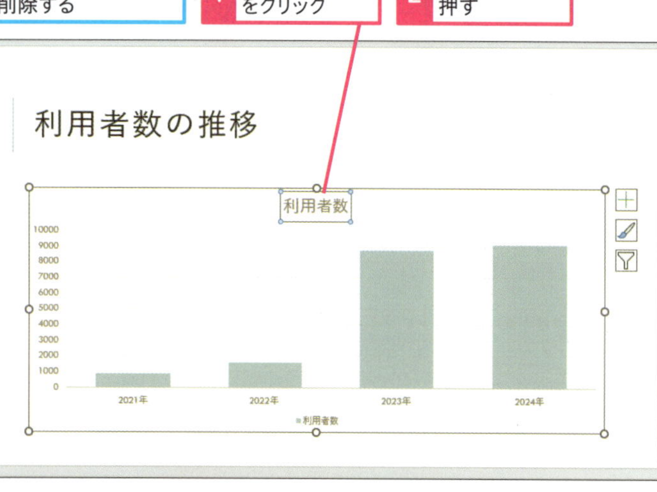
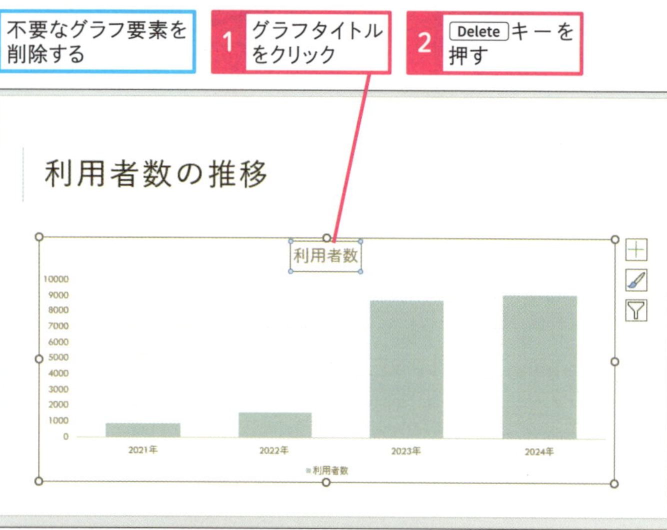

グラフタイトルが削除された

3 凡例をクリック

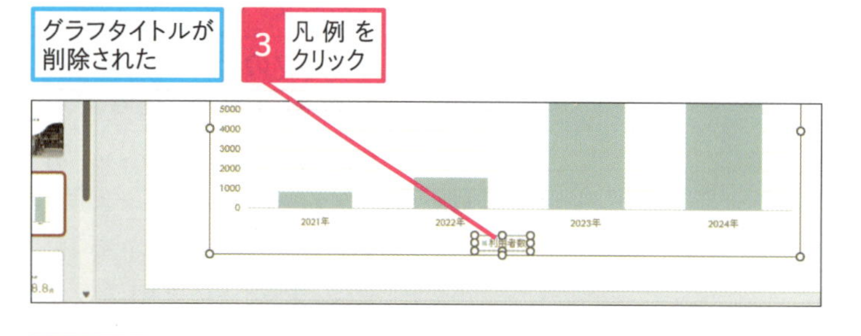

4 Delete キーを押す

凡例が削除された

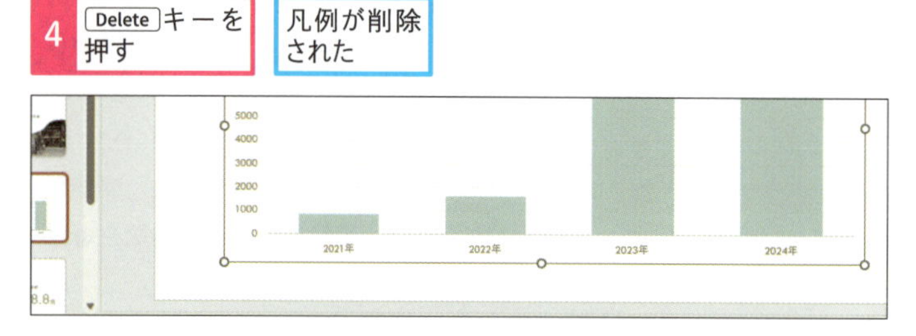

キーワード

作業ウィンドウ	P.312
データラベル	P.314
表示形式	P.315

使いこなしのヒント

グラフ要素について知ろう

グラフは、グラフタイトルや凡例、軸、目盛などのたくさんの部品で構成されています。この1つ1つの部品のことを「グラフ要素」といいます。

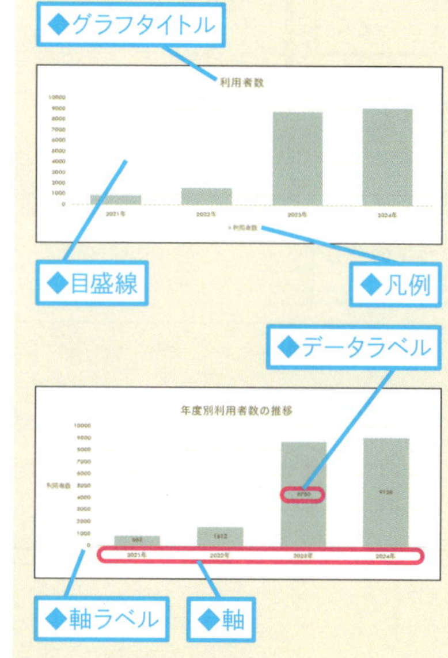

基本編 第4章 表やグラフを挿入して説得力を上げる

2 データラベルを表示する

ここでは各年の利用者数を棒グラフの中央に表示する

1 [グラフのデザイン]タブをクリック

2 [グラフ要素を追加]をクリック

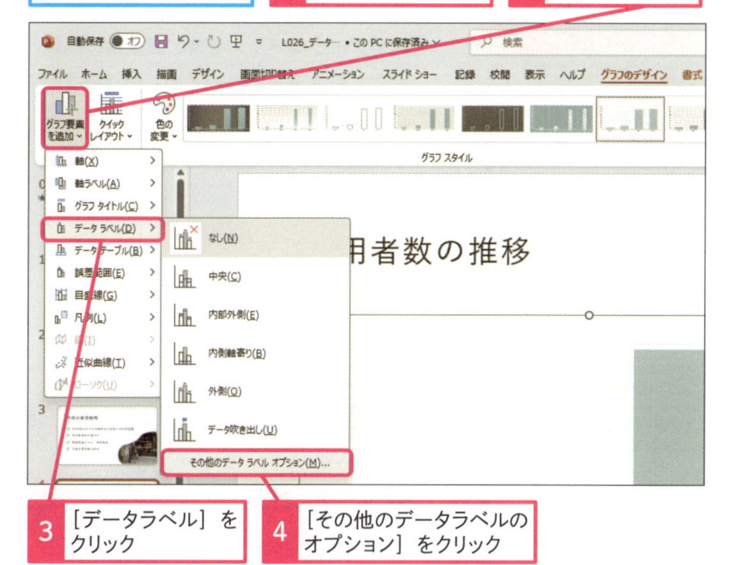

3 [データラベル]をクリック

4 [その他のデータラベルのオプション]をクリック

[データラベルの書式設定]作業ウィンドウが表示された

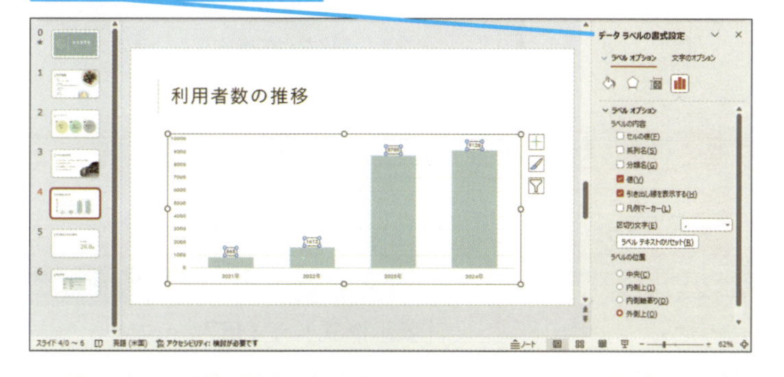

使いこなしのヒント

なぜグラフタイトルを非表示にするの?

グラフタイトルがスライドのタイトルと重複する場合は、グラフタイトルを非表示にしたほうがすっきりします。また、グラフの系列（ここでは棒）が1種類だけの場合は凡例がないほうがいいでしょう。

使いこなしのヒント

グラフ右側に表示される［グラフ要素］ボタンも使える

グラフの右側の［+］（グラフ要素）ボタンをクリックすると、グラフを構成する要素の一覧が表示され、グラフ要素の表示と非表示を切り替えたり、要素の設定画面を開いたりすることができます。例えば、「グラフタイトル」のチェックマークを外すと、グラフタイトルを削除できます。

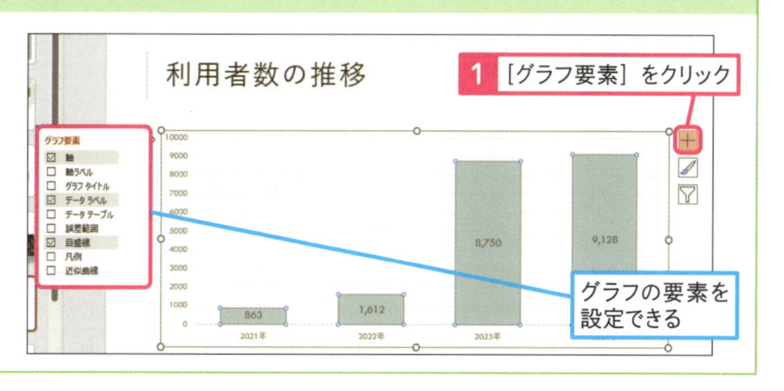

1 ［グラフ要素］をクリック

グラフの要素を設定できる

次のページに続く

● データラベルの書式を設定する

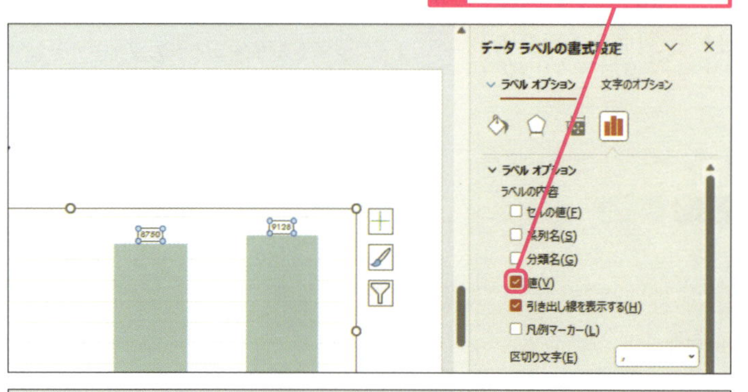

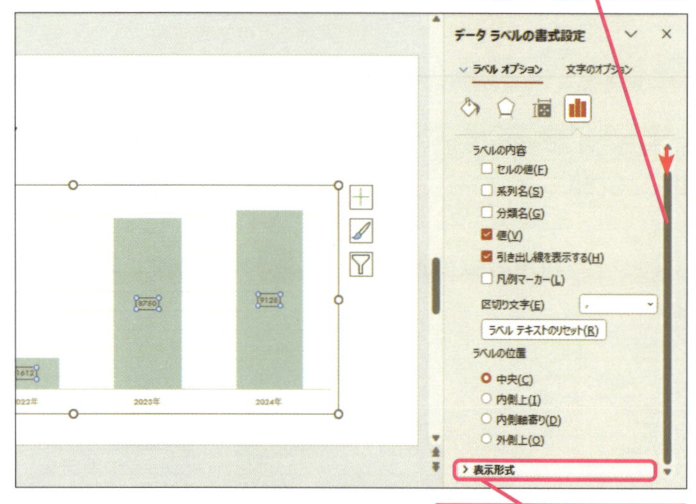

使いこなしのヒント

［クイックレイアウト］ボタンでレイアウトを丸ごと変更できる

［グラフのデザイン］タブにある［クイックレイアウト］ボタンには、タイトルの有無やデータラベルの有無、目盛線の間隔などを組み合わせたいくつものグラフ用のレイアウトが表示されており、クリックするだけでグラフ全体のレイアウトを変更できます。

使いこなしのヒント

特定の棒にデータラベルを表示するには

特定の棒だけにデータラベルを表示するには、最初にデータラベルを表示したい棒をゆっくり2回クリックして、目的の棒だけにハンドル（○）を表示します。その後で手順2からの操作を行います。

使いこなしのヒント

［表示形式］って何？

表示形式とは、数値の見せ方のことです。データラベルを表示すると、最初は3桁ごとのカンマがない数値が表示されます。表示形式の［数値］を設定すると、データラベルの数値に3桁ごとのカンマが付きます。レッスン60では、表示形式を使って、「人」や「円」などの単位を付ける方法を解説しています。

● 3桁ごとにカンマが付くようにする

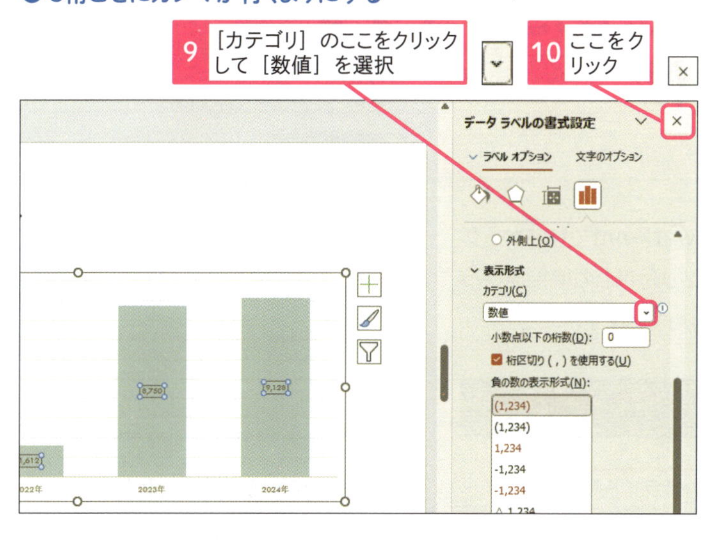

3 データラベルの文字サイズを変更する

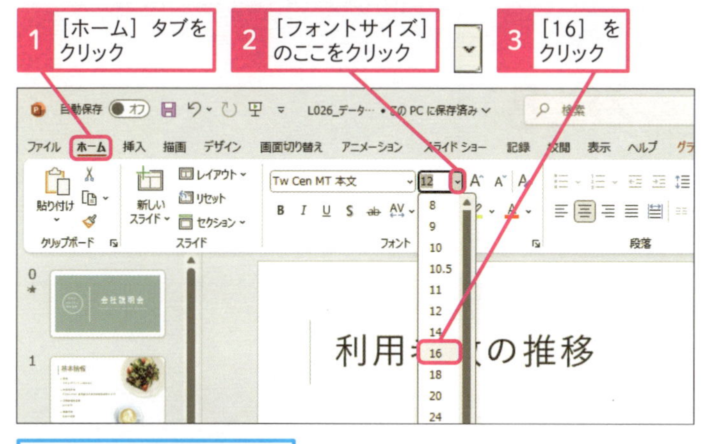

データラベルの書式と文字のサイズが変更した

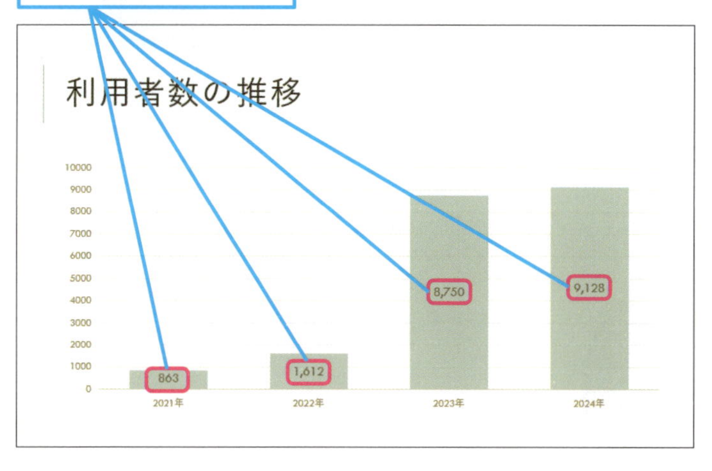

使いこなしのヒント

系列や分類名を非表示にするには

グラフの右側に表示される［グラフフィルター］ボタン（）を使うと、グラフに表示されている系列や分類を一時的に非表示にできます。

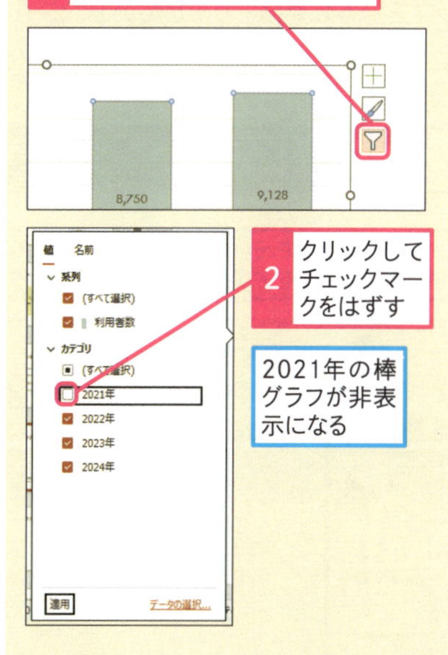

まとめ

データラベルで正確な数値を表示できる

グラフは数値の全体的な傾向を把握しやすい反面、正確な数値が分かりにくい面があります。グラフの中に数値を表示して、数値そのものを印象付けたいときは、「データラベル」の機能を使います。すると、グラフの基になるワークシートの数値が自動的にグラフ内に表示されます。ワークシートの数値を修正すると、グラフとデータラベルが連動して変わります。

レッスン
27 Excelで作成したグラフを利用するには

グラフのコピーと貼り付け

練習用ファイル L027_グラフのコピーと貼り付け.pptx 配達要員の年齢.xlsx

Excelで作成済みのグラフがあるときは、PowerPointでいちからグラフを作る必要はありません。[コピー]と[貼り付け]の機能を使って、Excelのグラフをスライドに貼り付けて利用できます。

1 Excelのグラフをコピーする

PowerPointとExcelを起動して、練習用ファイルを開いておく

1 5枚目のスライドをクリック

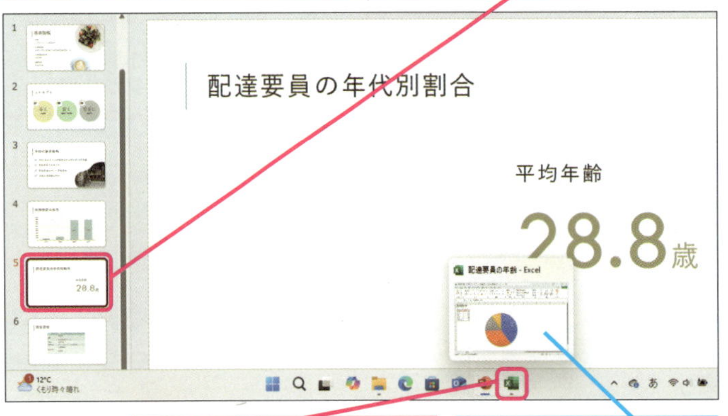

2 タスクバーにあるExcelのボタンをクリック

マウスポインターを合わせると、ファイルの内容がプレビューで表示される

Excelの画面に切り替わった

3 [グラフエリア]をクリック

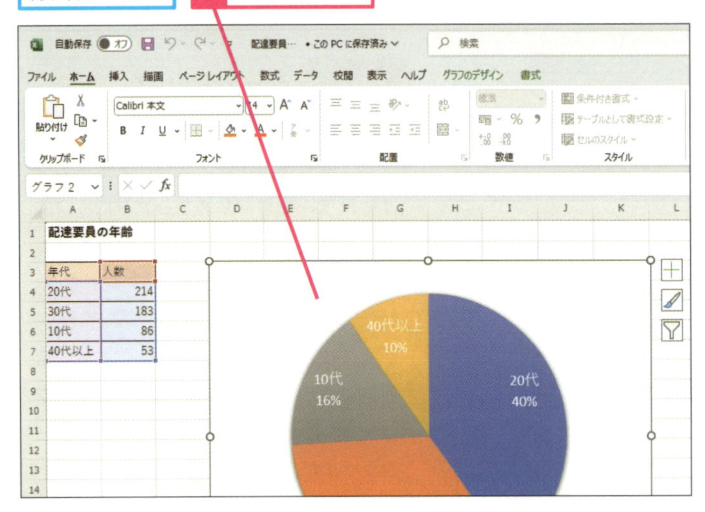

キーワード

グラフ	P.312
スタイル	P.313
タスクバー	P.313

使いこなしのヒント

Excelの表も貼り付けられる

Excelのグラフをスライドに貼り付けるのと同様に、Excelの表を選択した後にコピーして、PowerPointのスライドに貼り付けることもできます。

ショートカットキー

コピー	Ctrl + C
貼り付け	Ctrl + V

● グラフをコピーする

4 ［ホーム］タブをクリック

5 ［コピー］をクリック

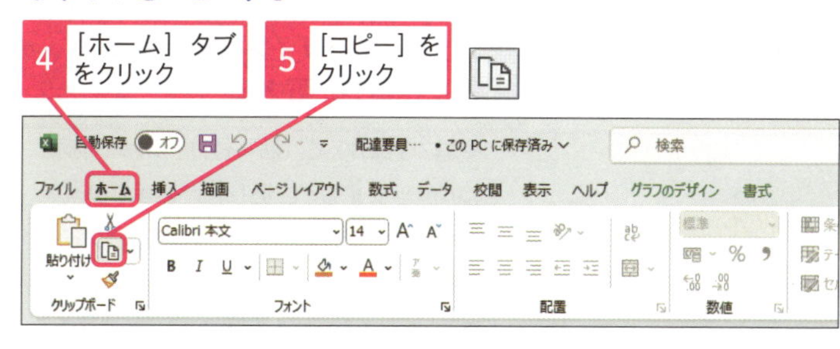

2 コピーしたグラフを貼り付ける

PowerPointの画面に切り替えておく

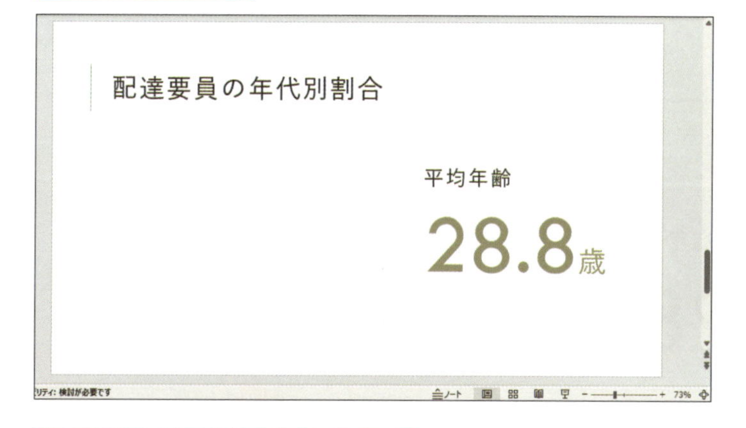

1 ［ホーム］タブをクリック

2 ［貼り付け］のここをクリック

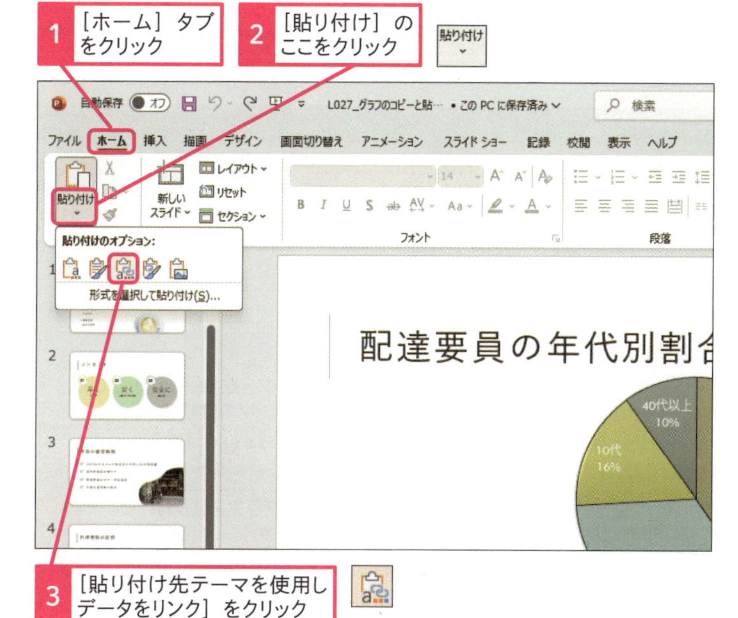

3 ［貼り付け先テーマを使用しデータをリンク］をクリック

使いこなしのヒント

後から貼り付け方法を変更するには

Excelのグラフを貼り付けた後で、貼り付け方法を変更できます。Excelでグラフに設定していた色に戻すには、グラフの右下に表示される［貼り付けのオプション］ボタンをクリックし、一覧から［元の書式を保持しデータをリンク］をクリックします。

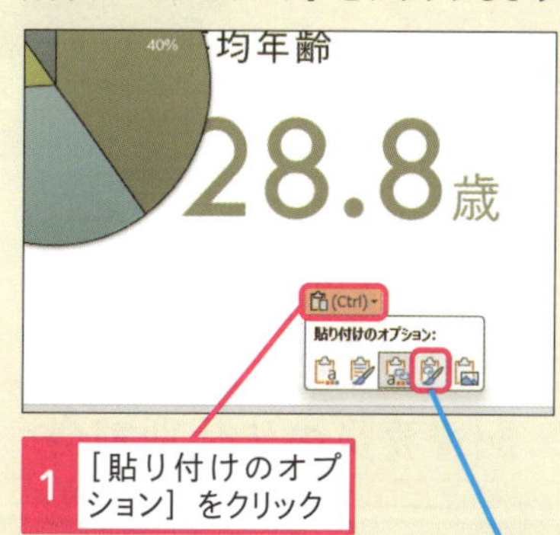

1 ［貼り付けのオプション］をクリック

［元の書式を保持しデータをリンク］をクリックすると、基のグラフと同じ書式が適用される

使いこなしのヒント

Excelのデータとリンクしないようにするには

手順2の操作3で、［貼り付け先のテーマを使用しデータをリンク］をクリックすると、Excelのグラフを修正したときに、スライドに貼り付けたグラフも連動して変化します。Excelのグラフと切り離して貼り付けるには、［貼り付け先のテーマを使用しブックを埋め込む］をクリックします。

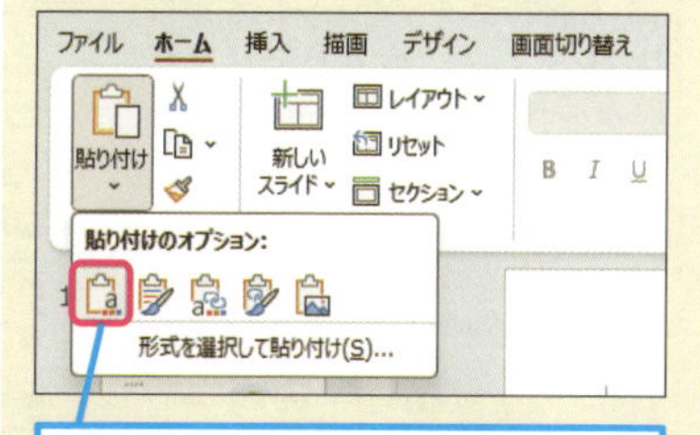

［貼り付け先のテーマを使用しブックを埋め込む］をクリックすると、Excelのデータと連動しないグラフにできる

次のページに続く

● グラフが貼り付けられた

スライドに設定されているテーマに合わせたデザインで貼り付けられる

4 グラフの外枠をクリック

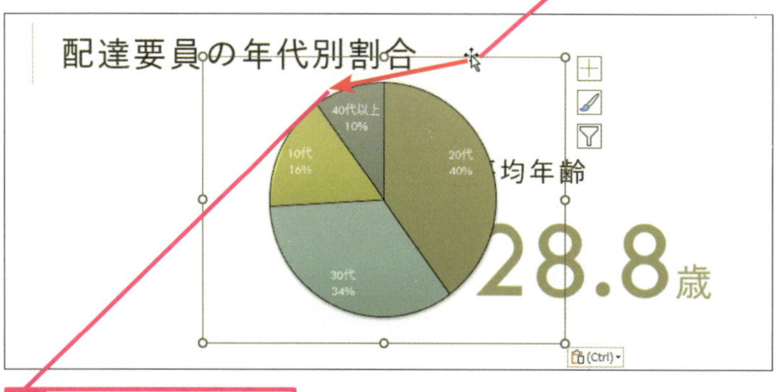

5 ドラッグして位置を調整

Excelでグラフを修正すると、スライドのグラフも修正される

配達要員の年代別割合

40代以上 10%
10代 16%
20代 40%
30代 34%

平均年齢

28.8歳

使いこなしのヒント

スライドのデザインに合わせて色が自動的に変わる

手順2の操作2で［貼り付け］ボタンを直接クリックするか、貼り付けのオプションから［貼り付け先のテーマを使用しブックを埋め込む］や［貼り付け先テーマを使用しデータをリンク］をクリックすると、Excelで作成したグラフの色合いが、貼り付け先のスライドに適用しているテーマに合わせて自動的に変更します。

スキルアップ

貼り付けのオプションで選択できる貼り付け方法

コピーしたグラフを貼り付けるときの方法は、次の5種類があります。［貼り付けのオプション］ボタンに表示される5つのアイコンにマウスポインターを合わせると、グラフを貼り付けた結果が一時的にスライドに反映されるため、目的通りに貼り付けられます。

［貼り付けのオプション］をクリックすれば、後から貼り付け方法を選択できる

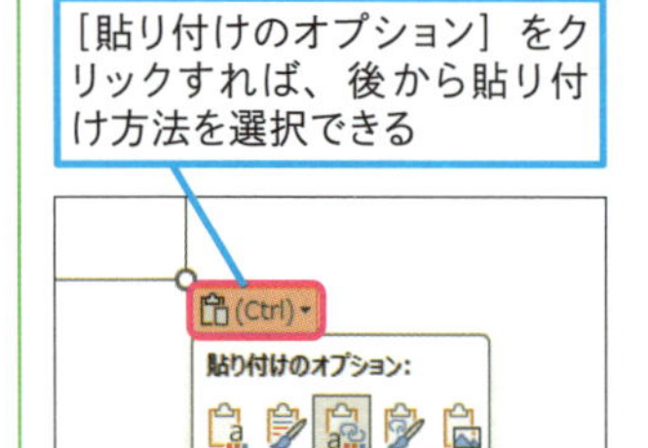

アイコン	貼り付け方法	説明
	貼り付け先のテーマを使用しブックを埋め込む	Excelとは切り離してグラフを貼り付ける。その際、グラフの色はスライドのテーマに変更される
	元の書式を保持しブックを埋め込む	Excelとは切り離してグラフを貼り付ける。その際、グラフの色はExcelでの設定を保つ
	貼り付け先テーマを使用しデータをリンク	Excelと連動した状態でグラフを貼り付ける。その際、グラフの色はスライドのテーマに変更される
	元の書式を保持しデータをリンク	Excelと連動した状態でグラフを貼り付ける。その際、グラフの色はExcelでの設定を保つ
	図	Excelのグラフを画像として貼り付ける。グラフデータの編集は一切できない

スキルアップ

貼り付けたグラフを編集するには

スライドに貼り付けたExcelのグラフは、グラフを選択したときに表示される［グラフのデザイン］タブや［書式］タブを使ってPowerPointで編集できます。基になるデータそのものを編集したいときは、［グラフのデザイン］タブにある［データの編集］ボタンから［Excelでデータを編集］をクリックして、Excelを起動します。

1 グラフをクリック

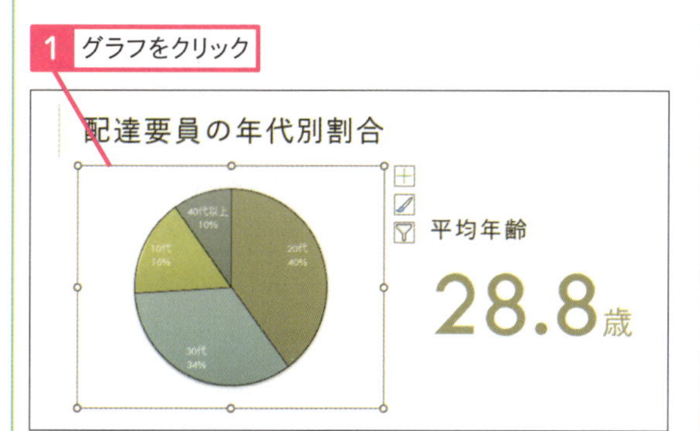

2 ［グラフのデザイン］タブをクリック

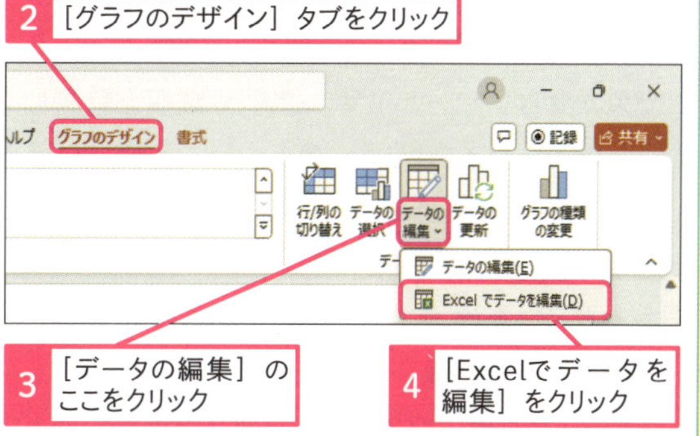

3 ［データの編集］のここをクリック

4 ［Excelでデータを編集］をクリック

● グラフのデザインを調整する

必要に応じてグラフのデザインを変更しておく

ここでは［グラフスタイル］の［スタイル11］を適用した

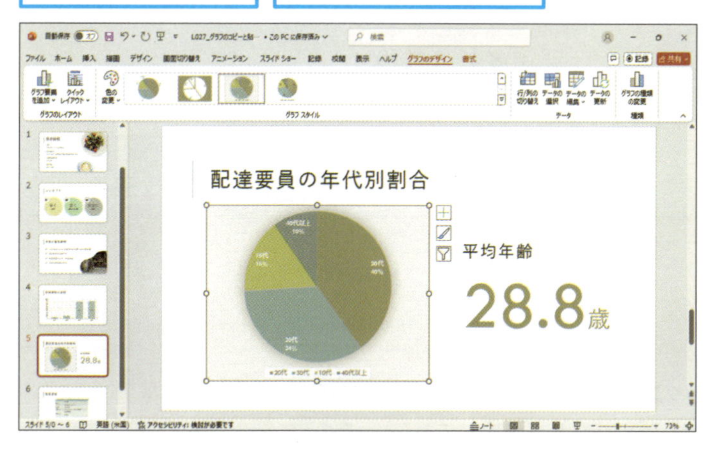

グラフのデータを変更する場合はExcelのデータを直接修正する

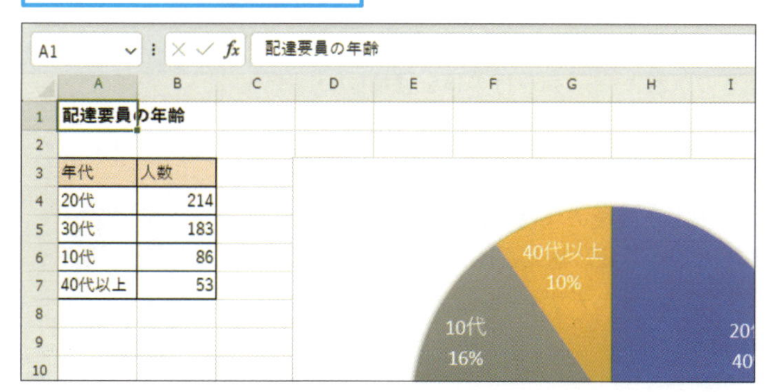

	A	B
1	配達要員の年齢	
2		
3	年代	人数
4	20代	214
5	30代	183
6	10代	86
7	40代以上	53

まとめ 既存のデータを使って作業を効率化しよう

プレゼンテーション資料に必要な情報が、WordやExcelなどのほかのアプリで作成済みの場合があります。既存のデータと同じ内容を入力し直すのは時間がかかる上に、転記する際に入力ミスも起こりがちです。コピーと貼り付けの機能を上手に利用して、既存のデータを積極的に利用しましょう。［貼り付け先のテーマを使用しデータをリンク］や［貼り付け先のテーマを使用しブックを埋め込む］を使うと、スライドのデザインに合った色合いに自動的に変わるため、グラフの作成と編集の両方の時間を節約できます。

この章のまとめ

表やグラフは分かりやすさが大事

表やグラフはプレゼンテーション資料を作るうえで欠かせないツールです。文字や数値を羅列しただけのスライドよりも、表やグラフを使ったほうが、視覚効果が高く、情報を整理して伝えられるからです。
表やグラフを作成するときは、聞き手が見たときに、分かりやすいかどうかが一番重要です。まず、データの内容に合ったグラフの種類を使っているかどうかをチェックしましょう。複雑なグラフを使うと、グラフの見方そのものが分からずに聞き手の理解を妨げることがあります。
次に、表やグラフがすっきりしていて見やすいかどうかをチェックします。大量のデータを見せるよりも必要なデータだけを厳選したほうがすっきりします。また、グラフにデータラベルを追加するなどして、聞き手が知りたい情報を提示する配慮も必要です。

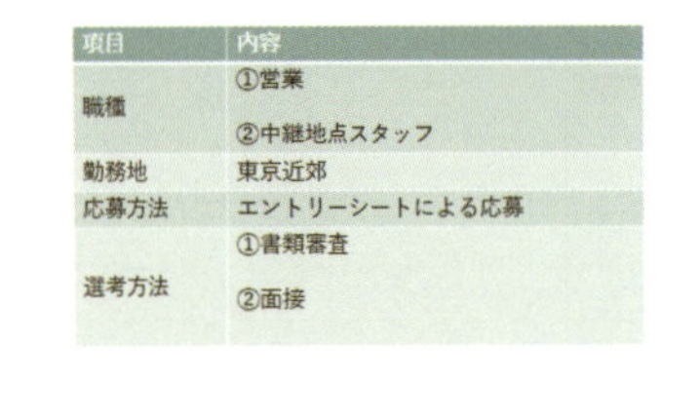
募集要項

項目	内容
職種	①営業 ②中継地点スタッフ
勤務地	東京近郊
応募方法	エントリーシートによる応募
選考方法	①書類審査 ②面接

表やグラフを利用すると情報を整理して伝えられる

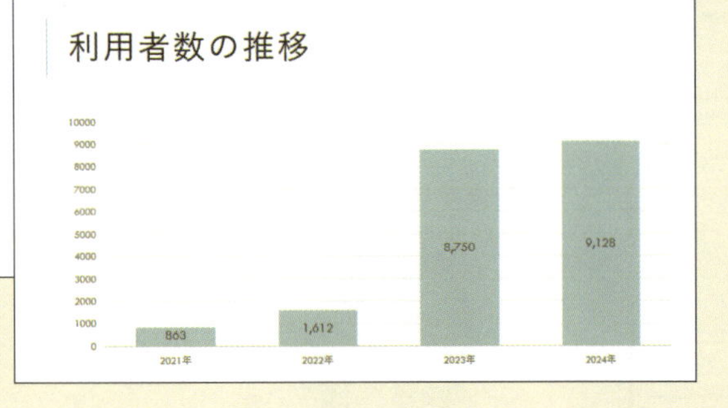

［表のスタイル］や［グラフスタイル］から選べばグラフや表のデザインも簡単！　最初から［テーマ］を設定しておくと、その後の作業もスムーズですね。

それから、グラフや表は見た目を整える必要もあるんですね。**レッスン22**や**レッスン24**で挿入したときの状態よりも、列や行の幅を調整したり、データラベルを追加したりしたほうが、分かりやすくなった気がします！

その通り！　スライドに追加した直後の状態で、データが分かりやすく提示されているとは限らないからね。あれこれいじると時間がかかってしまうから、［テーマ］に合わせたデザインを選びながら、必要に応じてカスタマイズすると時短になるよ。

基本編　第4章　表やグラフを挿入して説得力を上げる

基本編

第5章

写真や図表を使って イメージを伝える

この章では、図表や図形、画像を挿入して、見栄え良く編集する操作を解説します。文字ばかりのスライドにこれらの視覚効果の高い要素が加わると、スライドが華やかになり表現力が高まります。

28	表現力のあるスライドを作成しよう	98
29	図表を素早く作る	100
30	図表のデザインを変更するには	102
31	図形を挿入するには	104
32	写真を挿入するには	108
33	写真の一部を切り取るには	110
34	写真の位置やサイズを変更するには	112

レッスン

28 Introduction この章で学ぶこと 表現力のあるスライドを作成しよう

スライドに図表や図形、画像が入ると、スライドが華やかになるだけでなく、情報の伝達効率を高められます。プレゼンテーションでは、画像や図形を使って聞き手の視線や関心を集める工夫や、図表を使って概念を分かりやすく見せる工夫が必要です。

画像や図表の有無でスライドの印象はどう変わる?

じゃあ、ここでちょっとしたクイズに答えてもらおうかな！ 2つのスライド見比べてみて。どんな印象の違いがあるでしょう?

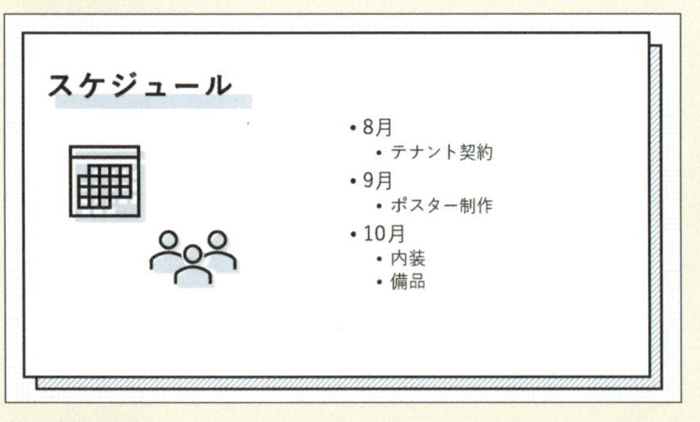

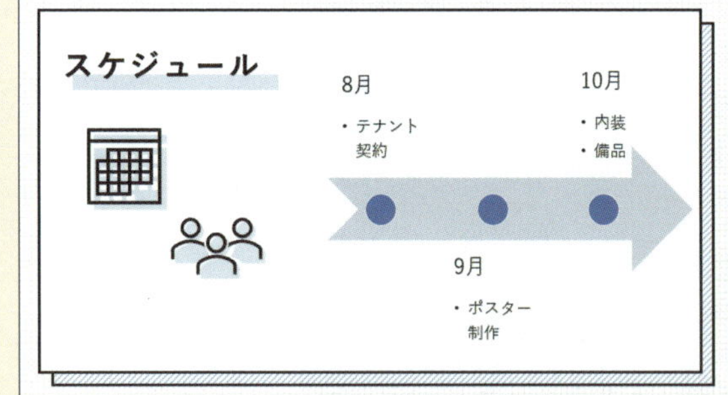

うーん。右のほうが、8月から10月にかけて行う「作業の流れ」ってことが分かりやすいかなあ。左のスライドは各項目が独立した説明に見える気がします。

新店舗

2025年秋

関西空港店オープン予定

新店舗

2025年秋

関西空港店

オープン予定

こっちは、文字だけだと少しさみしい印象がするかも。画像が入っているほうが見栄えもするし、空港っていう場所が具体的に想起されるかなあ。

基本編 第5章 写真や図表を使ってイメージを伝える

視覚効果を利用し情報を分かりやすく伝える

さすがここまで学んできただけある！　2人とも大正解！　図表や画像を使うと、情報がグッと伝わりやすくなるんです。

（ホッ。あっててよかった。）

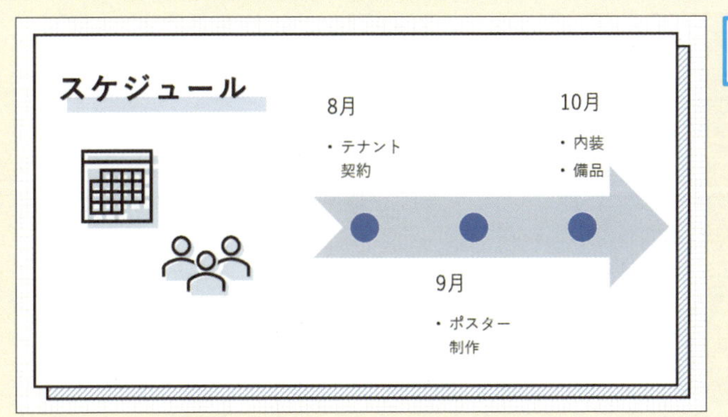

図表は概念や手順、仕組みを分かりやすく表現できる

図表になっているほうが、聞き手の視線も集められそう！

画像は実物を正確に見せたいときや、イメージを伝えたいときなどに効果的

提供しているサービスや製品の写真を入れるのもアリですね。

2人は本当に呑み込みが早いね！　素晴らしい！　よおし、この調子でどんどん行っちゃおう～♪

は、はい！（先生がなんだかノリノリに……）

レッスン

29 図表を素早く作る

YouTube動画で見る
詳細は2ページへ

SmartArt

練習用ファイル L029_SmartArt.pptx

フローチャートや組織図などの図表は、情報を視覚的に伝えることができるので、プレゼンテーションには欠かせません。[SmartArt]を使うと、デザイン性の高い図表を手早く作成できます。

1 図表を挿入し、テキストを入力する

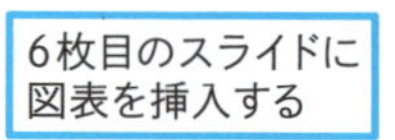
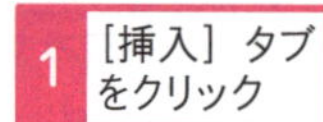

6枚目のスライドに図表を挿入する

1 [挿入] タブをクリック

2 [SmartArtグラフィックスの挿入] をクリック

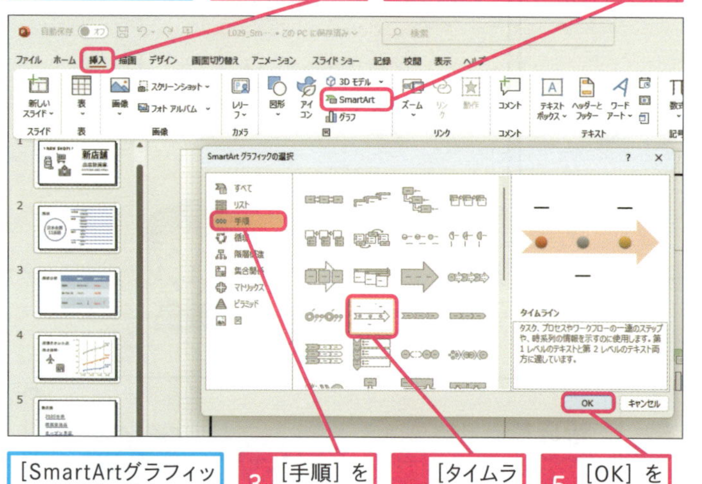

[SmartArtグラフィックの選択] ダイアログボックスが表示された

3 [手順] をクリック

4 [タイムライン] をクリック

5 [OK] をクリック

図表が挿入された

6 左の [テキスト] に「8月」と入力

7 Enter キーを押す

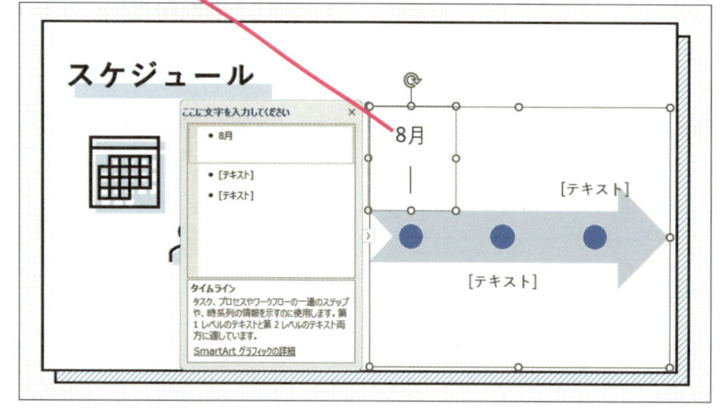

キーワード

SmartArt	P.311
ダイアログボックス	P.313
ハンドル	P.314

使いこなしのヒント

入力済みの文字をSmartArtに変換するには

このレッスンではいちからSmartArtを作成しましたが、スライドに入力済みの文字をSmartArtに変換することもできます。詳しい操作はレッスン46で解説しています。

用語解説

図表

図表とは、情報を視覚的に見せるためのもので「図解」とも呼ばれます。文字入りの図形を配置することで、手順や概念、構成などをわかりやすく伝えることができます。

● テキストを入力する

8 Tab キーを押す

9 「テナント契約」と入力

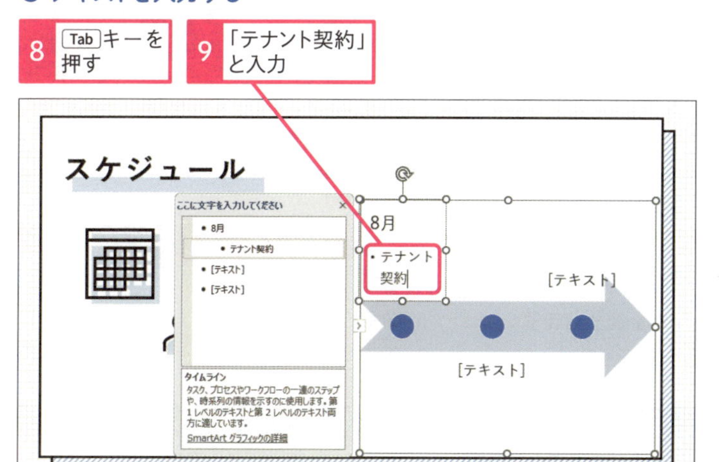

10 9月と10月の内容を入力

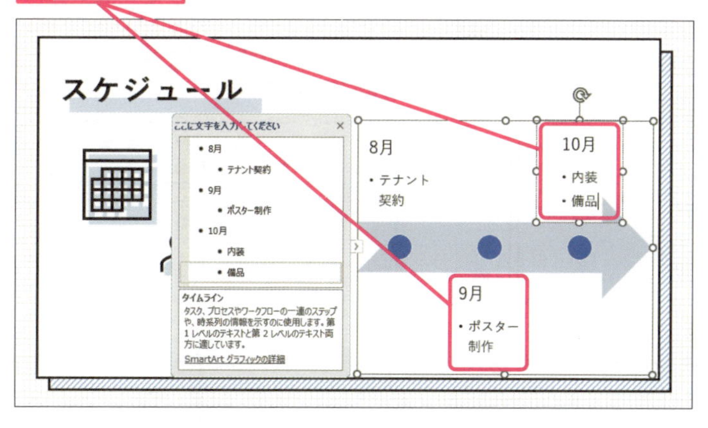

2 図表のサイズを変更する

1 ハンドルをドラッグしてサイズを調整

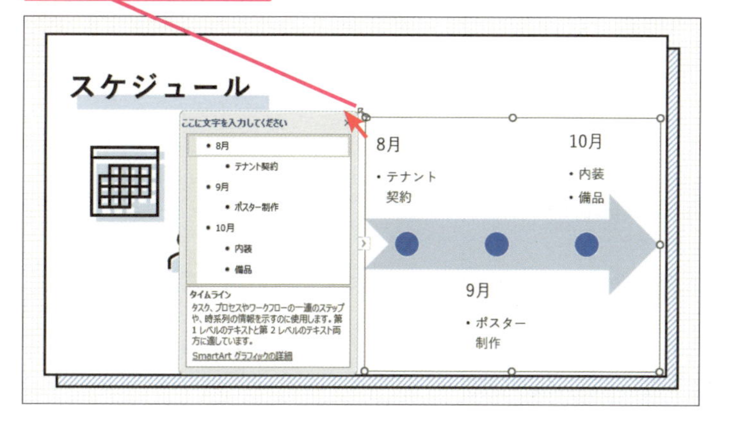

使いこなしのヒント

図形を追加する

SmartArtを構成する図形の数は自在に増減できます。「10月」の後ろに「11月」の図形を追加するには、「10月」が選択されている状態で、[SmartArtのデザイン] タブの [図形の追加] をクリックします。不要な図形はDeleteキーで削除できます。

1 [図形の追加] をクリック

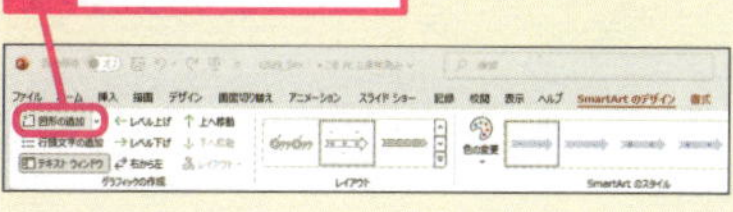

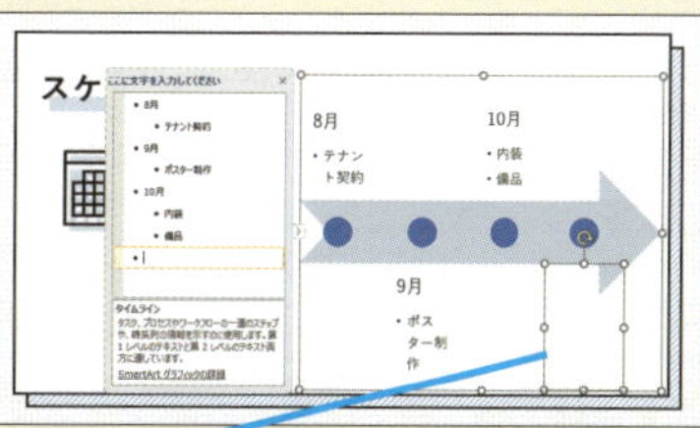

図形が追加された

使いこなしのヒント

図形に文字を入力する2つの方法

手順1の操作6のように、直接図形をクリックして文字を入力する方法以外に、左側の [テキストウィンドウ] に文字を入力する方法もあります。テキストウィンドウが邪魔な場合は、テキストウィンドウ右上の [閉じる] ボタンをクリックします。

まとめ 目的が伝わる図表の種類を選ぼう

フローチャートなどの図表を、図形をひとつずつ組み合わせて作るのは大変です。SmartArtにはビジネスでよく使う図表のパターンが用意されているので、図表の種類を選んで文字を入力するだけで完成します。ただし、図表の種類を選び間違えると目的が正しく伝わりません。[SmartArtグラフィックの選択] 画面右側に表示される説明文を参考にするとよいでしょう。

レッスン 30

図表のデザインを変更するには

SmartArtのスタイル

練習用ファイル　L030_SmartArtのスタイル.pptx

SmartArtを構成している図形の色やデザインは、後から自由に変更できます。ここでは、[色の変更]の機能と[SmartArtのスタイル]の機能を組み合わせて、図表全体の見た目を変更します。

キーワード

図形	P.313
スタイル	P.313
テーマ	P.314

使いこなしのヒント

テーマに応じて色が変わる

[色の変更]ボタンに表示される一覧は、スライドに適用しているテーマごとに異なります。そのため、後からテーマを変更すると、図表に設定した色の組み合わせも自動で変わります。

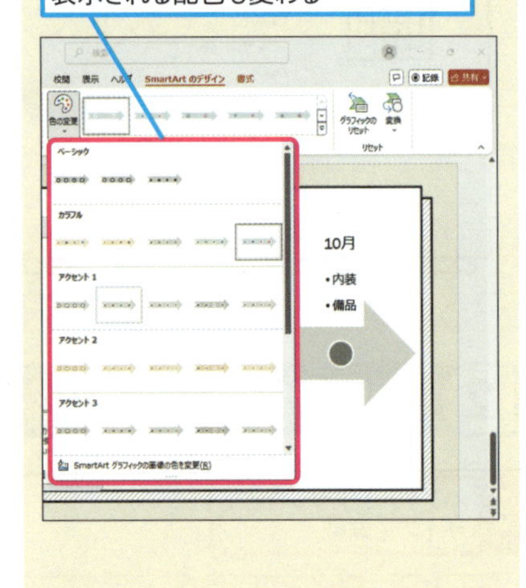

1 図表の色を変更する

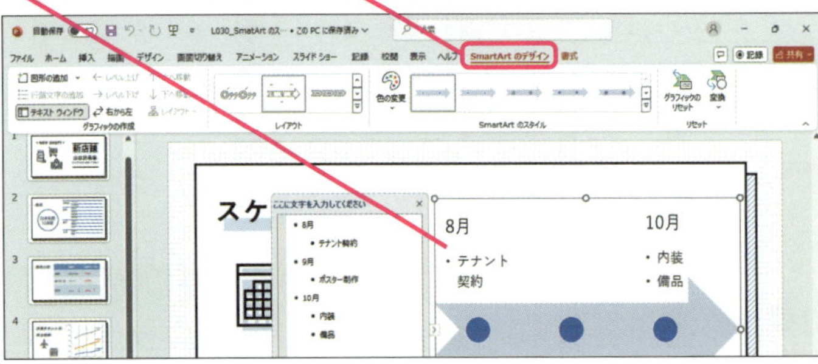

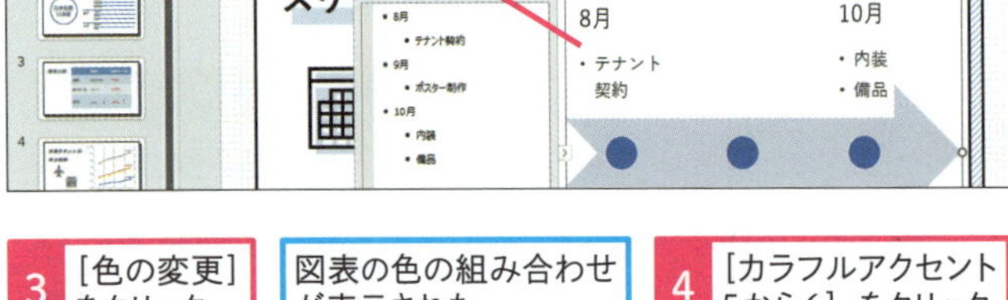

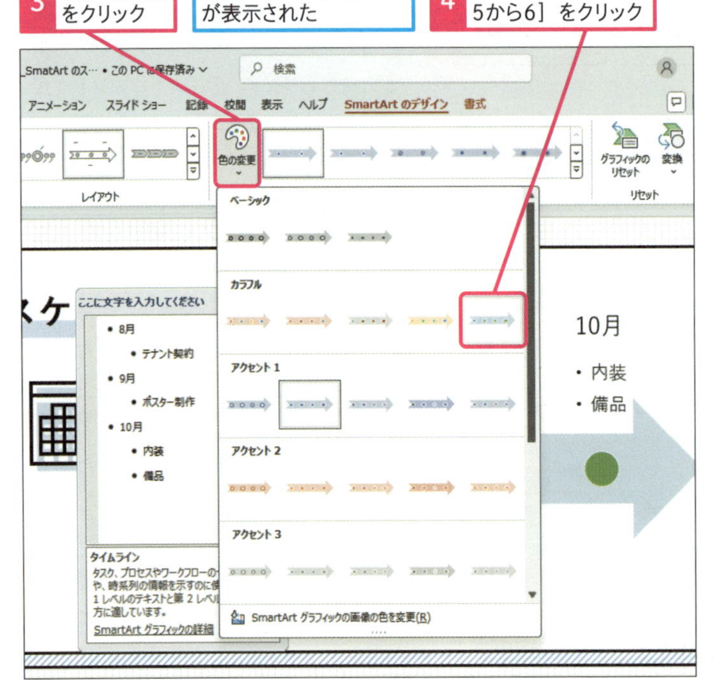

● SmartArtの色が変更された

図表の色が変更された

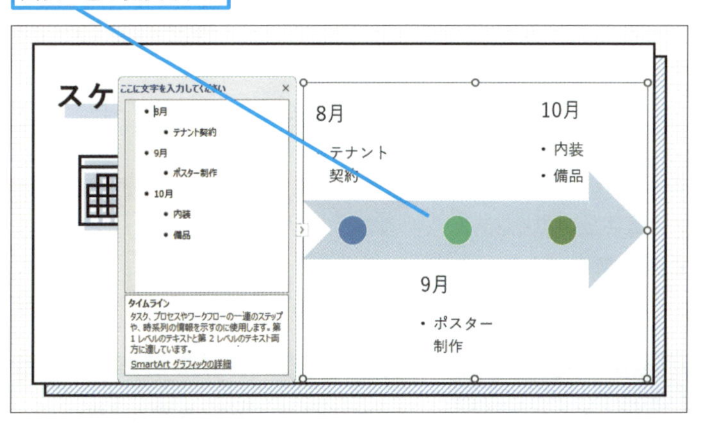

2 図表のスタイルを変更する

1 [SmartArtのスタイル]グループのここをクリック

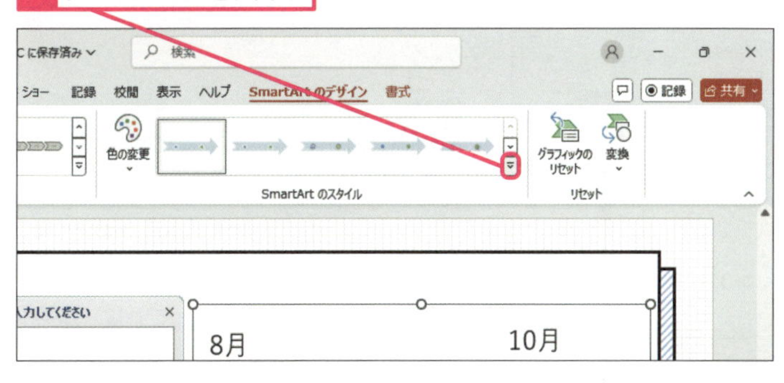

スタイルの一覧が表示された

2 [凹凸]をクリック

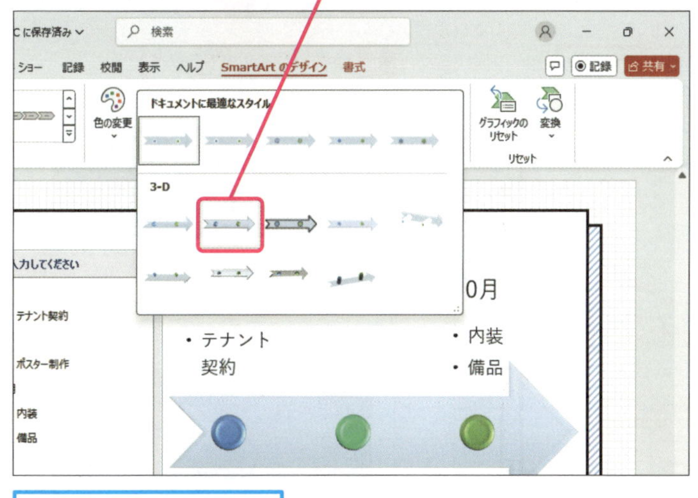

図表のデザインが変更される

使いこなしのヒント

図表に設定した効果をまとめて削除するには

図表に設定したさまざまな効果をまとめて削除するには、[SmartArtのデザイン]タブにある[グラフィックのリセット]ボタンをクリックします。

クリックすると図形に適用した効果がすべて取り消される

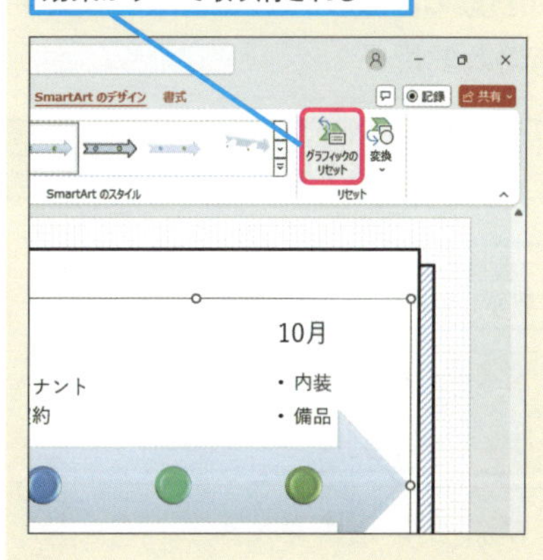

まとめ 色とスタイルでオリジナリティーを演出する

SmartArtで作成した図表の色やスタイルを変えるときは、スライドのデザインに合っているかどうかと文字が見やすいかどうかを判断の基準にして選びましょう。[SmartArtのスタイル]には3-D効果の付いたスタイルが用意されていますが、3-Dにすることで情報が正しく読み取れないようでは逆効果です。マウスポインターをスタイルに合わせて、スライド上で結果を確認しながら最適なスタイルを見つけましょう。

レッスン

31 図形を挿入するには

図形　　練習用ファイル L031_図形.pptx

図形の中に文字を入れると、文字だけで見せるよりも注目を集めて目立たせることができます。ここでは、グラフで伝えたいポイントを四角形の図形の中に入力します。文字は自動的に図形の中央に表示されます。

1 図形を挿入する

4枚目のスライドを表示しておく

1 ［挿入］タブをクリック

2 ［図形］をクリック

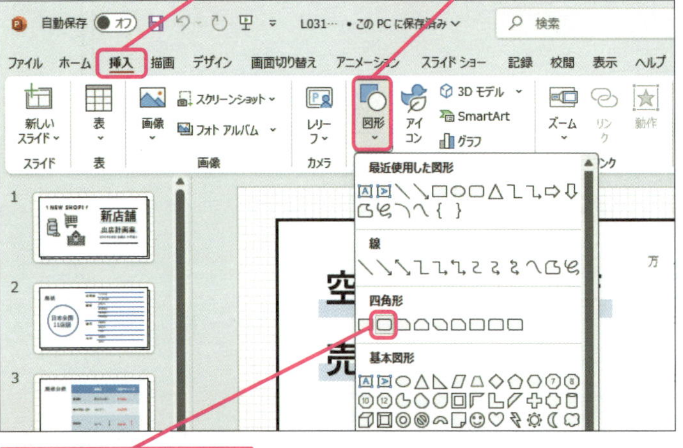

3 ［四角形:角を丸くする］をクリック

マウスポインターの形が変わった

4 図形を挿入する場所にマウスポインターを合わせる

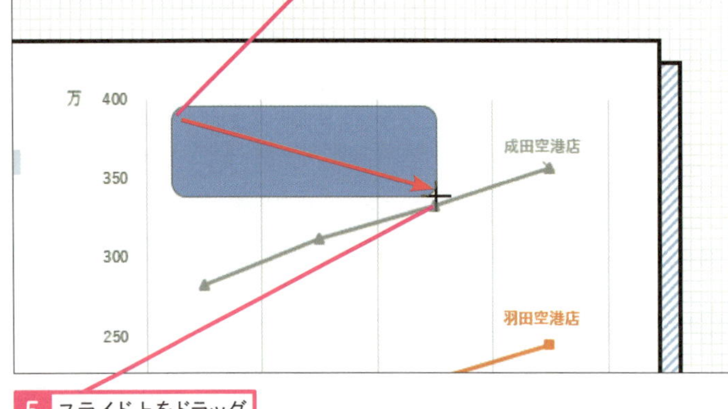

5 スライド上をドラッグ

キーワード

グラフ	P.312
ハンドル	P.314
マウスポインター	P.315

使いこなしのヒント

正円や正方形を描画するには

手順1の操作5で Shift キーを押しながらドラッグすると、正方形を描画できます。また、［楕円］を選んだ後に Shift キーを押しながらドラッグすると正円になります。

使いこなしのヒント

黄色いハンドルは何?

このレッスンで利用している角の丸い四角形のように、図形によっては黄色いハンドル（●）が表示されます。これは「調整ハンドル」と呼ばれ、図形の形状を変更するときに使います。角の丸い四角形の調整ハンドルをドラッグすると、角の丸み加減を調整できます。

1 調整ハンドルをドラッグ

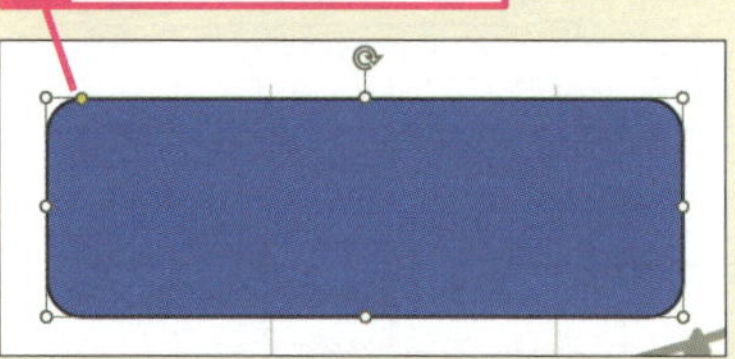

角の丸みが調整された

● 図形が作成された

四角形が挿入された

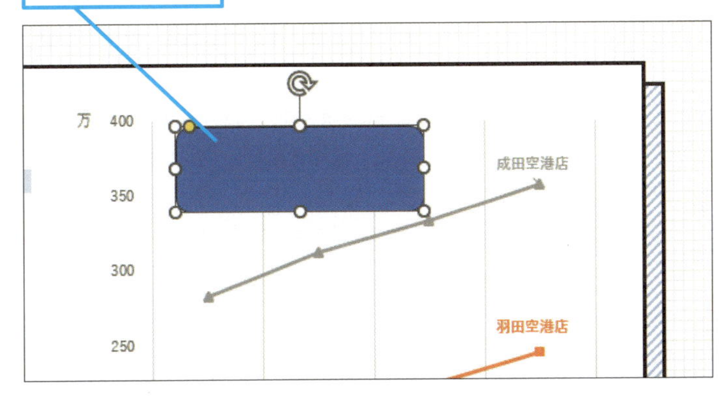

2 図形に文字を入力する

1 図形を選択

2 「3店舗共に売上好調」と入力

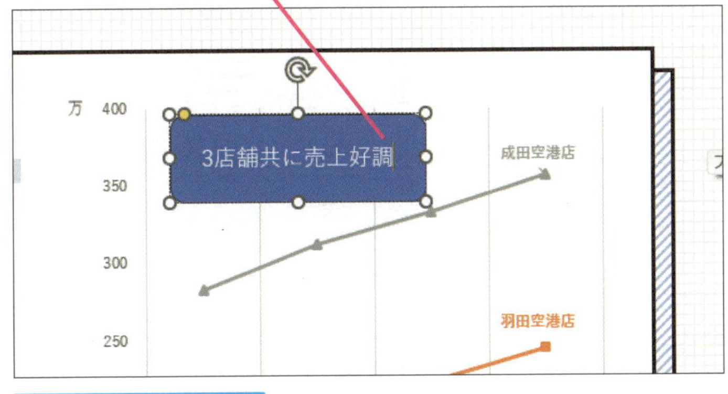

図形に文字が入力された

使いこなしのヒント

図形を回転させるには

図形の回りにある「回転ハンドル」をドラッグすると、図形を自由な角度に回転できます。また、[図形の書式] タブの [回転] 機能を使うと、上下左右に反転したり、90度ずつ回転したりすることもできます。

◆回転ハンドル
ドラッグすると図形を回転できる

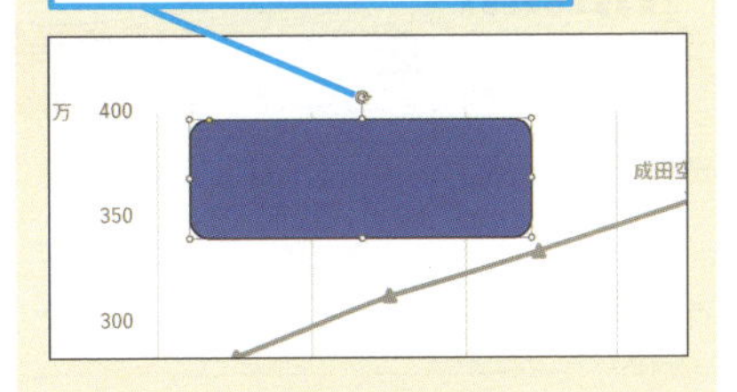

使いこなしのヒント

図形のサイズを変更するには

図形の回りにある白いハンドルをドラッグすると、図形のサイズを拡大縮小できます。このとき、Shift キーを押しながら四隅のハンドルをドラッグすると、元の縦横の比率を保ったままサイズを変更できます。

スキルアップ

入力する文字に応じて図形の大きさを変更できる

図形のサイズよりも多くの文字を入力すると、図形の外に文字があふれて表示されます。後から図形のサイズを手動で調整することもできますが、文字数に合わせて自動的に図形が大きくなるように設定しておくと便利です。図形を選択し、[図形の書式] タブから [図形のスタイル] の [図形の書式設定] ボタン( )をクリックして [図形の書式設定] 作業ウィンドウを表示し、右の手順で設定します。

[図形の書式設定] 作業ウィンドウを表示しておく

1 [サイズとプロパティ] をクリック

2 [テキストボックス] をクリック

3 [テキストのサイズに合わせて図形のサイズを調整する] をクリック

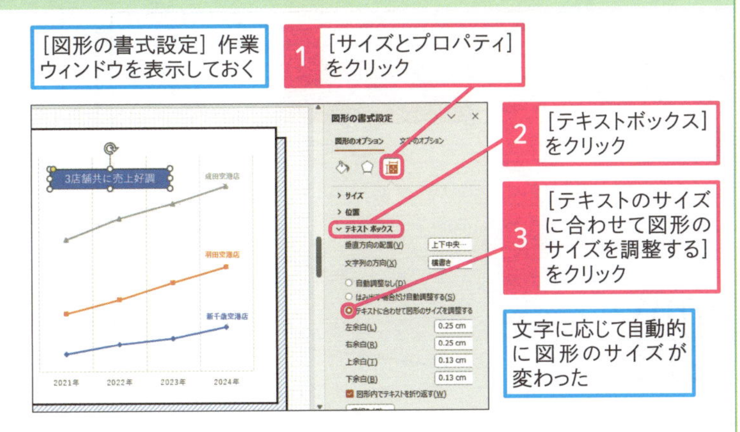

文字に応じて自動的に図形のサイズが変わった

次のページに続く →

3 図形の色を変更する

1 図形を選択

2 ［図形の書式］タブをクリック

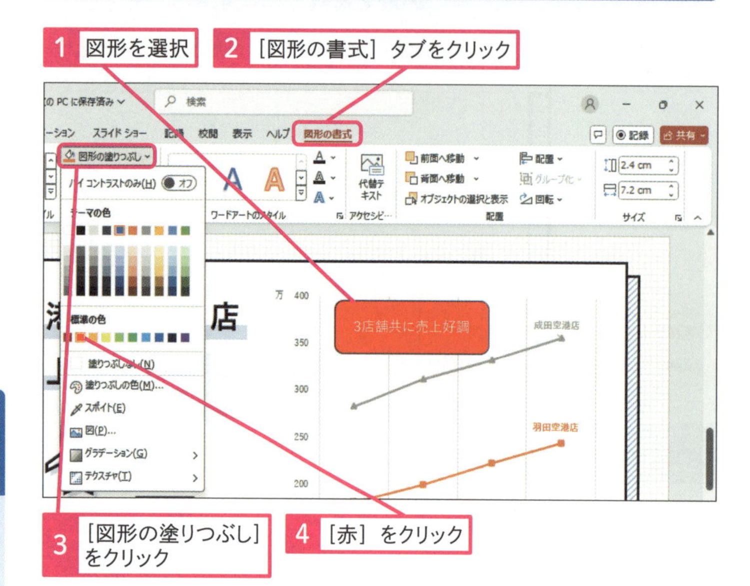

3 ［図形の塗りつぶし］をクリック

4 ［赤］をクリック

図形の色が変更した

5 ［図形の枠線］をクリック

6 ［赤］をクリック

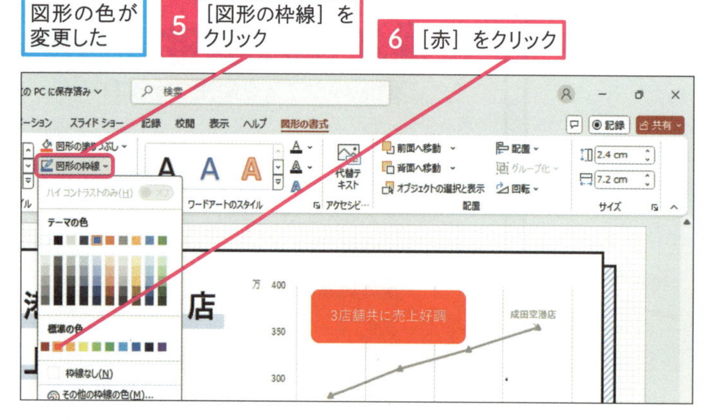

枠線の色が変更された

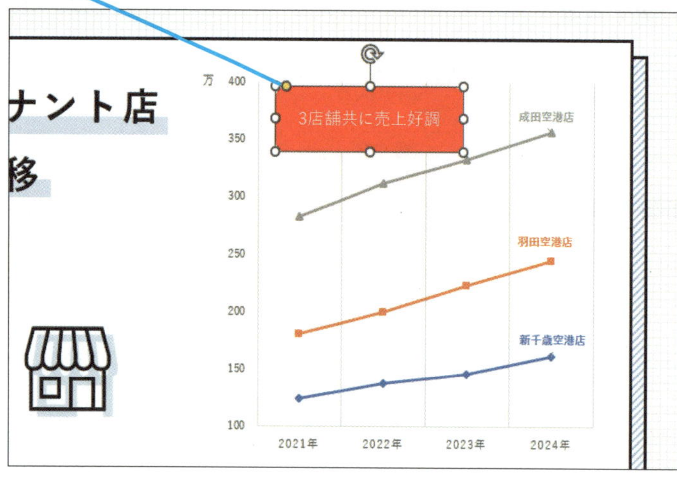

使いこなしのヒント

枠線の太さや種類を変更するには

図形の枠線の太さや種類は、以下の手順で変更できます。ただし、このレッスンのように図形の色と枠線の色が同じ場合は、太さや種類を変更しても大きな変化はありません。

●枠線の太さを変更する

枠線の太さを選択できる

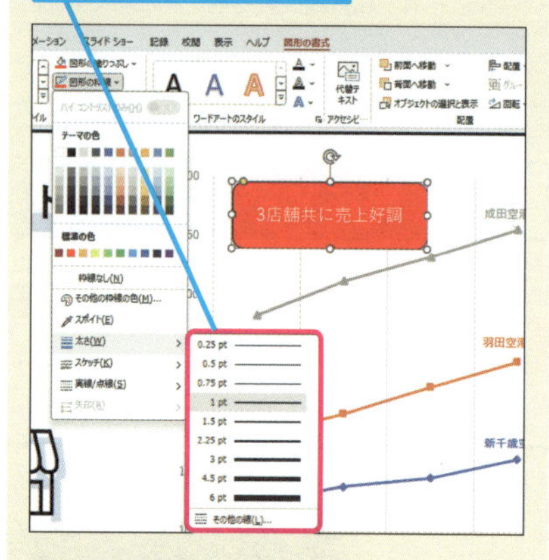

●枠線の種類を変更する

枠線の種類を変更できる

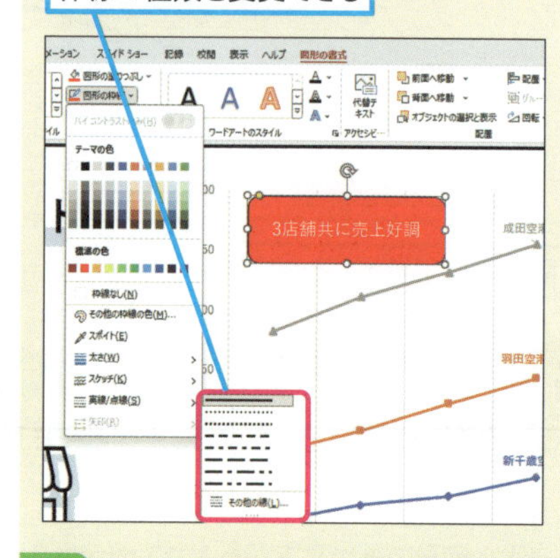

使いこなしのヒント

図形の種類を後から変更するには

図形を描画した後で図形の種類を変更できます。図形を選択し、［図形の書式］タブの［図形の編集］から［図形の変更］にマウスポインターを合わせます。表示される図形の中から変更後の図形をクリックします。種類を変更しても入力済みの文字はそのまま引き継がれます。

4 図形内の文字のサイズを変更する

1 図形を選択

2 図形内の文字をドラッグして選択

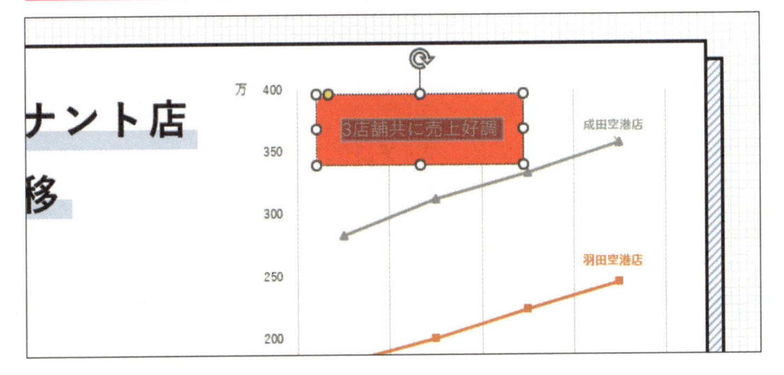

3 ［ホーム］タブをクリック

4 ［フォントサイズ］のここをクリック

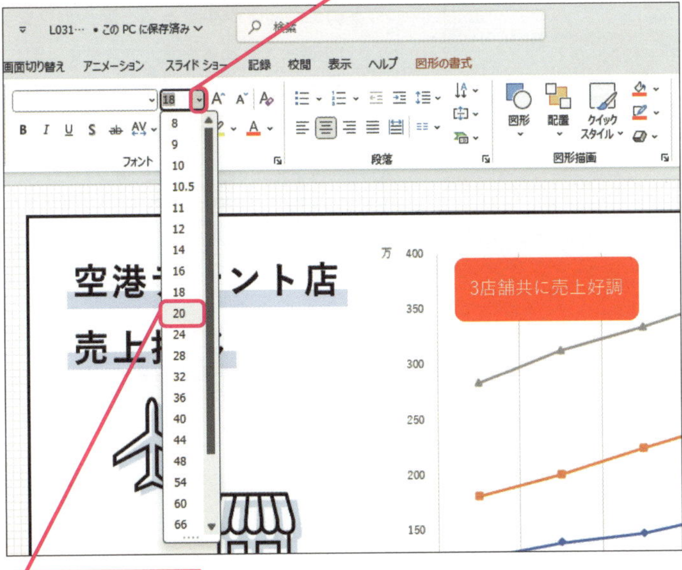

5 ［20］をクリック

文字のサイズが大きくなった

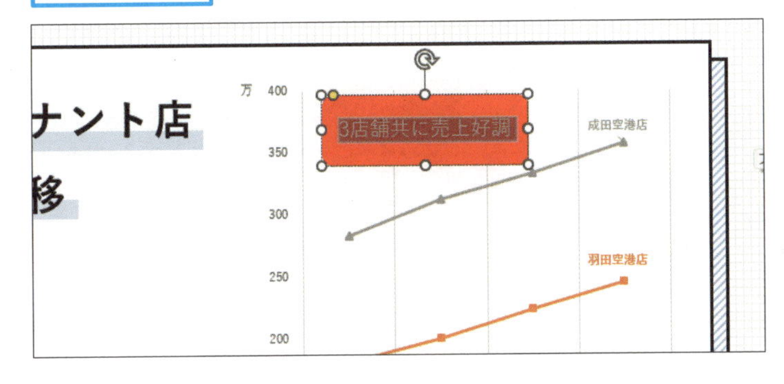

使いこなしのヒント

枠線を削除するには

図形の枠線はないほうがすっきりします。図形の枠線を消すには、［図形の書式］タブから［図形の枠線］をクリックし、［枠線なし］を選びます。このレッスンのように、図形の色と枠線の色を同じにして、枠線を見えないようにする方法もあります。

1 ［図形の枠線］をクリック

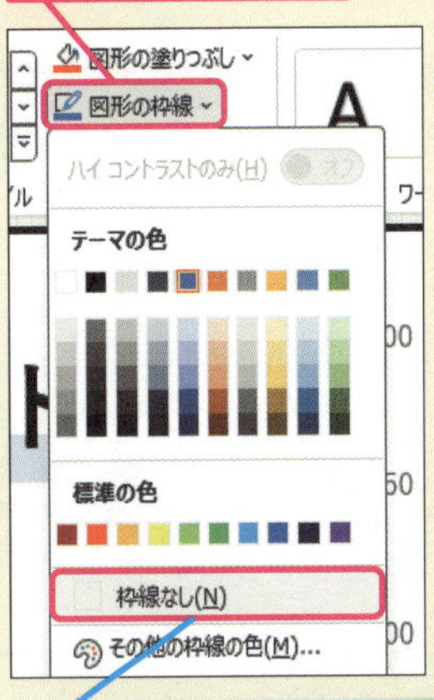

［枠線なし］を選ぶと枠線を削除できる

ショートカットキー

フォントサイズの拡大	Ctrl + Shift + >
フォントサイズの縮小	Ctrl + Shift + <

まとめ 図形に文字を入れて注目を集める

図形を単独で利用するだけでなく、図形の中に文字を入れて利用する方法もあります。このレッスンでは四角形を使いましたが、吹き出しや矢印など、ほとんどの図形に文字を入力できます。文字だけで見せるよりも、色付きの図形の中に文字があったほうが聞き手の視線を集める効果があります。グラフのポイントや製品名、キャッチコピーなどの目立たせたい文字に利用するといいでしょう。

レッスン

32 写真を挿入するには

画像

練習用ファイル L032_画像.pptx

スライドの内容に合った画像を入れると、説明している内容が具体的になってイメージしやすくなります。デジタルカメラなどで撮影した画像を使うときは、あらかじめ画像をパソコンに取り込んでおきましょう。

1 パソコンに保存した画像を挿入する

5枚目のスライドに画像を挿入する

1 ［挿入］タブをクリック

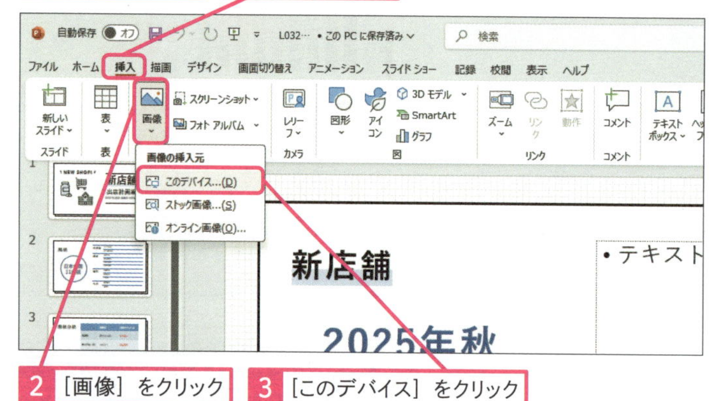

2 ［画像］をクリック

3 ［このデバイス］をクリック

［図の挿入］ダイアログボックスが表示された

本章の練習用ファイルが保存された［第5章］フォルダーの画像を挿入する

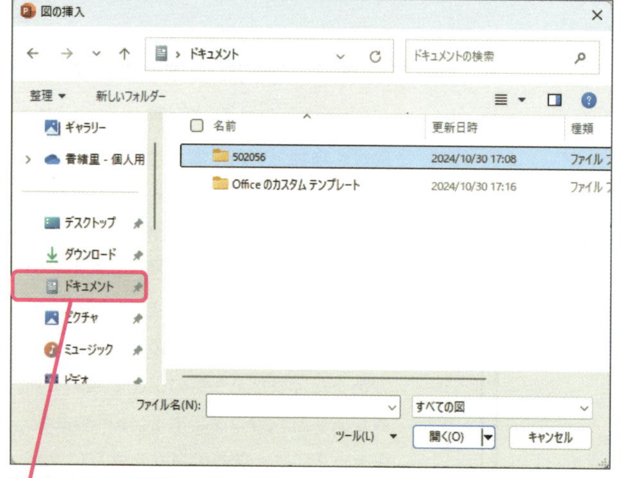

4 ［ドキュメント］をクリック

キーワード

ダイアログボックス P.313
プレースホルダー P.315
レイアウト P.315

使いこなしのヒント

コンテンツのレイアウトからも挿入できる

［タイトルとコンテンツ］などのレイアウトのスライド中央にある［図］ボタン（ ）を使っても写真を挿入できます。［図］ボタンをクリックすると、操作4の［図の挿入］ダイアログボックスが表示されます。

クリックすると［図の挿入］ダイアログボックスが表示される

使いこなしのヒント

スライドにイラストを挿入するには

スライドには、写真だけでなくイラストを挿入することもできます。イラストを挿入する操作は、レッスン48で解説しています。

● 画像が保存されたフォルダーを選択する

7 ［挿入］をクリック

使いこなしのヒント

画像が中央に表示される場合もある

画像は、スライド上の空のプレースホルダーのサイズで挿入されます。スライドに空のプレースホルダーがない場合や、プレースホルダーそのものがないスライドに画像を挿入すると、スライドの中央に画像が大きく表示されます。画像のサイズや位置の調整方法は、レッスン34で解説しています。

まとめ 写真は「実物」を伝えるときに使う

写真は、このレッスンのスライドのように店舗を出す場所や自社の商品など、「実物」を具体的に見せるときに使うと効果的です。風景などのイメージ写真を使うことはありますが、実際の商品などをイラストで表すと、正確な情報が伝わらない可能性があるので注意しましょう。

スキルアップ

画像素材をPowerPointで探すには

［挿入］タブの［画像］から［オンライン画像］や［ストック画像］をクリックすると、インターネット上の画像を検索して、スライドに挿入できます。ただし、インターネットには勝手に利用できない画像もあるので、利用規約をしっかり確認してから利用しましょう。

画像を選択して［挿入］をクリックすると画像が挿入される

レッスン

33 写真の一部を切り取るには

トリミング

練習用ファイル L033_トリミング.pptx

撮影した画像に不要なものが映り込んでいても心配はありません。［トリミング］の機能を使うと、画像の不要な部分を切り取って隠してしまうことがきます。見せたい部分だけが大きく表示されるようにトリミングしましょう。

1 範囲を指定して画像を切り取る

5枚目のスライドの画像の一部を切り取る

1 画像をクリック

2 ［図の形式］タブをクリック

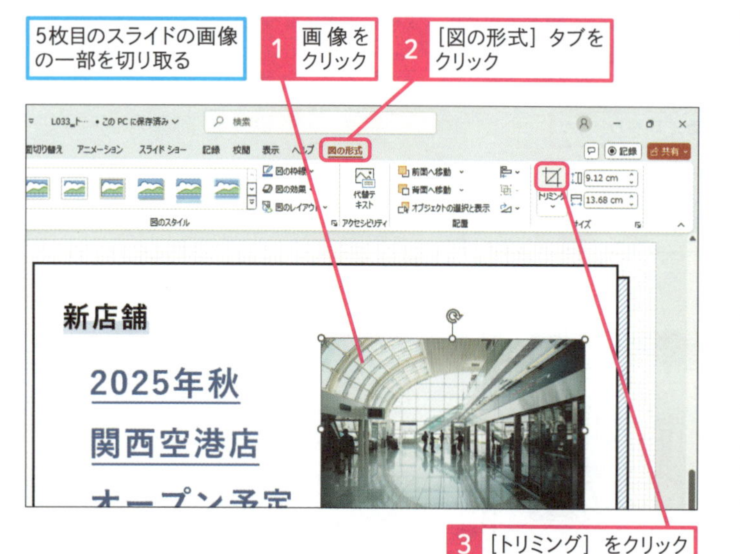

3 ［トリミング］をクリック

ハンドルの形が変わった

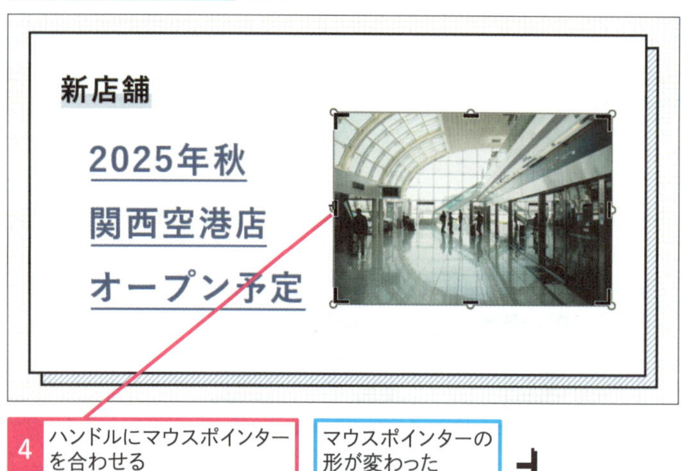

4 ハンドルにマウスポインターを合わせる

マウスポインターの形が変わった

キーワード

トリミング	P.314
ハンドル	P.314
マウスポインター	P.315

使いこなしのヒント

画像の縦横比を保持したままトリミングするには

画像をトリミングした結果、画像が横長や縦長になってしまうことがあります。元の画像の縦横比を保ったままトリミングを行うには、Shift キーを押しながら黒いハンドルをドラッグします。

Shift キーを押しながらドラッグする

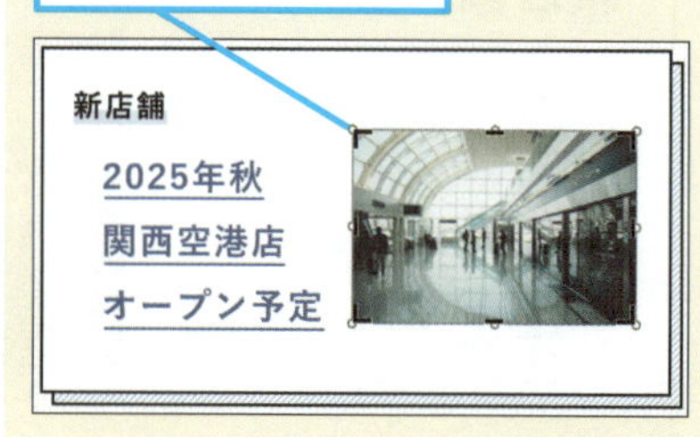

用語解説

トリミング

トリミングとは、画像の周囲にある不要な部分を切り取って見えないようにすることです。完全に削除したわけでないので、いつでも元の画像に戻すことができます。

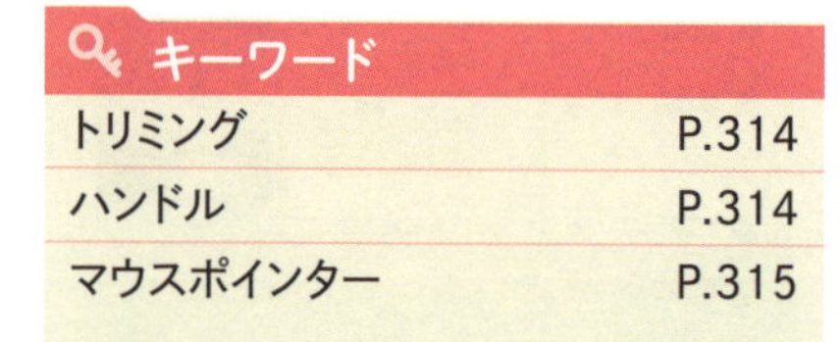

● 切り取る範囲を指定する

5 切り取りたい範囲までドラッグ

切り取られて非表示になる範囲はグレーで表示される

トリミングのハンドルが表示されているときに画像をドラッグすると、表示位置を変更できる

6 ハンドルをドラッグして切り取る範囲を調整

7 スライド内の余白をクリック

グレーで表示されていた範囲が切り取られた

使いこなしのヒント

トリミング前の画像に戻すには

トリミング前の画像に戻すには、黒いハンドルを反対方向にドラッグします。なお、[図の形式] タブにある [図のリセット] ボタンから [図とサイズのリセット] をクリックすると、写真を最初の状態に戻せます。

1 [図のリセット] のここをクリック

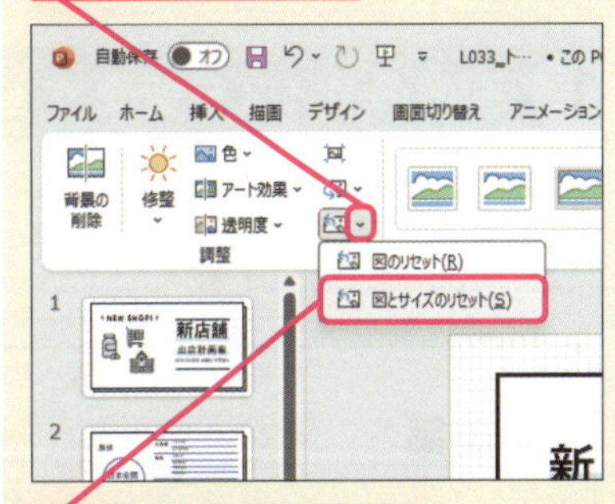

2 [図とサイズのリセット] をクリック

まとめ 一番見せたいものだけをはっきり見せる

画像に目的以外の人物や建物が映り込んでいる場合は、見せたいものだけがはっきり分かるように写真を加工して使います。PowerPointの [トリミング] の機能を使えば、専用のアプリを使わなくても、不要な部分を簡単に非表示にできます。トリミングした結果、画像そのもののサイズが小さくなってしまったときは、周りにある白いハンドルをドラッグして拡大しましょう。

レッスン
34 写真の位置やサイズを変更するには

写真の移動と大きさの変更

練習用ファイル　L034_移動と大きさの変更.pptx

スライドに挿入した画像は、後からサイズや位置を調整できます。撮影したカメラによっては大きなサイズで表示されたり、トリミング後に小さくなったりすることもあるでしょう。画像を最適なサイズや位置に調整して見栄えを整えます。

1 画像のサイズを変更する

5枚目のスライドの画像を大きくする

1 画像をクリック

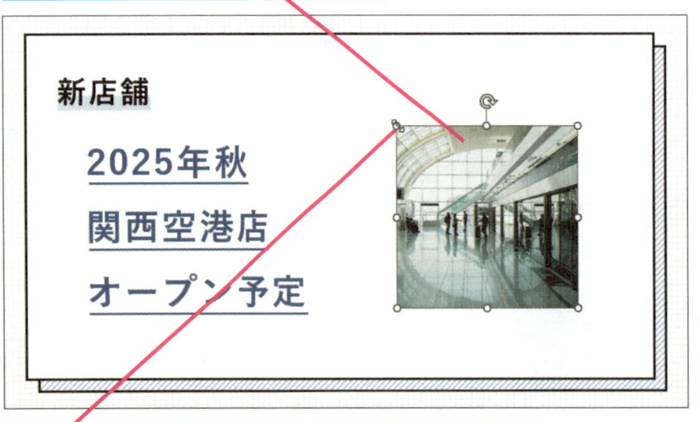

2 ハンドルにマウスポインターを合わせる

マウスポインターの形が変わった

3 矢印の方向にドラッグ

画像のサイズが大きくなる

キーワード

スライド	P.313
ダイアログボックス	P.313
ハンドル	P.314

使いこなしのヒント

写真の色合いを変更するには

［図の形式］タブにある［色］ボタン（色）を使うと、写真の色合いを後から変更できます。［色の彩度］や［色のトーン］［色の変更］などのサムネイルにマウスポインターを合わせると、スライド上の画像の色合いの変化を確認できます。

ショートカットキー

縦方向に拡大	Shift + ↑
縦方向に縮小	Shift + ↓
横方向に拡大	Shift + →
横方向に縮小	Shift + ←

ここに注意

画像の四隅以外のハンドルをドラッグしてサイズを変更すると、元の画像の縦横比が崩れてしまうので注意しましょう。

2 画像の位置を変更する

マウスポインターの形が変わった

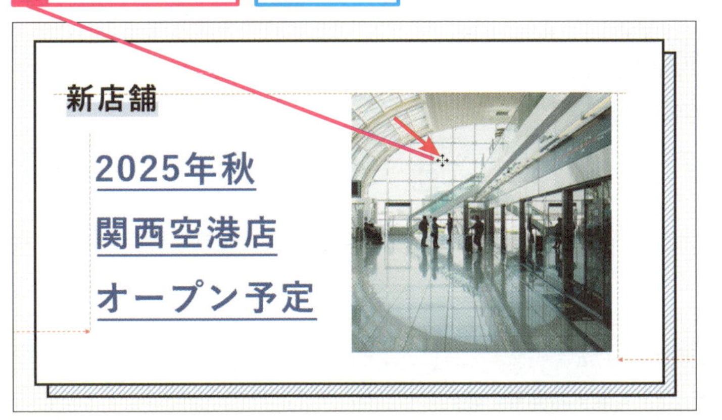

使いこなしのヒント

画像を回転させるには

画像の回りにある「回転ハンドル」をドラッグすると、画像を自由な角度に回転できます。また、[図の形式] タブの [回転] 機能を使うと、上下左右に反転したり、90度ずつ回転したりすることもできます。

まとめ アクセントとして使う写真は右下が定位置

画像が主役ではない場合は、スライドの右下や右側に配置するといいでしょう。なぜなら、人間の視線はスライドの左上から右下に向かってZを描くように移動するため、スライドの途中にあると視線の流れを中断するからです。また、右側にあると、視線の動きの最後に画像が目に入り、スライドのイメージが膨らんだり、次のスライドに切り替わる「間」を演出したりすることができます。

使いこなしのヒント

画像を入れ替えるには

画像のサイズや位置などを調整し終わった後で、画像そのものを変更したいときは、[図の形式] タブの [図の変更] ボタンから変更後の画像を選択します。すると、位置とサイズを保ったまま画像だけが入れ替わります。

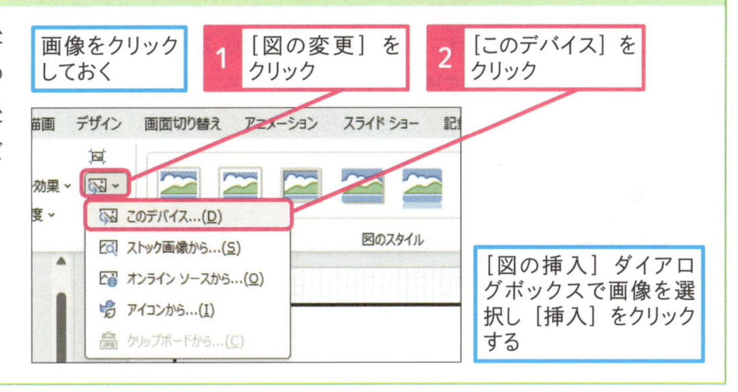

この章のまとめ

図表や画像などの視覚効果を積極的に利用しよう

図表や図形、画像は、たくさんの文字で説明しなければならない情報を一瞬で伝えられます。なぜなら、人間は文字を読むことで一度頭の中で情報を整理しているのに対し、図表や図形、画像は見ただけで内容を理解できるからです。文字ばかりのスライドは単調で面白みに欠けますが、図表や図形、画像などの視覚効果の高い要素があると、聞き手の視線や関心を集める効果もあります。それだけに、図表の種類や画像の選び方に注意して、伝えたいことが一番伝わるものを使いましょう。

新店舗

2025年秋
関西空港店
オープン予定

画像や図形などを使うと、情報がより伝わりやすくなる

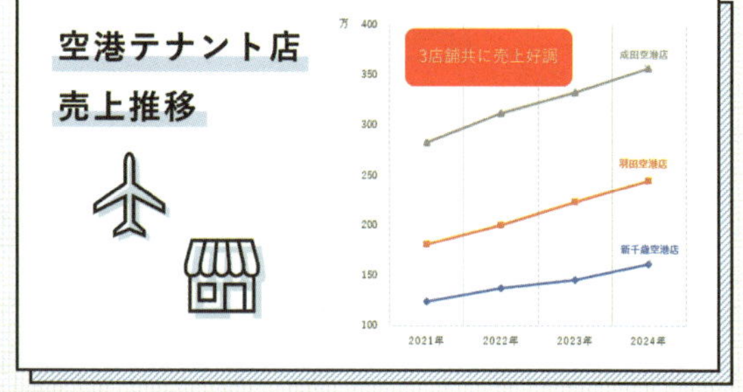

画像や図表もすごく勉強になったけど、**レッスン31**にハッとさせられました！　図形にグラフのポイントを書き込むと、伝えたいことがダイレクトに伝わりますね！

グラフは見る人によって注目する点が違うからね。同じ売上推移のグラフを見ても、一番数値の高い店舗に注目する人もいれば、全体の推移に注目する人もいる。こちらが一番伝えたいことを書き込んでおけば、誰もが同じ印象を持つように誘導できるよ。

図形の有無だけでそんなに印象が変わるなんて、なかなか奥が深いですね……！

基本編

第6章

スライドショーの実行と資料の印刷

この章では、作成したスライドにスライド番号を付けてから「スライドショー」で実行する操作を解説します。また、スライドをいろいろな形式で印刷したりPDF形式で保存したりする方法を紹介します。

35	プレゼンテーションを実行しよう	116
36	スライドに番号を挿入するには	118
37	プレゼンテーションを実行するには	122
38	スライドを印刷するには	124
39	配布用の資料を印刷するには	126
40	スライドをPDF形式で保存するには	128

レッスン
35 Introduction この章で学ぶこと
プレゼンテーションを実行しよう

スライドが完成したら、プレゼンテーション本番に備えて最後の調整を行います。スライドの誤字脱字をチェックするだけでなく、質疑応答に備えてスライド番号を付けたり、用途に合った印刷物を準備したりしましょう。

プレゼン前にミスがないか必ずチェックしよう

いよいよプレゼンかあ。緊張するけど、分かりやすい資料の作り方を教えてもらったし、あとは本番に備えるだけですね！

うんうん、でもその前にミスがないかしっかりチェックしてね。あれこれ操作していると、意外と誤字脱字に気づかないから。それに、プレゼン本番で取引先の名前が間違っていた、なんてことになったら……。

ひえ～。信用はガタ落ちですね。細心の注意を払って確認します！

百害あって一利なし、だからね。この項目を特にチェックするといいよ！

● 印刷前のチェック項目

□誤字脱字がないか
□会社名や製品名などの名称が合っているか
□英字のスペルが合っているか
□難しい専門用語などを使っていないか
□スライド番号が付いているか
□小さくて読みにくい文字はないか
□スライド全体のデザインやフォントが統一されているか

● プレゼンテーション前のチェック項目

□PowerPointの操作や話し方を練習したか
□配布資料の準備をしたか
□発表で使うパソコンをアップデートしたか
□発表会場の下見をしたか

用途や目的に応じた配布資料を用意しよう

よし！　誤字脱字もきちんとチェックしたし、これで完璧。先生、早くプレゼンテーションのやり方と印刷の方法を教えてください。

その前に配布資料の形式について簡単に紹介するね。スライドのレイアウトの仕方や、紙で渡すのか、データで渡すのか、いろいろな形式があるからね。

● 配布資料の印刷

1枚の用紙にスライドを大きく印刷したり、複数のスライドをレイアウトしたりできる

印刷したら、文字がはっきり読み取れる大きさになっているか、確認が必要ですね！

● PDF形式での保存

相手のパソコン環境を考慮して、確実にファイルが開けるようPDFファイルで共有する

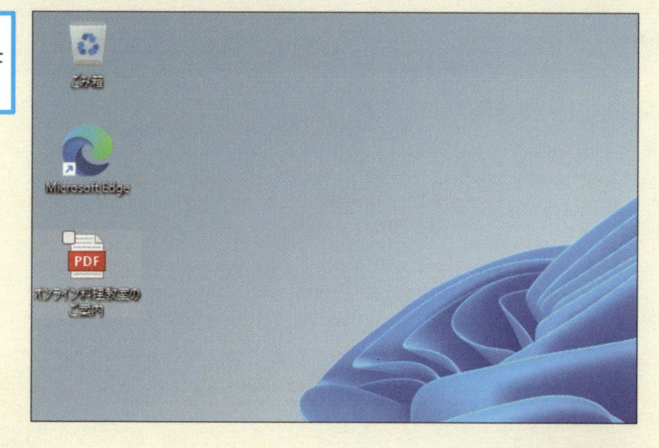

相手のパソコンに必ずしもPowerPointがあるとは限らないですもんね。……ってあれ？　さっき完璧って言ってたけど「実績」の「績」が「積」になってるよ。

最後まで気を抜かずに……。

レッスン

36 スライドに番号を挿入するには

スライド番号

練習用ファイル L036_スライド番号.pptx

スライド作成の仕上げとして、表紙以外のスライドにスライド番号を挿入します。スライド番号は、［挿入］タブの［ヘッダーとフッター］ボタンをクリックして表示される［ヘッダーとフッター］ダイアログボックスで設定します。

1 表紙以外にスライド番号を挿入する

1 ［挿入］タブをクリック

2 ［ヘッダーとフッター］をクリック

［ヘッダーとフッター］ダイアログボックスが表示された

3 ［スライド］タブをクリック

4 ［スライド番号］をクリックしてチェックマークを付ける

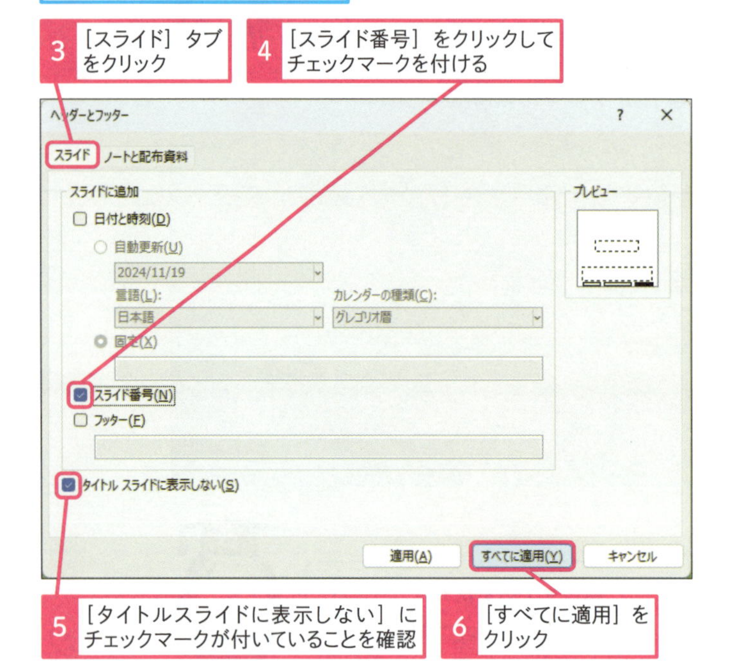

5 ［タイトルスライドに表示しない］にチェックマークが付いていることを確認

6 ［すべてに適用］をクリック

キーワード

スライド番号	P.313
フッター	P.315
ヘッダー	P.315

使いこなしのヒント

［スライド番号］ボタンからも設定できる

［挿入］タブの［スライド番号］ボタンをクリックしても、スライド番号を挿入できます。［スライド番号］ボタンをクリックすると、操作3の［ヘッダーとフッター］ダイアログボックスが表示されます。

使いこなしのヒント

表紙にスライド番号は表示しない

操作5で［タイトルスライドに表示しない］にチェックマークを付けないと、表紙のスライドにもスライド番号が表示されてしまいます。一般的には表紙や目次のスライドにはスライド番号は付けないので、忘れずにチェックマークを付けてください。

使いこなしのヒント

ヘッダーとフッターって何?

ヘッダーとは、スライドの上部の領域のことです。また、フッターとは、スライドの下部の領域のことです。ヘッダーやフッターに会社名やプロジェクト名、実施日、スライド番号などの情報を設定すると、すべてのスライドの同じ位置に同じ情報が表示されます。フッターに会社名を表示する操作は、次のページの「スライドに社名などの情報を表示するには」のヒントを参照してください。

それぞれのスライドの同じ位置にスライド番号が入る

● スライド番号を確認する

2枚目のスライド以降にスライド番号が挿入された

表紙にはスライド番号が表示されない

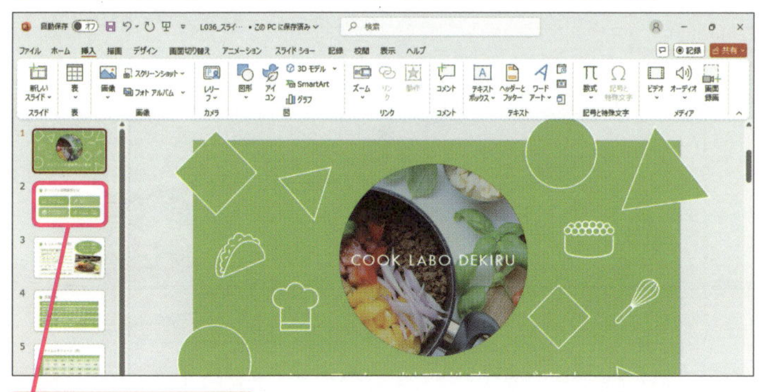

7 2枚目のスライドをクリック

2枚目のスライドが表示された

スライド番号が［2］と表示される

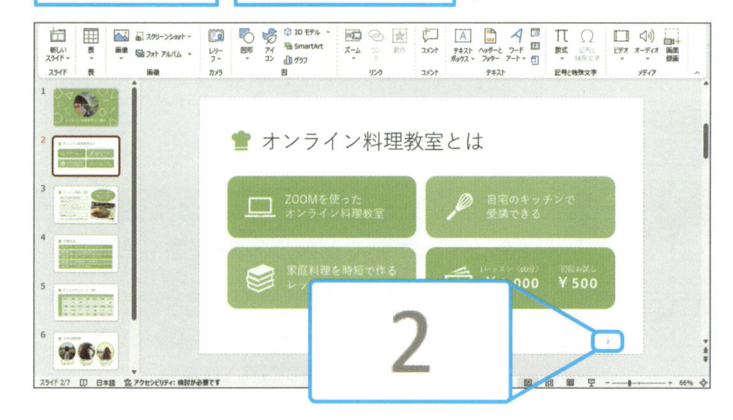

ここに注意

操作6で［適用］ボタンをクリックすると、選択しているスライドだけにスライド番号が挿入されます。

使いこなしのヒント

スライド番号の位置はテーマによって異なる

このレッスンのスライドでは、スライド番号が右下に表示されました。ただし、スライドにテーマを適用している場合は、テーマによってスライド番号が表示される位置が異なります。

次のページに続く

2 スライドの開始番号を設定する

2枚目のスライド番号が「1」から開始されるようにする

1 ［デザイン］タブをクリック

2 ［スライドのサイズ］をクリック

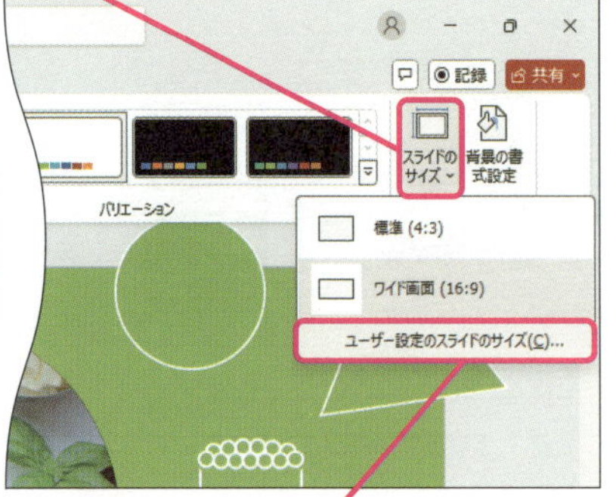

3 ［ユーザー設定のスライドサイズ］をクリック

［スライドのサイズ］ダイアログボックスが表示された

4 ［スライド開始番号］に「0」と入力

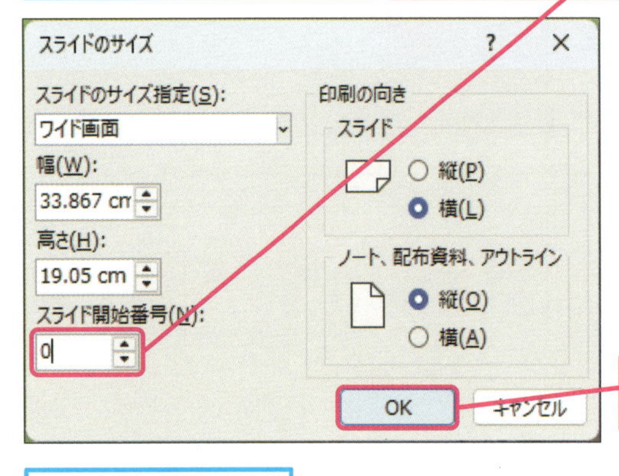

5 ［OK］をクリック

スライドの開始番号が「0」になった

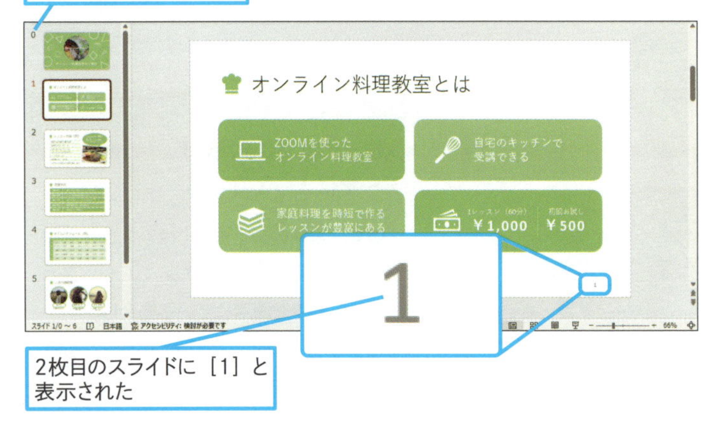

2枚目のスライドに［1］と表示された

使いこなしのヒント

スライドに社名などの情報を表示するには

スライドに会社名や氏名などを表示するには、［挿入］タブの［ヘッダーとフッター］をクリックし、［ヘッダーとフッター］ダイアログボックスの［フッター］欄に文字を入力します。すると、すべてのスライドの下部中央に指定した文字が表示されます。

サービス名を入力して［すべてに適用］をクリックする

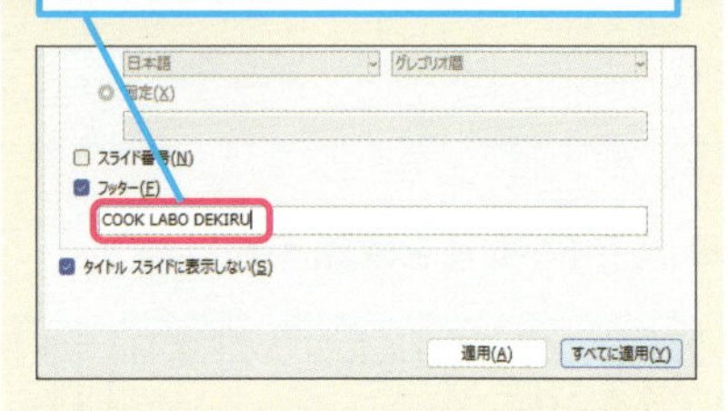

入力したサービス名がスライドに表示される

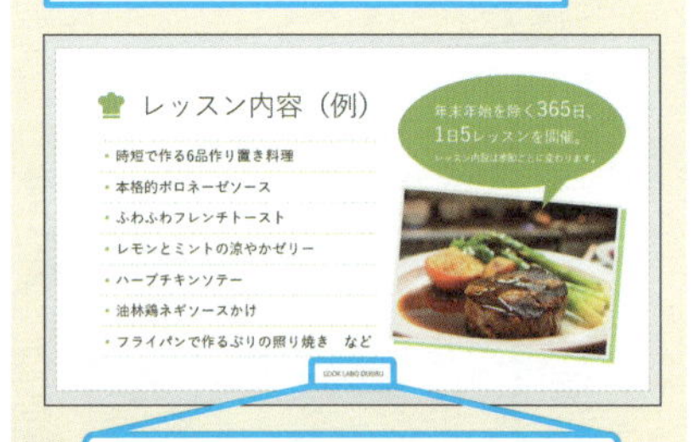

COOK LABO DEKIRU

使いこなしのヒント

総スライド数を表示するには

「1/5」のようにスライド番号と総スライド数を表示する操作はレッスン70で紹介しています。

使いこなしのヒント

移動や削除でスライド番号も変わる

スライド番号を挿入してからスライドの追加や削除、移動を実行すると、自動的にスライド番号が調整されます。

スキルアップ

スライド番号の位置を変更できる

スライド番号は、後から位置を変更できます。特定のスライドのスライド番号だけを移動するときは、スライド番号のプレースホルダーを選択し、外枠にマウスポインターを合わせてそのまま目的の位置にドラッグします。すべてのスライドのスライド番号を移動するときは、[表示] タブの [スライドマスター] ボタンをクリックしてスライドマスターを表示します。次に、スライド番号が表示されている「<#>」のプレースホルダーをドラッグします。

1 [表示] タブをクリック

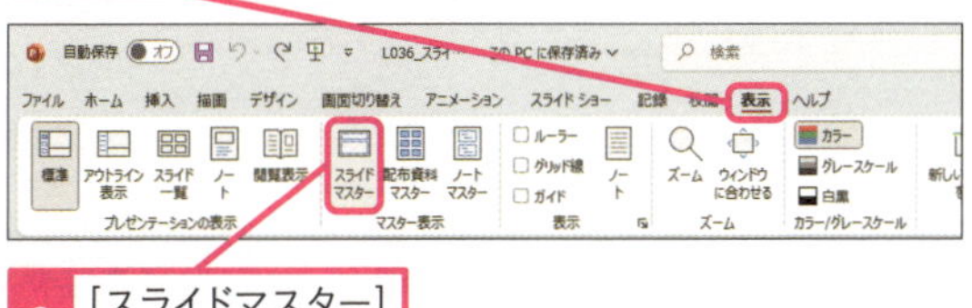

2 [スライドマスター] をクリック

スライドマスターが表示された

3 一番上のマスターをクリック

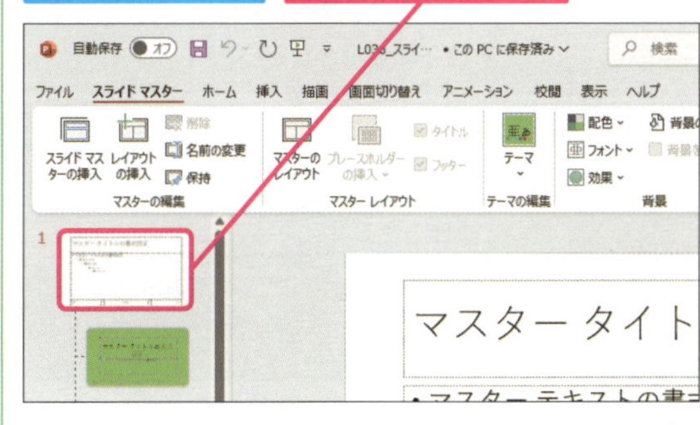

4 スライド番号のプレースホルダーをドラッグ

5 [マスター表示を閉じる] をクリック

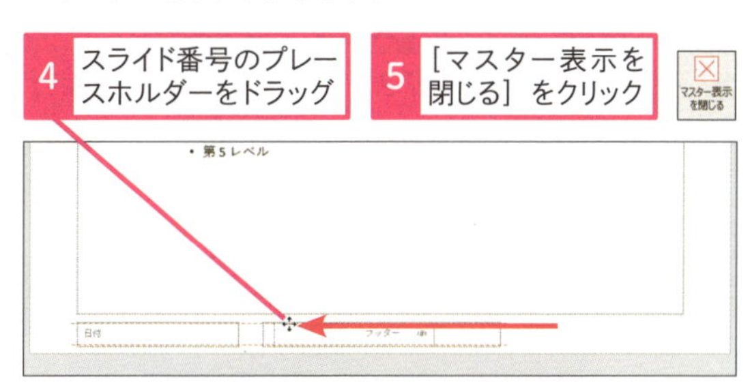

スライド番号の位置が移動した

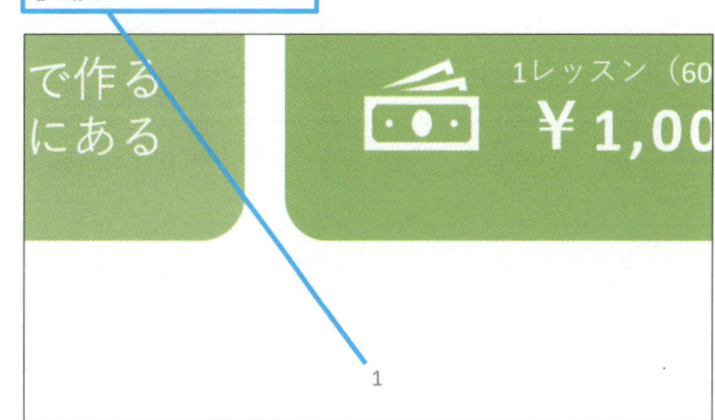

● スライド番号を確認する

6 6枚目のスライドをクリック

6枚目のスライドが表示された

スライド番号が [5] と表示される

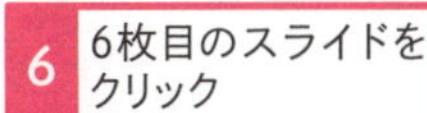

まとめ　スライド番号を付けると質疑応答で役立つ

スライド番号があると、質疑応答の際にスライドの位置を指定しやすくなり、発表者と聞き手の間で意思の疎通が高まります。また、スライドをWebに公開したり、PDFファイルとして配布したりする際も、スライド番号が付いていれば、後から問い合わせを受けるときに役立ちます。

レッスン

37 プレゼンテーションを実行するには

スライドショー

練習用ファイル L037_スライドショー.pptx

スライドを画面いっぱいに大きく表示してプレゼンテーションを行うことを「スライドショー」と呼びます。スライドショーを実行するには、[スライドショー] タブからスライドショーモードに切り替えます。

1 最初のスライドから開始する

1 [スライドショー] タブをクリック

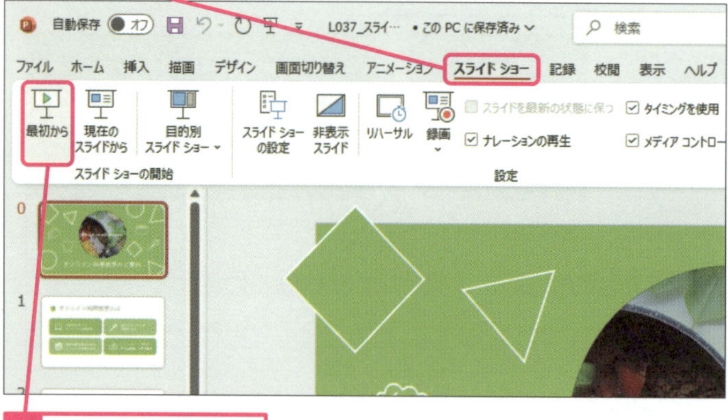

2 [最初から] をクリック

スライドが画面全体に表示された

3 スライドをクリック

キーワード

スライドショー	P.313
タブ	P.314
プレゼンテーション	P.315

使いこなしのヒント

前のスライドに戻るには

スライドショーの実行中に1つ前のスライドに戻るには、キーボードの[Back space]キーを押します。マウスで操作するときは、画面の左下に表示される[スライドショー]ツールバーのボタン（◁）をクリックします。

◆ [スライドショー] ツールバー
スライドショー実行中にスライドを操作できる

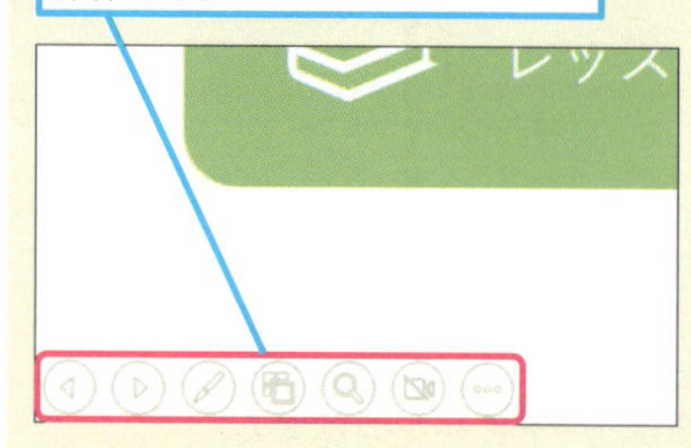

使いこなしのヒント

タッチ対応機器でスライドショーを進めるには

タブレットなどのタッチ対応機器では、スワイプ（画面を指ではじく操作）で次のスライドを表示してもいいでしょう。右から左にスワイプすると、次のスライドが表示されます。逆に左から右にスワイプすると、1つ前のスライドを表示できます。

● 次のスライドが表示された

次のスライドに切り替わった

同様の操作で、クリックしながら最後のスライドまで表示する

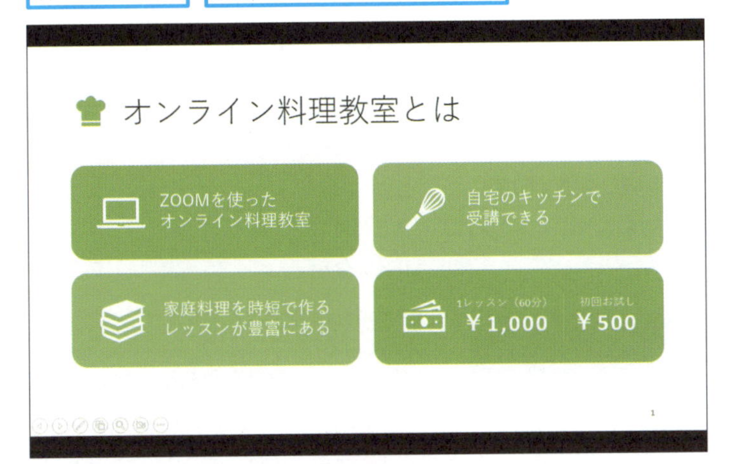

すべてのスライドが表示されると黒いスライドが表示される

4 スライドをクリック

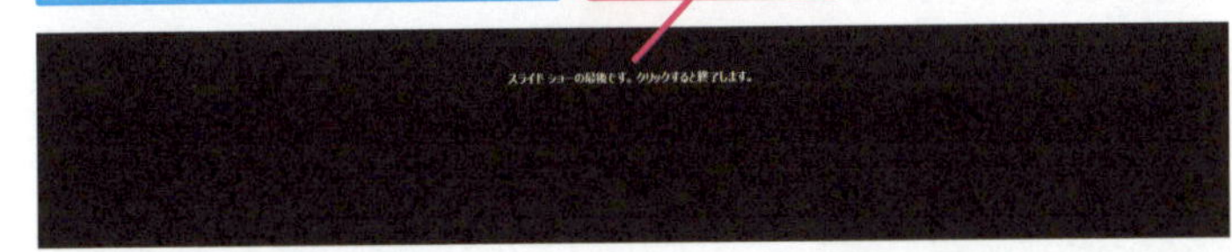

スライドショー実行前の画面に戻る

2 途中からスライドショーを実行する

1 3枚目のスライドをクリック

2 ［スライドショー］タブをクリック

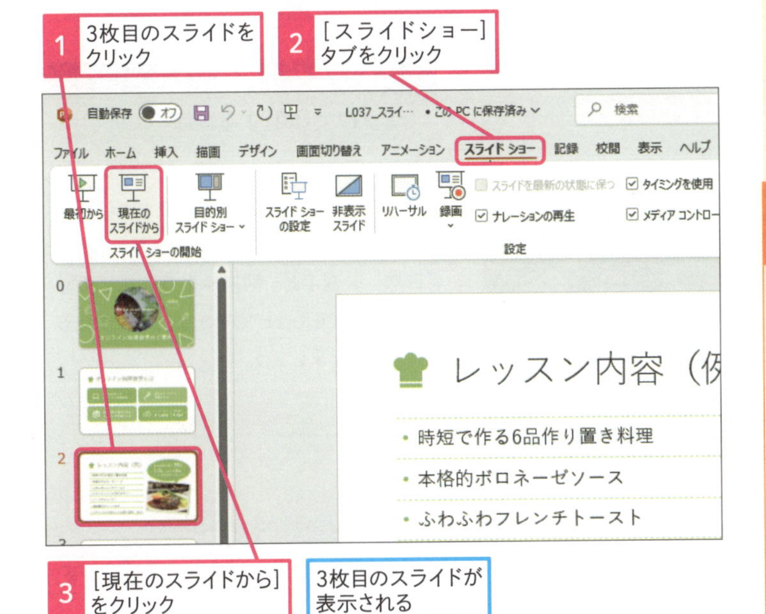

3 ［現在のスライドから］をクリック

3枚目のスライドが表示される

使いこなしのヒント

スライドショーを中断するには

間違ってスライドショーを実行した場合や、スライドショーを途中で中断したい場合は、Escキーを押してスライドショーモードを解除します。

使いこなしのヒント

スライドショーを素早く実行する

クイックアクセスツールバーの［先頭から開始］ボタンやF5キーを押すと、ワンタッチで素早くスライドショーを開始できます。

ショートカットキー

スライドショーの中断	Esc
スライドショーの開始	F5
表示しているスライドから開始	Shift+F5

まとめ 練習も本番もスライドショーで

スライドショーは、プレゼンテーションを実行するための機能ですが、練習段階でも積極的に活用したいものです。本番さながらのスライドショーを実行して、スライドの動きや操作を念入りにチェックしたり、操作を含めた所要時間を計測したりするのに役立ちます。何度もスライドショーで練習しておけば、本番で操作がもたつくことを防げます。

レッスン

38 スライドを印刷するには

印刷

練習用ファイル L038_印刷.pptx

作成したスライドはいろいろなレイアウトで印刷することができます。このレッスンでは、1枚のスライドを横置きのA4用紙に大きく印刷します。印刷を実行する前に、[印刷]の画面で印刷イメージをしっかり確認しましょう。

1 すべてのスライドを印刷する

1 [ファイル]タブをクリック

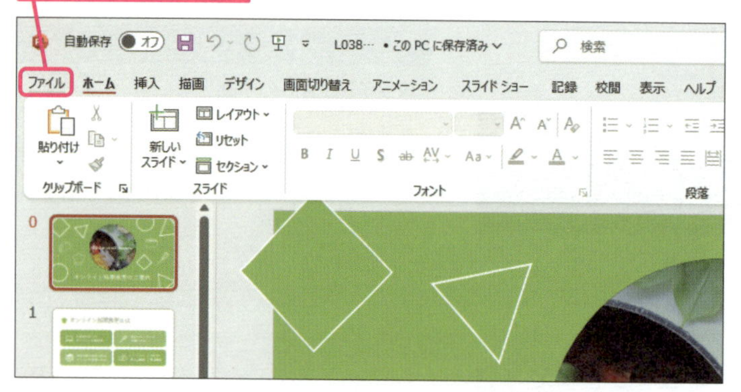

2 [印刷]をクリック

印刷イメージが表示された

3 ここをクリックしてプリンターを選択

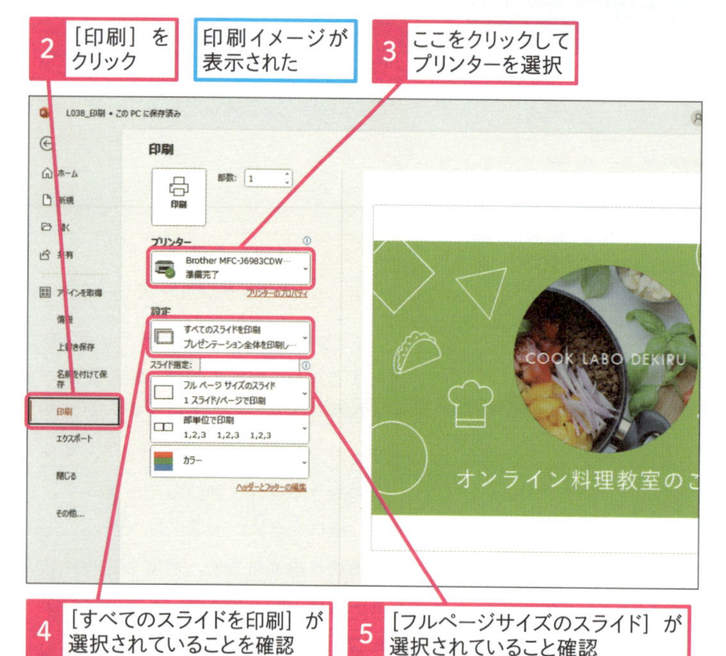

4 [すべてのスライドを印刷]が選択されていることを確認

5 [フルページサイズのスライド]が選択されていること確認

キーワード

印刷	P.311
スライド	P.313
レイアウト	P.315

使いこなしのヒント

印刷イメージを切り替えるには

[ファイル]タブの[印刷]をクリックすると、右側に印刷イメージが表示されます。印刷イメージの左下にある[次のページ]ボタンや[前のページ]ボタンをクリックすると、ページ単位で印刷イメージが切り替わります。

クリックするとスライドを切り替えられる

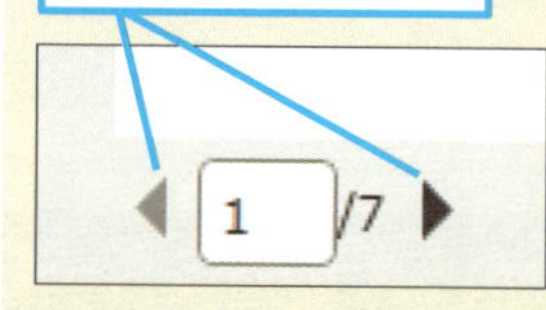

使いこなしのヒント

モノクロで印刷するには

スライドをモノクロで印刷するには、[印刷」の画面で[カラー]をクリックし、[グレースケール]をクリックします。[単純白黒]を選ぶと、図形やグラフなどの塗りつぶしが正しく印刷できない場合があるので注意しましょう。

ショートカットキー

[印刷]画面を表示 Ctrl+P

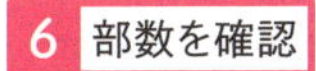

● 印刷部数を確認して印刷を実行する

6 部数を確認

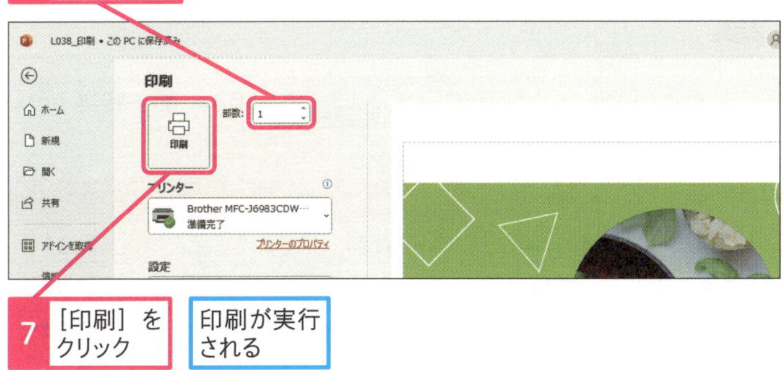

7 [印刷] をクリック

印刷が実行される

2 特定のスライドを印刷する

[印刷] 画面を表示しておく

ここでは2枚目から4枚目までを印刷する

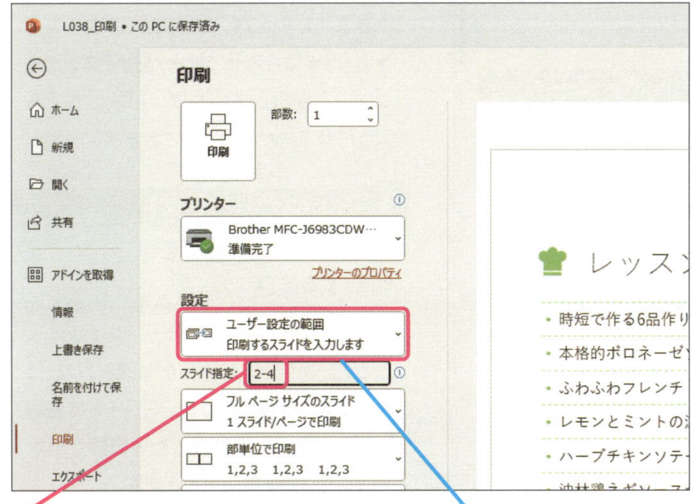

1 [スライド指定] に「2-4」と入力

自動的に [ユーザー設定の範囲] に切り替わった

2 [印刷] をクリック

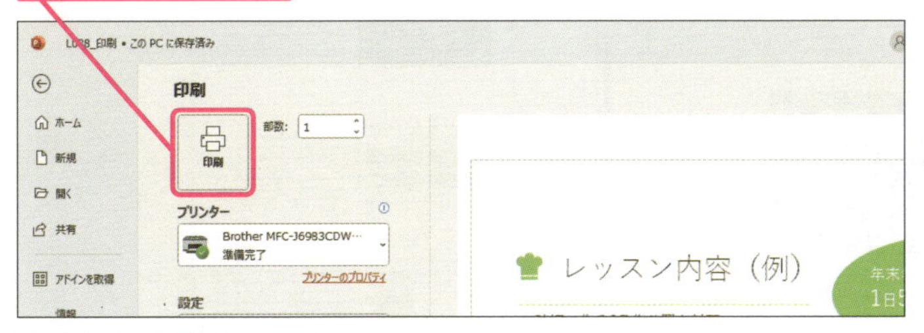

2枚目から4枚目までのスライドが印刷される

使いこなしのヒント

プリンターの設定画面を開くには

パソコンに接続しているプリンターの詳細設定画面を開くには、プリンター名の右下にある［プリンターのプロパティ］をクリックします。

使いこなしのヒント

離れたスライドを印刷するには

手順2の操作1で［スライド指定］に「2, 4」のように、半角のカンマで区切って指定すると、2枚目と4枚目といった離れたスライドを印刷できます。「2-4,6」のようにハイフンとカンマを組み合わせて指定することもできます。

まとめ 提出用の印刷物はスライドを大きく、美しく

［印刷］画面で、手順1操作5の［フルページサイズのスライド］が選択されていると、1枚の用紙に1枚のスライドが大きく印刷されます。スライドの枚数にもよりますが、資料を提出するときは、なるべくスライドを用紙いっぱいに印刷しましょう。スライドの内容が読みやすいことはもちろん、用紙の種類にまでこだわってカラーで印刷すれば、高級感を演出できます。

レッスン
39 配布用の資料を印刷するには

配布資料

練習用ファイル　L039_配布資料.pptx

プレゼンテーション会場で、発表に使ったスライドを資料として配布する場合があります。配布資料は、作成したスライドの［印刷］画面を開いて、印刷形式を変更するだけで用意できます。ここでは、1枚の用紙にスライドを2枚ずつ印刷します。

1 1ページに複数のスライドをレイアウトする

レッスン38を参考に、［印刷］画面を表示しておく

ここでは1枚の用紙にスライドを2枚ずつ配置する

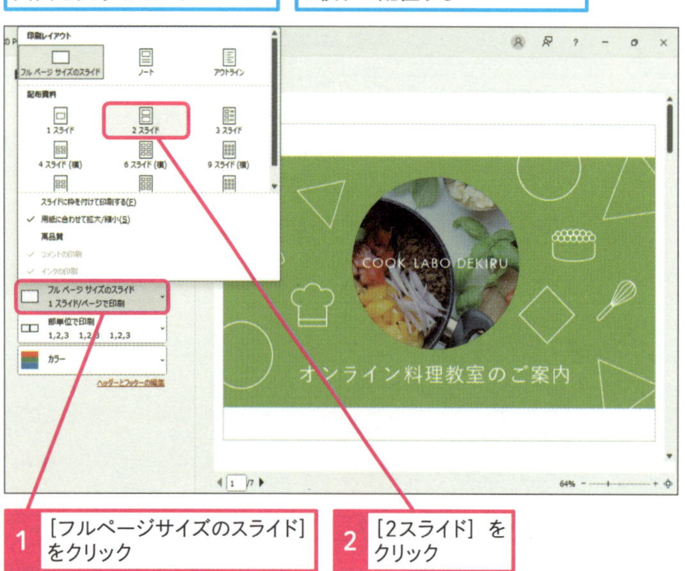

1 ［フルページサイズのスライド］をクリック

2 ［2スライド］をクリック

上下に2枚のスライドが表示された

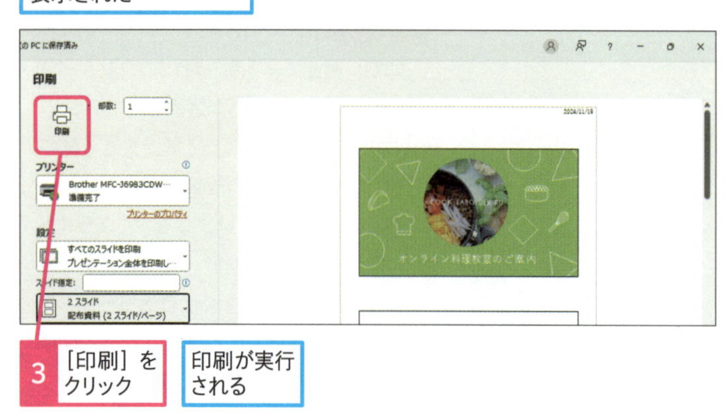

3 ［印刷］をクリック

印刷が実行される

キーワード

配布資料	P.314
フッター	P.315
ヘッダー	P.315

時短ワザ

用紙サイズに合わせて印刷するには

手順1の操作2で［用紙に合わせて拡大/縮小］のチェックマークが付いていると、用紙のサイズに合わせてスライドを印刷できます。例えば、B5用紙に印刷するときに［用紙に合わせて拡大/縮小］のチェックマークが付いていれば、用紙に収まるようにサイズが自動調整されます。

使いこなしのヒント

メモ付きの配布資料を印刷するには

手順1の操作1で［フルページサイズのスライド］をクリックし、［配布資料］の［3スライド］を選択すると、スライドの右側に聞き手がメモを取るための罫線が引かれたレイアウトに変更できます。

罫線が付いたレイアウトで印刷ができる

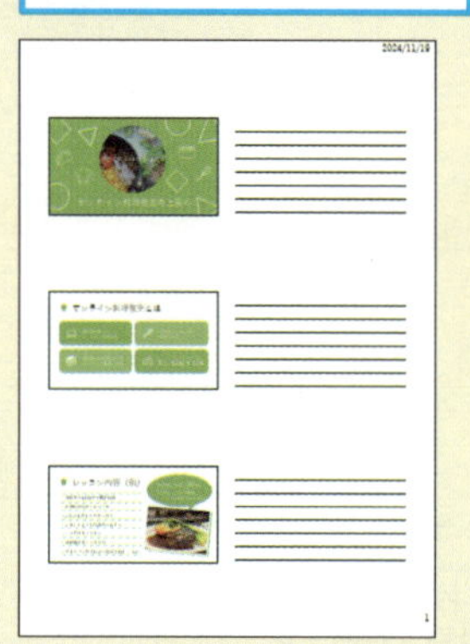

2 配布資料に会社名を表示する

［印刷］画面を表示しておく

1 ［ヘッダーとフッターの編集］をクリック

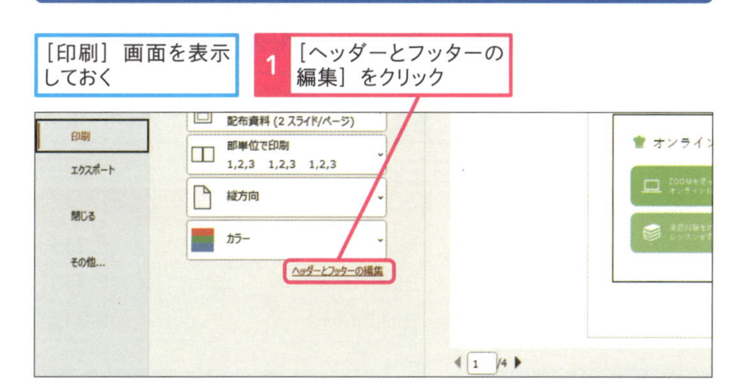

［ヘッダーとフッター］ダイアログボックスが表示された

2 ［ノートと配布資料］タブをクリック

3 ［フッター］をクリックしてチェックマークを付ける

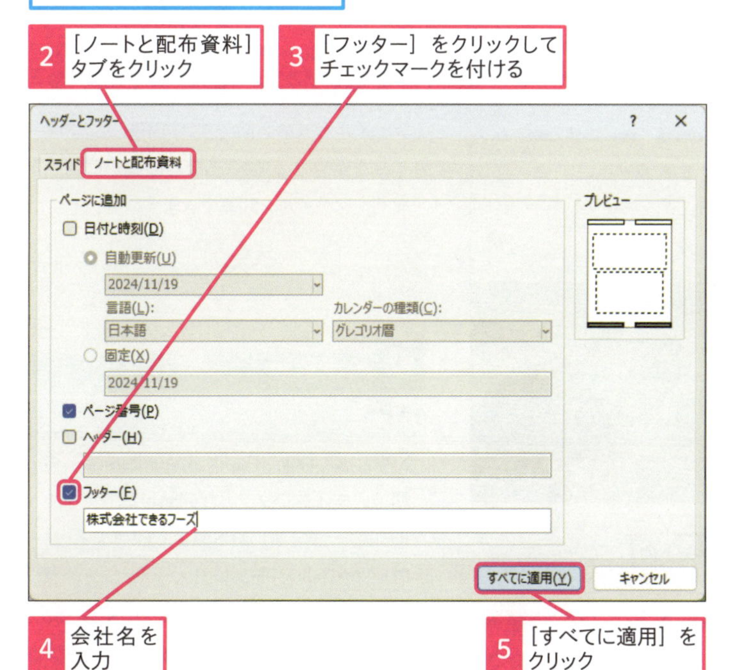

4 会社名を入力

5 ［すべてに適用］をクリック

1ページに複数のスライドをレイアウトしたときに会社名が印刷される

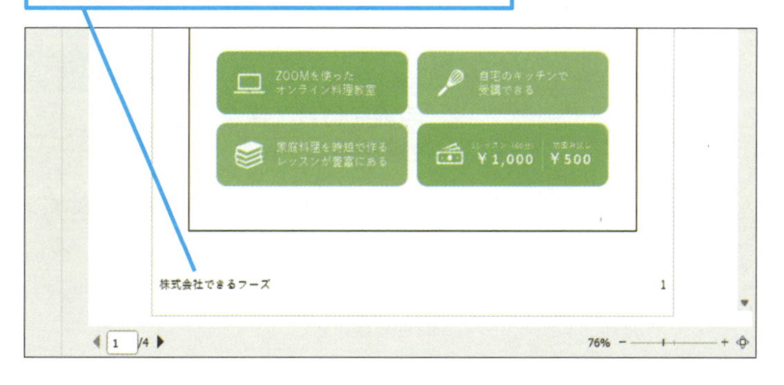

使いこなしのヒント

配布資料の見た目をカスタマイズできる

［ヘッダーとフッター］ダイアログボックスの［ノートと配布資料］タブでは、配布資料に印刷する「日付」「ページ番号」「ヘッダー」「フッター」の4つの項目を指定できます。それぞれの項目のチェックマークを付けると、右側のプレビューで印刷される場所が太枠になります。［日付］のチェックマークを外しても日付が印刷されてしまう場合は、［日付］の［固定］に入力されている内容を消去してください。

まとめ 配布資料は見やすさが基本

配布資料は、聞き手が持ち帰って企画の採用や商品の購入をじっくり検討するときに読むためのものです。そのため、手元で資料を見たときに、スライドの内容や文字がはっきり読めることが大切です。1枚にたくさんのスライドを印刷すると、用紙の枚数は少なくて済みますが、スライドの文字が読みづらくなります。かといって、1枚の用紙に1枚ずつスライドを印刷して大勢の聞き手に配布すると、大量の用紙が必要になります。文字の読みやすさと用紙の節約を考慮すると、［2スライド］か［3スライド］のレイアウトが最適です。

レッスン

40 スライドをPDF形式で保存するには

エクスポート

練習用ファイル L040_エクスポート.pptx

作成したスライドをPDF形式のファイルとして保存します。PDF形式で保存すると、PowerPointがインストールされていないパソコンやWindows以外のパソコンでもスライドの内容を表示・閲覧できます。

1 PDFに出力する

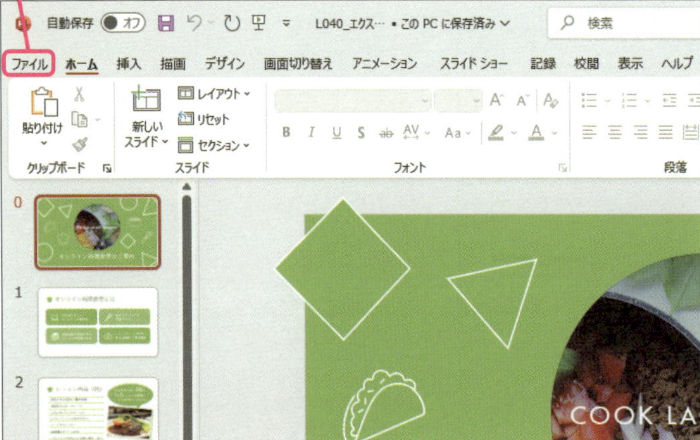

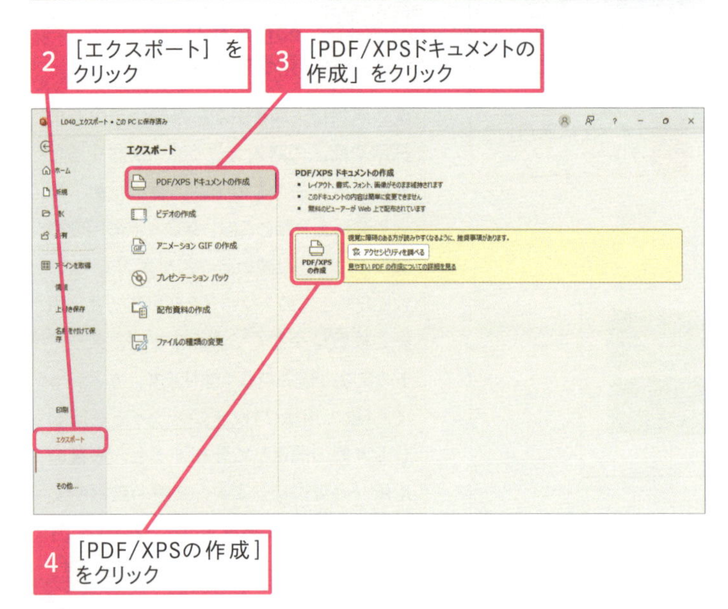

キーワード

Microsoft Edge	P.311
PDF	P.311
エクスポート	P.312

用語解説

PDF

PDFとは「Portable Document Format」（ポータブル・ドキュメント・フォーマット）の略で、アドビ株式会社が開発したファイル形式の名前です。PDF形式でファイルを保存すると、OSなどの違いに関係なく、ファイルを閲覧できます。

用語解説

XPS

XPSとは、「XML Paper Specification」の略で、マイクロソフトが開発したファイル形式の一つです。XPS形式で保存すると、PDFファイルと同じように、パソコンの環境に関係なくファイルの表示や印刷ができます。

使いこなしのヒント

［名前を付けて保存］でもPDFを保存できる

レッスン06の操作で［名前を付けて保存］ダイアログボックスを開き、［ファイルの種類］を［PDF］に変更しても、PDF形式で保存できます。

● PDFファイルの保存場所を選択する

ここではデスクトップに保存する

5 ［デスクトップ］をクリック

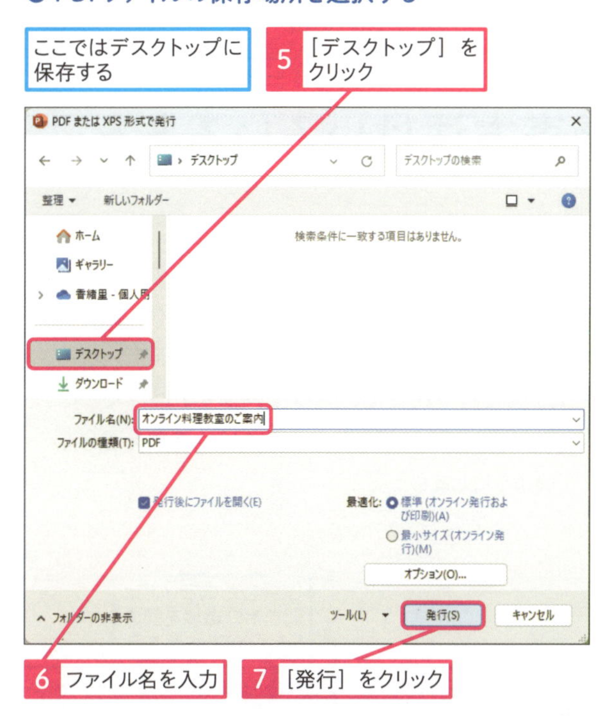

6 ファイル名を入力

7 ［発行］をクリック

2 PDFファイルを開く

手順1で保存したPDFファイルを開く

デスクトップを表示しておく

1 ファイルをダブルクリック

Microsoft Edgeが起動してPDFファイルが表示された

使いこなしのヒント

保存するPDFの品質やページ範囲を設定できる

PDFファイルを高品質で印刷するなら、手順1操作5の画面にある［最適化］の［標準］を選びます。一方、ファイルサイズを小さくすることを優先させたいときは［最小サイズ］を選びます。また、［オプション］ボタンをクリックすると、PDFファイルとして保存するスライドの範囲を指定できます。

使いこなしのヒント

PDFファイルを開くアプリはパソコンによって異なる

このレッスンでは、PDF形式で保存したファイルを開くときに、自動的にMicrosoft Edgeというブラウザーが起動しました。パソコンにAdobe Readerがインストールされている場合は、Adobe Readerが起動します。これは、PDFファイルをどのアプリで開くかがあらかじめ設定されているためです。どのアプリが起動するかはパソコンによって異なります。

まとめ パソコンの環境を問わずに閲覧できる

PDF形式として保存したファイルは、OSの違うパソコンやPowerPointがインストールされていないパソコンでもブラウザー（Microsoft Edge）や無料のアプリ（Adobe Acrobat Readerなど）を使って閲覧できます。ただし、動画やアニメーションの再現はできません。紙の印刷物の代わりに利用するといいでしょう。

この章のまとめ

プレゼンテーションの発表方法はいろいろある

プレゼンテーションには、いろいろな方法があります。対面方式で行うプレゼンテーションやオンライン会議ツールを使って行うプレゼンテーションでは、「スライドショー」を実行してスライドに合わせて進行します。一方、社内会議などではスライドを印刷した資料を配布して、大きな画面を使わずにプレゼンテーションを行う場合もあるでしょう。また、PDF形式で保存したスライドをメールで配布したり、Web上に保存したりすれば、相手が好きなときに閲覧できます。どの方法で行う場合も、スライド番号を付けたり印刷イメージを確認したりするなどの準備を怠らないようにしましょう。

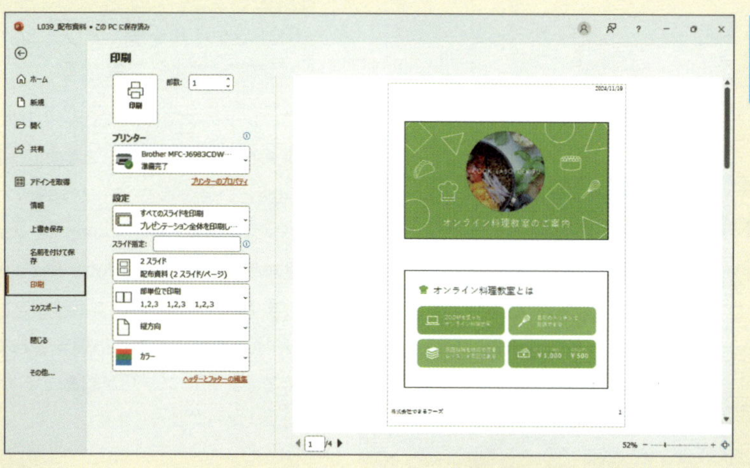

作成したスライドは聞き手の環境を配慮した形式で共有する

スライドを第三者に配布するときは、相手のパソコン環境などを考慮した心配りが必要ですね！

せっかく資料を共有しても、相手が見られない形式になっていては意味がないからね。相手のパソコン環境が分からないときは、PDF形式で渡すようにするといいよ。PDF形式のファイルは内容の編集がしにくいから、間違って編集が行われるのを避けられる、というメリットもあるからね。

PDF形式なら一石二鳥ってわけですね！

うん！　ただし、第11章で説明するアニメーションや動画は再現できないからその点には注意してね。

活用編

第7章

内容がしっかり伝わる箇条書きの作り方

この章では、箇条書きの行間を調整したり、行頭にアイコンを使ったりして、よりわかりやすいスライドを作成する方法を紹介します。また、箇条書きを図形で表現するテクニックも解説します。

41	読みやすい箇条書きを作ろう	132
42	要点を惹きつける箇条書きの作り方	134
43	箇条書きの行間を変えてグルーピングして見せる	138
44	複数の文字の色やサイズを変更するには	140
45	スペースキーを使わずに文字の先頭位置を揃える	142
46	箇条書きを図形で見せる	144

レッスン
41

Introduction この章で学ぶこと

読みやすい箇条書きを作ろう

スライド作成でいちばん多く利用するのが箇条書きです。箇条書きの見せ方次第で、内容の理解度が大きく変わります。読みやすい箇条書きを作るためのポイントを理解しましょう。

文字を並べるだけの箇条書きは読みづらい

箇条書き？　第2章で使い方を学んだね。レベルを付けたり行頭の文字を連番にしたりする方法もマスターしたよ！

箇条書きの使い方はわかったけど、そこからさらに読みやすい工夫はできていないかも……。

食品事業の方針

① 中核ブランド商品の強化
- 主力商品、成長商品の育成と強化
- 人気商品への集中投資による売上拡大

② 販売チャネルに基づいた営業力の強化
- 未開拓チャネル、エリアでの販路拡大

③ 収益の向上
- 固定費削減による収益性の改善

確かに行間が詰まりすぎて読みづらいね。

社内研修制度

❶ITスキル研修	1日間
❷英会話研修	週1回6か月間
❸コミュニケーション研修	2日間
❹マネージメント研修	2日間

これは行間はすっきりしているけど、空白の位置が揃っていないのが気になるね。

箇条書きもちょっと工夫するだけで、とっても読みやすくなるよ！

行頭文字や行間を工夫して「伝わる」箇条書きにしよう

箇条書きは資料作成でよく使う表現方法だよね？　だからこそ、読みやすさやわかりやすさを意識して「伝わる」箇条書きにすることがとっても大事！

わたしも資料の作成では必ずといっていいほど箇条書きを使います。読みやすい工夫、マスターしたいです！

行間を調整して、グループを作ると読みやすくなる →レッスン43

食品事業の方針

① 中核ブランド商品の強化
- 主力商品、成長商品の育成と強化
- 人気商品への集中投資による売上拡大

② 販売チャネルに基づいた営業力の強化
- 未開拓チャネル、エリアでの販路拡大

③ 収益の向上
- 固定費削減による収益性の改善

フォントのサイズや色を部分的に変更すると強調できる →レッスン44

プロモーションの目的

- 商品の認知度の向上
- 商品の理解度の向上
- 商品の好感度の向上

行の途中の文字も頭を揃えると読みやすくなる →レッスン45

社内研修制度

❶ITスキル研修	1日間
❷英会話研修	週1回6か月間
❸コミュニケーション研修	2日間
❹マネージメント研修	2日間

行頭文字をアイコンに変えて、オリジナリティを出す →レッスン42

3つの重点戦略　Three Key Strategies

- お客様の安心と安全を守る
- お客様と共に価値を創造する
- お客様と共に成長発展する

一工夫加えると、グッと伝わりやすくなりますね！

目にする相手のことを考えて、スライドや資料を作成できるといいね！

レッスン
42 要点を惹きつける箇条書きの作り方

行頭文字をアイコンに変更　練習用ファイル　L042_行頭文字.pptx

箇条書きの先頭の行頭文字をオリジナルの絵柄に変更します。自前のイラストなどを利用することもできますが、ここでは、[アイコン]機能を使って挿入したイラストを行頭文字として利用します。

キーワード

アイコン	P.311
箇条書き	P.312
行頭文字	P.312

アイコンを使った一味違う箇条書き

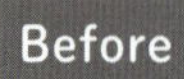

3つの重点戦略　Three Key Strategies

- お客様の安心と安全を守る
- お客様と共に価値を創造する
- お客様と共に成長発展する

→

After

行頭文字を工夫すると聞き手の視線を集めやすい

3つの重点戦略　Three Key Strategies

》お客様の安心と安全を守る
》お客様と共に価値を創造する
》お客様と共に成長発展する

1 アイコンを図として保存する

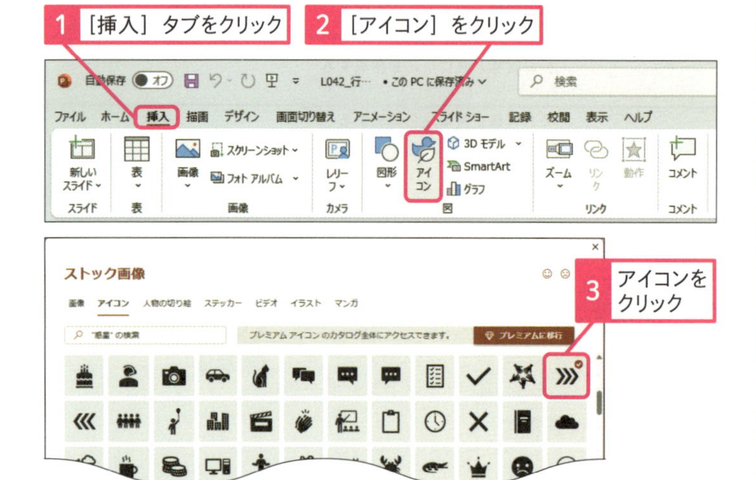

用語解説
SVG

SVGはScalable Vector Graphicsの略で、画像を保存するときに使うファイル形式の一つです。画像を拡大縮小しても画質が劣化しないことから、ロゴ画像などに使われています。

使いこなしのヒント
出来合いのイラストが使える

アイコンは、PowerPointに用意されているシンプルなイラストのことです。アイコンの操作はレッスン48で詳しく解説しています。

● アイコンの色を変更する

アイコンが挿入された

5 ［グラフィックス形式］タブをクリック

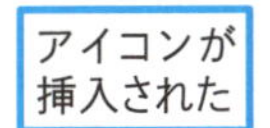

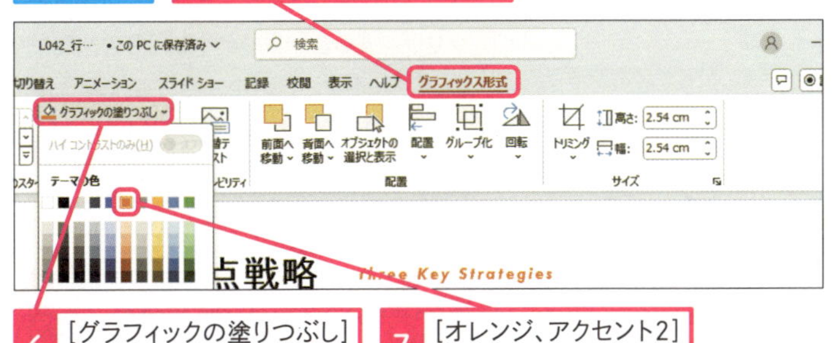

6 ［グラフィックの塗りつぶし］をクリック

7 ［オレンジ、アクセント2］をクリック

アイコンの色が変更した

8 アイコンを右クリック

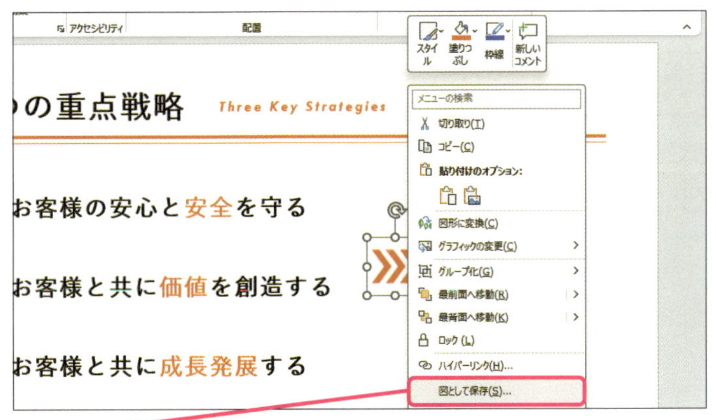

9 ［図として保存］をクリック

［図として保存］ダイアログボックスが表示された

10 保存場所を選択

11 ［SVG］が選択されていることを確認

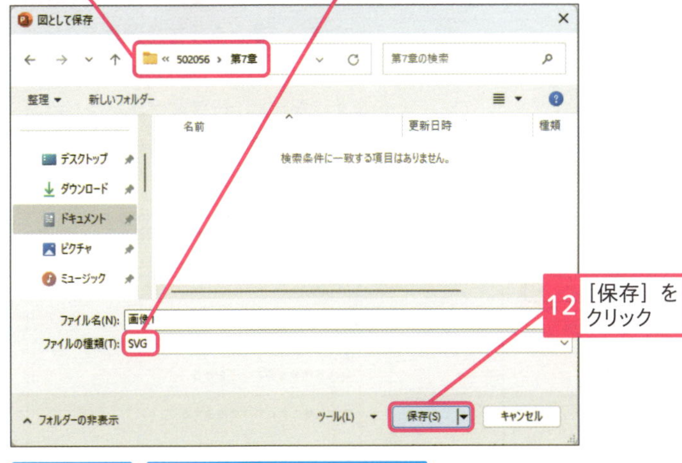

12 ［保存］をクリック

アイコンが保存された

スライドに挿入したアイコンは削除しておく

時短ワザ

右クリックで塗りつぶしをショートカット！

アイコンや図形、文字などの色を変更する際に、対象となるものを右クリックして表示されるミニツールバーから［塗りつぶし］を選んで色を変更することもできます。

アイコンを右クリックして［塗りつぶし］をクリックする

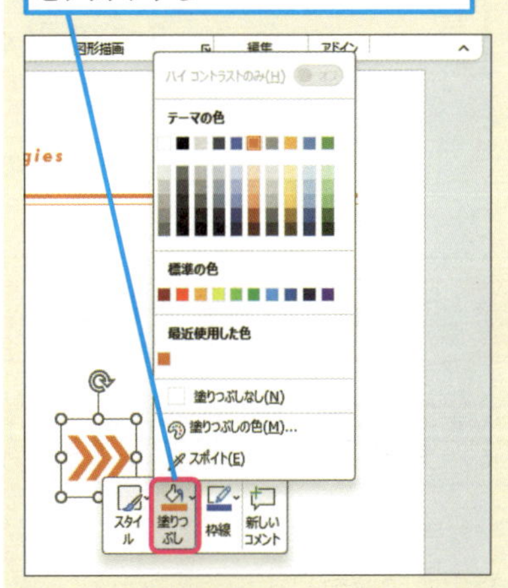

使いこなしのヒント

文字や図形も保存できる

スライド上の文字や図形を右クリックすると、操作9の［図として保存］のメニューが表示されます。文字を図として保存するときは、文字をドラッグするのではなく、文字の外枠（プレースホルダー）を右クリックします。

次のページに続く

2 行頭文字を変更する

1 箇条書きのプレースホルダーを選択

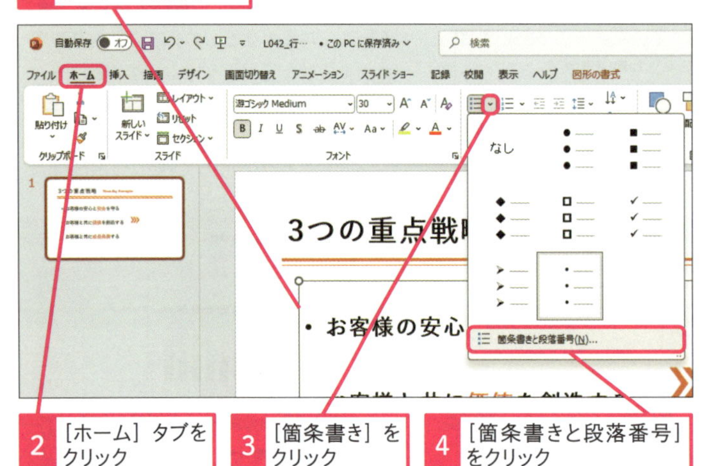

2 ［ホーム］タブをクリック

3 ［箇条書き］をクリック

4 ［箇条書きと段落番号］をクリック

［箇条書きと段落番号］ダイアログボックスが表示された

5 ［図］をクリック

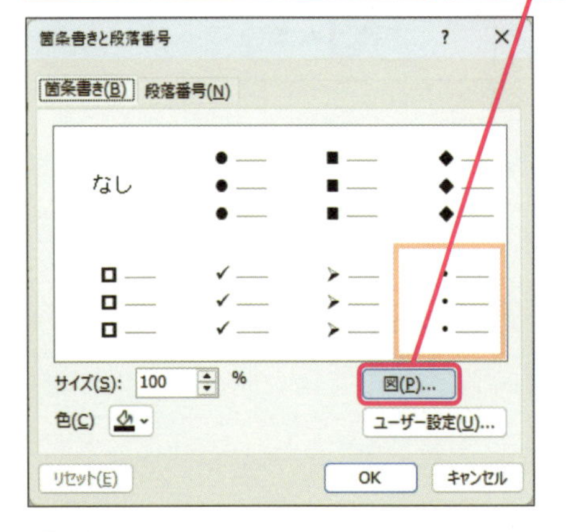

6 ［ファイルから］をクリック

図の挿入

ファイルから
コンピューターまたはローカル ネットワークのファイルを参照

ストック画像
ストック画像ライブラリのプレミアム コンテンツで、想像力を解き放つ

オンライン画像
Bing、Flickr、OneDrive などのオンライン ソースから画像を検索

アイコンから
アイコンのコレクションを検索

使いこなしのヒント

記号を行頭文字に設定するには

操作5の画面で［ユーザー設定］ボタンをクリックすると、下のような記号の一覧が表示されます。この中から行頭文字に使いたい記号を選ぶこともできます。

記号を選択して［OK］をクリックすると行頭文字を変更できる

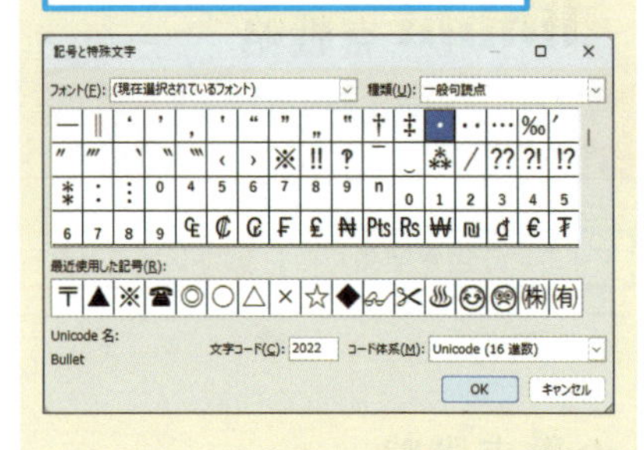

使いこなしのヒント

箇条書きごとに違う行頭文字を設定できる

箇条書きの1行ずつ違う行頭文字を設定するには、対象となる箇条書きをクリックして選択してから手順2以降の操作を行います。ただし、行頭文字がバラバラだと統一感を失うことがあるので注意しましょう。

1項目ごとに別の行頭文字を設定できる

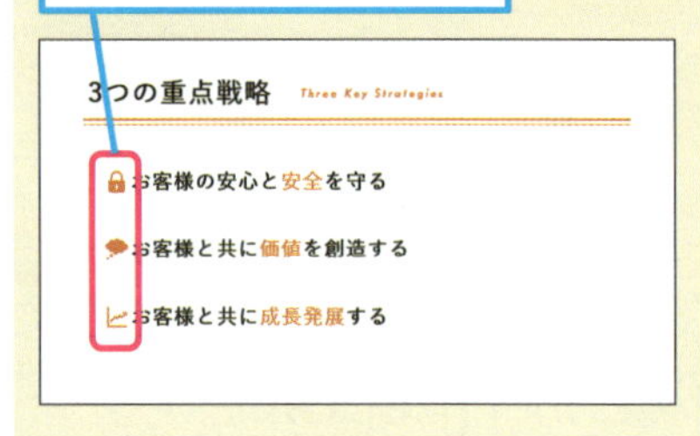

● 先ほど保存したSVGファイルを選択する

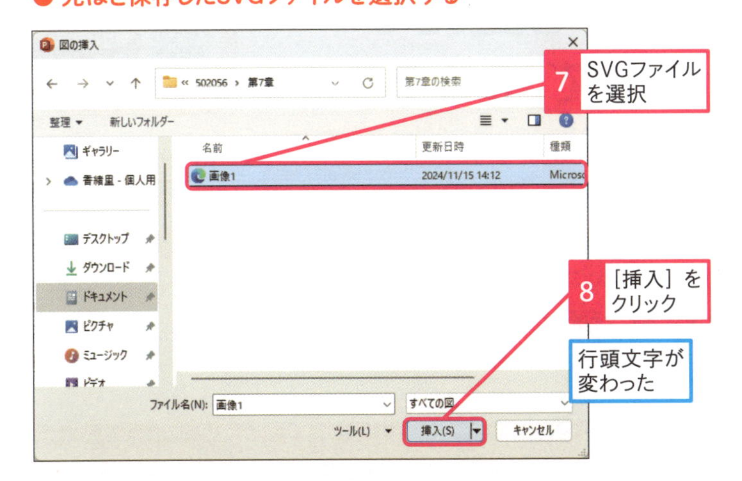

7 SVGファイルを選択

8 ［挿入］をクリック

行頭文字が変わった

3 行頭文字のサイズや文字の配置を調整する

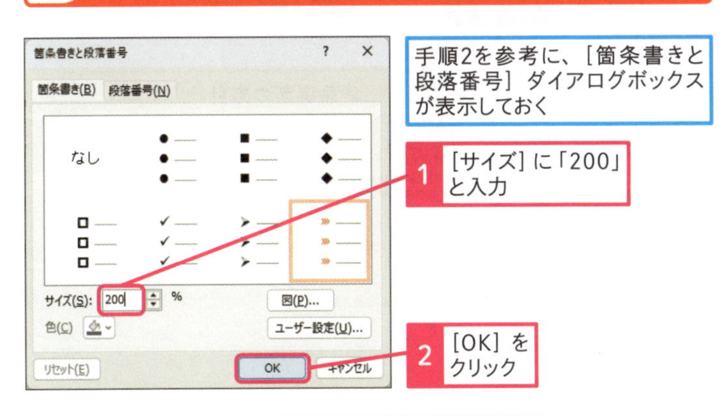

手順2を参考に、［箇条書きと段落番号］ダイアログボックスが表示しておく

1 ［サイズ］に「200」と入力

2 ［OK］をクリック

行頭文字が大きくなった

3 ［ホーム］タブをクリック

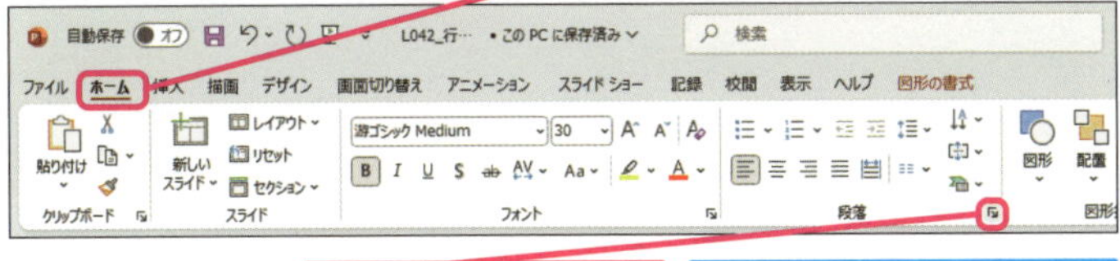

4 ［段落］グループの［段落］をクリック

［段落］ダイアログボックスが表示された

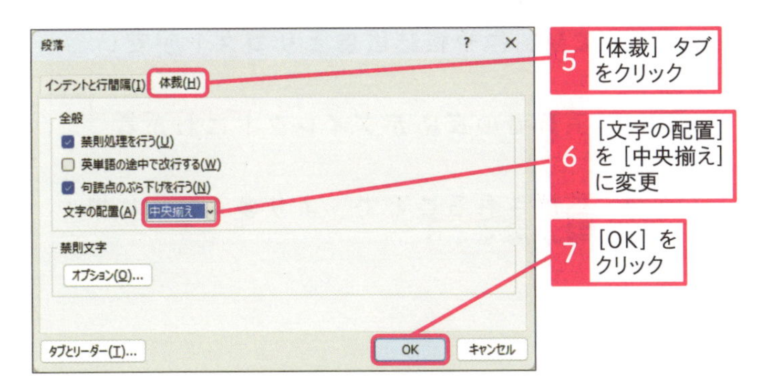

5 ［体裁］タブをクリック

6 ［文字の配置］を［中央揃え］に変更

7 ［OK］をクリック

使いこなしのヒント

アイコンをそのまま行頭文字に設定するには

このレッスンのように、アイコンの色を変更する必要がなければ、手順2の操作6で［アイコンから］をクリックし、行頭文字に使いたいアイコンを選ぶだけで行頭文字に設定できます。

手順2の操作6の画面で［アイコンから］を選んだ場合は、白黒の状態で挿入される

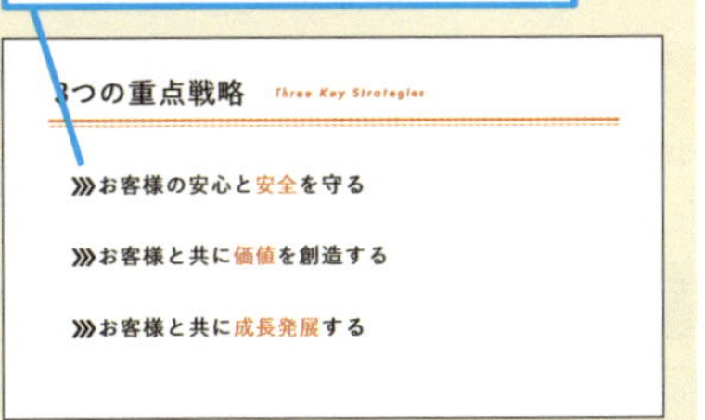

まとめ 行頭文字にもオリジナリティを出す

記号や連番の行頭文字では物足りないときは、行頭文字にスライドの内容に合ったアイコンを利用するだけでオリジナリティを演出できます。行頭文字のサイズを拡大したときは、行頭文字と箇条書きの縦の配置が揃うように、［文字の配置］を［中央揃え］に変更して見栄えを整えます。

レッスン
43 箇条書きの行間を変えてグルーピングして見せる

段落後の行間

練習用ファイル L043_段落後.pptx

箇条書きの上下の間隔を広げると、空間が生まれて読みやすくなります。ここでは、箇条書き全体の行間を均等に広げるのではなく、[段落後] の数値を指定して、箇条書きの塊ごとに行間が広がるようにします。

キーワード

箇条書き	P.312
行間	P.312
段落	P.314

行間を調整して見栄えの完成度を上げる

Before

食品事業の方針

① 中核ブランド商品の強化
- 主力商品、成長商品の育成と強化
- 人気商品への集中投資による売上拡大

② 販売チャネルに基づいた営業力の強化
- 未開拓チャネル、エリアでの販路拡大

③ 収益の向上
- 固定費削減による収益性の改善

After

箇条書きをバランスよく配置すると読みやすい資料になる

食品事業の方針

① 中核ブランド商品の強化
- 主力商品、成長商品の育成と強化
- 人気商品への集中投資による売上拡大

② 販売チャネルに基づいた営業力の強化
- 未開拓チャネル、エリアでの販路拡大

③ 収益の向上
- 固定費削減による収益性の改善

スキルアップ

PowerPointに存在する3つの行間

一般的に、行間は行と行の間を指しますが、PowerPointでは、上の行の文字の下端から下の行の文字の下端までの距離を指します。段落とは、Enterキーから次のEnterキーまでの文字の塊のことです。PowerPointでは、行間、段落前、段落後のそれぞれの距離を指定できます。

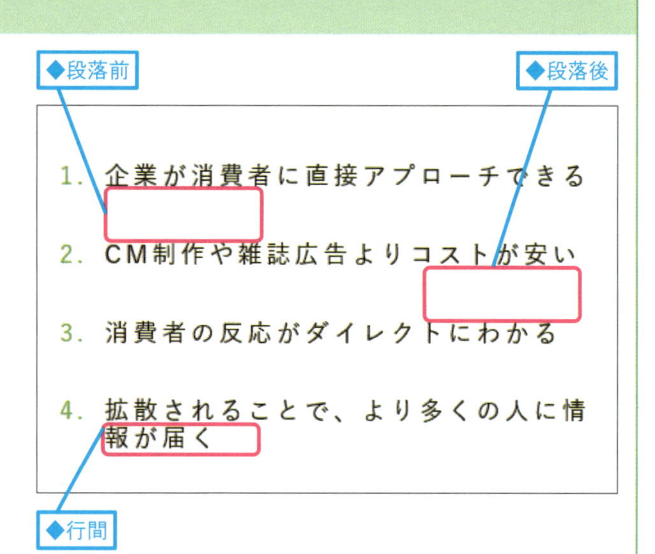

1 行の間隔を変更する

1 上から3行目の箇条書きをクリック

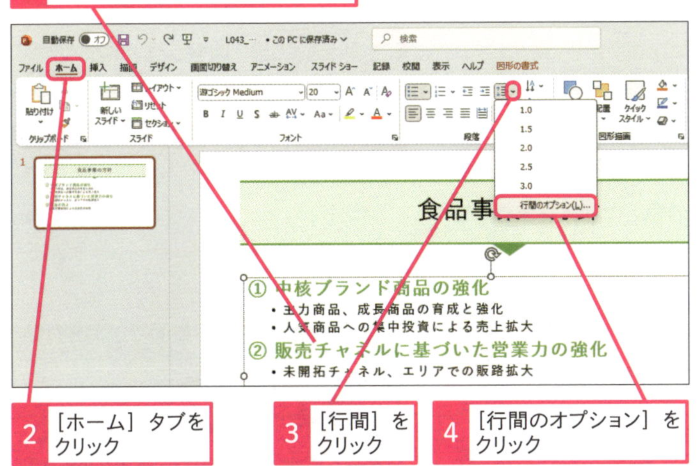

2 ［ホーム］タブをクリック

3 ［行間］をクリック

4 ［行間のオプション］をクリック

［段落］ダイアログボックスが表示された

5 「30」と入力

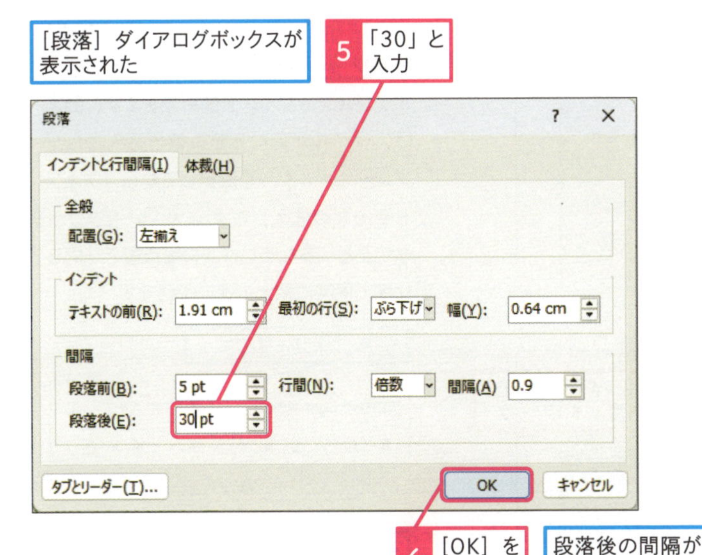

6 ［OK］をクリック

段落後の間隔が変更された

7 上から5行目の箇条書きをクリック

8 F4 キーを押す

段落後の間隔が変更される

① 中核ブランド商品の強化
・主力商品、成長商品の育成と強化
・人気商品への集中投資による売上拡大

② 販売チャネルに基づいた営業力の強化
・未開拓チャネル、エリアでの販路拡大

③ 収益の向上
・固定費削減による収益性の改善

使いこなしのヒント

文字の間隔を調整するには

文字の左右の間隔を調整するときは、［ホーム］タブの［文字の間隔］ボタンを使います。［より狭く］［狭く］［標準］［広く］［より広く］の5種類から選択できます。

使いこなしのヒント

行間のオプションを使いこなす

［段落］ダイアログボックスの［行間］が「1.5」や「2.0」では広すぎるときは、［固定値］や［倍数］を使います。例えば、［倍数］を「1.2」に指定すると、標準の「1.0」より1.2倍広げることになります。さらに細かく指定するには、［固定値］の間隔をポイント単位で指定します。

時短ワザ

F4 キーで直前の操作を繰り返す

段落後の行間の設定は、箇条書きごとに［段落］ダイアログボックスを開いて数値を入力するので時間がかかります。F4 キーを押すと、直前に行った操作を繰り返してくれるため、あっという間に設定が終わります。

まとめ 文字は読みやすさが決め手

箇条書きの上下の間隔が詰まっていると、読みづらい上に窮屈な印象を与えます。箇条書きが1行単位のときは、全体の行間を広げるだけでいいですが、段落単位で行間を広げるときは［段落前］や［段落後］を指定して、箇条書きのかたまりごとに見せるようにしましょう。

レッスン
44 複数の文字の色やサイズを変更するには

フォントの色とサイズ

練習用ファイル L044_フォントの色とサイズ.pptx

最初は箇条書きの文字サイズはすべて同じですが、スライドの中でも特に強調したい文字は、ほかの文字より大きくしたり色を変えたりすると目立ちます。ここでは、複数の文字の色とサイズをまとめて変更します。

キーワード

箇条書き	P.312
フォント	P.315
プレースホルダー	P.315

1 複数の文字を選択する

ここでは「認知度」「理解度」「好感度」という文字のサイズを大きくする

1 「認知度」をドラッグして選択

2 Ctrl キーを押しながら、「理解度」をドラッグ

プロモーションの目的
商品の認知度の向上
商品の理解度の向上
商品の好感度の向上

「認知度」と「理解度」が選択された

3 Ctrl キーを押しながら、「好感度」をドラッグ

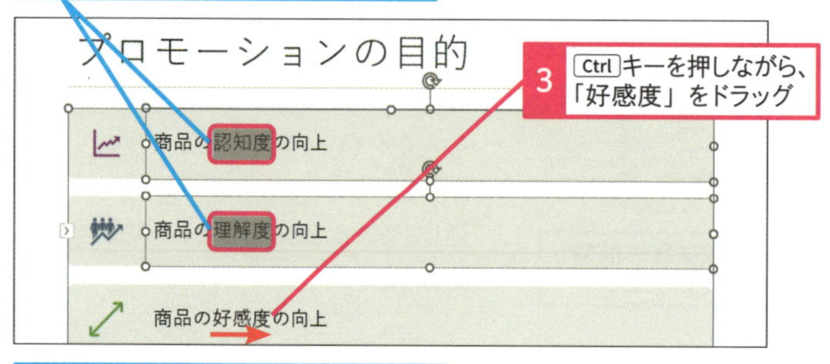

「認知度」「理解度」「好感度」という文字だけが選択された

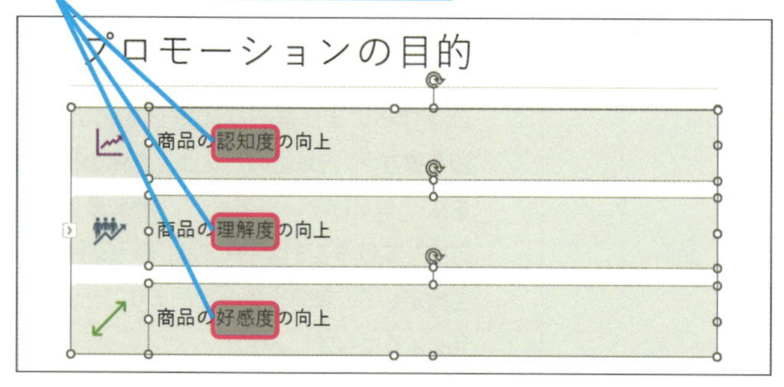

使いこなしのヒント

ボタンで一段階ずつ拡大・縮小するには

［ホーム］タブの［フォントサイズの拡大］ボタン（A^）や［フォントサイズの縮小］ボタン（Aˇ）をクリックすると、一回りずつフォントサイズを変更できます。例えば、レベルが異なる箇条書きを入力したプレースホルダーを選択してから［フォントサイズの拡大］ボタン（A^）をクリックすると、異なるレベルの箇条書きを同じ比率で同時に拡大できて便利です。

◆フォントサイズの拡大

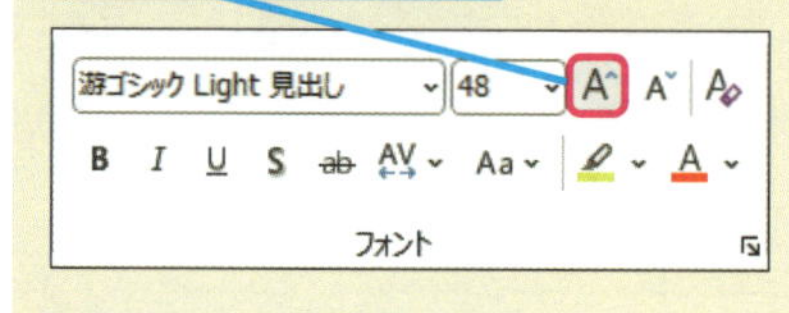

◆フォントサイズの縮小

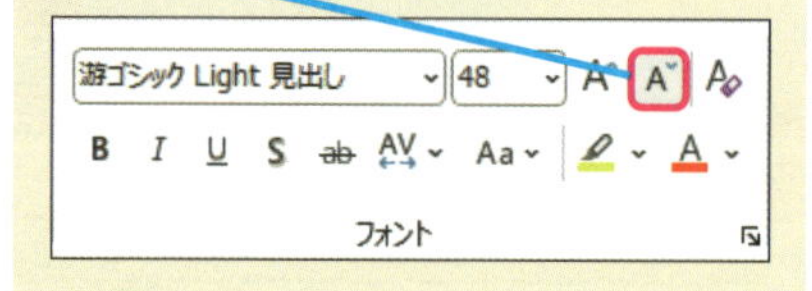

2 フォントの色やサイズを変更する

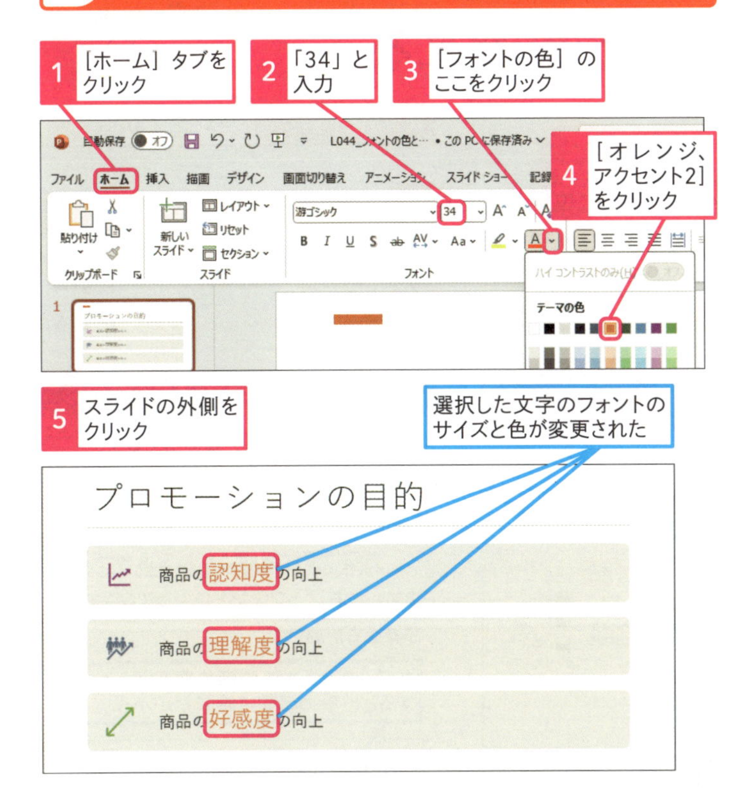

使いこなしのヒント

フォントサイズの一覧からも選択できる

［ホーム］タブの［フォントサイズ］に表示される一覧から数字をクリックして、フォントサイズを変更することもできます。

まとめ フォントサイズの変え方は2種類ある

箇条書きは、最初はすべて同じ文字サイズで表示されます。プレースホルダー内の箇条書きの行数が少ないときは、「スキルアップ」の操作でプレースホルダー全体を選択してから文字サイズを変えるといいでしょう。また、特定の文字や数字を目立たせたいときは、対象となる文字をドラッグして選択してから文字サイズを拡大します。

スキルアップ

プレースホルダーを選択して文字を大きくする

プレースホルダーの外枠をクリックして全体を選択してからフォントサイズを変更すると、プレースホルダー内にあるすべての文字の大きさをまとめて変更できます。

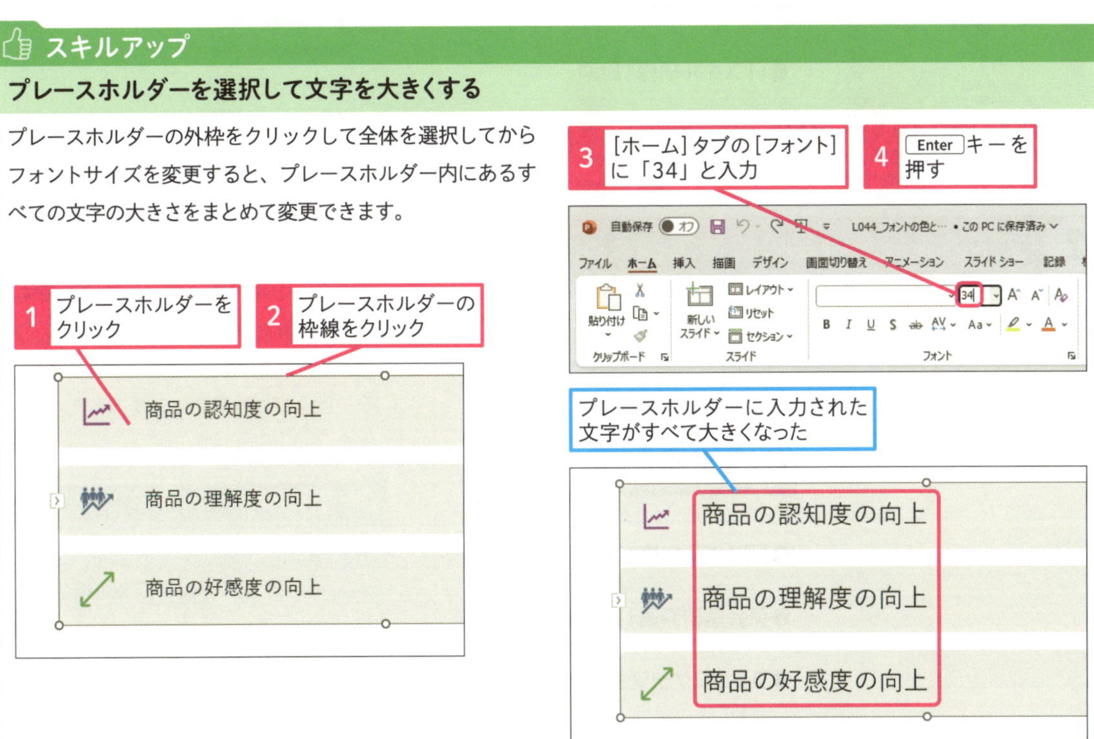

レッスン
45 スペースキーを使わずに文字の先頭位置を揃える

タブ

練習用ファイル L045_タブ.pptx

箇条書きの文字の先頭位置を揃えるには、タブの種類と位置を指定してから Tab キーを押します。ここでは、箇条書きのそれぞれの行の途中にある4つの文字の先頭が左に揃うように設定します。

1 ルーラーを表示する

1 ［表示］タブをクリック

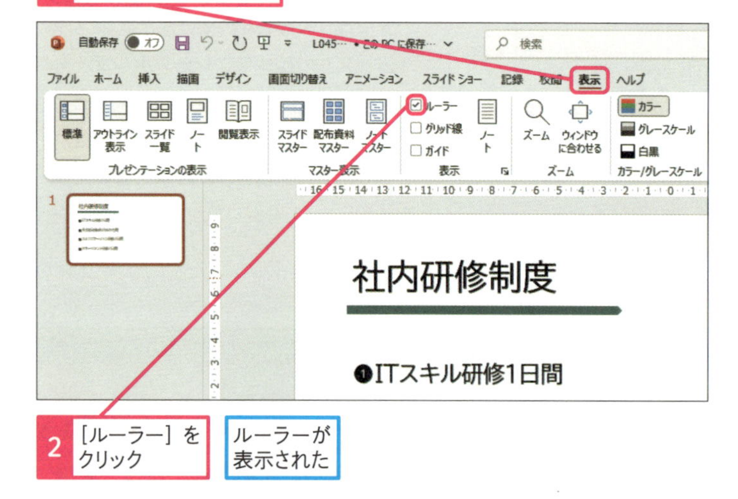

2 ［ルーラー］をクリック

ルーラーが表示された

2 文字の先頭を特定の位置で揃える

1 1行目の文章内をクリック

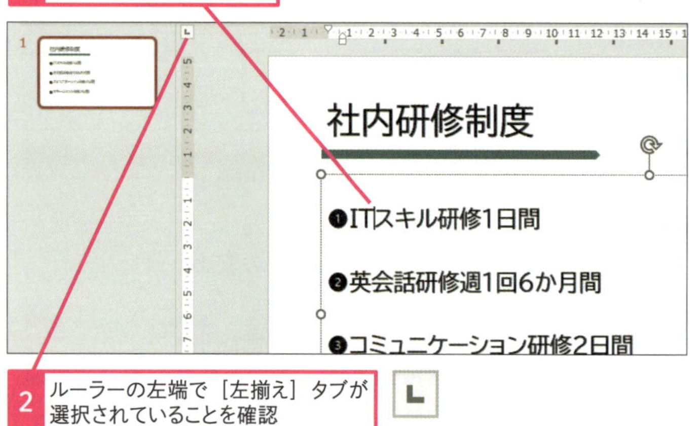

2 ルーラーの左端で［左揃え］タブが選択されていることを確認

キーワード

箇条書き	P.312
タブ	P.314
ルーラー	P.315

使いこなしのヒント

なぜ「スペース」を使わないほうがいいの？

space キーを押して空白で文字を揃えると、先頭位置が微妙にずれる場合があります。これは、フォントによって文字の幅が異なるためです。

スペースを入れて先頭位置を揃えようとすると位置の調整に時間がかかる

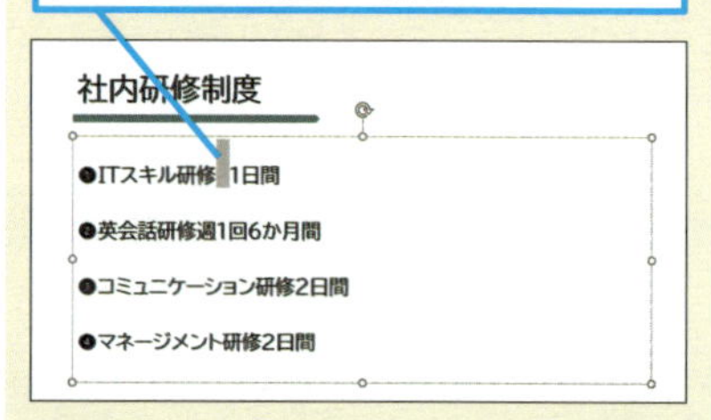

用語解説

ルーラー

ルーラーとは「ものさし」のことです。PowerPointでルーラーを表示すると、スライドの上側と左側に表示されます。ルーラーはタブの位置を指定するときに使います。

用語解説

タブ

PowerPointには「左揃え」「中央揃え」「右揃え」「小数点揃え」の4種類のタブがあり、現在設定できるタブがルーラーの左端に表示されます。タブをクリックすると順番に種類が変わります。

● 箇条書きを選択する

3 箇条書きをドラッグして選択

4 上部のルーラーの「13」の目盛付近をクリック

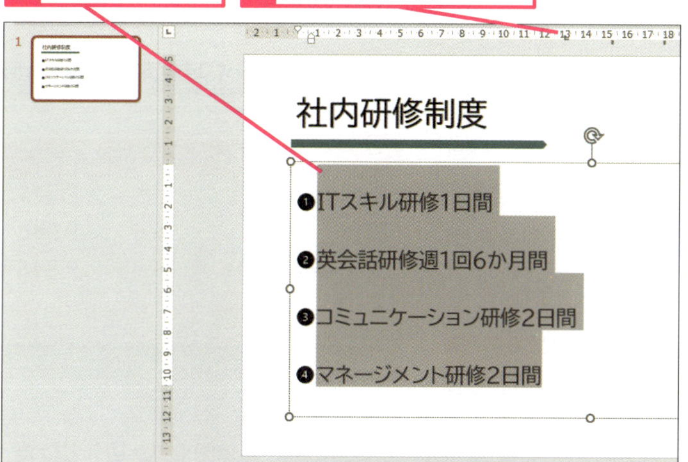

「左揃え」タブが表示されたことを確認

5 「修」と「1」の間をクリック

6 Tab キーを押す

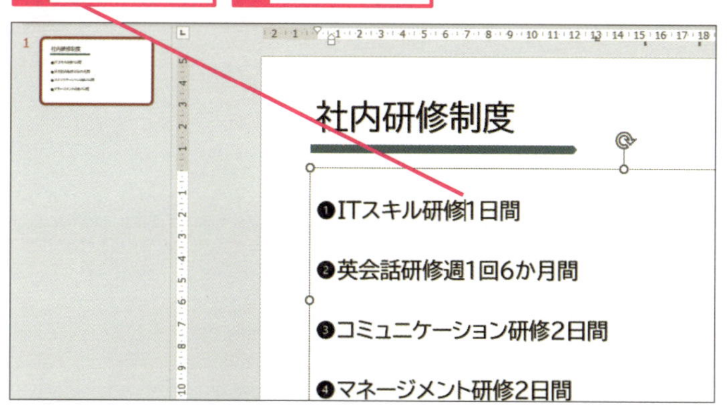

文字の先頭が「13」の位置に移動した

ほかの行も Tab キーを押し、文字の先頭位置を揃えておく

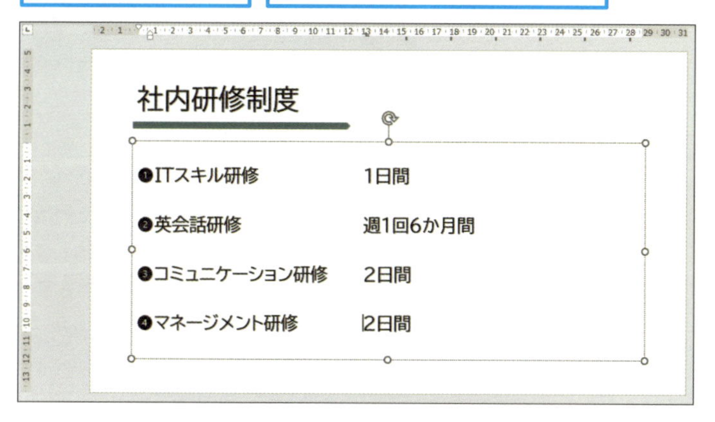

使いこなしのヒント

箇条書き全体を調整する際はドラッグして選択する

このレッスンでは、箇条書きの「1日間」「週1回6か月間」「2日間」の先頭位置を左揃えにしています。箇条書き全体を同じ位置に揃えるには、操作3のように最初に箇条書き全体をドラッグして選択します。

使いこなしのヒント

ルーラーで指定した位置に文字が揃う

操作4で「13」をクリックすると、「13」の位置に文字が左揃えで表示されます。操作2で［右揃え］のタブを選択したときは、「13」の位置に文字が右揃えで表示されます。

使いこなしのヒント

後からタブの位置を変更するには

操作4で設定したタブの位置は、ルーラーに表示されたタブの記号（∟）を左右にドラッグして調整できます。また、タブの記号をルーラーの左右にある灰色の部分にドラッグすると削除できます。

まとめ 文字が揃わないイライラを解消しよう

文字の位置を揃えるときは、「①ルーラーを表示」「②タブの種類を選択」「③タブ位置を指定」「④ Tab キーを押す」の操作を行います。手順が多くて回り道のように見えますが、文字の位置が揃わずに何度もやり直すよりも確実です。

レッスン
46 箇条書きを図形で見せる

SmartArtグラフィックスに変換

練習用ファイル L046_SmartArt.pptx

文字だけの箇条書きは単調になりがちです。[SmartArtグラフィックに変換] 機能を使うと、スライドに入力済みの箇条書きを図表に変換できます。図形を使うことで、メリハリのある箇条書きになります。

1 箇条書きを図表に変換する

2枚目のスライドを表示しておく

1 プレースホルダー内をクリック

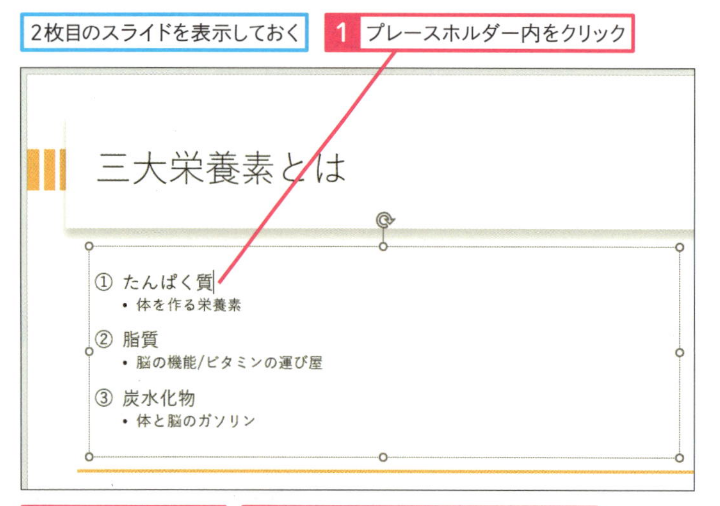

2 [ホーム] タブをクリック

3 [SmartArtグラフィックに変換] をクリック

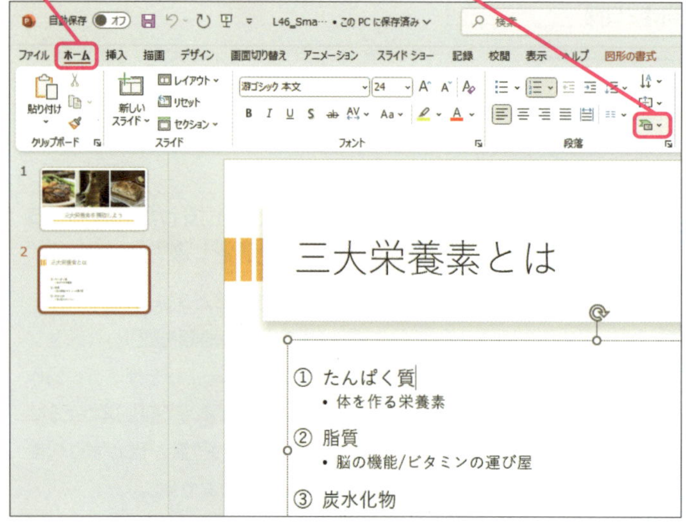

キーワード

SmartArt	P.311
図表	P.313
プレースホルダー	P.315

用語解説
SmartArt

SmartArtは、組織図やベン図などの概念図を簡単に作る機能です。いちからSmartArtを作る操作はレッスン29を参照してください。

使いこなしのヒント
一覧に表示される以外のSmartArtを選ぶには

手順1の操作4で目的の図表が表示されなかった場合は、一覧の下にある [その他のSmartArtグラフィック] をクリックします。[SmartArtグラフィックの選択] 画面が表示されたら、左側の [リスト] をクリックし、箇条書き用の図表を選びます。

● 図表の種類を選択する

SmartArtの一覧が表示された

4 [横方向箇条書きリスト] をクリック

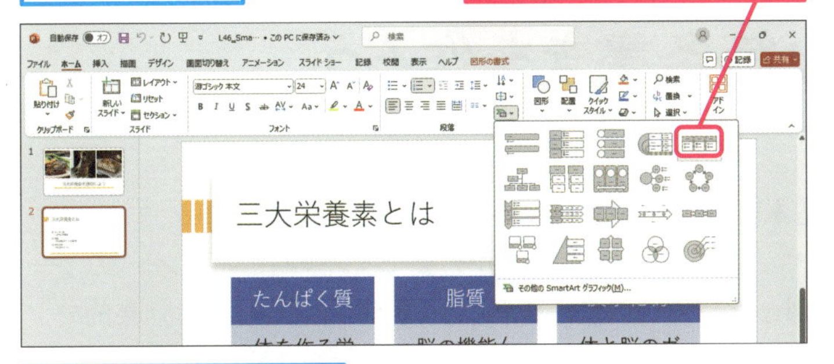

箇条書きが図表に変換された

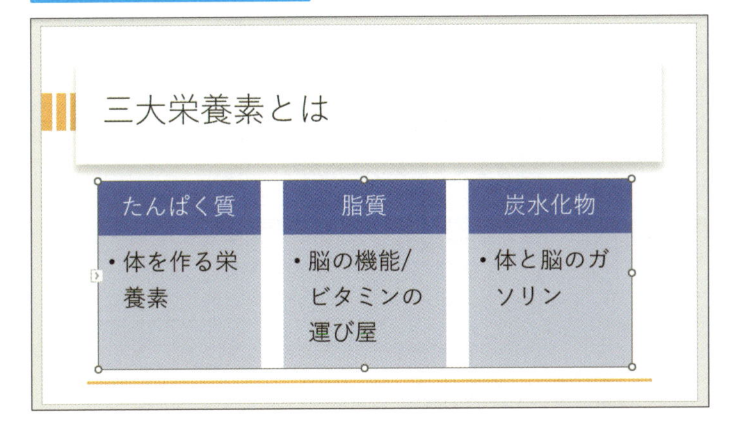

2 図表内の色を変更する

1 図表をクリック

2 [SmartArtのデザイン] タブをクリック

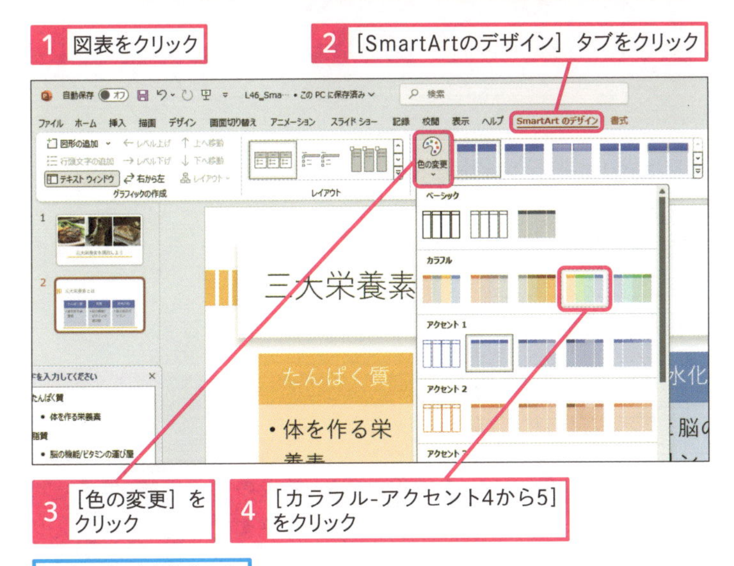

3 [色の変更] をクリック

4 [カラフル-アクセント4から5] をクリック

図表の色が変換された

使いこなしのヒント

行頭文字を消すには

図表に変換した後で、箇条書きの行頭文字を消すには、行頭文字を消したい文字列を選択し、[ホーム] タブの [箇条書き] から [なし] をクリックします。

使いこなしのヒント

図形の色を個別に変更するには

図形の色を手動でひとつずつ変更するには、対象となる図形を選択し、[書式] タブの [図形の塗りつぶし] から目的の色を選びます。

使いこなしのヒント

箇条書きの順番を入れ替えるには

図表内の箇条書きの順番は後から変更できます。移動元の図形を選択し、[SmartArtのデザイン] タブの [選択したアイテムを上へ移動] や [選択したアイテムを下に移動] をクリックすると、1段階ずつ移動します。このとき、下位のレベルの箇条書きも一緒に移動します。

まとめ 箇条書きの見せ方を工夫する

どれだけ簡潔な言葉にまとめても、文字ばかりのスライドが続くと、徐々に関心が薄れてしまいがちです。このようなときは、図形の中に箇条書きを表示して、視覚効果を高めるといいでしょう。PowerPointには入力済みの箇条書きを図表に変換する [SmartArtグラフィックに変換] 機能が用意されており、簡単な操作で図表に作り変えることができます。

この章のまとめ

魅力的な箇条書きを作ろう

第2章で解説したように、箇条書きの基本は簡潔に内容を列記すること、そして「●」や「①」などの行頭文字を使って箇条書きを区別しやすくすることです。ただし、箇条書きは使う頻度が高い分、基本を守っただけでは単調になってしまう危険性もあります。箇条書きをしっかり読んでもらうには、行頭文字にイラストを使って視線を集めたり、行間を変えて読みやすくしたりする工夫が必要です。また、ポイントとなる文字を拡大してメリハリを付けるのも効果的です。さらに、箇条書きをSmartArtに変換すると、図形の色や配置でグルーピングが強調されて一味違う箇条書きになります。

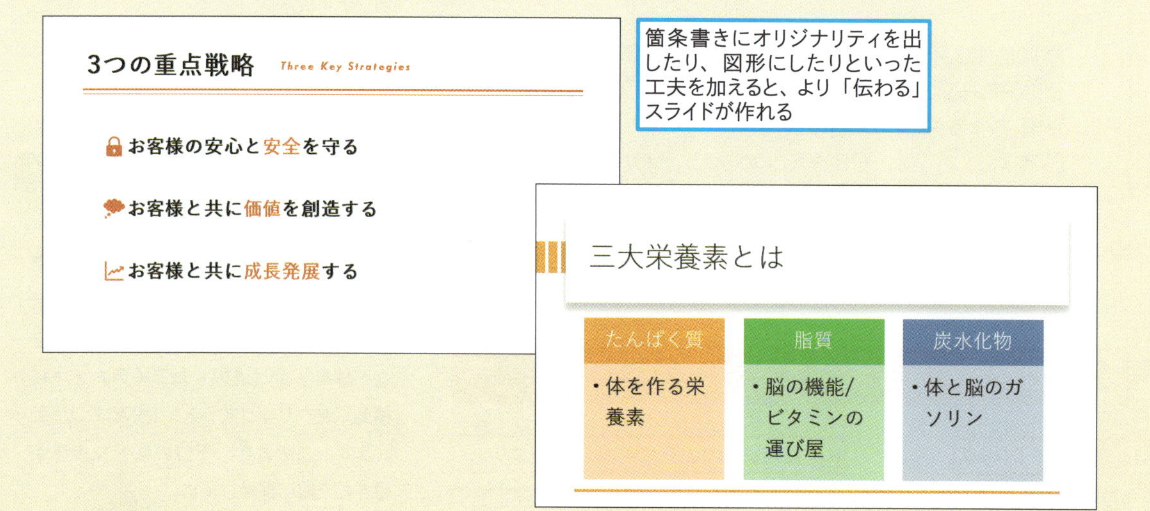

箇条書き1つをとってもこんなにバリエーションが出せるんですね。スライド作成がますます楽しくなりました。

図形を使うと、グループがわかりやすくなって見やすいですね。

うんうん！　箇条書きにSmartArtを活用できると表現の幅もグッと広がるよ！　内容がしっかり伝わる箇条書きを意識して、工夫してみよう。

活用編

第8章

見る人をワクワクさせるデザインの演出

この章では、図形やイラストの色を工夫したり、画像やグラデーションを効果的に使ったりして、印象に残るスライドを作成する操作を解説します。また、スライドのデザインを簡単に変えたり、見やすいように図形の配置を整えたりする方法も紹介します。

47	より印象に残るスライドを作ろう	148
48	アイコンの色を変えてオリジナリティを出す	150
49	図形の形に写真を切り抜いて一体感を出す	154
50	図形を背景と同じ色で塗りつぶして統一感を出す	158
51	手書きの文字を入れてメリハリを出す	160
52	図形の線を手書き風にしてドラフト感を出す	162
53	スライド全面に写真を敷いてイメージを伝える	164
54	グラデーションで表紙を印象的に仕上げる	166
55	Webページの必要な範囲を簡単に貼り付ける	170
56	独自性のあるスライドをワンクリックで作る	174
57	複数の図形の端と間隔を正確に配置する	176

レッスン 47

Introduction この章で学ぶこと

より印象に残るスライドを作ろう

基本的なスライドの作り方を理解したら、スライド内の文字や図形や画像をブラッシュアップして印象に残るように工夫しましょう。図形の形や色、配置を工夫したり、スライドの背景に写真やグラデーションを設定したりすると、スライドが印象に残りやすくなります。

「普通」すぎないスライドにしたい！

うーん……。なんか、こうじゃないような……。いや、こっちか？

？　さっきから悩んでいるみたいだけどどうしたの？

いやさ、教えてもらったことを踏まえて、資料を作ってみているんだけど、なんかしっくりこなくて。もうちょっとパッと目を引いて、かつオリジナリティがほしいんだよね……。

新商品ドリンク
プロモーション案

株式会社できる企画
2025年 4月 21日

SNSプロモーションのメリット

1. 企業が消費者に直接アプローチできる
2. CM制作や雑誌広告よりコストが安い
3. 消費者の反応がダイレクトにわかる
4. 拡散されることでより多くの人に情報が届く

確かに。シンプルにまとまっているけど、なんていうか「普通」なかんじだね。

うんうん、普通がダメってわけではないけど、せっかく作るなら、一味違った見た目にしたいよね！　この章で教える内容をマスターすれば、簡単にひと工夫ある資料が作れるようになるよ！

わ！　いつから聞いていたんですか。びっくりした～。

図形や画像をうまく使って「伝わる」資料にしよう

デザインがスライドの第一印象を左右することは伝えたよね。もちろん、見た目のおしゃれさも重要だけど、一番大切なのは……

伝えたい内容が相手にはっきり伝わる資料にすること、ですよね。

その通り！　だから、単に「オリジナリティを出す」だけではなくて、こちらの意図や考えが伝わるようにしないとね！　ということで、この章では図形や文字、画像を効果的に使う方法を紹介するよ。

● 本章で作るスライドの一例

画像を図形と同じ形やサイズにすると、統一感が出る →レッスン49

内容に合った画像を背景に設定するとイメージが伝わりやすい →レッスン53

一部を手書きするとメリハリが出て、注目すべきポイントが分かりやすい →レッスン51

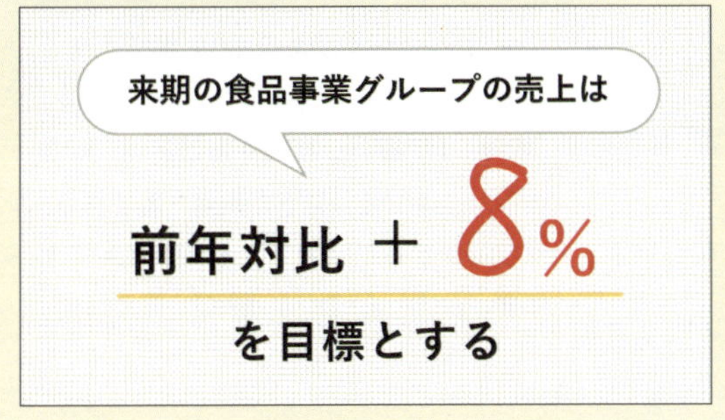

［配置］機能を使うと、端や間隔を揃えて配置できる →レッスン57

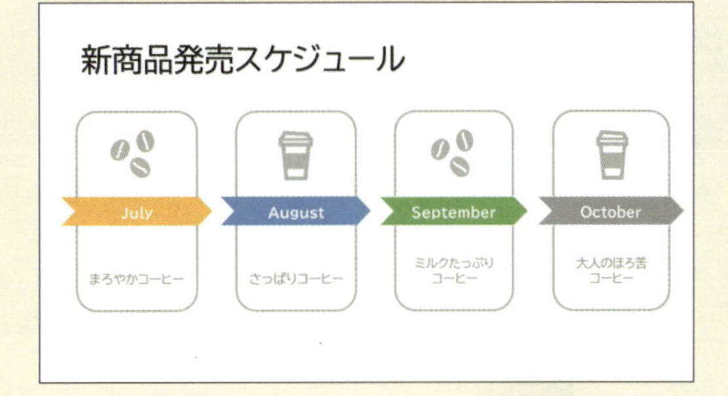

イト、カンガエ、ツタワル…。急にものすごく難しいことを言われているような。

簡単に実践できるものを厳選したから、大丈夫！次のページから、一緒に操作していこう！

レッスン
48 アイコンの色を変えてオリジナリティを出す

アイコン　練習用ファイル　L048_アイコン.pptx

［アイコン］の機能を使うと、自分でイラストを用意しなくても、たくさん用意されているイラストから好きなものを無料で利用できます。また、スライドに挿入したイラストの色を後から変更することもできます。

キーワード

アイコン	P.311
オブジェクト	P.312
ハンドル	P.314

アイコンを使ってスライドにアクセントを加える

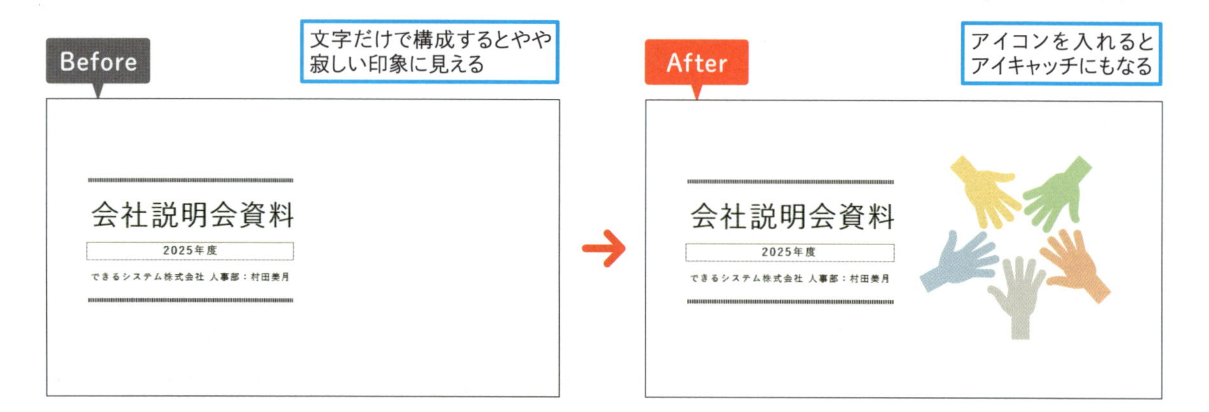

1 アイコンを挿入する

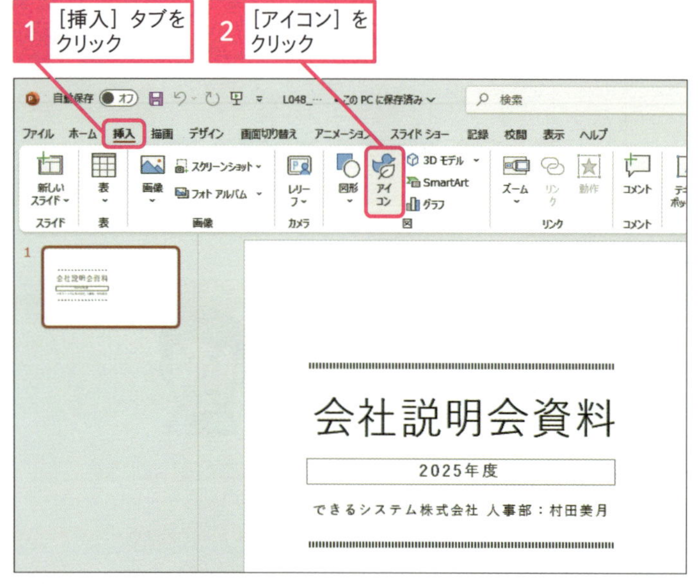

用語解説

アイコン

アイコンとは、PowerPointに用意されているイラスト集のことです。「ビジネス」「職業」「風景」などの分類ごとに、黒白のシンプルなイラストが用意されており、クリックするだけでスライドに挿入できます。

● アイコンをキーワードで検索する

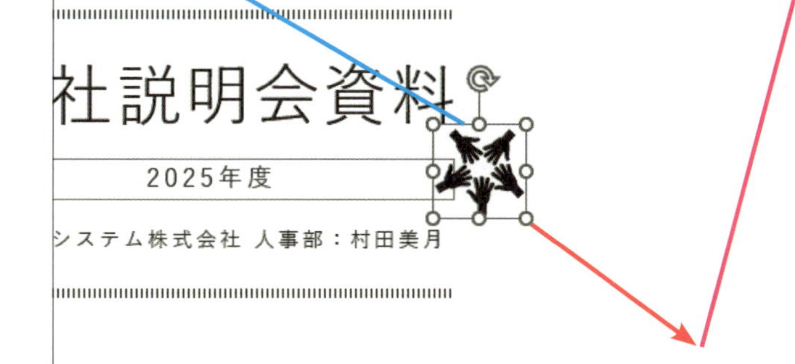

使いこなしのヒント

複数のアイコンを同時に挿入するには

操作4の後で、ほかのアイコンを続けてクリックすると、複数のアイコンにチェックマークが付きます。この状態で［挿入］をクリックすると、複数のイラストを同時に挿入できます。

使いこなしのヒント

アイコンの向きを変える

スライドに挿入したアイコンは、［グラフィックス形式］タブの［回転］から上下に回転したり左右に回転したりして向きを変更できます。

使いこなしのヒント

アイコンの色を変えるには

このレッスンでは、いったんイラストを分解してから色を変更していますが、イラスト全体の色を変更する場合はアイコンをクリックし、［グラフィックス形式］タブにある［グラフィックの塗りつぶし］ボタンから変更後の色を選択します。

［グラフィックの塗りつぶし］をクリックして表示される一覧から色を選択する

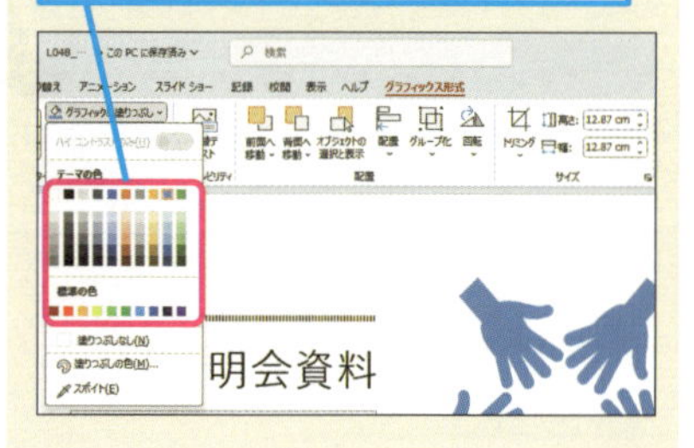

次のページに続く

2 アイコンのパーツを分解して色を変える

1 [グラフィックス形式] タブをクリック

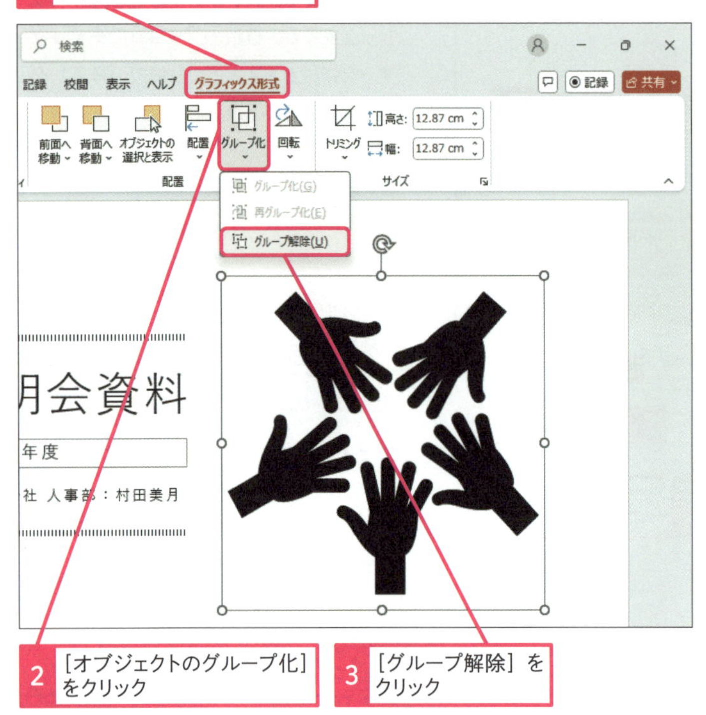

2 [オブジェクトのグループ化] をクリック

3 [グループ解除] をクリック

確認画面が表示された

4 [はい] をクリック

Microsoft PowerPoint
これはインポートされた画像であり、グループではありません。この図を変換した後、一部のテキストが正しく表示されない可能性があります。Microsoft Office描画オブジェクトに変換しますか?
はい(Y) いいえ(N)

複数の図形に分解された

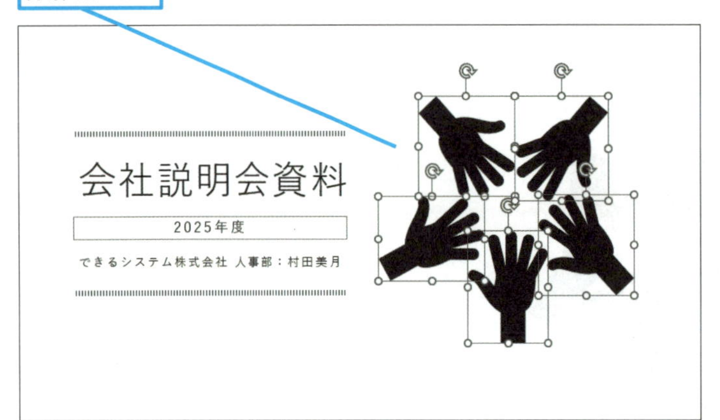

用語解説

グループ化

複数の図形を1つにまとめることを「グループ化」と呼びます。反対に、グループ化されている図形を分解することを「グループ解除」と呼びます。[アイコン] の機能で挿入したイラストの中には、複数の図形で構成されているものがあり、グループを解除することで図形ごとに色や向きを変更することができます。ただし、グループ解除できないアイコンもあります。

使いこなしのヒント

ハンドルの位置に注目する

グループ化されているイラストは、手順2の1つ目の図のように、イラスト全体に白いハンドルが表示されます。一方、グループを解除したイラストは、操作4の下図のように、図形ごとにハンドルが表示されます。

使いこなしのヒント

一部の図形を削除できる

グループ解除した状態で、不要な図形をクリックして Delete キーを押すと、一部の図形だけを削除できます。

● 図形の色を変更する

レッスン31を参考に図形の色を変更しておく

ここではこれらの色を各図形に適用した

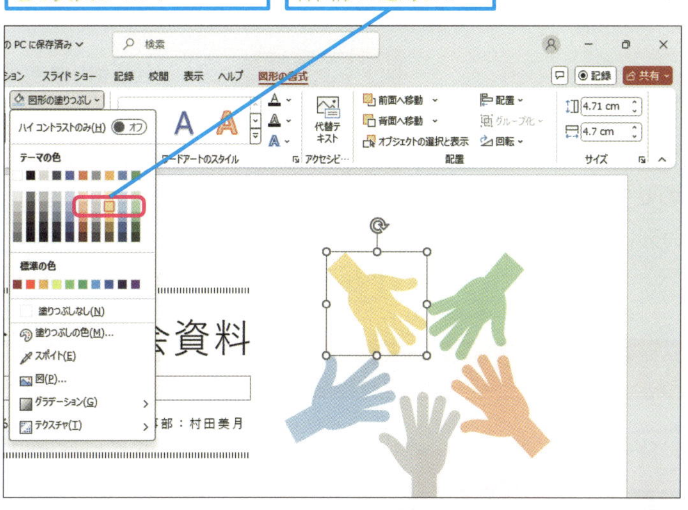

3 複数の図形をグループ化する

1 すべての図形を囲むようにドラッグ

図形が選択された

2 ［図形の書式］タブをクリック

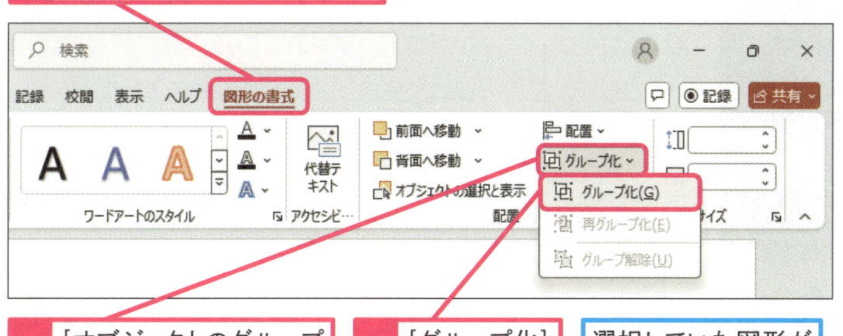

3 ［オブジェクトのグループ化］をクリック

4 ［グループ化］をクリック

選択していた図形が1つにまとめられる

使いこなしのヒント

図形が選択しにくいときは

グループ解除したときに、図形同士が重なってうまく目的の図形を選択できないときは、Tabキーを押します。Tabキーを押すごとに1つずつ順番に図形が選択されます。

ショートカットキー

グループ化	Ctrl + G
グループの解除	Ctrl + Shift + G

まとめ スライドの内容に合ったイラストを使おう

イラストは、スライドを華やかにするだけでなく、スライドの内容をイメージしやすくする効果もあります。イラストを使うときには、スライドの内容にあったイラストを使うことがポイントです。イラストの色がスライドに合わないときは、このレッスンのように後から色を変更して使いましょう。

レッスン
49 図形の形に写真を切り抜いて一体感を出す

図形の形にトリミング

練習用ファイル L049_図形切り抜き.xlsx

カメラで撮影した画像は四角形ですが、そのままではスライドのデザインに合わない場合があります。[図形に合わせてトリミング]の機能を使うと、画像を円や六角形などの図形の形に切り抜くことができます。

キーワード

アート効果	P.311
書式設定	P.313
トリミング	P.314

スライドに配置する画像の形を工夫しよう

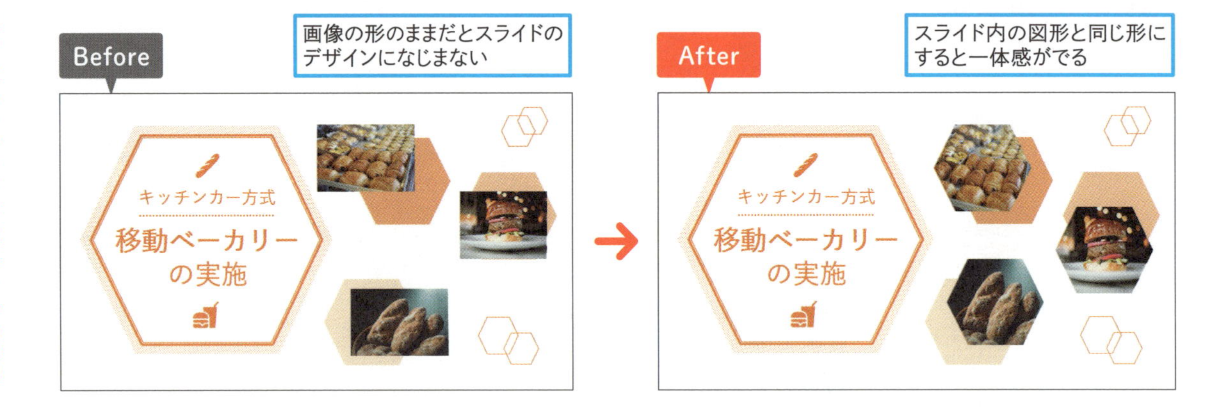

1 図形の形にトリミングする

使いこなしのヒント

複数の画像を一度に挿入するには

[挿入] タブの [画像] から [このデバイス] を選んだときに表示される [図の挿入] ダイアログボックスで、複数の図形を選択してから [挿入] をクリックすると、複数の画像をまとめて挿入できます。

● 六角形に切り抜く

1 画像をクリック

2 ［図の形式］タブをクリック

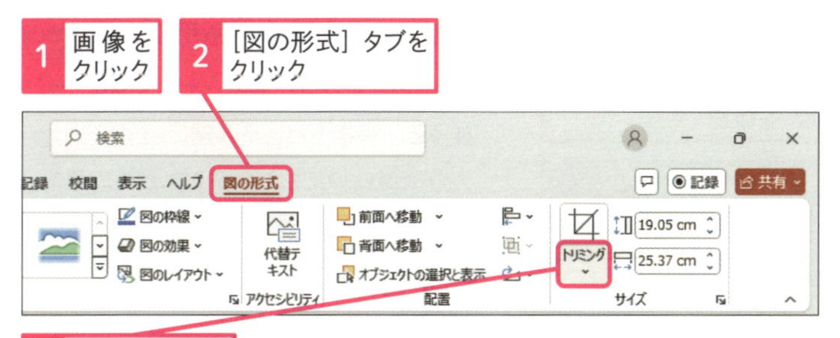

3 ［トリミング］のここをクリック

4 ［図形に合わせてトリミング］をクリック

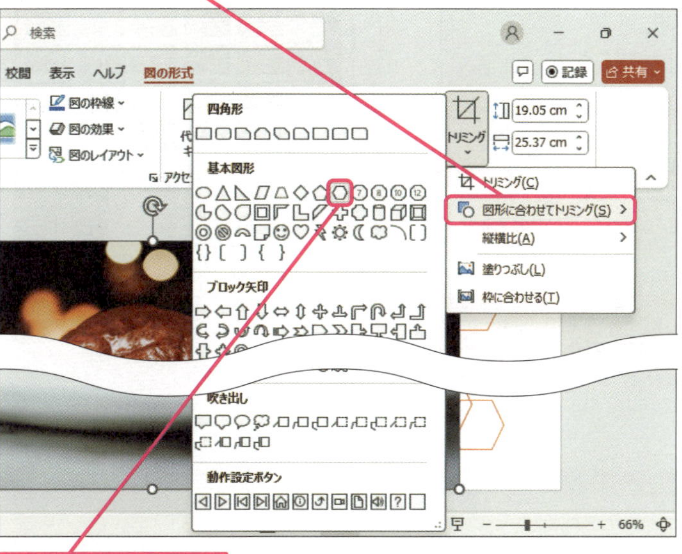

5 ［六角形］をクリック

図形の形にトリミングされた

使いこなしのヒント

特定の縦横比でトリミングする

操作3の後で、メニューの中から［縦横比］をクリックすると、画像の縦横比を指定して四角形に切り抜くことができます。例えば、正方形に切り抜くときは「1：1」を指定します。

使いこなしのヒント

画像を鮮やかに補正するには

［図の形式］タブにある［修整］をクリックすると、写真の明るさやコントラストを補正するメニューが表示されます。それぞれの項目にマウスポインターを合わせると、スライド上の画像に一時的に補正結果が反映されます。

画像の明るさやコントラスト、鮮明度を調整できる

次のページに続く

2 図形のサイズを確認する

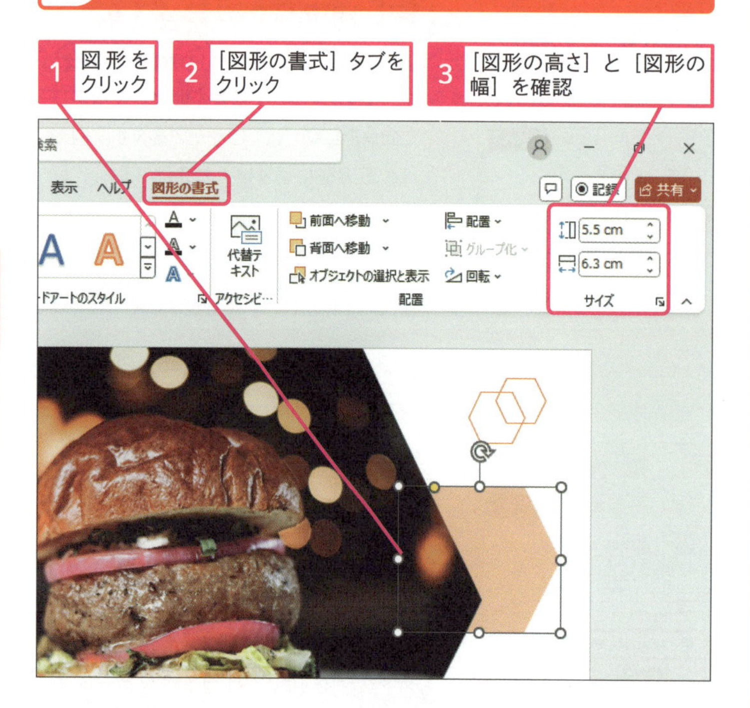

3 画像のサイズを数値で指定する

画像を六角形と同じサイズに変更する

使いこなしのヒント

画像にアート効果を適用する

［図の形式］タブにある［アート効果］を使うと、画像をパステル調に加工したり、ガラス風に加工したりするなどの効果を設定できます。

スケッチや絵画のように見える効果を適用できる

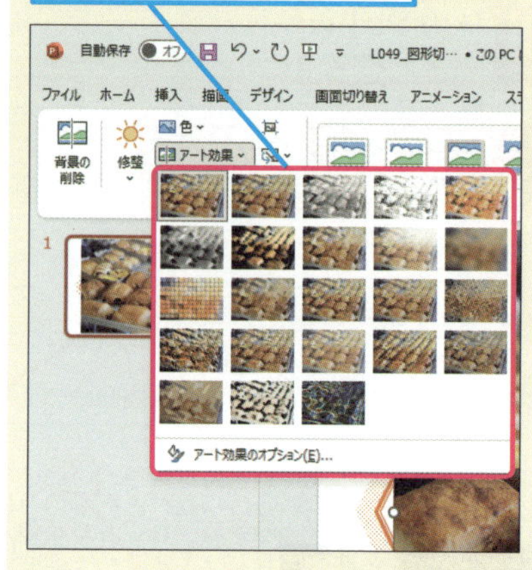

使いこなしのヒント

トリミング後に画像の位置を調整できる

トリミングした結果、画像の見せたい部分が隠れてしまったときは、もう一度［トリミング］ボタンをクリックします。画像のまわりに黒いハンドルが付いた状態で画像を上下左右にドラッグして移動すると、トリミングした図形の中で画像の位置を調整できます。

● 縦横比の固定を解除して高さと幅を入力する

［図の書式設定］作業ウィンドウが表示された

1 ［縦横比を固定する］をクリックしてチェックマークをはずす

2 ［高さ］に「5.5」と入力

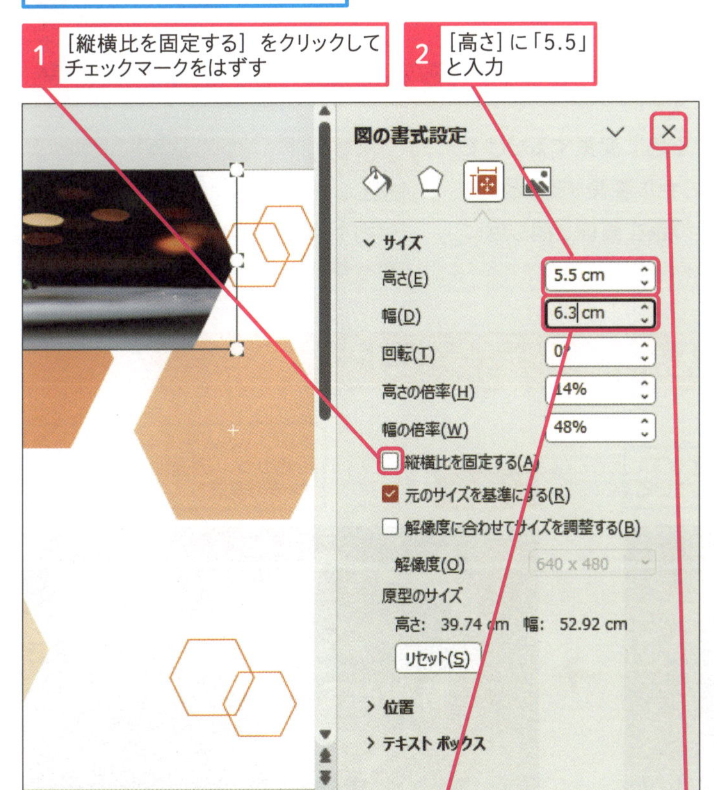

3 ［幅］に「6.3」と入力

4 ［閉じる］をクリック

画像が六角形と同じサイズになった

5 画像の位置を調整

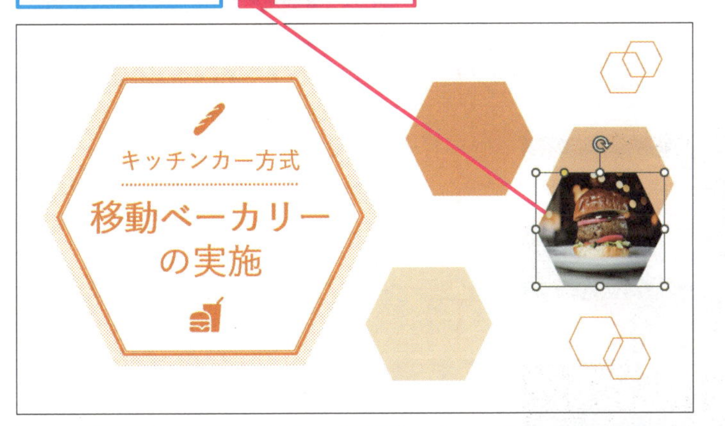

同様に［第8章］フォルダーにある「campagne.jpg」と「danish.jpg」を六角形にトリミングし、図形と同じサイズにする

使いこなしのヒント

後から画像だけを入れ替えられる

トリミング後に画像を入れ替えるには、［図の形式］タブにある［図の変更］機能を使って変更後の画像を指定します。画像を入れ替えても、トリミングの形やサイズは保持されます。下図のように、画像を右クリックして表示されるメニューから［図の変更］をクリックする方法もあります。

［図の変更］を使うとサイズや形はそのままで画像だけ入れ替えられる

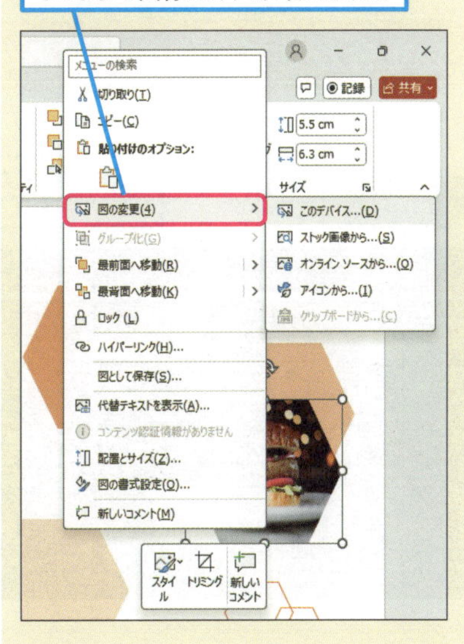

まとめ 画像の形にこだわって統一感を出す

このレッスンのように、六角形の図形がデザインされたスライドに画像を入れるときは、画像の形も六角形にトリミングしたほうがスライド全体の統一感が生まれます。図形と画像のサイズをぴったり合わせるには、最初に図形の高さと幅を確認し、次に画像の高さと幅を数値で指定するといいでしょう。

レッスン 50
図形を背景と同じ色で塗りつぶして統一感を出す

スポイト

練習用ファイル L050_スポイト.pptx

図形の色は、カラーパレットに用意されている色に変更するだけでなく、スライドで使われている色とまったく同じ色に変更することもできます。[スポイト] の機能を使って、図形の色を画像と同じ色に変更してみましょう。

キーワード

図形	P.313
スライド	P.313
プレースホルダー	P.315

色を合わせて全体の雰囲気を揃える

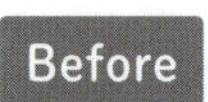

図形の黒色が強すぎて、全体の雰囲気を壊している

塗りつぶしの色を背景画像と合わせつつ、透過性を変更するとすっきり見える

1 画像の色を抽出する

1 タイトルのプレースホルダーを選択

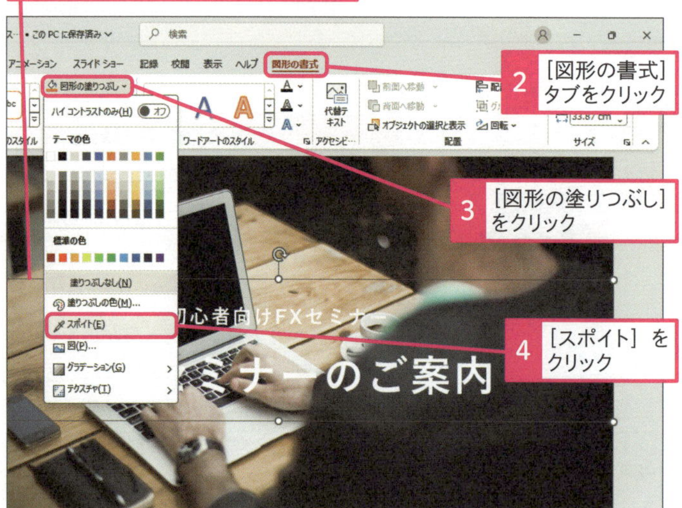

2 [図形の書式] タブをクリック

3 [図形の塗りつぶし] をクリック

4 [スポイト] をクリック

用語解説

スポイト

[スポイト] の機能を使うと、図形や文字などに色を設定するときに、スライドで使われている色とまったく同じ色を利用できます。スポイトでスライド上の色を吸い上げて抽出することから、このような名前が付いています。

● 画像内の色を抽出する

マウスポインターの形が変わった

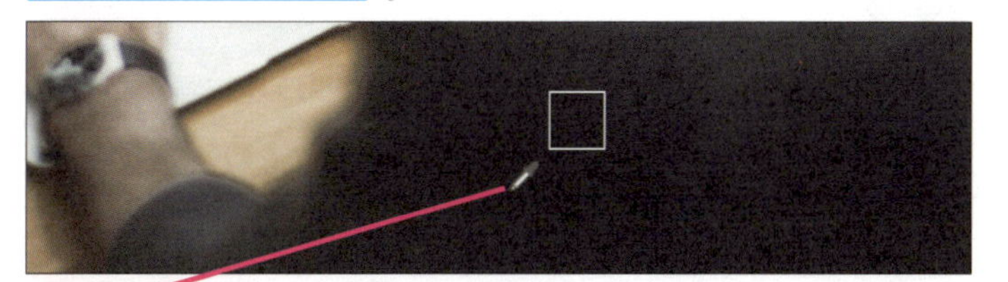

5 色を抽出したい箇所でクリック

プレースホルダーが抽出した色で塗りつぶされた

2 塗りつぶしの透明度を変更する

1 ［図形の書式］タブをクリック

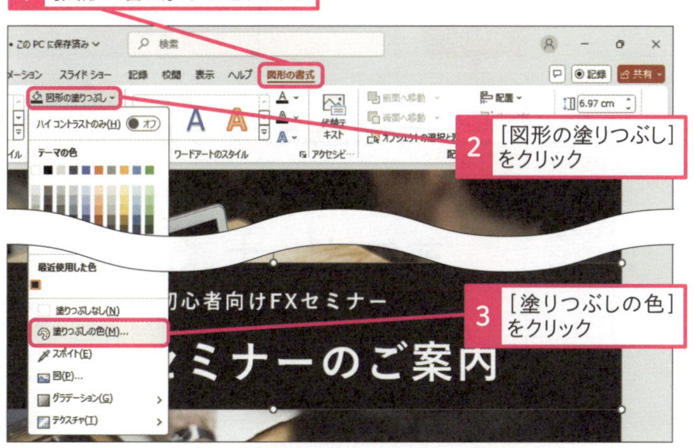

2 ［図形の塗りつぶし］をクリック

3 ［塗りつぶしの色］をクリック

［色の設定］ダイアログボックスが表示された

4 ［透過性］の入力欄に「30」と入力

5 ［OK］をクリック

図形が半透明になる

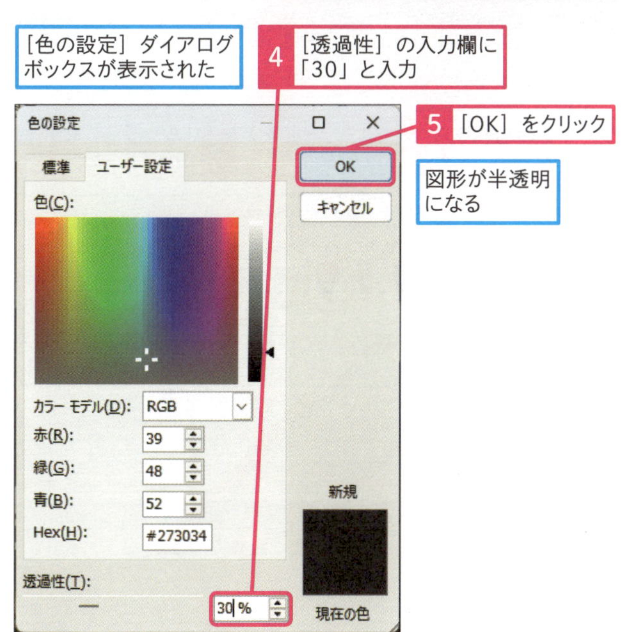

スキルアップ

ほかのスライドの色を使うには

［スポイト］の機能を使って、ほかのスライドの色を抽出するには、手順1の操作4の後で、マウスポインターの形が変わった状態で、目的のスライドまでドラッグします。

1 目的のスライドまでドラッグ

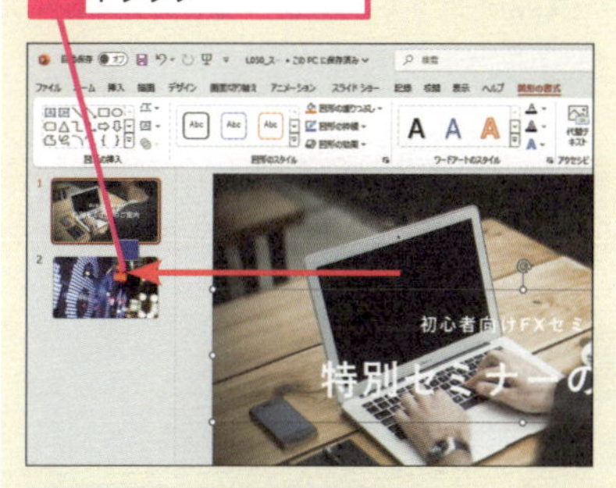

スライドの外側にある色を抽出できる

使いこなしのヒント

抽出した色は繰り返し使える

［スポイト］の機能を使って抽出した色は、手順1の操作3の［図形の塗りつぶし］の［最近使用した色］に追加されます。そのため、2回目以降は一覧からクリックするだけで利用できます。また、［枠線の色］や［文字の塗りつぶしの色］にも追加されます。

まとめ 図形の色をスライドになじませる

例えば、会社のコーポレートカラーや画像の色をそのまま使いたいときに、使いたい色とぴったり同じ色を探すのは大変です。似たような色で図形を塗りつぶすと、違和感が生じることもあるでしょう。［スポイト］機能を使ってスライド上にある文字や図形や画像の色を一致させると統一感が生まれます。

レッスン

51 手書きの文字を入れてメリハリを出す

描画タブ

練習用ファイル L051_描画タブ.xlsx

キーボードから入力した文字ばかりのスライドに手書きの文字が入ると、一味違った雰囲気を演出できます。[描画] タブにある [ペン] の機能を使って、マウスでドラッグした通りの手描き文字を描いてみましょう。

キーワード
アニメーション P.311
ペン P.315
ルーラー P.315

手書き文字をワンポイントに使う

Before

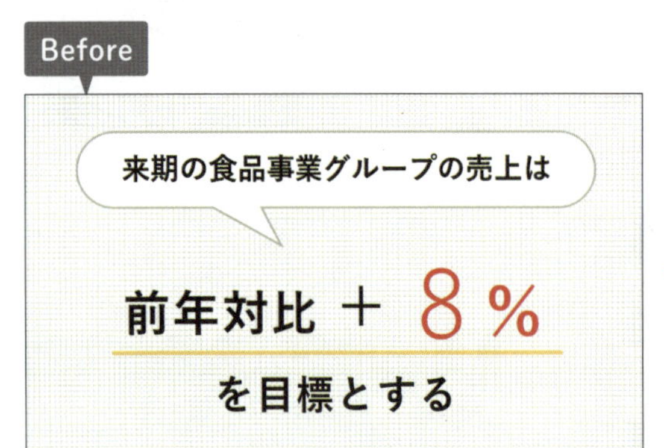

After

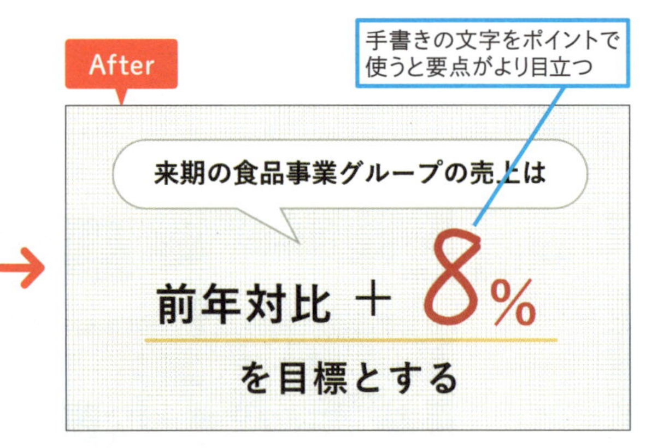

手書きの文字をポイントで使うと要点がより目立つ

スキルアップ

ペン先は3種類から選べる

[描画] タブには「蛍光ペン」「鉛筆」「ペン」の3種類が用意されており、使いたいペン先をクリックすると、色や太さを指定できます。手書きの直線を描きたいときは、[ルーラー] ボタンをクリックしてスライド上に定規を表示してから、定規をなぞるようにドラッグします。マウスのホイールを動かすと、ルーラーの角度を変更できます。

1 ペンの種類を選択

2 [ルーラー] をクリック

3 [ルーラー] に沿ってドラッグ

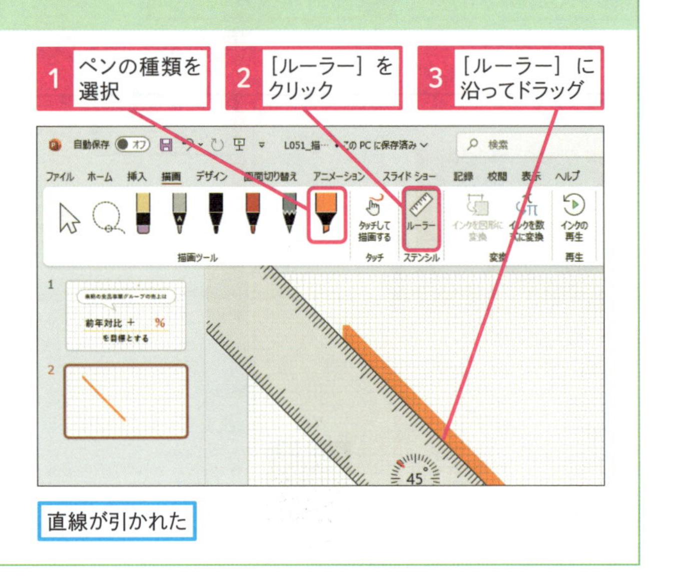

直線が引かれた

1 ［描画］タブをクリック

2 ［ペン］をクリック

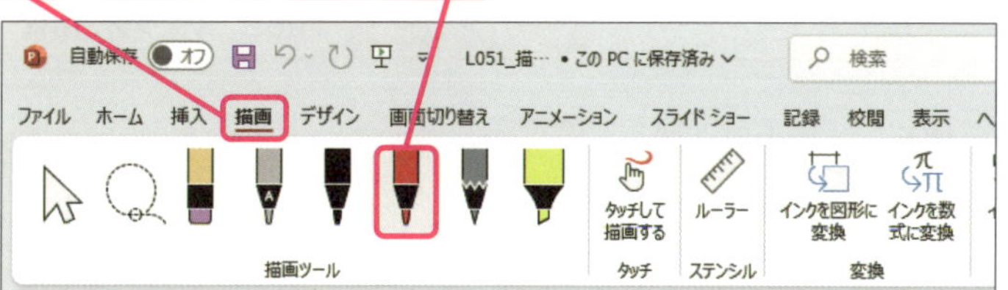

3 ここをクリック

4 ［3.5mm］をクリック

5 ［赤］をクリック

6 マウスをドラッグして描画

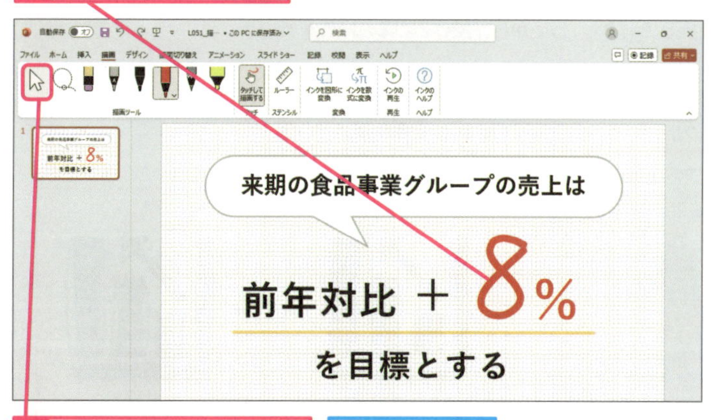

7 マウスポインターの形をしたボタンをクリック

手書きの文字が挿入された

使いこなしのヒント

タッチペンを使うには

タッチ対応のディスプレイや端末を使っているときは、マウスでドラッグする代わりに画面上を指でタッチして文字や図形を描画できます。また、デジタルペンを使って描くこともできます。

使いこなしのヒント

ペンの動きを再現できる

［描画］タブにある［インクの再生］ボタンをクリックすると、描画した手書き文字を書いた通りにアニメーションのように再生します。

手書きの文字が書いたとおりに再生される

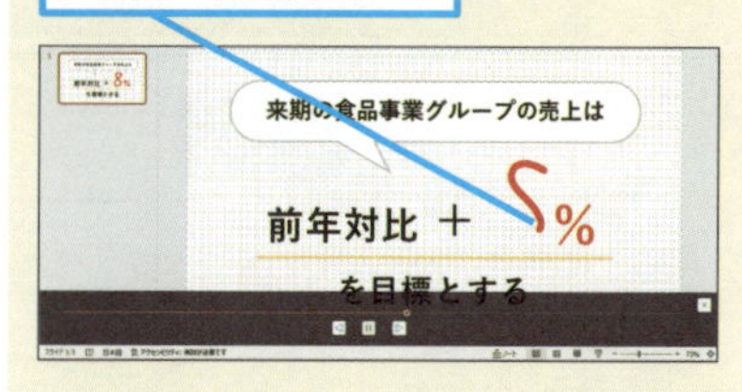

使いこなしのヒント

消しゴムで描いた内容を消せる

描画した手書き文字を消すには、［描画］タブの［消しゴム］をクリックし、消したい手書き箇所をクリックします。

まとめ 手書き文字を「演出用」として使う

手書き文字が入ると、スライドの雰囲気が変わります。太めの「ペン」で書いた文字は力強さ、細めの「鉛筆」で書いた文字は優しい雰囲気を演出できます。ただし、手書きの文字ばかりのスライドは読みづらくなります。シーンや言葉を厳選して使いましょう。

レッスン

52 図形の線を手書き風にしてドラフト感を出す

スケッチ

練習用ファイル L052_スケッチ.pptx

［スケッチ］の機能を使って、図形の枠線を直線から手書き風の線に変更します。ここでは、スライドの左側にある4つの図形の内容が下書きであることを示すために、手書き風のラフな枠線に変更します。

キーワード

アイコン	P.311
図形	P.313
スケッチ	P.313

手書き風の線を使ってラフな印象にする

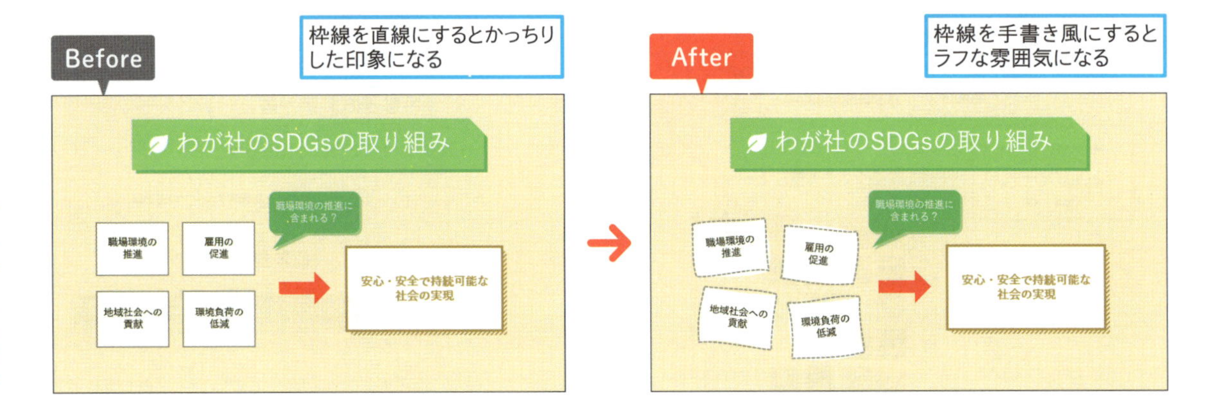

スキルアップ

アイコンのイラストも手書き風にできる

レッスン48の［アイコン］機能で検索したイラストを手書き風にすることもできます。それには、アイコンを選択して［グラフィックス形式］タブの［図形に変換］ボタンをクリックしてから、操作2以降の操作を行います。

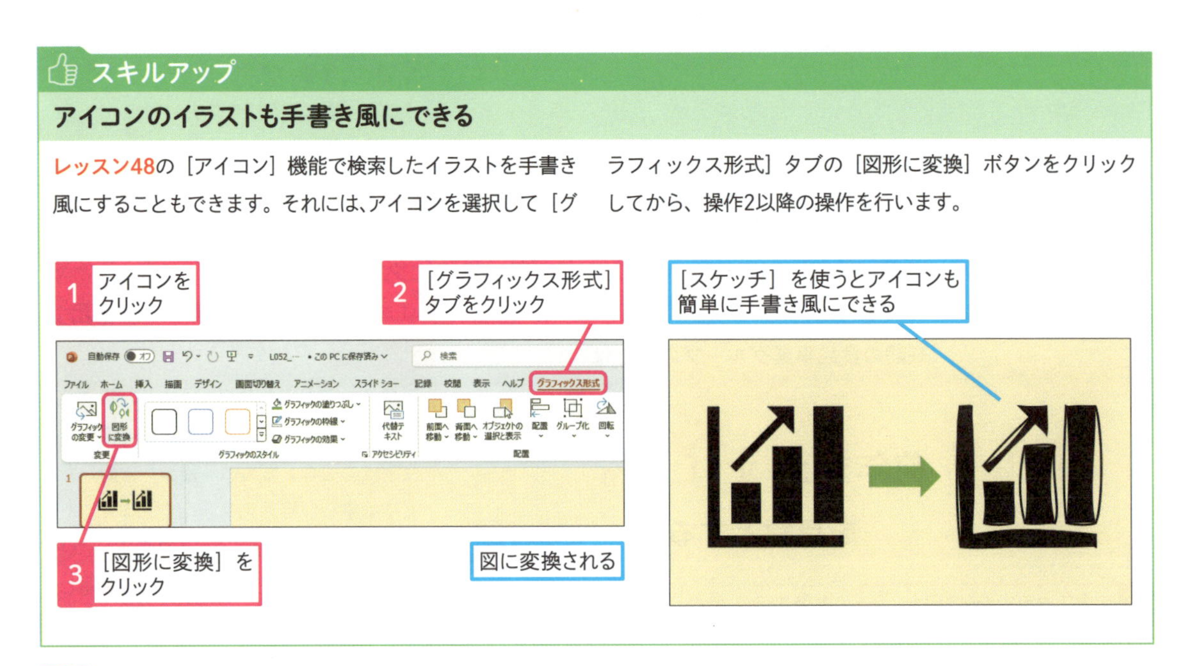

1 直線を手描き風にする

1 図形を囲むようにドラッグ

図形が選択された

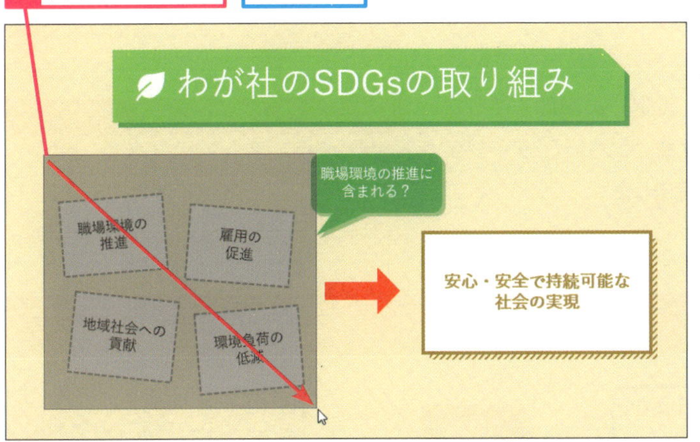

2 ［図形の書式］タブをクリック

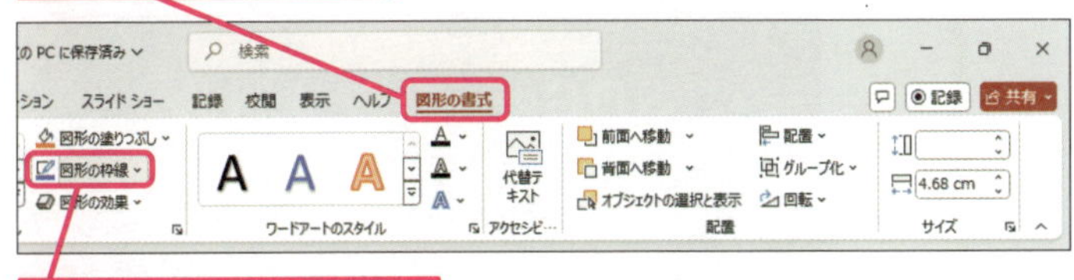

3 ［図形の枠線］をクリック

4 ［スケッチ］をクリック

5 ［曲線］をクリック

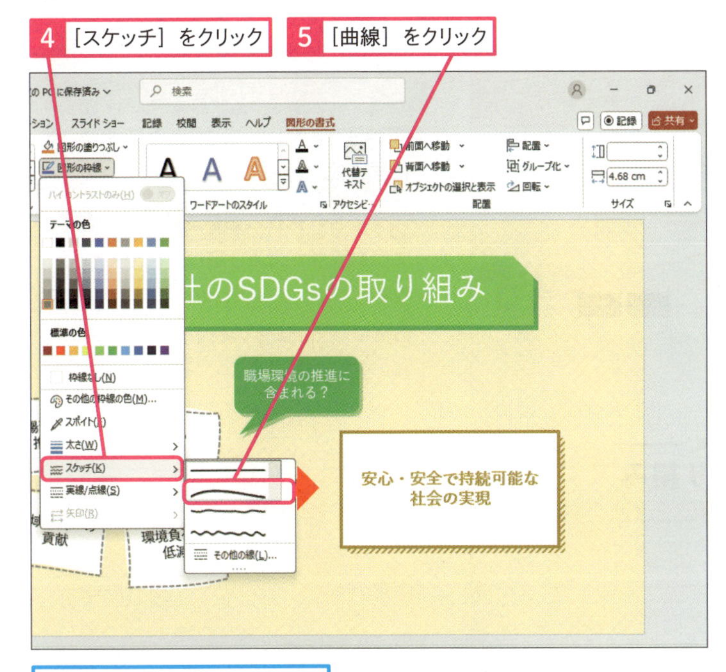

図形の枠線が手書き風になった

使いこなしのヒント

［スケッチ］で適用できる線

［スケッチ］機能には、「曲線」と2つの「フリーハンド」の計3つの線が用意されています。それぞれの種類にマウスポインターを合わせると、適用した結果を一時的にスライド上で確認できます。

● 曲線

● フリーハンド

● フリーハンド

まとめ 線の種類で図形の意味が変わる

このレッスンのように図形の枠線を手書き風に変えると、内容がドラフト状態（＝下書き）であることが伝わりやすくなります。図形の枠線が実線ならば決定事項、手書き風ならドラフトといった具合に、プレゼンテーションの中でルールを決めて、そのルールに沿って使いましょう。また、デザインの一つとして手書き風を取り入れる手法もあります。

レッスン
53 スライド全面に写真を敷いてイメージを伝える

背景を図で塗りつぶす

練習用ファイル L053_画像背景.pptx

スライドの背景色やデザインは［背景の書式設定］の機能を使って設定できます。ここでは、表紙のスライドの背景に、プレゼンテーション全体をイメージできるような画像を大きく表示します。

キーワード

書式設定	P.313
スライド	P.313
プレゼンテーション	P.315

表紙のスライドを写真で彩ろう

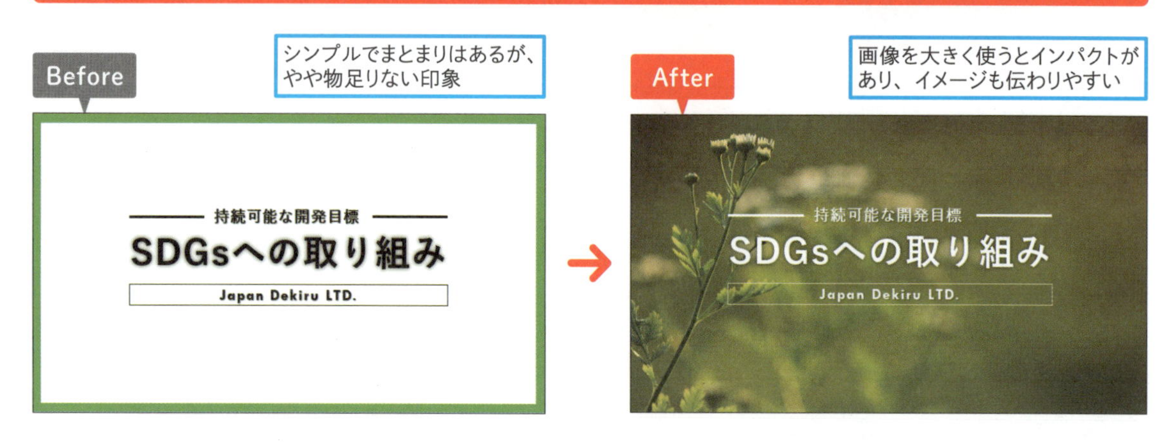

1 スライドの背景に画像を挿入する

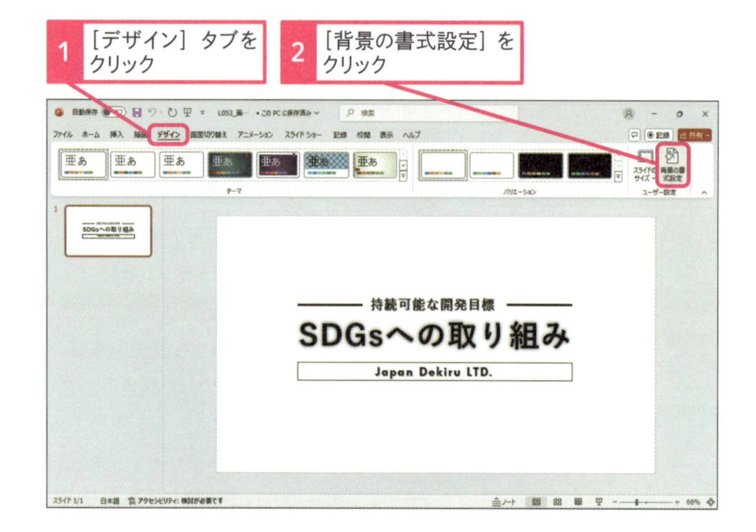

使いこなしのヒント

画像を挿入したら文字や図形の色に調整しよう

スライドの背景に画像を設定した結果、文字や図形が画像と溶け込んで見づらくなるときは、レッスン20やレッスン31を参考にして、文字の色や図形の色を調整しましょう。

● 背景の設定を変更する

［背景の書式設定］作業ウィンドウが表示された

3 ［塗りつぶし（図またはテクスチャ）］をクリック

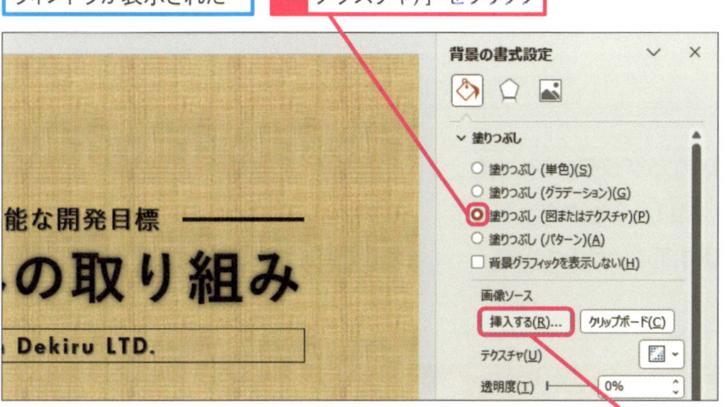

4 ［挿入する］をクリック

5 ［ファイルから］をクリック

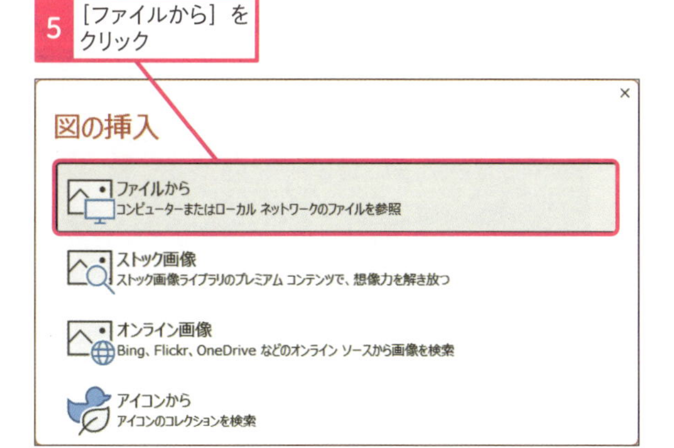

［図の挿入］ダイアログボックスが表示された

6 保存場所を選択

7 「green.jpg」をクリック

8 ［挿入］をクリック

背景に画像が挿入される

左ページの「使いこなしのヒント」を参考に文字や図形の色を白に変更しておく

使いこなしのヒント

スライドの背景に水玉や格子の模様を設定できる

操作3で、［塗りつぶし（パターン）］を選ぶと、水玉や格子などのパターンからスライドの背景にする模様を選択できます。その際、［前景］と［背景］の2色の色を指定することもできます。

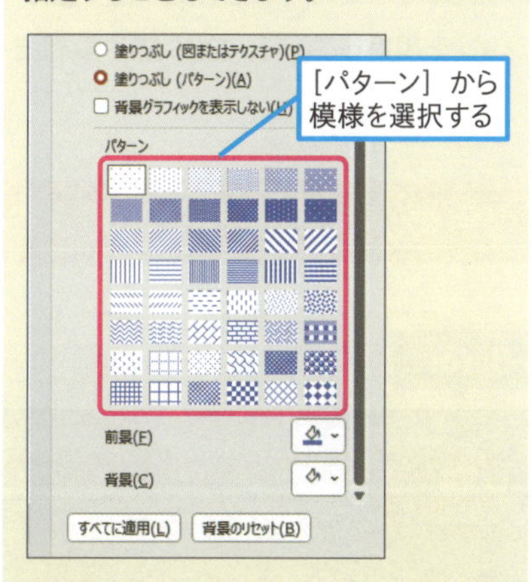

［パターン］から模様を選択する

使いこなしのヒント

必要な場合は［透明度］を調整しよう

操作3の画面で、［透明度］の数値を大きくすると、画像が半透明になって背景を透かしてみ見ることができます。また、スライドの文字が読みづらいときにも、画像の透明度を上げることで、はっきり読めるようになります。

まとめ 表紙のスライドを画像で彩る

表紙のスライドにプレゼンテーション全体を象徴する画像が大きく表示されると、イメージが伝わりやすいだけでなく期待感を持たせる効果もあります。画像のサイズをスライドサイズに合わせておく必要はありませんが、横置きのスライドには横置きの画像を使いましょう。

レッスン

54 グラデーションで表紙を印象的に仕上げる

グラデーション

練習用ファイル　L054_グラデーション.pptx

表紙のスライドの背景に、左から右へ色が薄くなるグラデーションを設定します。スライド全体を1色で塗りつぶすよりも、2色のグラデーションを用いることで、立体感や奥行きを表現することができます。

キーワード

作業ウィンドウ	P.312
書式設定	P.313
図形	P.313

2色のグラデーションで映える表紙を作る

After

グラデーション背景のほうがグッと印象的に見える

これだけは守りたい！
オンライン会議マニュアル
2025年2月
Japan Dekiru Ltd.

スキルアップ

グラデーションと写真を組み合わせる

レッスン53の操作で、スライドの背景に画像を表示してから、四角形の図形をスライドと同じサイズで描画して重ねます。図形にグラデーションと透明度を設定すると、グラデーション付きの図形から後ろの写真を透かして見ることができます。

画像とグラデーションを組み合わせても見栄えする

1 スライドの背景をグラデーションにする

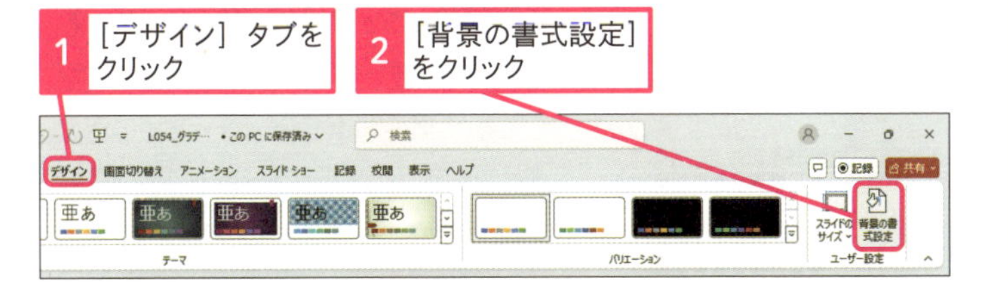

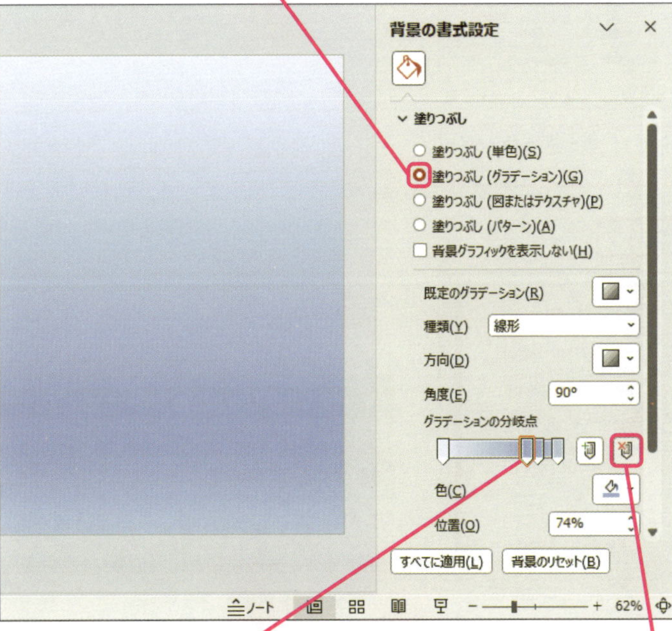

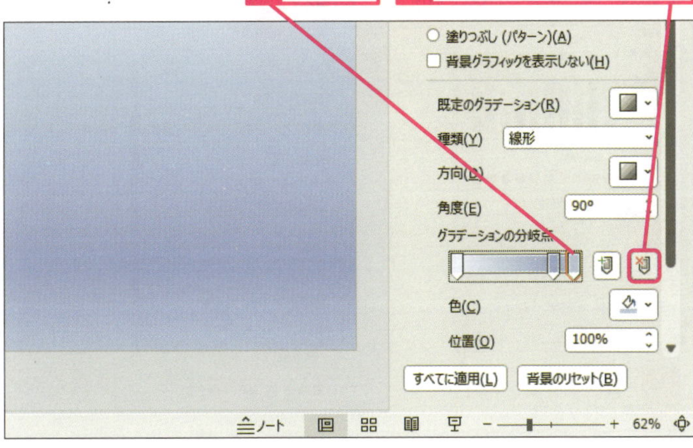

使いこなしのヒント

分岐点の位置は移動できる

操作3でグラデーションを選ぶと、［グラデーションの分岐点］が4つ表示されます。分岐点とは、グラデーションの色が変化する位置のことです。分岐点のつまみを左右にドラッグして移動すると、連動してグラデーションが変化します。

用語解説

グラデーション

グラデーションとは、段階を追って色が変化することです。グラデーションを付けることによって、デザインに奥行きや趣を与えることができます。

使いこなしのヒント

分岐点を追加するには

操作4の画面で、［グラデーションの分岐点］の右側にある［グラデーションの分岐点を追加します］ボタンをクリックすると、分岐点を増やすことができます。分岐点の位置は上の使いこなしのヒントの操作で移動できます。

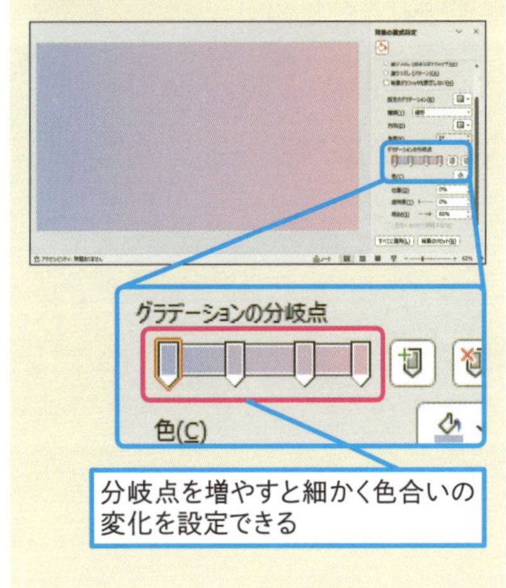

次のページに続く

2 分岐点の色を変更する

1 分岐点をクリック

2 ［色］をクリック

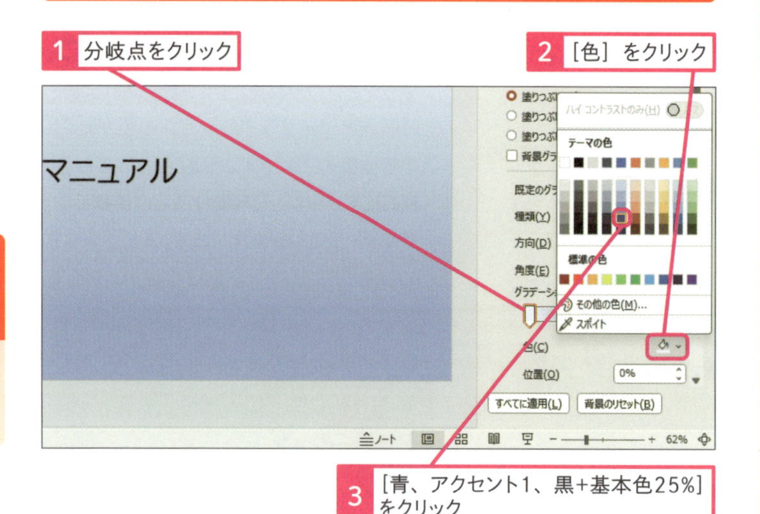

3 ［青、アクセント1、黒+基本色25%］をクリック

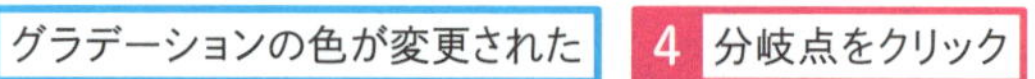

グラデーションの色が変更された

4 分岐点をクリック

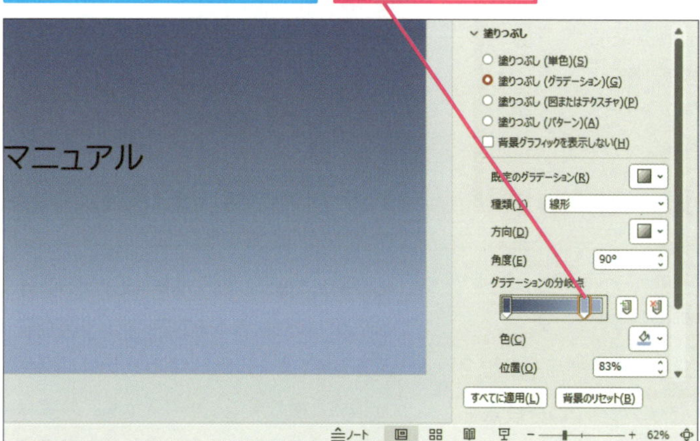

5 ［色］をクリック

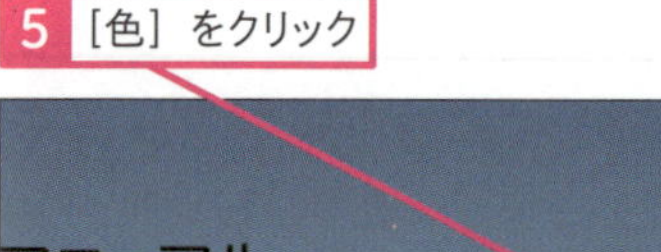

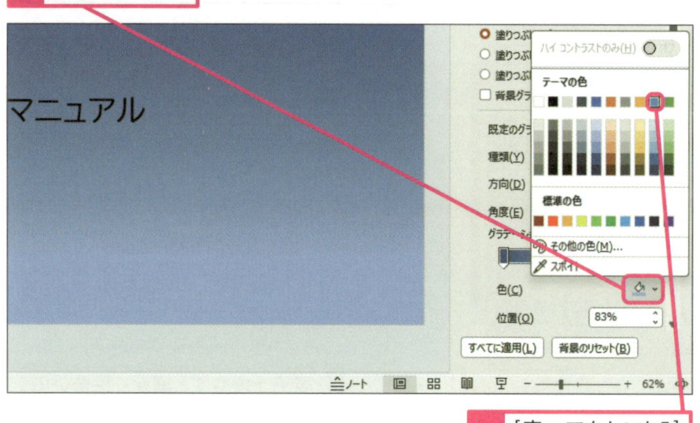

6 ［青、アクセント5］をクリック

使いこなしのヒント

あらかじめ用意されたグラデーションを設定できる

分岐点の位置や色などを1つずつ設定しなくても、［既定のグラデーション］に用意されている［上スポットライト］や［放射状グラデーション］などのパターンをクリックするだけで、グラデーションを設定できます。

使いこなしのヒント

分岐点の透明度や明るさを細かく設定できる

［グラデーションの分岐点］で分岐点を選択すると、分岐点ごとに［位置］［透明度］［明るさ］を設定できます。

詳細な設定ができる

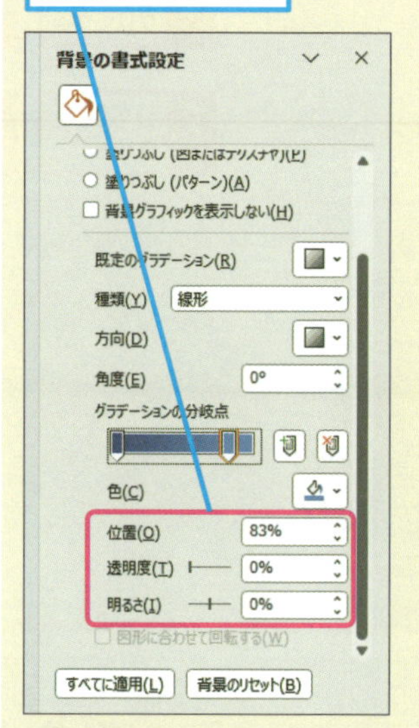

3 グラデーションの種類と方向を変更する

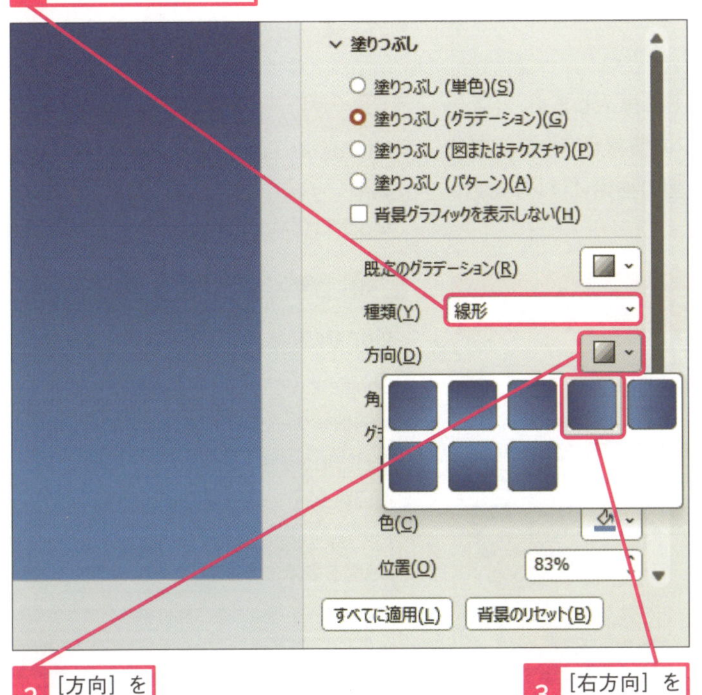

1 ［種類］をクリックして［線形］を選択

2 ［方向］をクリック

3 ［右方向］をクリック

グラデーションの種類と方向が変更した

レッスン20を参考に、文字を白に変更しておく

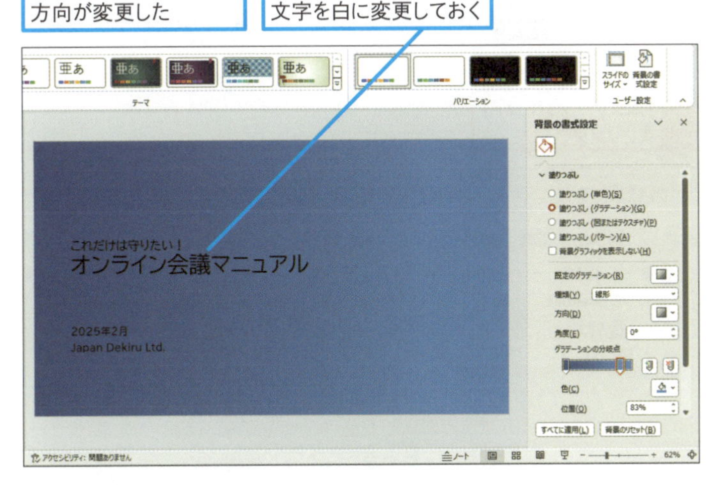

使いこなしのヒント

図形や文字にもグラデーションを設定できる

［図形の書式］タブにある［図形の塗りつぶし］や［文字の塗りつぶし］ボタンから［グラデーション］を選ぶと、図形や文字にもグラデーションを設定できます。

図形をグラデーションで塗りつぶせる

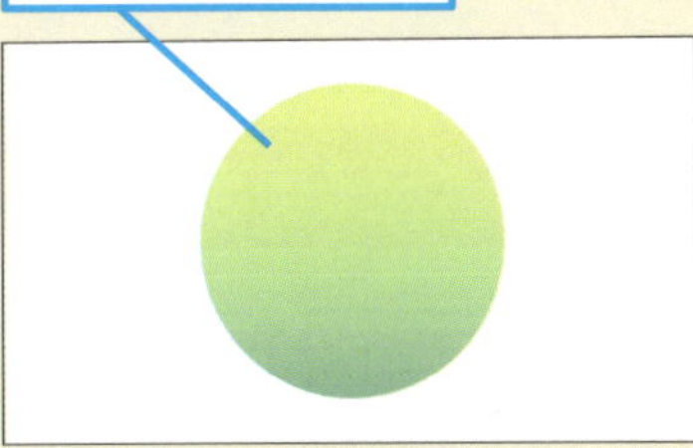

太めのフォントを選ぶと色の変化が分かりやすい

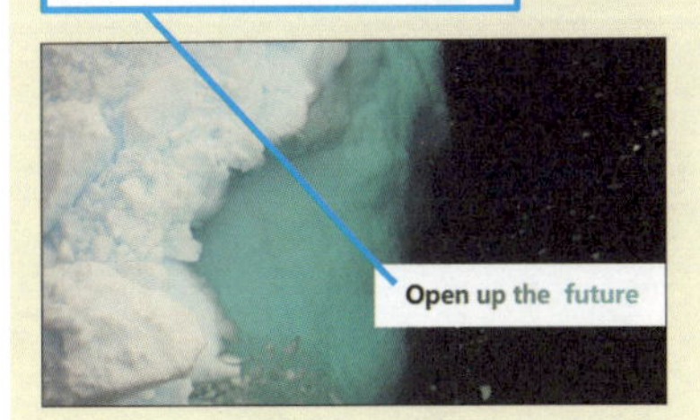

まとめ グラデーションで立体感やトレンド感を出す

現在、Webページのデザインなどでグラデーションを採用しているケースが増えています。1色で表現するよりも立体感やトレンド感を演出できるのが大きな特徴です。PowerPointのグラデーションは分岐点の数や位置、色などを自由に設定できるので、オリジナルの色を作り出すこともできます。

レッスン

55 Webページの必要な範囲を簡単に貼り付ける

スクリーンショット

練習用ファイル　L055_スクリーンショット.pptx

Webページで検索した地図の画面をスライドに挿入します。［スクリーンショット］の機能を使うと、Webページの情報やほかのアプリの画面を簡単にスライドに挿入できます。地図の検索には「Googleマップ」を使います。

1 開いている画面の一部をスライドに追加する

ここでは地図をスライドに挿入する

Webブラウザーを起動し、Googleマップで目的地を表示しておく

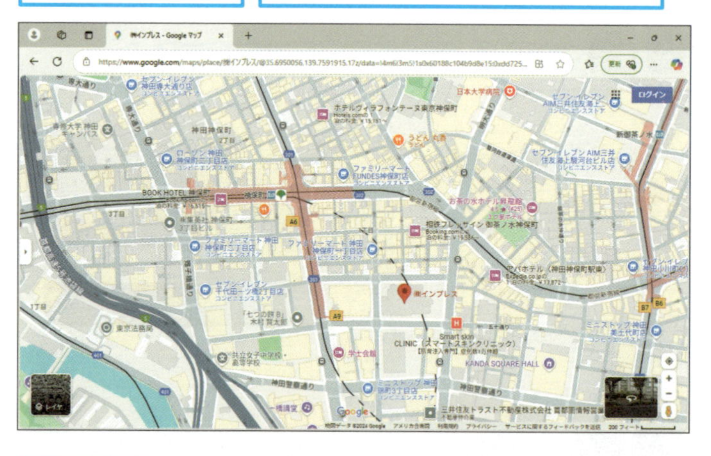

ここからはPowerPointを操作する

1 ［挿入］タブをクリック

2 ［スクリーンショット］をクリック

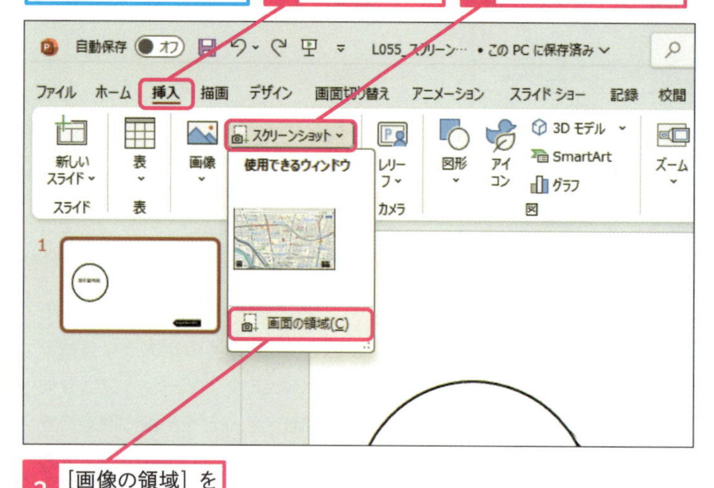

3 ［画像の領域］をクリック

キーワード

Microsoft Edge	P.311
図形	P.313
ダイアログボックス	P.313

使いこなしのヒント

Googleマップって何？

Googleマップは、グーグル社が提供する地図情報サービスのことです。キーワードで目的地を検索・表示したり、目的地までの経路を調べたりすることができます。

キーワードを入力して目的地周辺の地図を表示できる

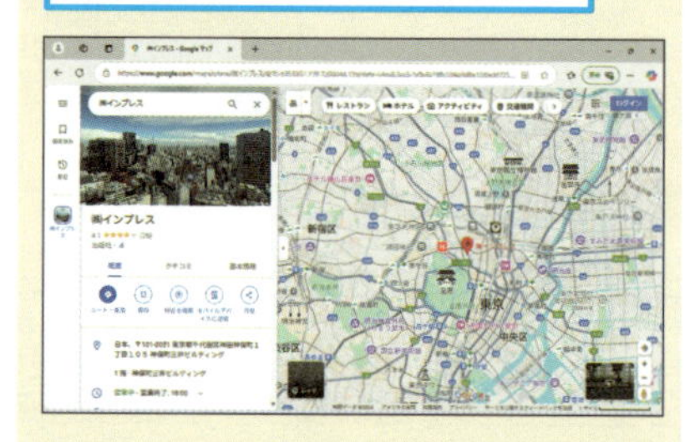

用語解説

スクリーンショット

スクリーンショットは、パソコンの画面に表示されたものの全体または一部分を撮影した画像のことです。

● Googleマップの画面に切り替わった

4 スライドに貼り付けたい範囲をドラッグ

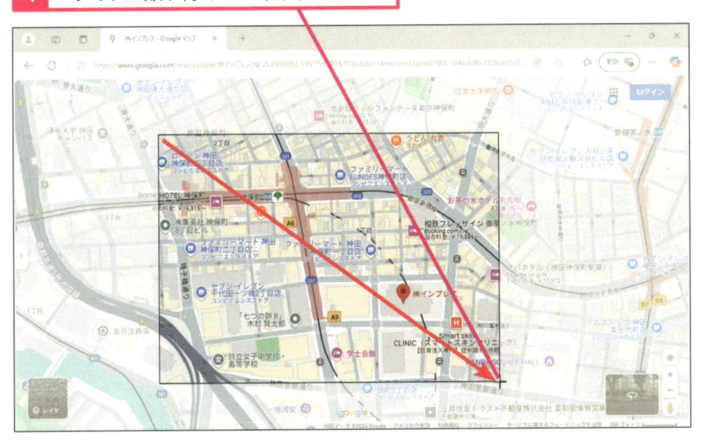

Googleマップの画面が追加された

サイズを調整して、スライドの右側に配置しておく

2 図形にハイパーリンクを設定する

ここではWebブラウザーで表示中のGoogleマップのURLを挿入する

1 アドレスバーをクリック

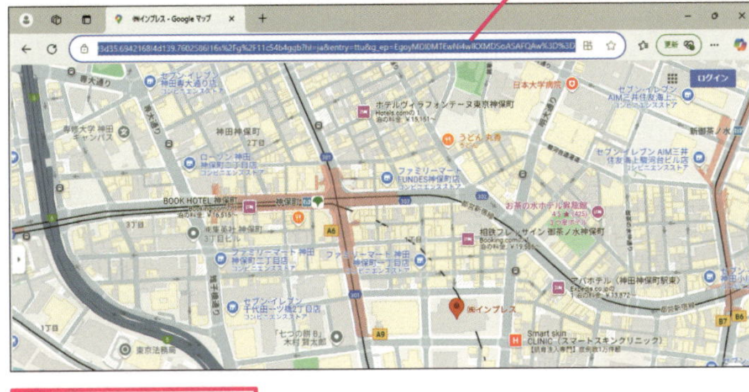

2 Ctrl+Cキーを押す

使いこなしのヒント

開いているウィンドウをそのまま追加できる

Webページ全体をスライドに挿入するには、［挿入］タブの［スクリーンショット］ボタンをクリックし、［使用できるウィンドウ］に表示された画面を直接クリックします。［使用できるウィンドウ］には、起動中のアプリやウィンドウが表示されます。

現在開いているウィンドウでスクリーンショットに使用できる画像が表示される

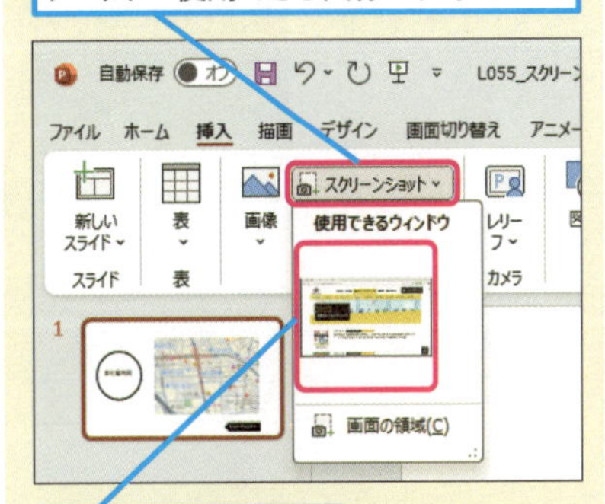

クリックすると画面がスライドに追加される

用語解説

ハイパーリンク

ハイパーリンクは、スライド内の文字や図形などに、ほかの情報を関連付けておくことです。ハイパーリンクをクリックすると、関連付けた情報に切り替わります。

次のページに続く

● ハイパーリンクを設定する図形を選択する

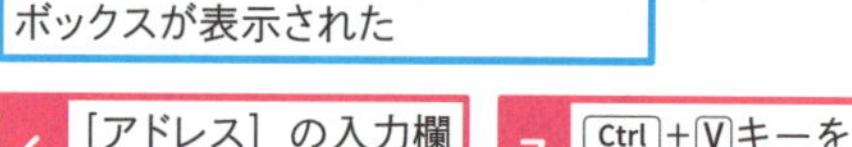

6 [アドレス] の入力欄をクリック

7 Ctrl + V キーを押す

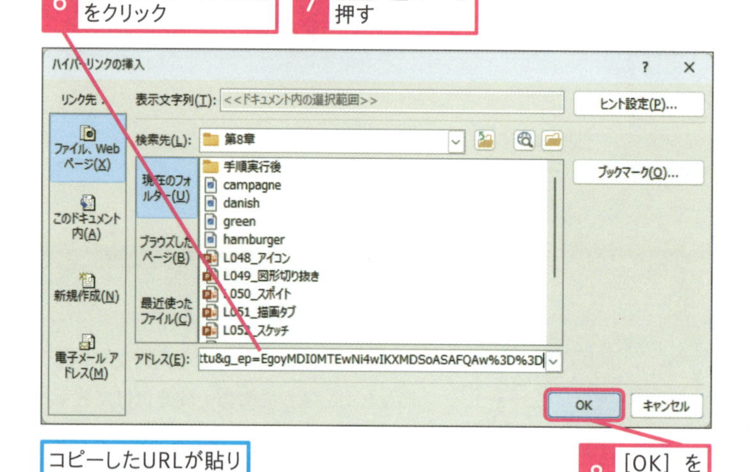

コピーしたURLが貼り付けられた

8 [OK] をクリック

使いこなしのヒント

画像やテキストにもハイパーリンクを追加できる

スライド内の文字をドラッグして選択した後や画像を選択した後にハイパーリンクを設定することもできます。文字にハイパーリンクを設定すると、文字の色が変わって下線が付きます。

使いこなしのヒント

別のファイルをハイパーリンクで表示できる

以下の操作を行うと、ハイパーリンクをクリックしたときに、パソコンに保存されているほかのファイルを開く仕組みを作ることができます。ほかのファイルには、PowerPoint以外のファイルを指定することも可能です。

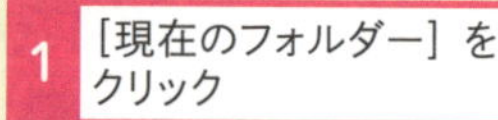

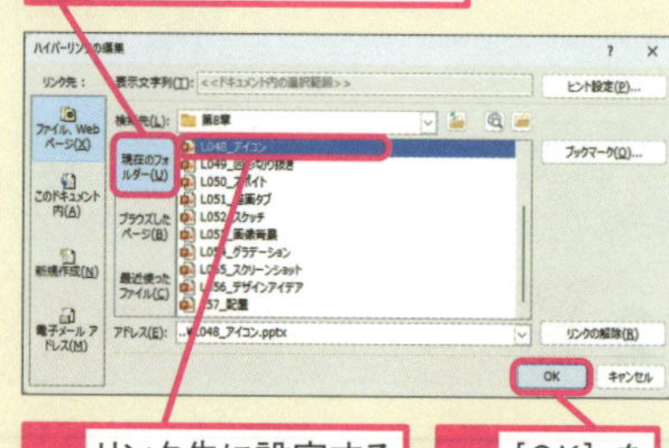

2 リンク先に設定するファイルをクリック

3 [OK] をクリック

● 図形にハイパーリンクが設定された

Ctrl キーを押しながらクリックすると、リンク先のWebページが表示される

スライドショー実行中は、クリックするとリンク先のWebページが表示される

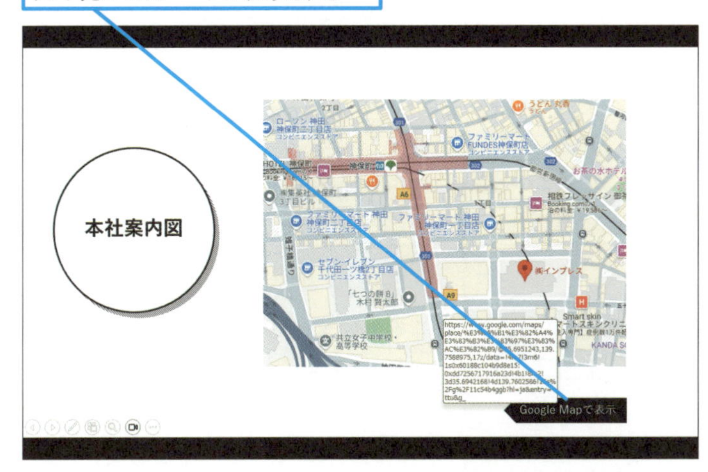

まとめ　実際の画面を見せて具体性を出す

図形を組み合わせて地図を作ると、時間と手間がかかります。Web上の地図サービスを利用したほうが、見栄えのよい地図をあっという間にスライドに表示できます。アプリの操作マニュアルを作る際にも、スクリーンショットで撮影した操作画面を挿入すると、分かりやすさがアップします。また、スライド内にハイパーリンクを設定すると、スライドショー実行中にブラウザーに切り替えたりPowerPointに戻ったりする操作を省略できます。

使いこなしのヒント

設定したハイパーリンクを解除する

ハイパーリンクを解除するには、以下の操作を行います。ハイパーリンクを設定した文字や図形を右クリックして表示されるメニューから［リンクの削除］をクリックする方法もあります。

1 図形をクリック

手順1を参考に、［ハイパーリンクの挿入］ダイアログボックスを表示しておく

2 ［リンク解除］をクリック

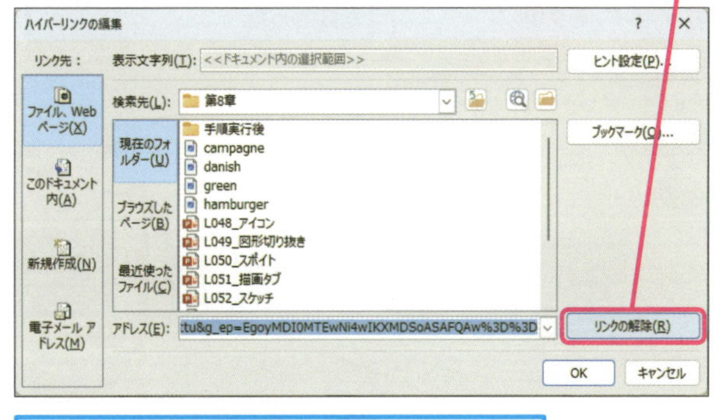

ダイアログボックスが閉じ、図形に設定していたハイパーリンクが解除される

レッスン
56 独自性のあるスライドをワンクリックで作る

Microsoft 365　デザイナー　練習用ファイル　L056_デザイナー.pptx

Microsoft 365の［デザイナー］の機能を使って、独自性のあるスライドのデザインを設定します。デザイナーには、画像入りや図形入り、やアニメーション付きのものなど、数多くのデザインが表示されます。

1 デザインのアイデアを表示する

レッスン17を参考に、［テーマ］の一覧から［インテグラル］を適用しておく

テーマを適用すると自動的にデザイナーが表示される

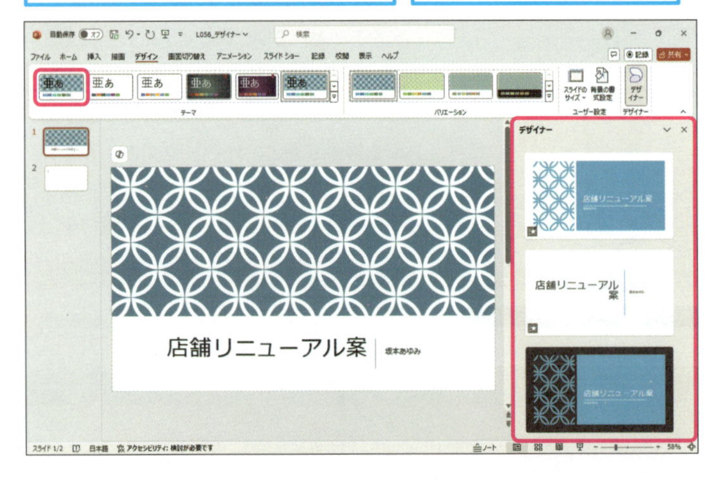

2 デザインアイデアを適用する

1 ［バリエーション］の中からデザインをクリック

デザイナーに表示される内容が変わった

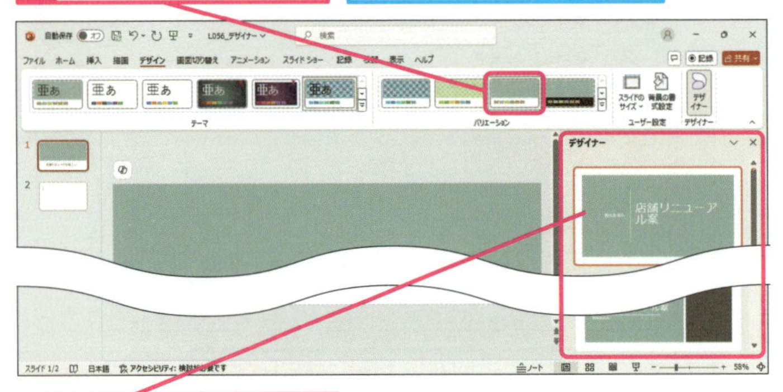

2 使いたいデザインをクリック

キーワード

作業ウィンドウ	P.312
スライド	P.313
テーマ	P.314

ここに注意

［デザイナー］の機能は、Microsoft 365版のPowerPointで利用できる機能です。PowerPoint 2024では利用できません。

用語解説

デザイナー

デザイナーは、PowerPointがスライド内容に合ったデザインを提案してくれる機能です。気に入ったデザインをクリックするだけでスライドのデザインが変わります。

ここに注意

［テーマ］を設定したスライドが1枚しかないと、テーマに関連したデザインが表示されないので注意しましょう。ただし、［テーマ］を設定しなくても［デザイナー］機能は利用できます。

使いこなしのヒント

2枚目以降のスライドのデザインも確認できる

表紙のスライドのデザインを設定すると、2枚目以降のスライドにも統一感のあるデザインが適用されます。［ホーム］タブの［新しいスライド］の［▼］をクリックすると、各レイアウトのデザインを確認できます。ただし、2枚目以降のデザインが白紙の場合もあります。

● デザインが適用された

選択したデザインが適用された

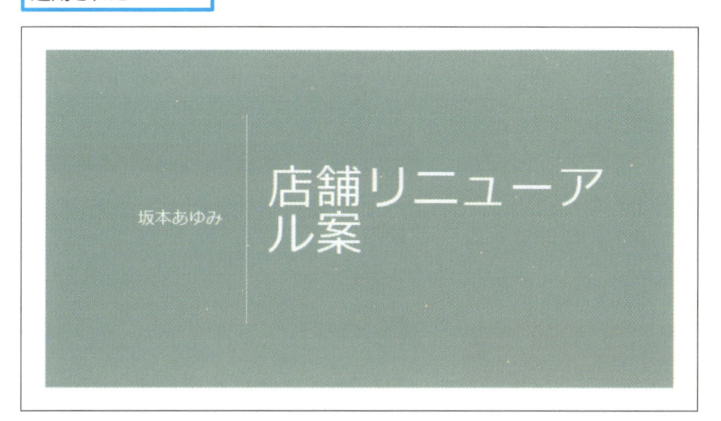

異なるデザインを適用したいときは別のデザインをクリックする

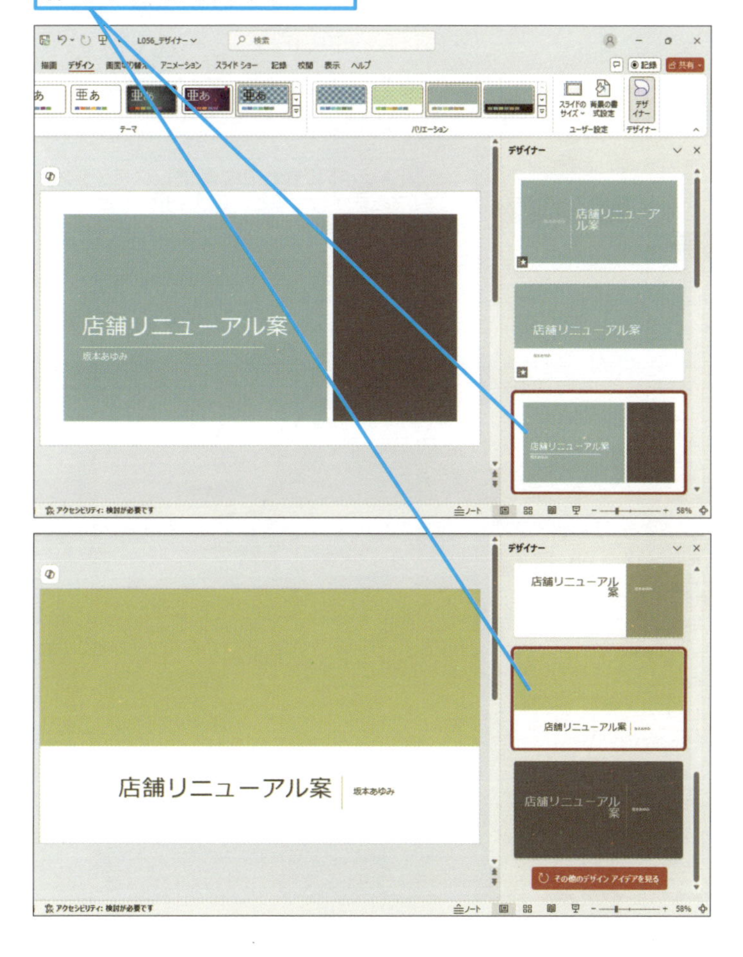

使いこなしのヒント

画像を挿入するとより多くのパターンが見れる

デザイナーは、スライド内の文字を判断してそれに合ったデザインを提案してくれます。また、スライドに画像があると、提案されるデザインのパターンが広がります。

画像を挿入すると別のデザインが表示される

使いこなしのヒント

一覧以外のデザインを表示するには

［デザイナー］作業ウィンドウの下部にある［その他のデザインアイデアを見る］をクリックすると、ほかのデザインが表示されます。

まとめ　かっこいいスライドを作りたいならデザイナーを使おう

ほかの人とは違うスライドデザインをいちから考えて作るのは大変です。［デザイナー］を使うと、人目を引くデザインやシンプルでスタイリッシュなデザインを何パターンも提案してくれます。いろいろなデザインを試してみるといいでしょう。

レッスン
57 複数の図形の端と間隔を正確に配置する

配置

練習用ファイル L057_配置.pptx

図形同士の端や間隔が揃っているときちんとした印象を与えます。ここでは、［オブジェクトの配置］の機能を使って、スライド上の4つの図形の上端を揃えます。また、図形同士の横方向の間隔を均等に揃えます。

1 図形をきれいに配置する

4つの図形の上端と間隔を揃えて配置する

1 Shift キーを押しながら、4つの図形をクリック

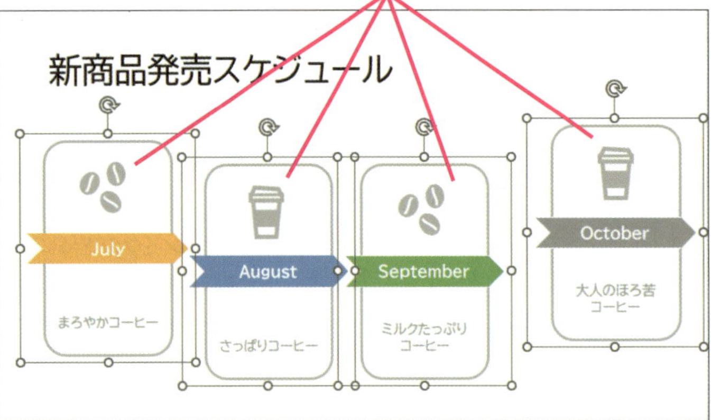

2 ［図形の書式］タブをクリック

3 ［オブジェクトの配置］をクリック

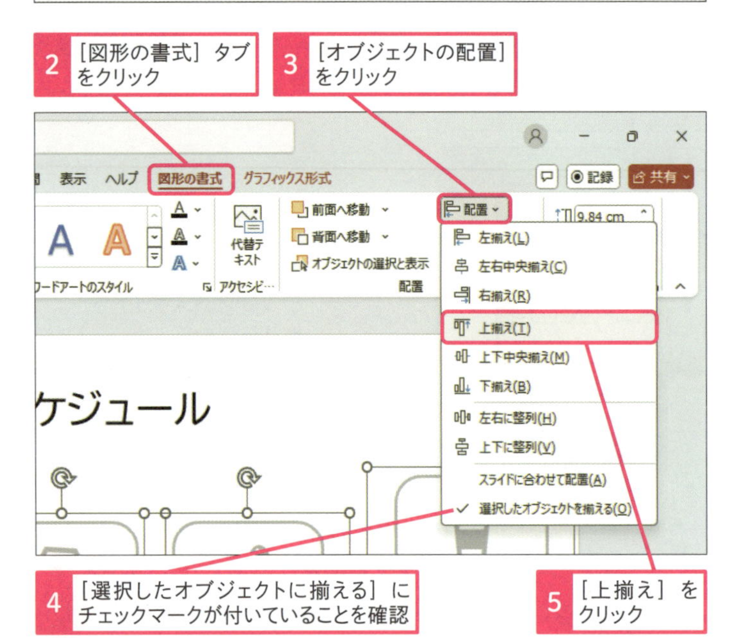

4 ［選択したオブジェクトに揃える］にチェックマークが付いていることを確認

5 ［上揃え］をクリック

キーワード

オブジェクト	P.312
図形	P.313
スライド	P.313

使いこなしのヒント

［スライドに合わせて配置］にした場合との違い

操作4で［スライドに合わせて配置］にチェックマークを付けると、配置の基準がスライドになります。この状態で［左揃え］をクリックすると、スライドの左端に図形が配置されます。

［スライドに合わせて配置］にチェックマークが付けると、スライドの幅と高さに対して配置される

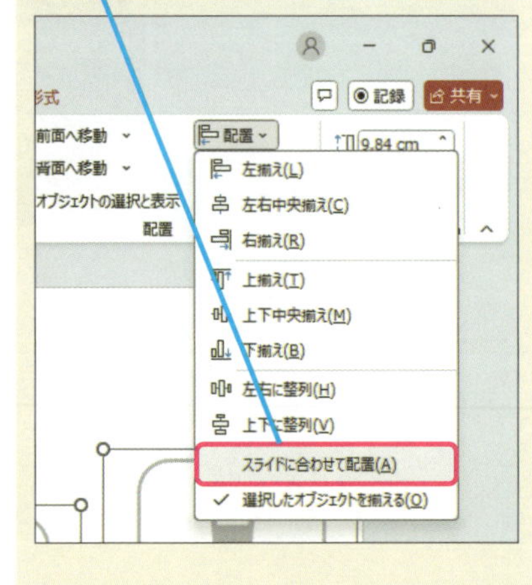

● 右端の図形を基準に上の位置が揃った

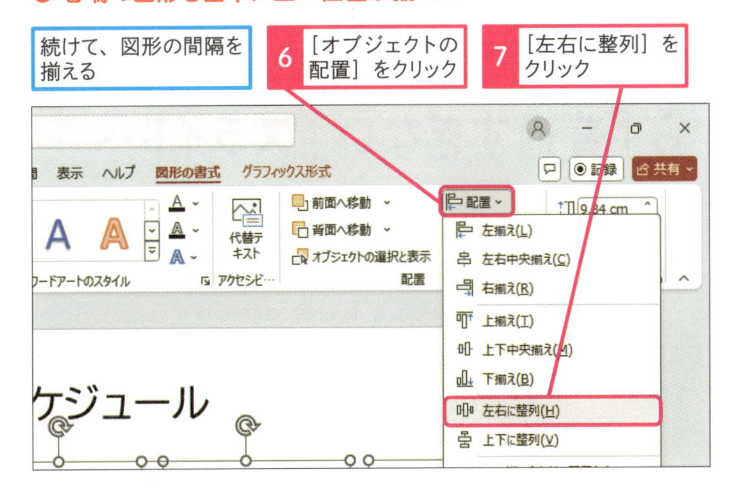

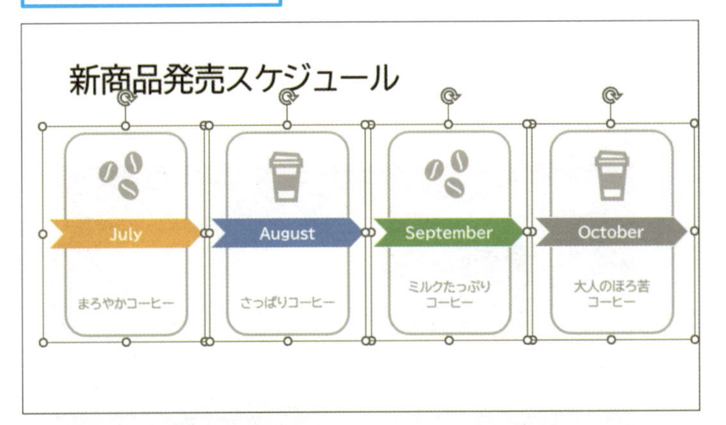

使いこなしのヒント

［スマートガイド］を使って配置する

図形をドラッグすると、ほかの図形と揃う位置に赤い点線が表示されます。これは「スマートガイド」と呼ばれるもので、ドラッグ操作で配置を整えるときの目安になります。

使いこなしのヒント

重なっている図形を選択する

配置の元になる図形が重なっていて選択できないときは、［図形の書式］タブの［オブジェクトの選択と表示］をクリックします。作業ウィンドウが表示されたら、選択したい図形の名前をShiftキーを押しながら順番にクリックします。

まとめ　図形の端や間隔はぴったり揃える

複数の図形の端がずれていたり間隔がまちまちだと、雑な印象を与えたり、ずれていることに意味があるように受け取られることがあります。図形の上下左右の端や間隔がぴったり揃っていると整然とした印象を与えます。

スキルアップ

スライドにガイドを表示するには

図形を描画するときの目安の線に「グリッド線」と「ガイド」があります。グリッド線はスライドに方眼紙のようなマス目を表示します。ガイドはスライドの縦横中央に1本ずつガイド線が表示されます。図形を描く位置にガイド線を追加したり移動したりして使います。

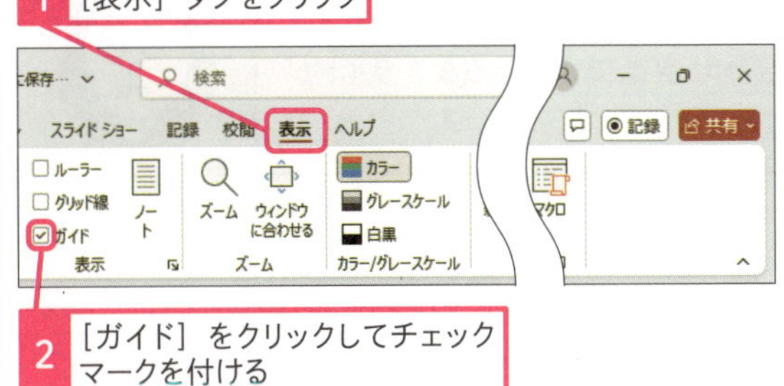

ガイドが表示された

ガイドにマウスポインターを合わせ、Ctrlキーを押しながらドラッグするとガイドの線を追加できる

この章のまとめ

「普通」のスライドから「普通すぎない」スライドへ

PowerPointは多くの企業で使われているため、用意されているデザインだけを使うと、どうしても似たような普通のスライドになってしまいがちです。かといって、いちからデザインを考えるのは大変です。大げさなことをしなくても、スライドの背景に画像やグラデーションを設定したり、図形の色を写真と合わせたりするだけで、オリジナリティが出て普通すぎないスライドになります。

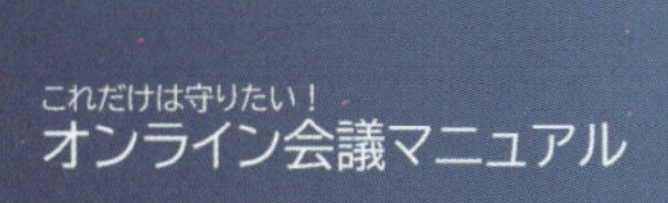

2025年2月
Japan Dekiru Ltd.

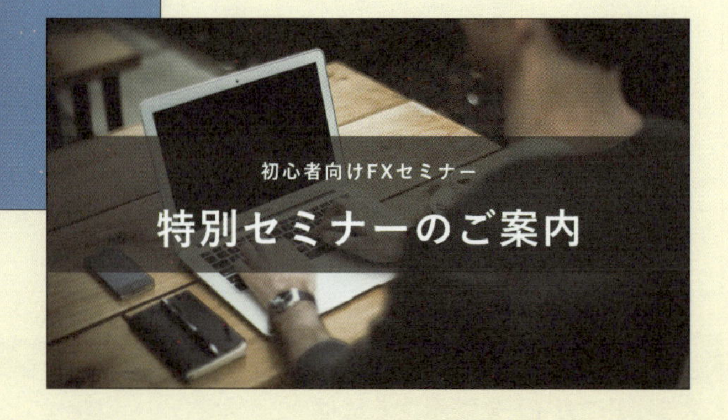

オリジナリティのあるスライドにすると、プレゼンテーションでも印象に残りやすい

とっても簡単に見栄えのするスライドになってびっくりです！ それに、ここで学んだ内容を組み合わせてもよさそうですね！

うん！ **レッスン56**で学んだ機能を使ってデザインを素早く変更したあとに、手書き文字を加えるなどして、オリジナル感あふれるスライドを作ってもいいね！ 組み合わせ次第でいろいろなスライドが作れるから、ぜひチャレンジしてね。

スポイト機能を使えば、アイコンの色をスライド内のほかのものと合わせられて、統一感もアップしそうですね！ PowerPoint っていろいろな機能があって、面白い……！

活用編

第9章

相手に寄り添うワンランク上の表やグラフの魅せ方

この章では、表の罫線や色を減らしてすっきり見せるテクニックを紹介します。また、グラフで伝えたいことがひと目で分かるように、グラフの色を変更したり、凡例の位置を変更したりするなどの操作を解説します。

58	よく使われるグラフと注意点を押さえよう	180
59	表の罫線を少なくしてすっきり見せる	182
60	スライド全体がすっきり見えるドーナツ型の円グラフ	184
61	棒グラフを太くしてどっしり見せる	188
62	無彩色を利用して目的のデータを目立たせる	190
63	棒グラフに直線を追加して数値の差を強調する	194
64	折れ線グラフのマーカーの色や大きさを改良する	198
65	凡例を折れ線の右端に表示して視認性をアップする	202

レッスン

58 Introduction この章で学ぶこと よく使われるグラフと注意点を押さえよう

数値の全体的な傾向を瞬時に伝えられるグラフは、プレゼンテーションでは欠かせないツールです。グラフを効果的に使うには、正しくグラフの種類を選ぶことが大切です。また、グラフを構成する要素に手を加えて、グラフで伝えたいことがひと目で分かるグラフに改良します。

グラフを使い分けて上手にデータを可視化しよう

この章では、分かりやすいデータの見せ方について教えてくださるんですね。特にグラフはまだまだ奥が深そう。それにどのグラフを使うべきか、まだちょっと分からないかも。

そんなに悩まず！　よく見るから、とりあえず、棒グラフでいいんじゃない?

棒グラフはマルチに使えるけど、「とりあえず」ではダメ。じゃあ、2人のために、特によく使われるグラフが、どんなときに用いられるのか紹介するね。

◆円グラフ
全体に占める数値の割合を示すときに使う

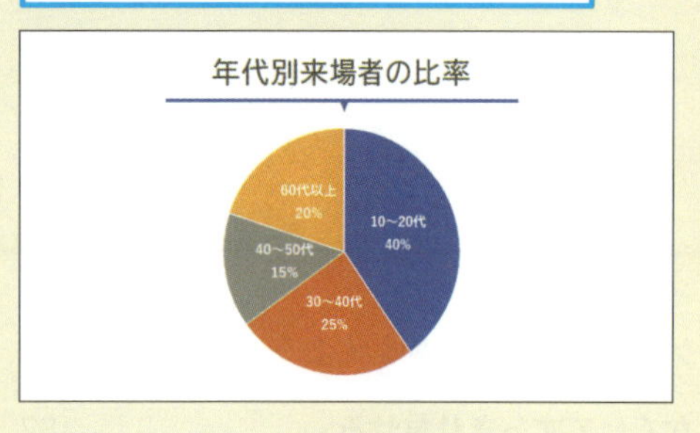

◆縦棒グラフ
数値の大きさを棒の高さで比較するときに使う

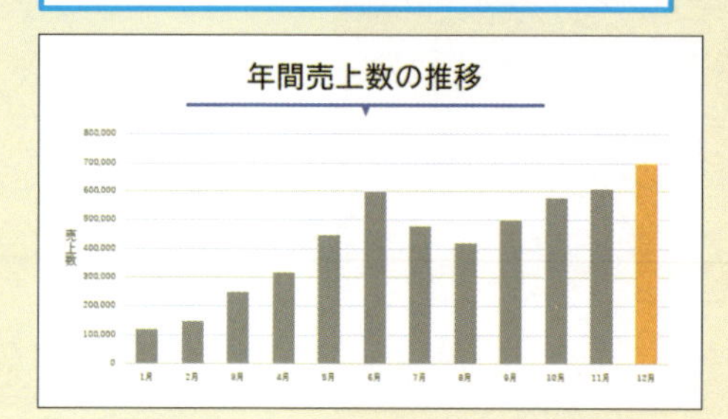

◆横棒グラフ
縦棒グラフを横にしたもの。時系列が関係ないときに使う

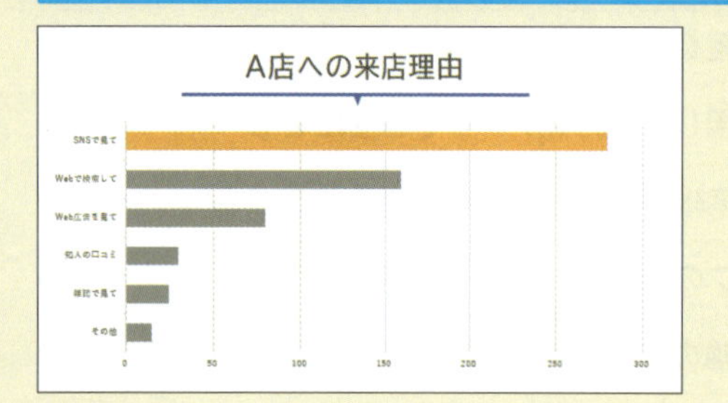

◆折れ線グラフ
時系列で数値の推移を把握するときに使う

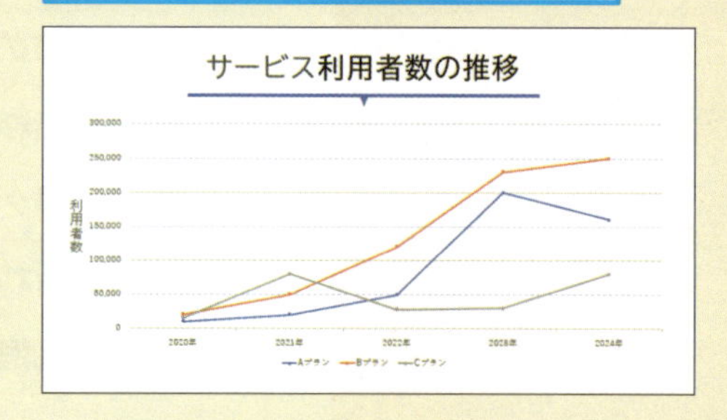

こんな使い方はNG？　誤解を受けるデータの見せ方

あと、グラフは便利な一方で、一歩間違えると、「プレゼンが大失敗」なんてことになる可能性もあるから、注意してね。ちょっとこのグラフを見てほしいんだけど……。

● 3Dの円グラフ

遠近法によって手前にあるものが大きく見えるため、割合を正確に伝えられない場合がある

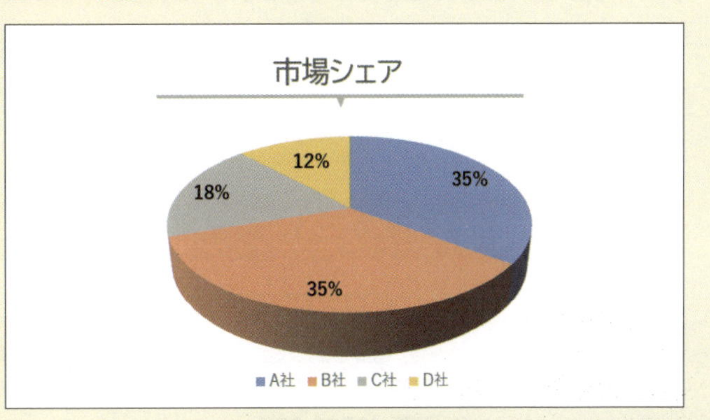

ほんとだ！　A社とB社は同じ35％なのに、B社のほうが面積が広く見える！

● 数値の差を強調した棒グラフ

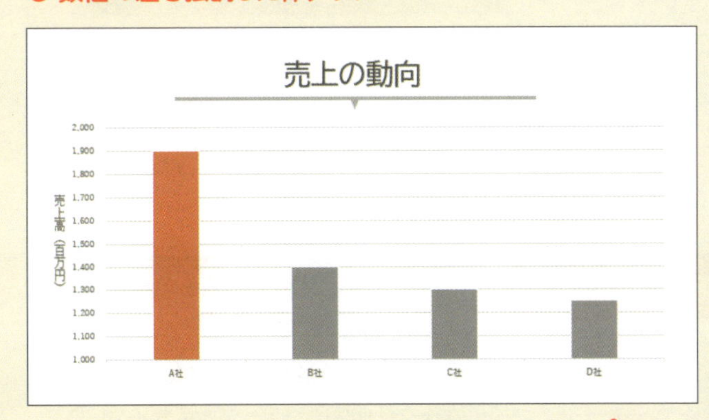

この縦棒グラフ、何かおかしなところあるかな。問題なさそうに見えるけど……。

この下のグラフと見比べてみて！

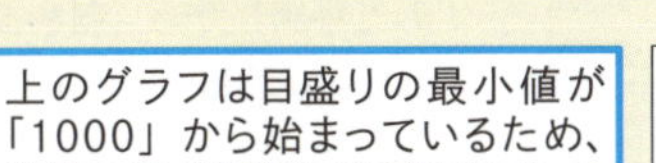

上のグラフは目盛りの最小値が「1000」から始まっているため、数値の差が極端に強調されている

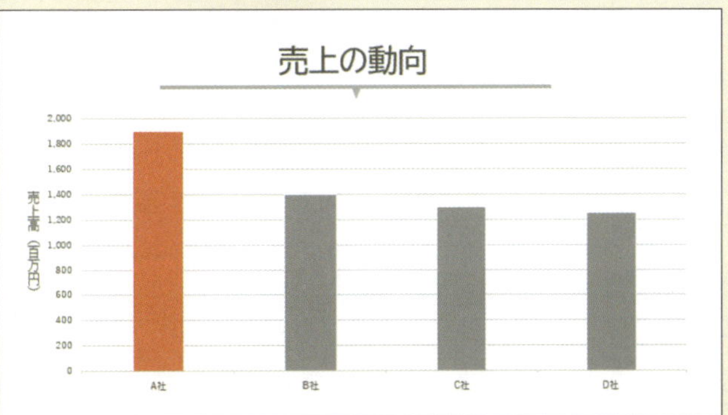

わわ！　同じグラフでも上のほうがA社とB社で2倍以上も差があるように見えますね。

こちらに意図がなくても、わざとだと受け取られてしまう可能性もあるからね。正確に分かりやすく伝わるグラフを目指そう！

レッスン

59 表の罫線を少なくしてすっきり見せる

表スタイル

練習用ファイル L059_表スタイル.pptx

表を作成すると、自動的に縦横の罫線が引かれて色が付きます。[表のスタイル] の機能を使って不要な色や罫線を削除し、表の中で注目すべきポイントが目立つようにします。ここでは、表の最終行の合計金額を目立たせます。

キーワード

スタイル	P.313
表	P.314
プレースホルダー	P.315

デフォルトの表をカスタマイズする

Before

どの数値に注目すべきか分かりにくい

イベント予算 ¥520,000

品目	単価	数量	金額
会場	¥300,000	1	¥300,000
アルバイト（日給）	¥10,000	20	¥200,000
弁当	¥500	40	¥20,000
		合計	¥520,000

見た目がすっきりし、注目すべきポイントも分かりやすい

イベント予算 ¥520,000

品目	単価	数量	金額
会場	¥300,000	1	¥300,000
アルバイト（日給）	¥10,000	20	¥200,000
弁当	¥500	40	¥20,000
		合計	**¥520,000**

1 表スタイルのオプションで書式を変更する

1 表を選択

2 [テーブルデザイン] タブをクリック

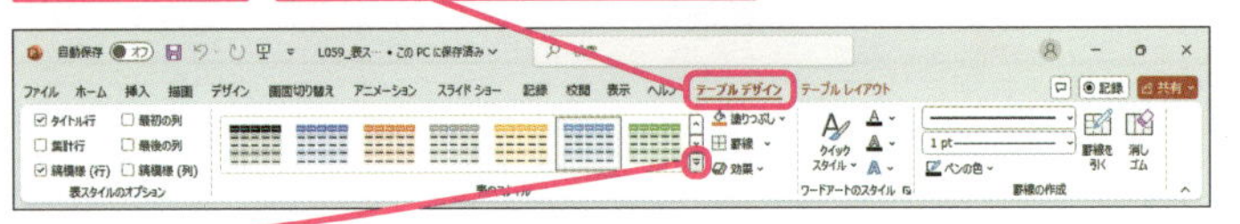

3 [テーブルスタイル] をクリック

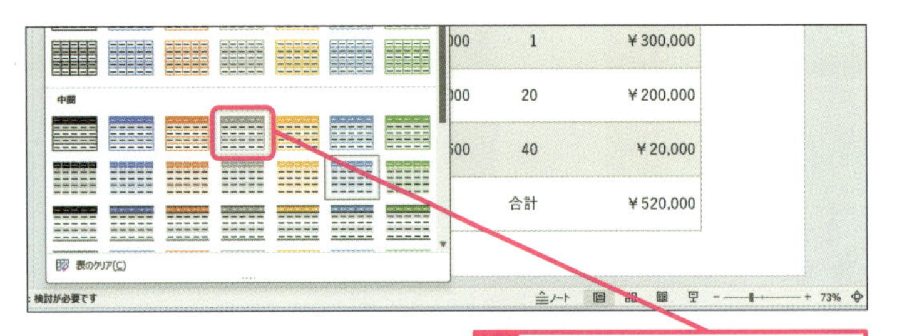

4 [中間スタイル1、アクセント3] をクリック

使いこなしのヒント

斜めの罫線を引くには

表のセルに斜線を引くには、目的のセルをクリックし、[テーブルデザイン] タブの [罫線] から [斜め罫線（右上がり）] や [斜め罫線（右下がり）] を選びます。

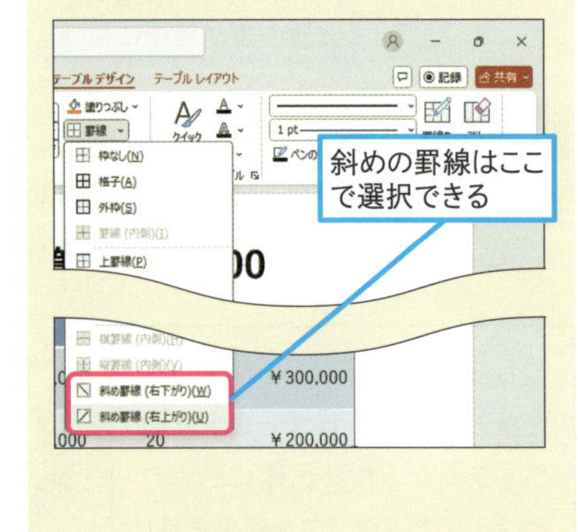

斜めの罫線はここで選択できる

● 表の模様を変更する

5 ［集計行］をクリックしてチェックマークを入れる

6 ［縞模様（行）］をクリックしてチェックマークをはずす

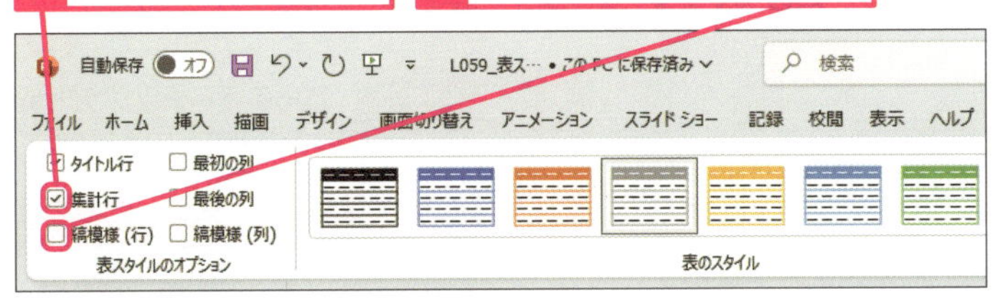

縞模様が非表示になり、集計行に二重の罫線が引かれた

7 ドラッグして最終行を選択

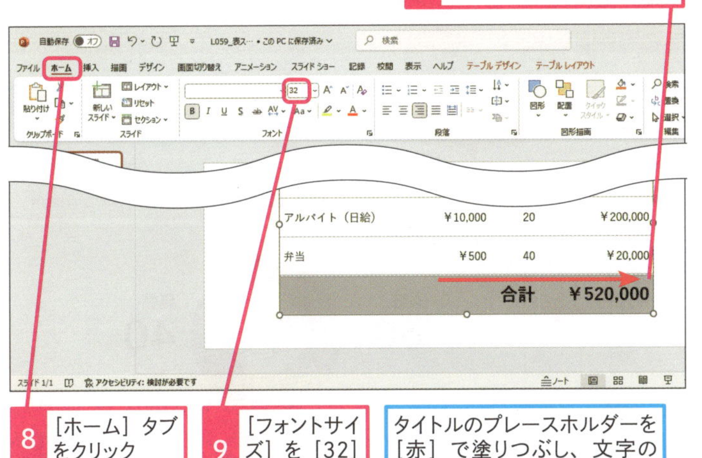

8 ［ホーム］タブをクリック

9 ［フォントサイズ］を［32］に変更

タイトルのプレースホルダーを［赤］で塗りつぶし、文字の色を［白］に変更しておく

使いこなしのヒント

罫線を削除するには

表全体の罫線を削除するには、［テーブルデザイン］タブの［罫線］から［枠なし］をクリックします。一部の罫線を削除するには、［テーブルデザイン］タブの［罫線の削除］をクリックし、マウスポインターが消しゴムの形に変化したら、消したい箇所をクリックします。

まとめ 表の縦罫線を消すとすっきりする

表の罫線が多すぎると、情報を見るときの邪魔になります。このレッスンのように縦罫線のないスタイルを選んで、1行ごとに付く色を消すと、すっきりします。さらに、表の合計金額のフォントサイズを拡大したりタイトルの金額が目立つように色を付けたりすると、ポイントが伝わりやすくなります。

スキルアップ

罫線の色や種類を変更する

罫線の色や種類を指定するには、最初に［テーブルデザイン］タブにある［ペンのスタイル］［ペンの太さ］［ペンの色］を適宜指定します。次に［罫線］ボタンから罫線を引きたい箇所を選びます。

1 ［ペンのスタイル］をクリックして種類を選択

4 ここをクリック

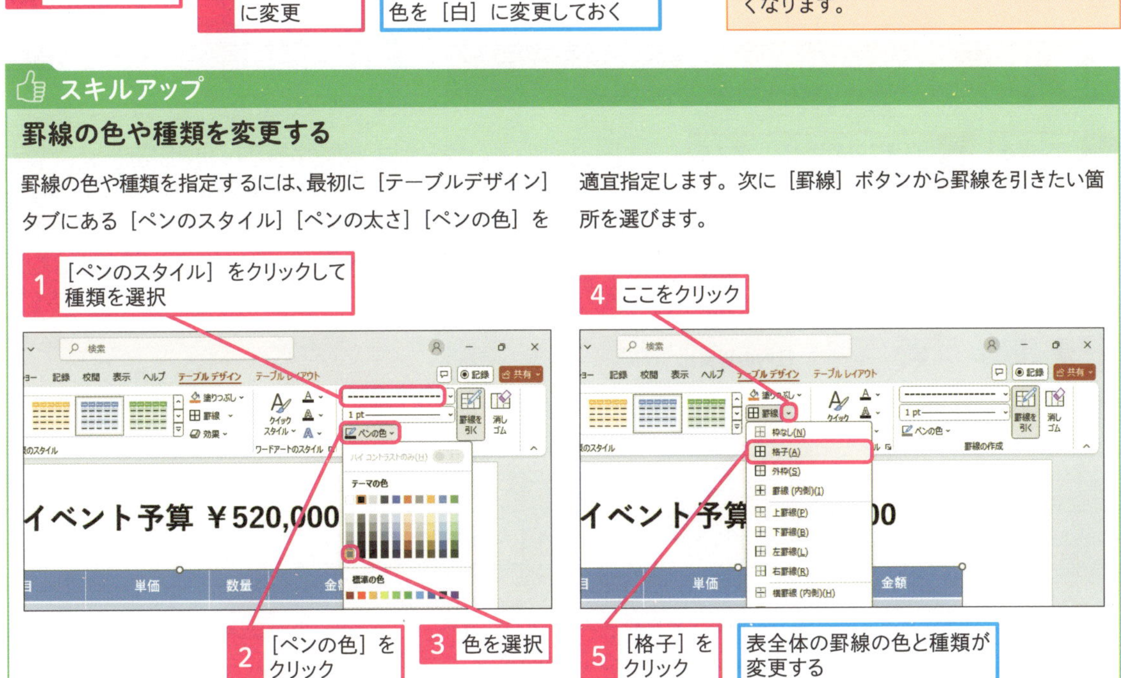

2 ［ペンの色］をクリック

3 色を選択

5 ［格子］をクリック

表全体の罫線の色と種類が変更する

レッスン 60

スライド全体がすっきり見えるドーナツ型の円グラフ

ドーナツグラフ　練習用ファイル　L060_ドーナツグラフ.pptx

円グラフをドーナツグラフに変更し、社員の人数をグラフ内に表示します。［データラベル］の機能を使うと、ドーナツグラフに表示する表のデータを指定したり、数値に単位を付けて「○○人」の形式で表示したりできます。

キーワード

グラフ	P.312
データラベル	P.314
表示形式	P.315

余白を効果的に使った円グラフ

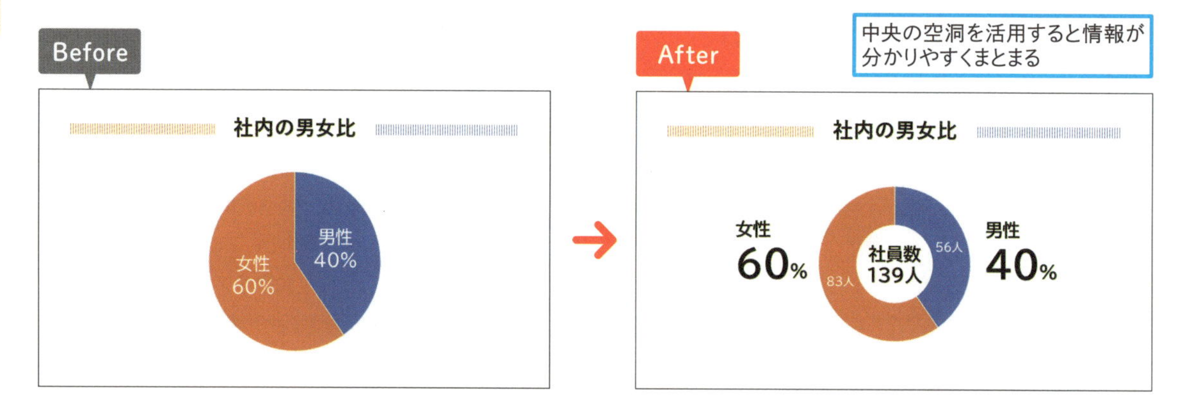

1 グラフの種類を変更する

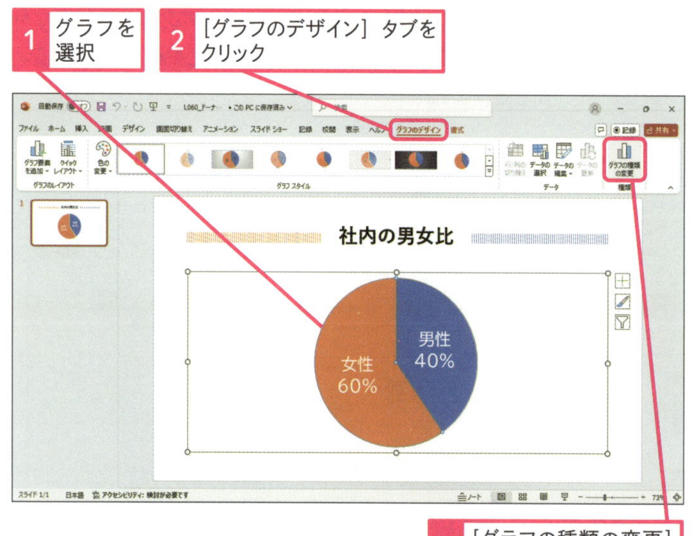

用語解説

ドーナツグラフ

ドーナツグラフは、中央に穴の開いた円グラフのことです。穴の開いた部分に構成要素全体の総計などを表示すると、グラフの意味が分かりやすくなります。

● ドーナツグラフに変更する

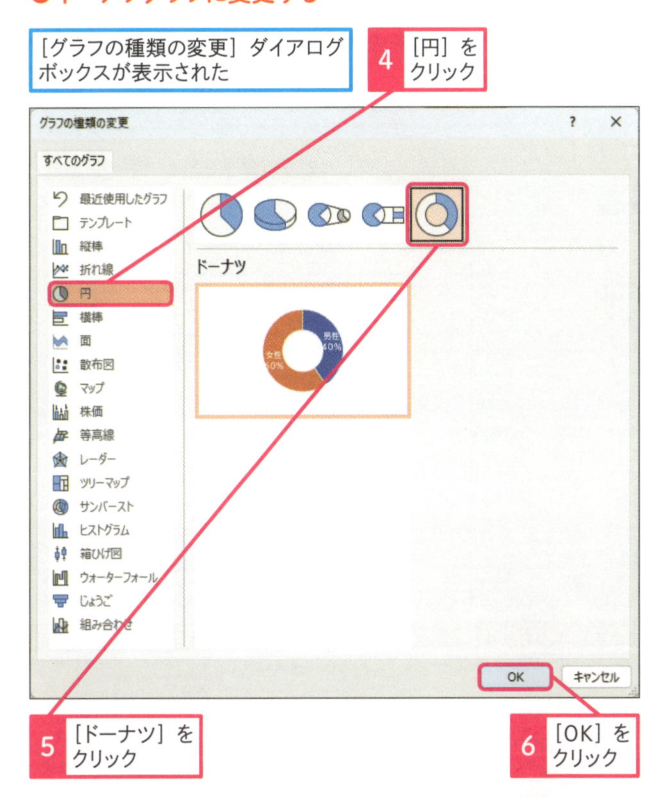

2 データラベルの書式を変更する

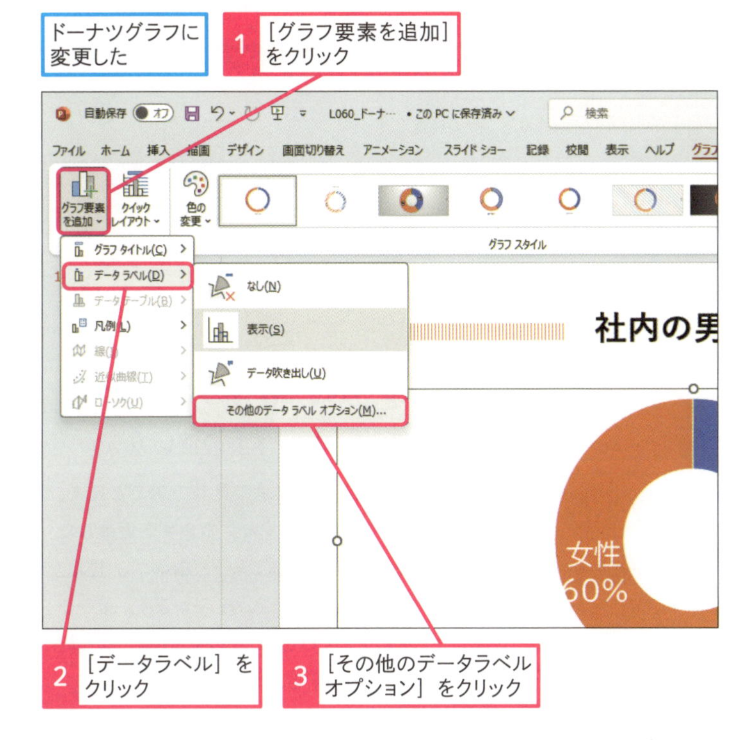

使いこなしのヒント

グラフと画像を組み合わせる

ドーナツグラフの両側に、グラフの内容をイメージできる画像やイラストを入れると、グラフの分かりやすさがアップします。画像の挿入方法はレッスン32、イラストの挿入方法はレッスン48で解説しています。

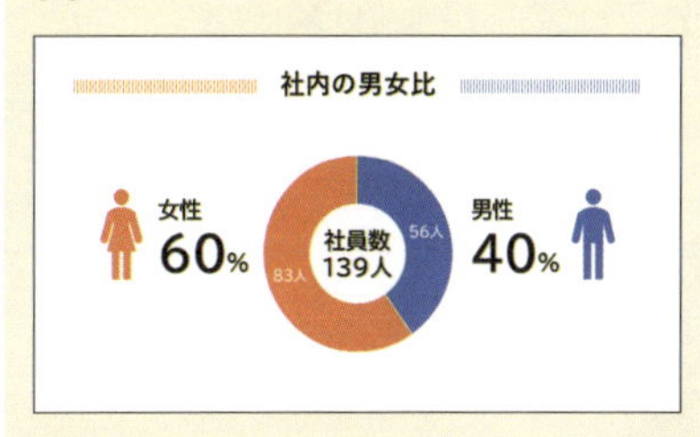

使いこなしのヒント

ドーナツグラフのスタイルを変更する

[グラフのデザイン] タブにある [グラフスタイル] には、ドーナツグラフ全体のデザインのパターンが用意されており、クリックするだけで変更できます。

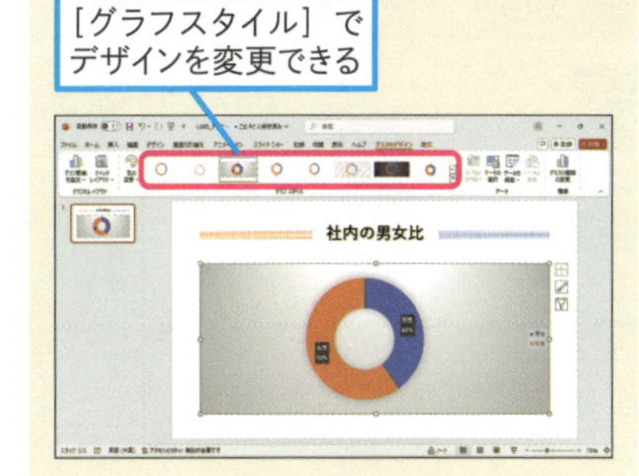

次のページに続く

●［ラベルの内容］の［値］のみにチェックマークを付ける

［データラベルの書式設定］作業ウィンドウが表示された

4 ［値］をクリックしてチェックマークを付ける

5 ［分類名］をクリックしてチェックマークをはずす

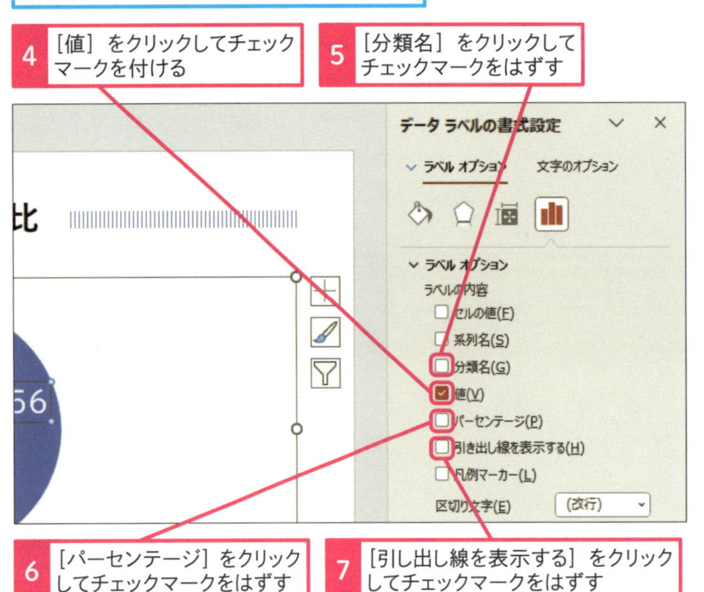

6 ［パーセンテージ］をクリックしてチェックマークをはずす

7 ［引し出し線を表示する］をクリックしてチェックマークをはずす

グラフに男女の人数のみが表示された

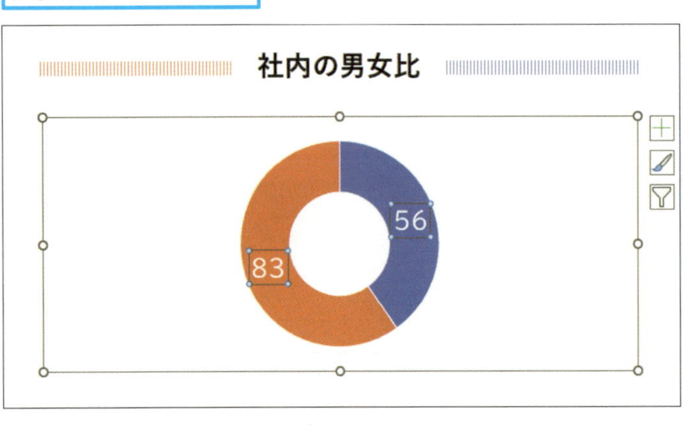

8 ［表示形式］をクリック

9 ［表示形式コード］の［G/標準］の後ろに「人」と入力

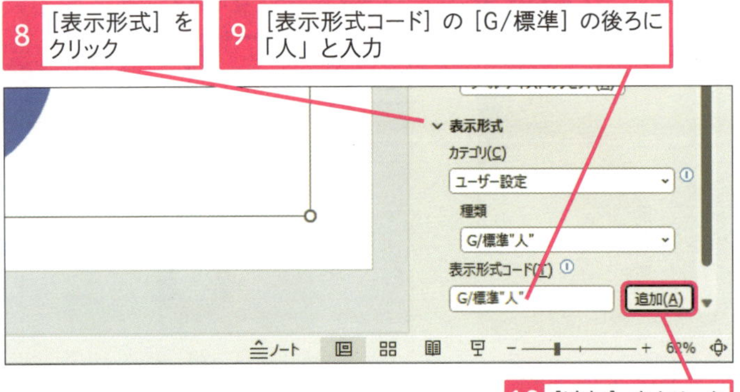

10 ［追加］をクリック

使いこなしのヒント

中央の穴の大きさを変更する

ドーナツグラフの中央の穴の大きさを変更するには、ドーナツグラフをダブルクリックしたときに表示される［データ系列の書式設定］作業ウィンドウにある［ドーナツの穴の大きさ］を変更します。

数値を入力するか、スライダーをドラッグするとサイズを変更できる

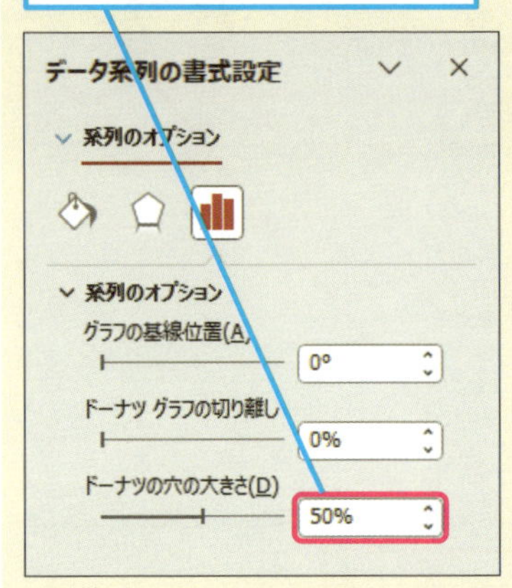

使いこなしのヒント

「表示形式コード」の使い方

表示形式とは数値の見せ方のことです。ここでは数値に「人」の文字を追加したいので、［表示形式コード］欄の「G/標準」の後ろに「人」を入力しています。データラベルに合わせて「円」や「個」などの単位を入力するといいでしょう。

● 「人」の文字がグラフに表示された

グラフの数値に単位が追加された

11 ［閉じる］をクリック

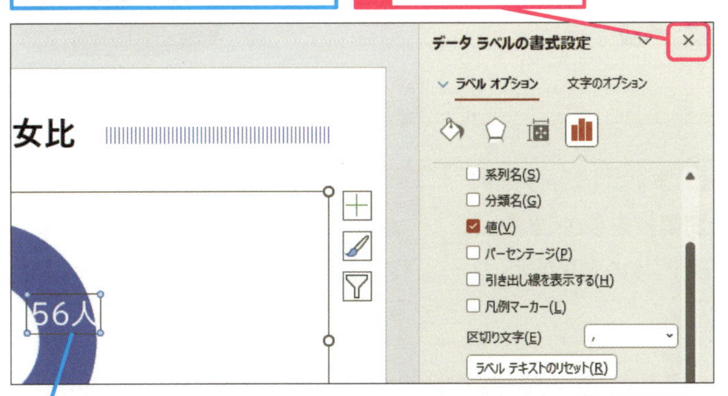

グラフから文字がはみ出ているため、レッスン44を参考に、フォントサイズを「20」に変更する

レッスン14を参考にテキストボックスを挿入し、男女の比率や社員の総数を入力しておく

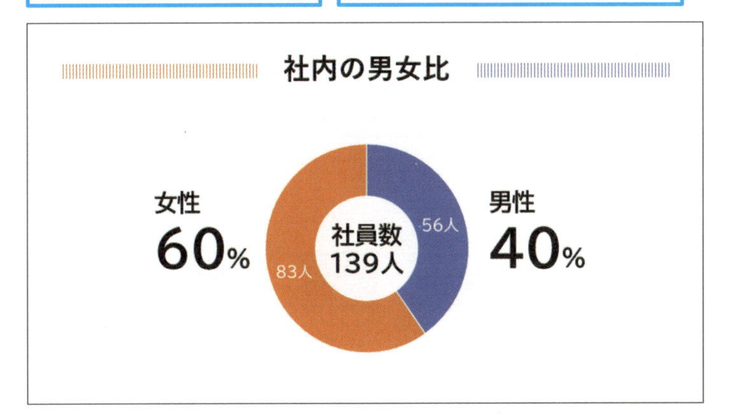

まとめ　見ただけで分かるグラフに作り変えよう

グラフはじっくり読ませるものではありません。グラフで何を伝えたいのか、グラフの数値は人数なのか金額なのかが瞬時に分かるように、グラフの種類や表示形式を変更するといいでしょう。また、テキストボックスの図形を配置して、総数やグラフの目的などを表示するのも効果的です。

スキルアップ

円グラフのデータを大きい順に並べるには

一般的に円グラフは数値の大きい順に0度の位置から並べます。円グラフを大きい順に並べるには、［グラフのデザイン］タブの［データの編集］から［Excelでデータを編集］を選び、表の数値を降順に並べ替えます。

データを大きい順に並べ替える

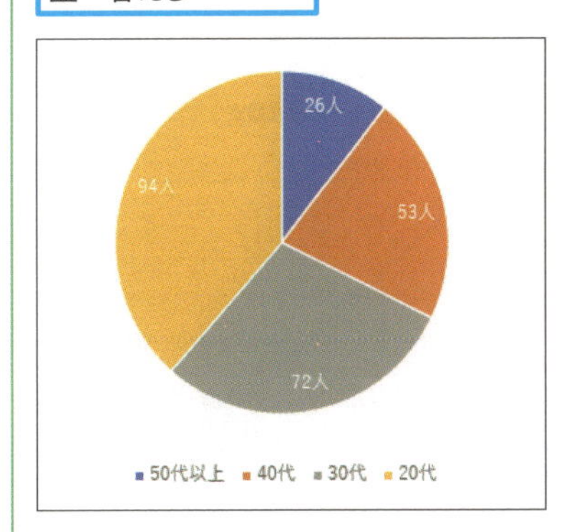

グラフを編集するExcelの画面を表示しておく

1 見出しのセルをクリック

2 ［データ］タブをクリック

3 ［降順］をクリック

	A	B
1	年代	人数
2	50代以上	26
3	40代	53
4	30代	72
5	20代	94

レッスン
61 棒グラフを太くしてどっしり見せる

要素の間隔

練習用ファイル L061_要素の間隔.pptx

棒グラフの棒の太さを変更して安定感を演出します。［データ系列の書式設定］作業ウィンドウにある［要素の間隔］を小さくすると、棒グラフ同士の横の間隔が狭まって、その結果、棒の太さが太くなります。

キーワード

系列	P.312
作業ウィンドウ	P.312
書式設定	P.313

棒グラフの棒を太くする

Before

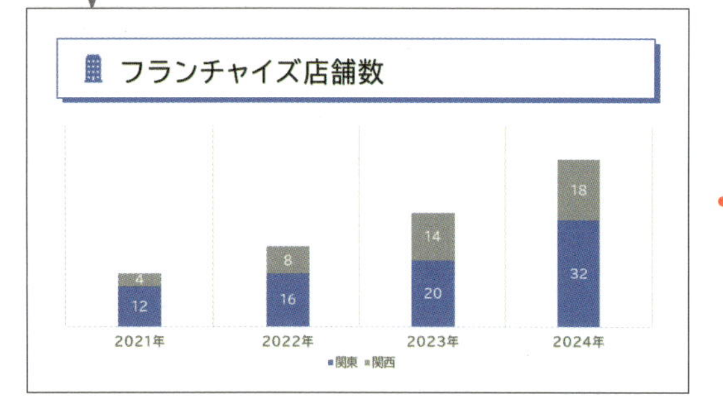

After

要素同士の間隔が狭くなり、安定した印象になる

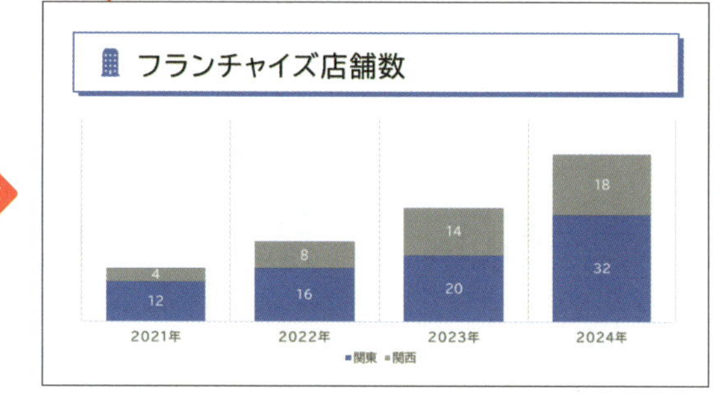

スキルアップ

要素の間隔を0にしてヒストグラムを作る

データ分析の手法のひとつにヒストグラムのグラフがあります。これは、どの区間にデータが分布しているかを調べるときに使うもので、棒グラフの棒同士がくっついたような形です。PowerPointでヒストグラムを作るときは、縦棒グラフの［要素の間隔］を「0」にします。

◆ヒストグラム

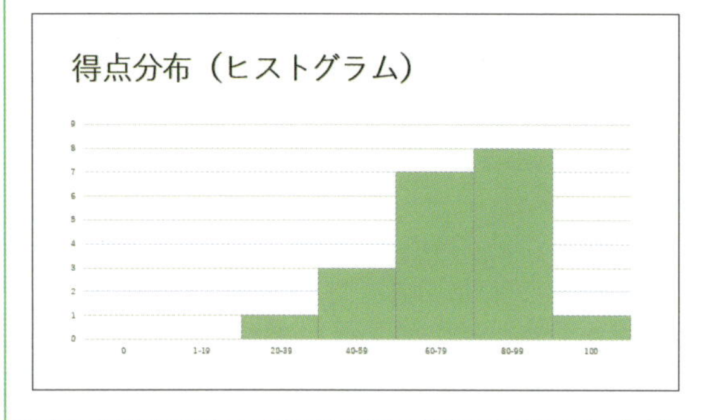

ヒストグラフを作る際は、［要素の間隔］を「0」にする

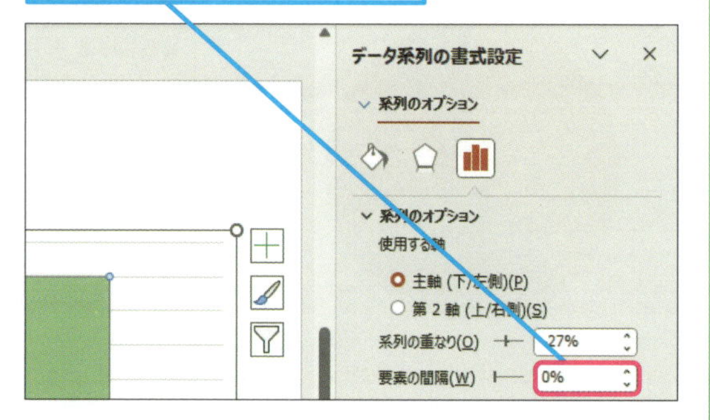

1 要素の間隔を変更する

1 グラフのいずれかの棒をクリック

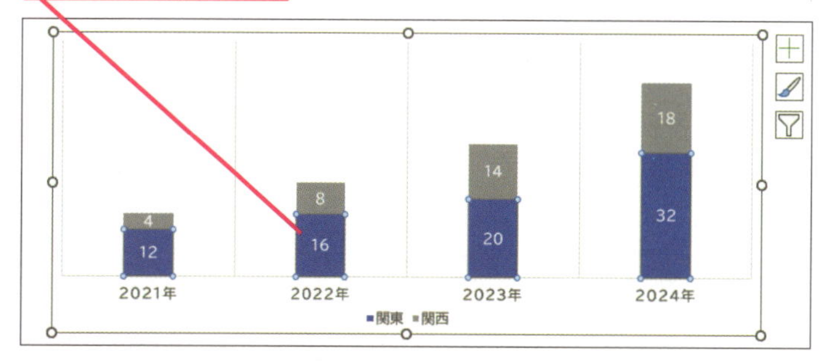

2 「書式」タブをクリック

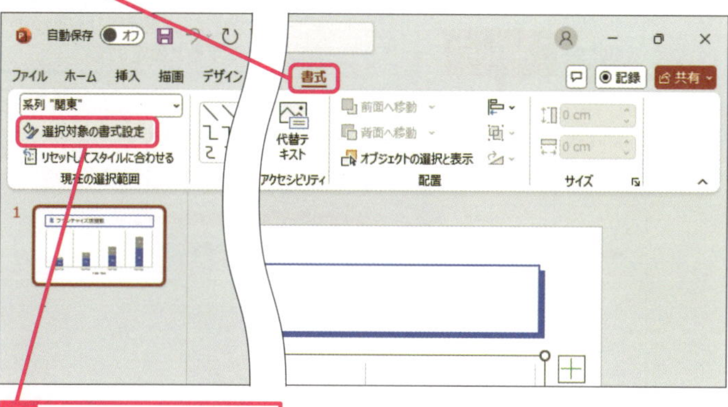

3 「選択対象の書式設定」をクリック

［データ系列の書式設定］作業ウィンドウが表示された

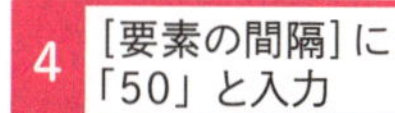

4 ［要素の間隔］に「50」と入力

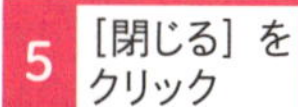

5 ［閉じる］をクリック

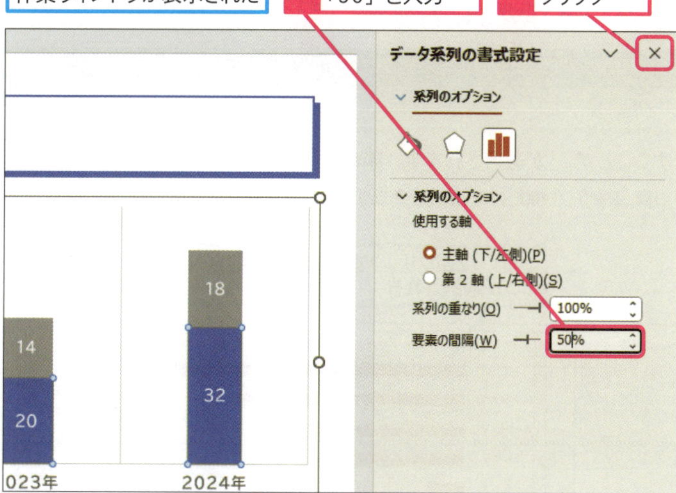

棒グラフ同士の間隔が狭くなる

使いこなしのヒント

系列同士の重なりも調整できる

集合縦棒グラフでは、系列（下図の「関東」と「関西」）の間隔を調整することもできます。［データ系列の書式設定］画面にある［系列の重なり］をマイナスの値にすると、系列の間隔が広がります。反対にプラスの値にすると、系列同士が重なって表示されます。

●［系列の重なり］をマイナスに設定したとき

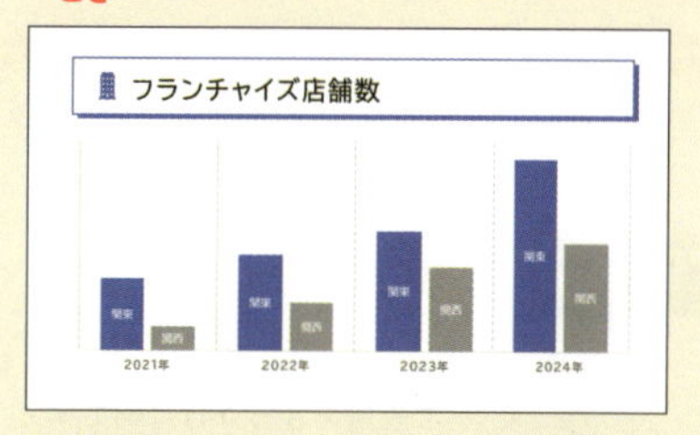

●［系列の重なり］をプラスに設定したとき

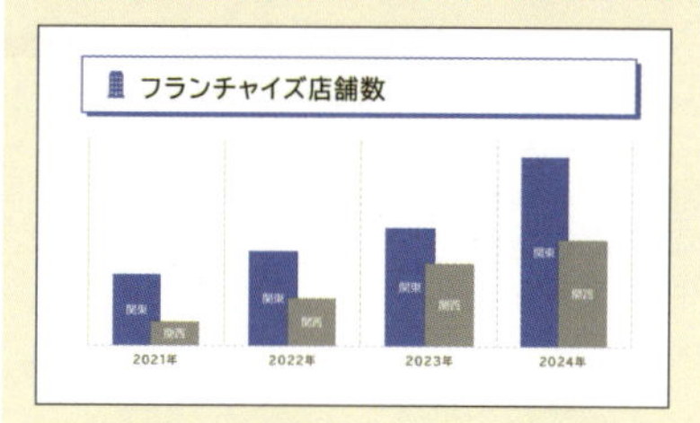

まとめ 棒の太さで安定感を出す

縦棒グラフの棒と棒の間隔は自動的に決まりますが、棒が細いとインパクトに欠けます。また棒が細い分、グラフのまわりの空白が目立ちます。［要素の間隔］を変更して棒を太くすると、どっしりとした安定感が生まれます。

レッスン

62 無彩色を利用して目的のデータを目立たせる

図形の塗りつぶし

練習用ファイル L062_系列の色.pptx

棒グラフの棒の色は、［図形の塗りつぶし］の機能を使って、後から1本ずつ変更できます。グラフの脇役の棒の色を無彩色のグレーに変更すると、注目して欲しい主役の棒が引き立ちます。

キーワード

グラフ	P.312
系列	P.312
データラベル	P.314

全体をグレースケールにし特定の系列を強調する

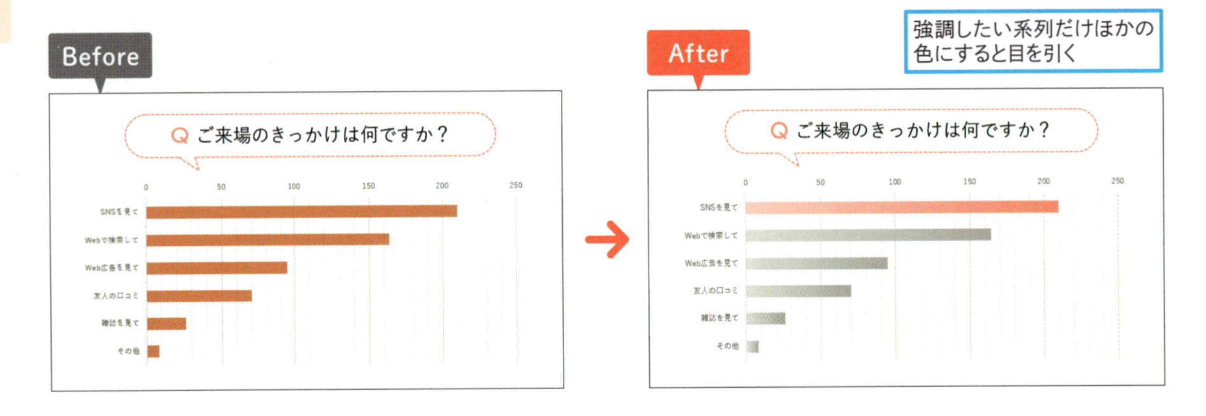

使いこなしのヒント

系列の選択方法をマスターしよう

棒の色を変更するときは、目的の棒を正しく選択することが大切です。いずれかの棒をクリックすると、すべての棒（系列）が選択されます。棒をゆっくり2回クリックすると、特定の棒だけを選択できます。

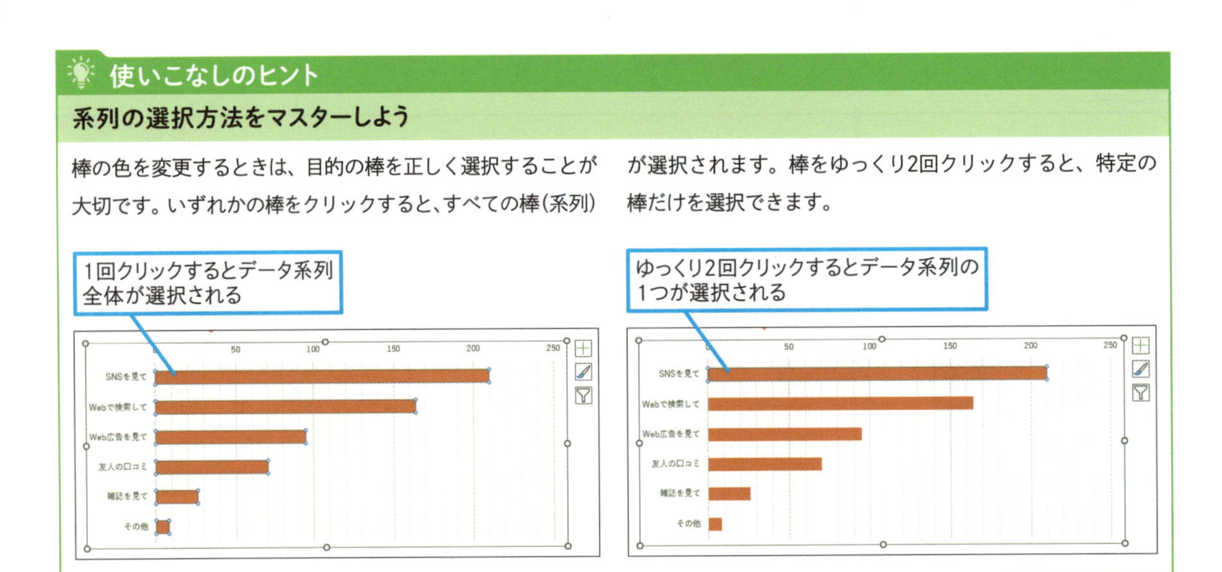

1 棒グラフをグラデーションにする

1 いずれかの棒をクリック

2 ［書式］タブをクリック

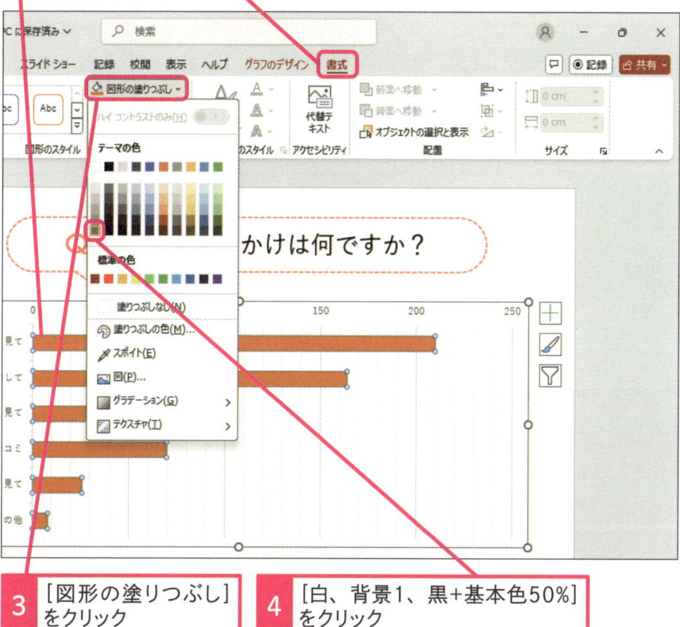

3 ［図形の塗りつぶし］をクリック

4 ［白、背景1、黒+基本色50%］をクリック

6本の棒の色がすべて変わった

5 ［図形の塗りつぶし］をクリック

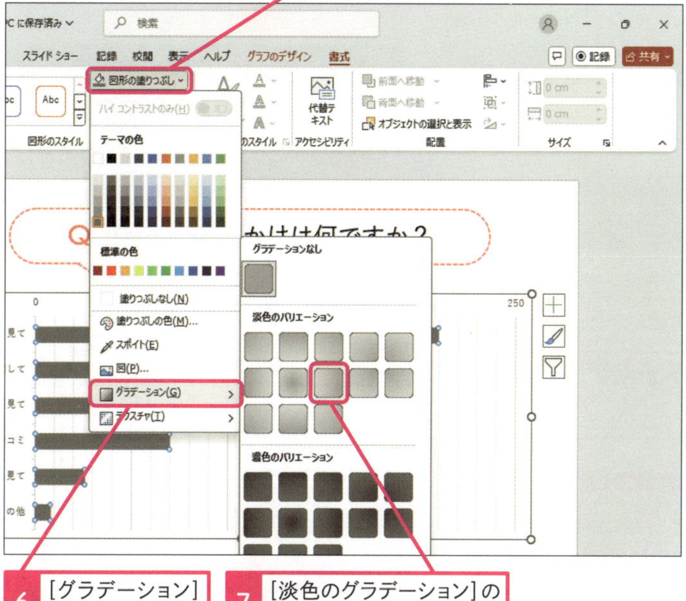

6 ［グラデーション］をクリック

7 ［淡色のグラデーション］の［左方向］をクリック

グラデーションが適用された

使いこなしのヒント

グラフの外側にデータラベルを表示する

グラフの基になる表のデータは、［データラベル］として追加できます。以下の操作でデータラベルの位置を［外側］に設定すると、それぞれの横棒の右側に表示されます。

1 ［グラフ要素を追加］をクリック

2 ［データラベル］をクリック

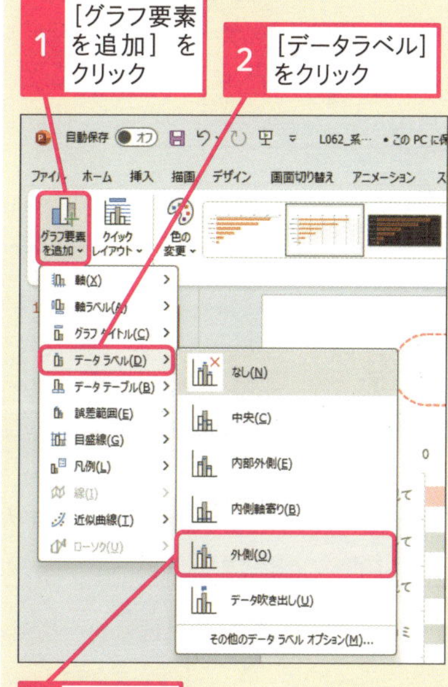

3 ［外側］をクリック

データラベルが表示された

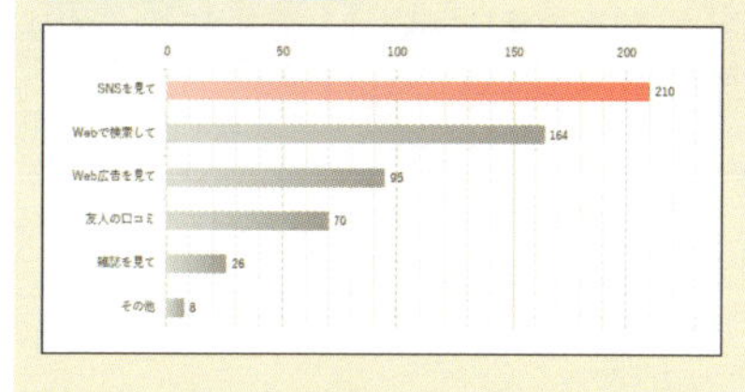

次のページに続く

2 目立たせたい棒だけ色を変える

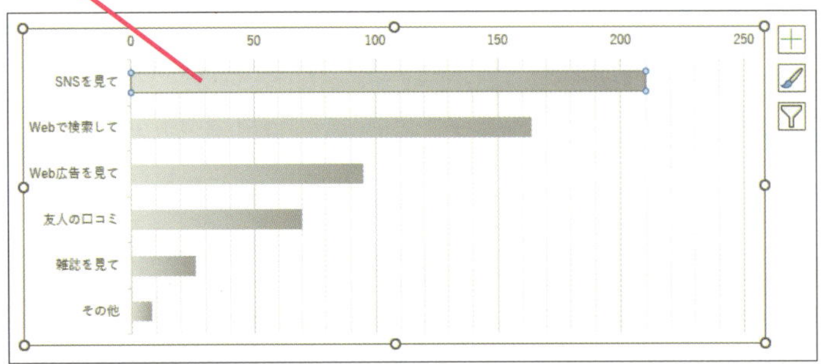

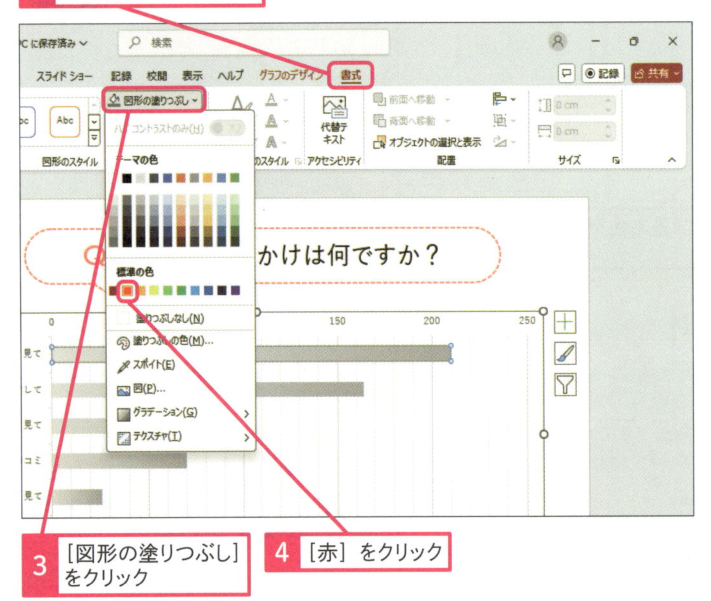

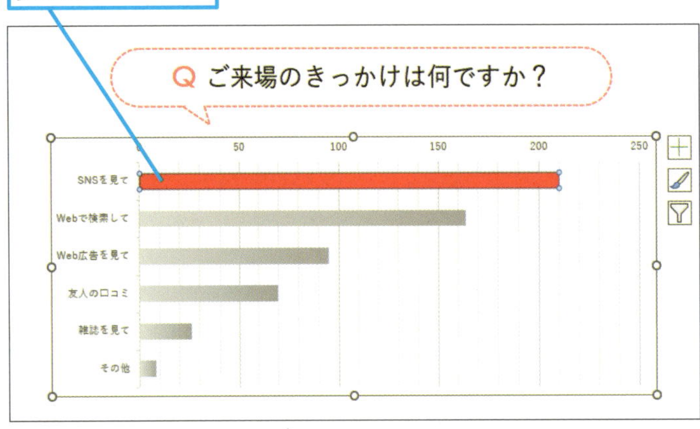

使いこなしのヒント

グラフの色を工夫しよう

無彩色とは、黒、白、灰色などの色味のない色のことです。グラフの脇役に無彩色を付けると、有彩色を引き立てて目立たせる効果があります。グラフの主役には、有彩色の中でも赤やオレンジなどの暖色系の色を使うと力強さをアピールできます。

使いこなしのヒント

グラデーションの向きに要注意！

横棒グラフにグラデーションを付けるときは、[左方向] が最適です。[左方向] を設定すると、横棒グラフの左から右に向かって色が濃くなります。[右方向] では、棒の右端が薄い色になるため、数値の大きさが不鮮明になるので注意しましょう。

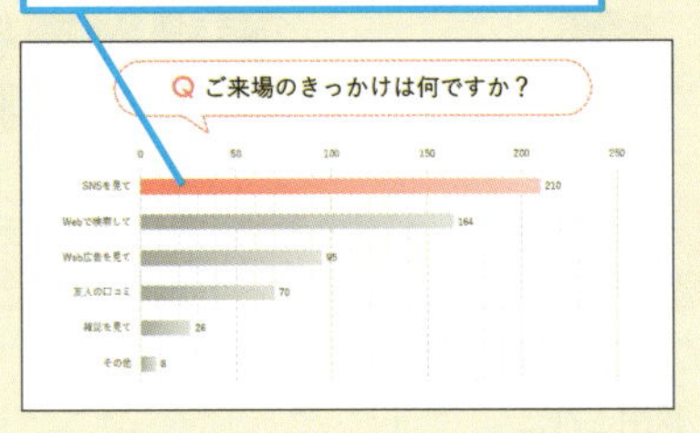

● 一番上の横棒にグラデーションを適用する

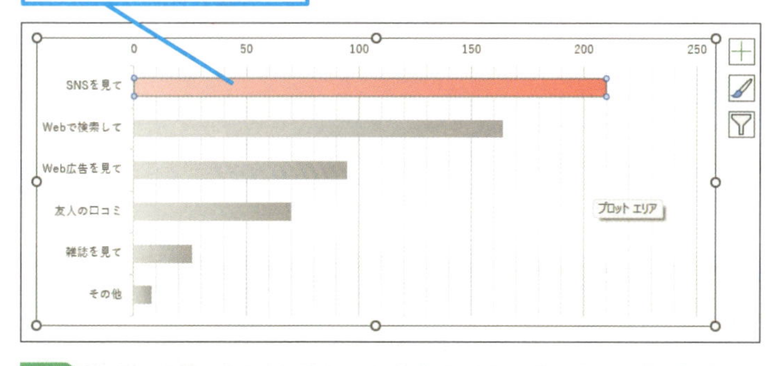

まとめ 棒の色でグラフのポイントを伝える

グラフの色はカラフルだからいいとは限りません。見て欲しい箇所に聞き手の注目を集めるには、グラフの主役が目立つように色を変えるといいでしょう。無彩色を上手に利用すると、自然と主役の色が引き立ちます。

スキルアップ

補助目盛線の色を変更する

グラフ内の目盛線の色は、以下の手順で変更できます。目盛線の色をグレーなどの薄い色に変更すると、棒の色を目立たせることができます。補助目盛線がある場合は、目盛線よりも薄い色を設定すると、メリハリが付きます。

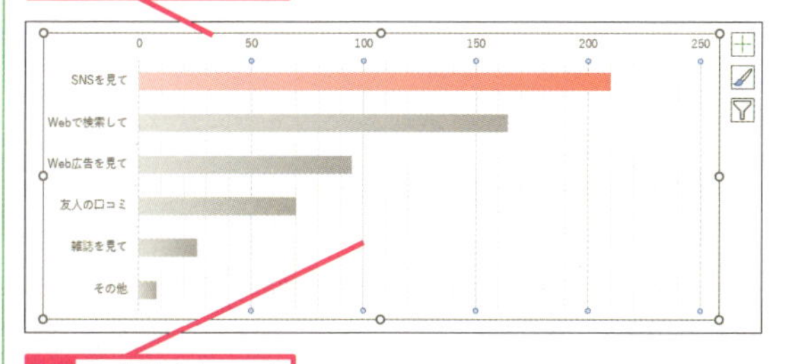

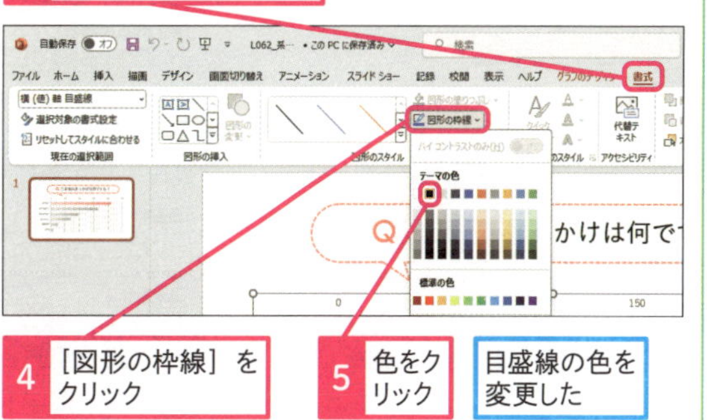

レッスン

63 棒グラフに直線を追加して数値の差を強調する

集合縦棒グラフ・直線

練習用ファイル L063_集合縦棒.pptx

棒グラフの棒の高さを比較するために、［図形］の機能を使ってグラフ内に直線を描画します。ここでは、2月と8月の棒の上側にそれぞれ点線を描画して、2本の線の距離で数値の差を強調します。

キーワード

グラフ	P.312
作業ウィンドウ	P.312
書式	P.312

点線や矢印を使って比較対象の数値を明確化する

Before

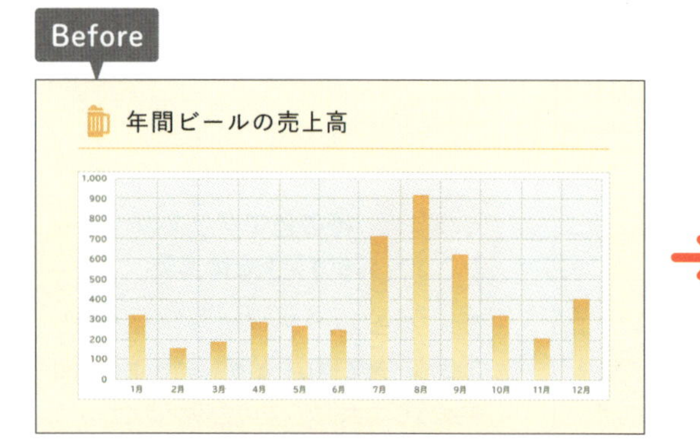

After

2月～8月までの数値の差に着目してほしいことが伝わる

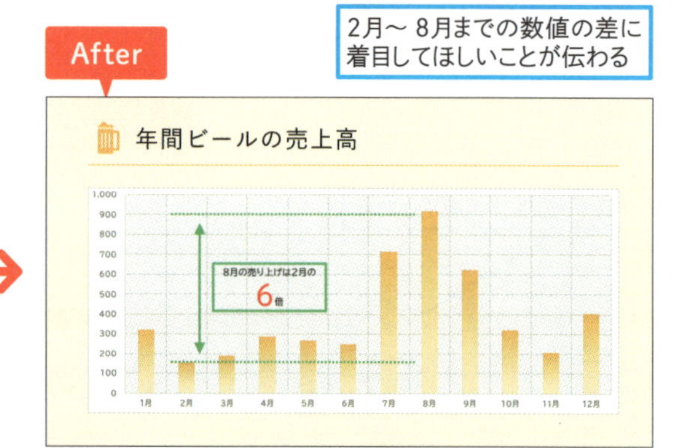

1 実線を点線に変更する

1 ［挿入］タブをクリック

2 ［図形］をクリック

3 ［線］をクリック

使いこなしのヒント

二重線を引くには

操作10の［実線/点線］の一覧には二重線がありません。二重線を引くには、［実線/点線］の［その他の線］をクリックし、右側の［図形の書式設定］作業ウィンドウで［一重線/多重線］をクリックします。

● 2月から8月までの間に直線を引く

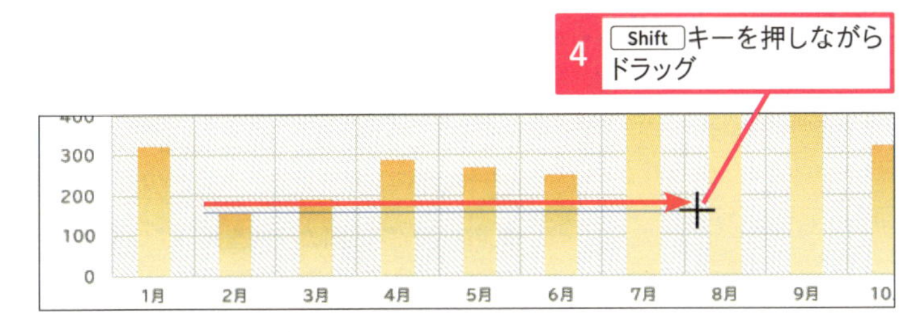

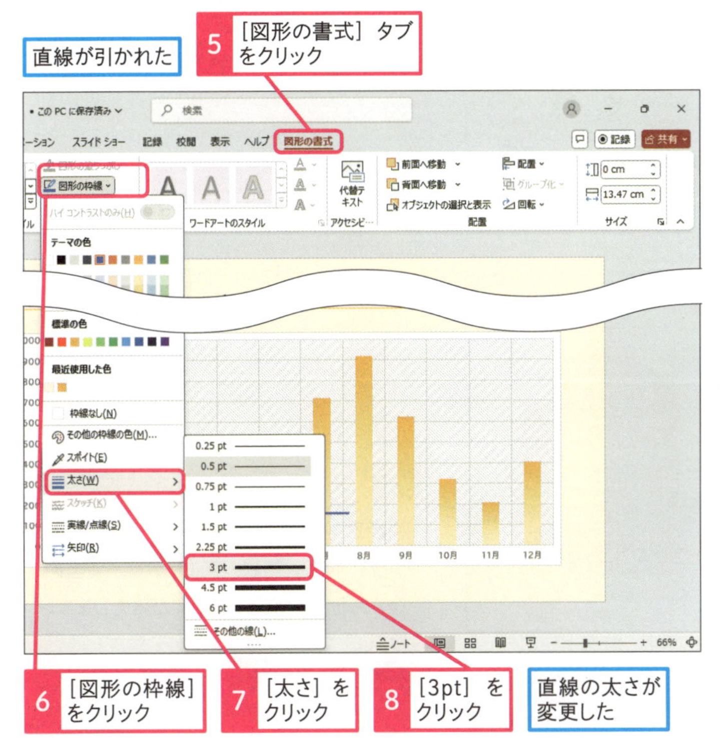

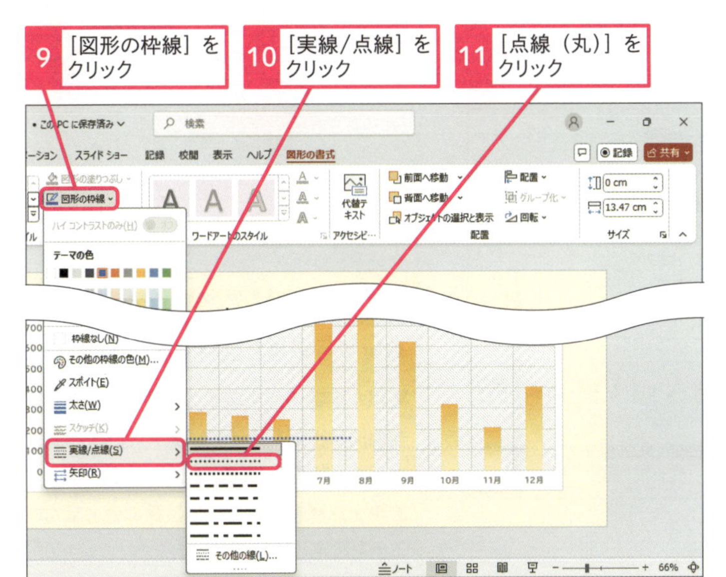

使いこなしのヒント

極太の線を引くには

操作7の［太さ］の一覧にない太さを設定するには、［太さ］の［その他の線］をクリックし、右側の［図形の書式設定］作業ウィンドウで［幅］の数値を大きくします。

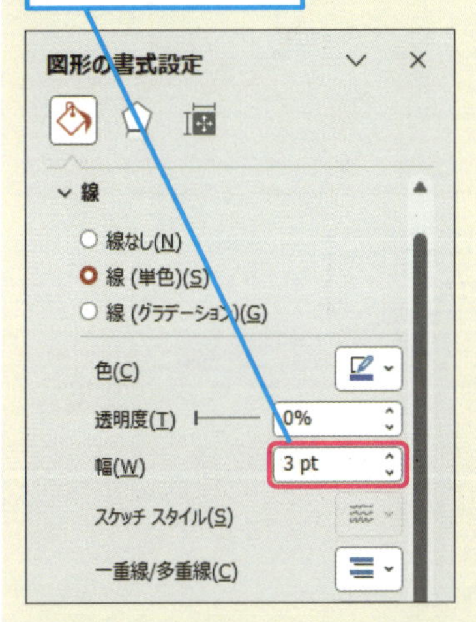

使いこなしのヒント

まっすぐな線を引くには

操作4のように Shift キーを押しながらドラッグすると、水平線や垂直線などのまっすぐな線を描画できます。

使いこなしのヒント

直線を矢印に変更できる

直線を後から矢印付きの直線に変更するには、［図形の書式］タブの［図形の枠線］から［矢印］をクリックします。両方向の矢印や片方向の矢印などが用意されており、クリックするだけで変更できます。

次のページに続く

2 図形を垂直方向にコピーする

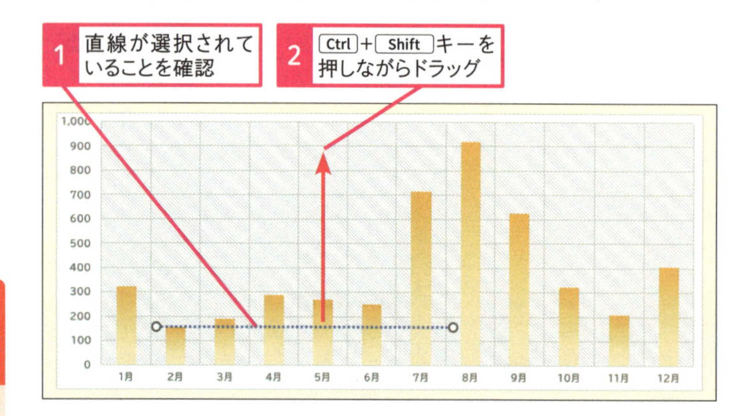

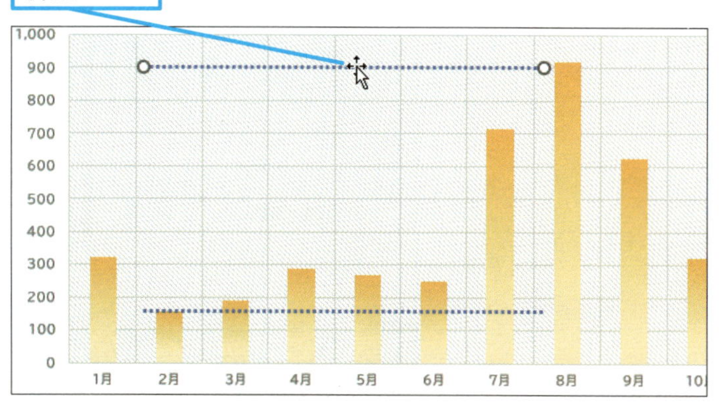

3 矢印を挿入する

1 ［挿入］タブをクリック

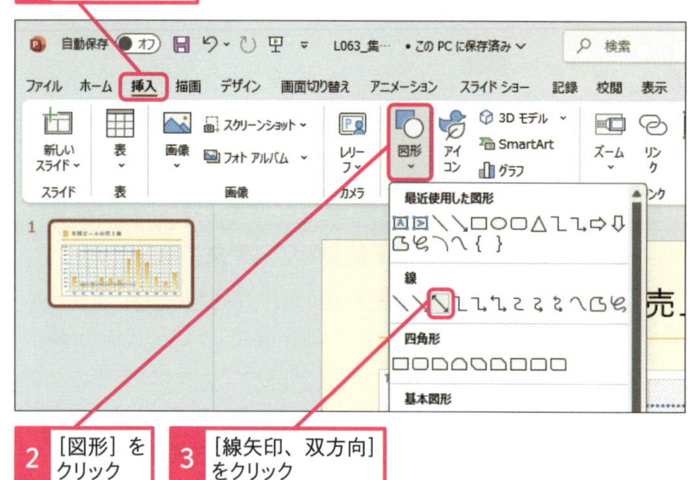

使いこなしのヒント
直線を使いまわそう

直線をCtrl+Shiftキーを押しながら上下にドラッグすると、垂直にコピーできます。Ctrlキーがコピー、Shiftキーが垂直方向や水平方向の役割を持っています。

ここに注意

手順2の操作2でShiftキーを押さずにドラッグすると、直線の真上にコピーできず、後から位置を移動する手間が発生します。

使いこなしのヒント
点線で目盛線と区別する

実線が実物の形を現すのに対し、点線は補助的な役割を持っています。ここでは、グラフの目盛線（実線）と区別するために、直線を点線で描画し、目盛線の色と異なる色を設定しています。

● 矢印が垂直になるようにする

4 Shift キーを押しながらドラッグ

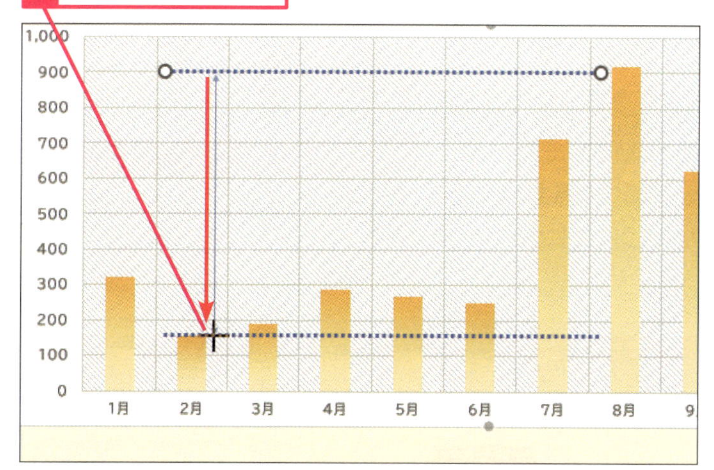

矢印が挿入された

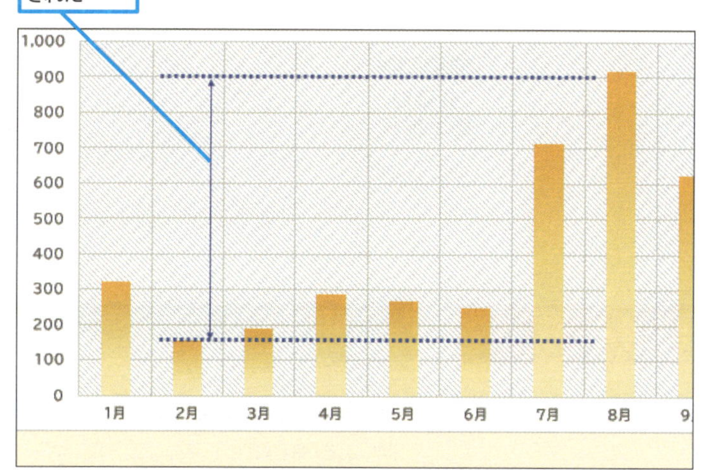

挿入した矢印の太さや、点線の色を変更しておく

レッスン14を参考にテキストボックスを挿入して、グラフのポイントを入力しておく

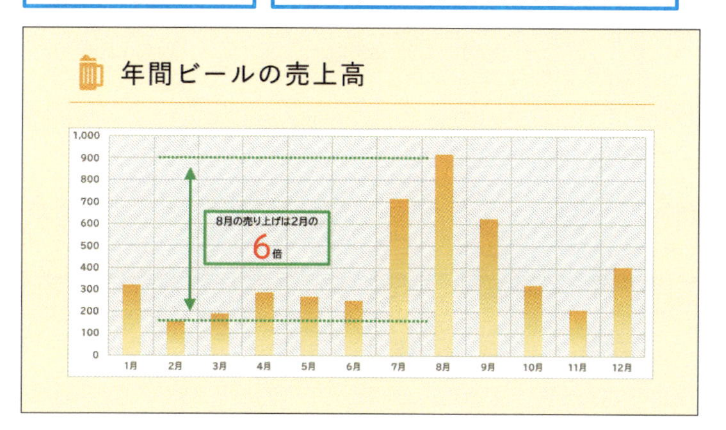

使いこなしのヒント

矢印の形を変更するには

矢印の先端の形を後から変更するには、矢印の図形をダブルクリックします。以下の［図形の書式設定］作業ウィンドウにある［始点矢印の種類］や［終点矢印の種類］をクリックすると、矢印の形の一覧が表示されます。

1 ［始点矢印の種類］をクリック

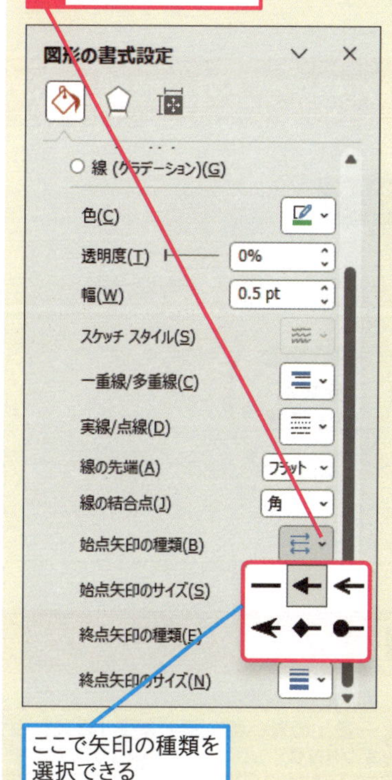

ここで矢印の種類を選択できる

まとめ　グラフの意図が伝わるように改良する

グラフを提示しても、ポイントが伝わらなければ失敗です。このレッスンのように2月と8月の数値の差を強調したいのであれば、「差」が明確に分かるように直線を利用するといいでしょう。さらにテキストボックスでポイントを添えておけば、ひと目でグラフの意図が伝わります。

レッスン
64 折れ線グラフのマーカーの色や大きさを改良する

線とマーカー

練習用ファイル　L064_マーカー.pptx

折れ線グラフを作成した直後は、線が細くて弱々しい印象です。［塗りつぶしと線］の機能を使って線を太くすると、視認性が高まります。また、線と線をつなぐマーカーの記号が目立つように色やサイズを変更します。

キーワード

アイコン	P.311
系列	P.312
マーカー	P.315

折れ線グラフの視認性を高める

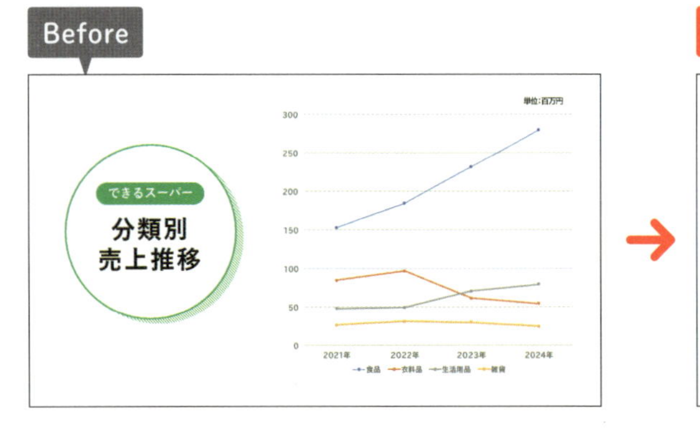

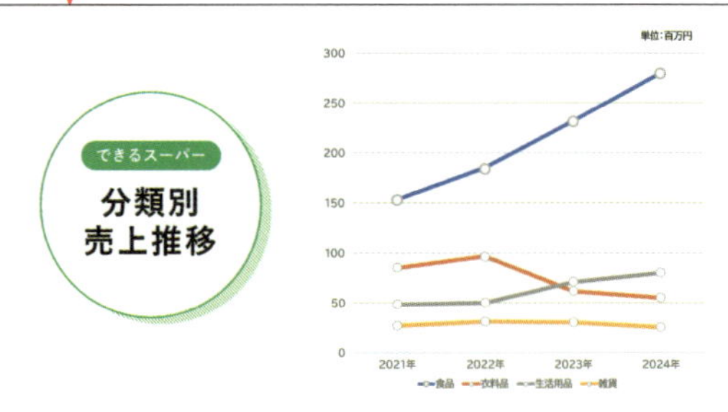

線の太さやマーカーのサイズが変えると視認性が高くなる

1 折れ線グラフの線の太さを変更する

1 一番上の青い折れ線をクリック

2 ［書式］タブをクリック

3 ［選択対象の書式設定］をクリック

用語解説

マーカー

マーカーとは、折れ線グラフの線と線の間にある「●」などの記号のことです。マーカーは後から種類や色、サイズを変更できます。

● 太さを数値で指定する

[データ系列の書式設定]作業ウィンドウが表示された

4 [塗りつぶしと線]をクリック

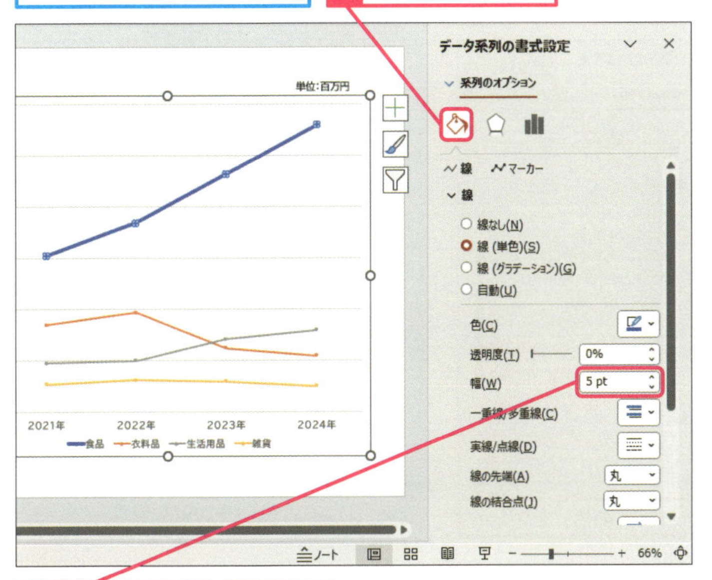

5 [幅]に「5」と入力

線が太くなった

2 マーカーのサイズや形を変更する

1 [マーカー]をクリック

2 [マーカーのオプション]をクリック

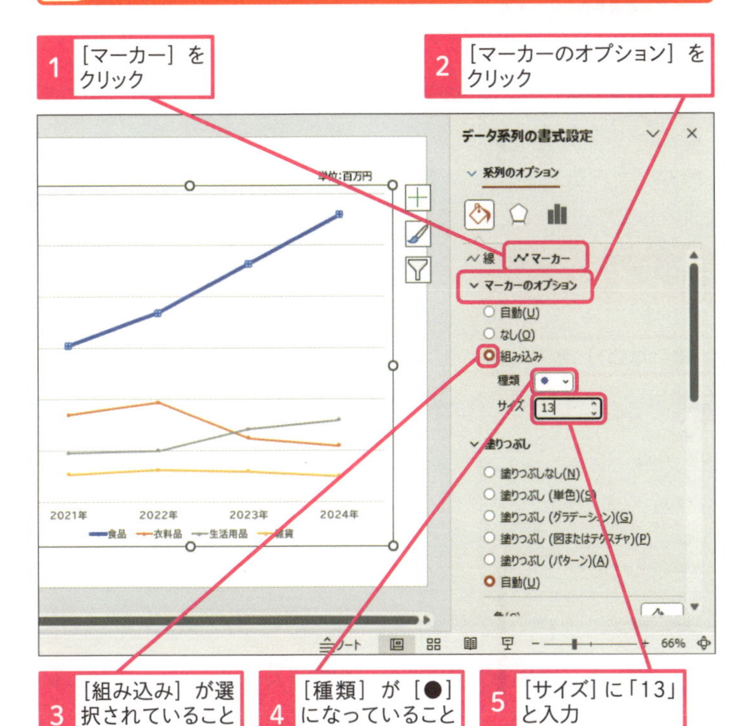

3 [組み込み]が選択されていることを確認

4 [種類]が[●]になっていることを確認

5 [サイズ]に「13」と入力

使いこなしのヒント

マーカーのオプションの「組み込み」って何?

手順2操作3の[組み込み]を選択すると、すぐ下にあるマーカーの種類やサイズが選べるようになります。組み込みとは、PowerPointに用意されている種類やサイズを使うという意味です。

使いこなしのヒント

折れ線グラフを滑らかにする

手順2操作1の画面で、[スムージング]にチェックマークを付けると、折れ線グラフを滑らかな曲線にすることができます。

[スムージング]にチェックマークを付けると、滑らかな曲線になる

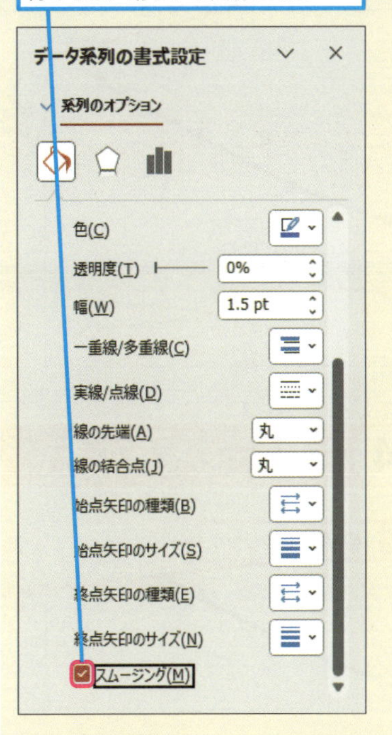

次のページに続く

3 マーカーの色を変更する

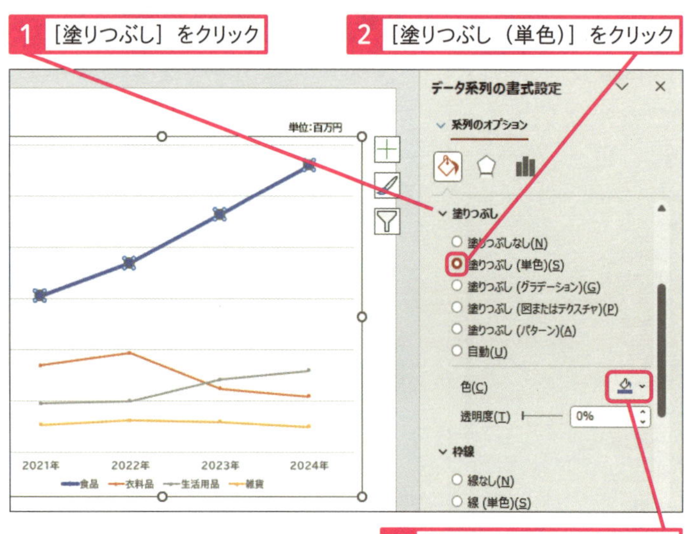

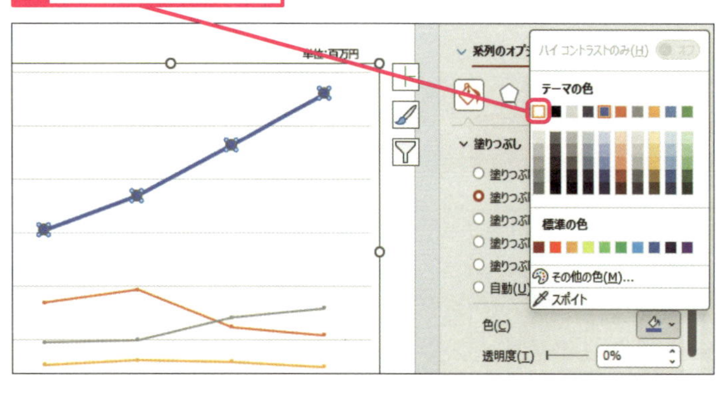

4 マーカーの輪郭の色や太さを変更する

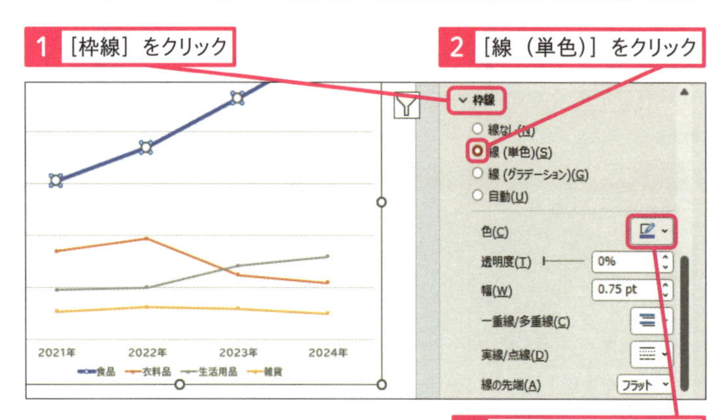

使いこなしのヒント

特定のマーカーのみサイズや形を変更するには

マーカーをゆっくり2回クリックすると、特定のマーカーだけを選択できます。この状態でサイズや形を変更すると、特定のマーカーだけに変更を加えることができます。

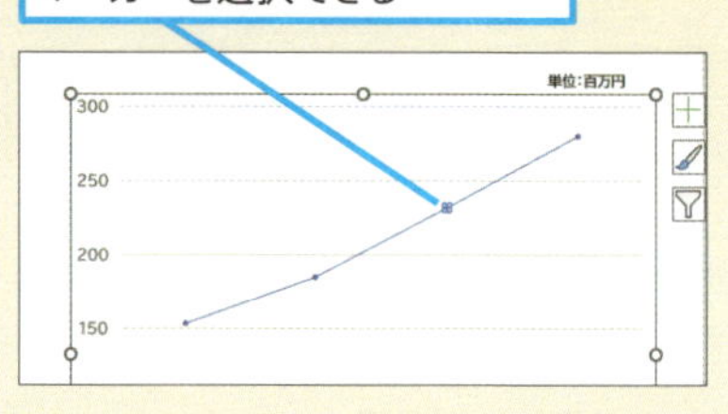

使いこなしのヒント

折れ線ごとにマーカーの形を変える

下図のように、賛成の線に「●」、反対の線に「×」のマーカーを設定すると、マーカーの形でデータの内容を示すこともできます。

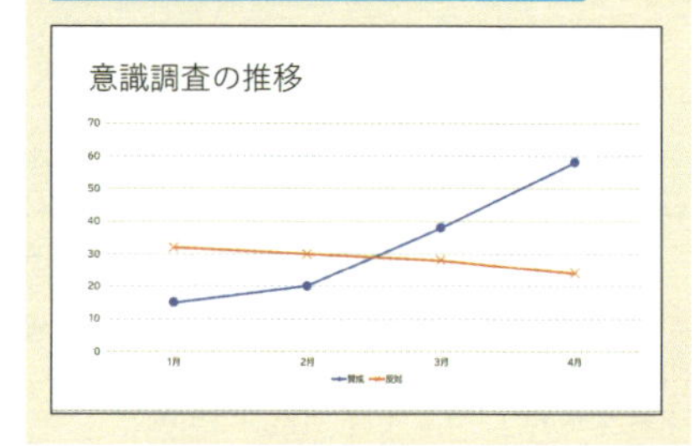

● 輪郭の色を選択する

4 ［白、背景1、黒+基本色25%］をクリック

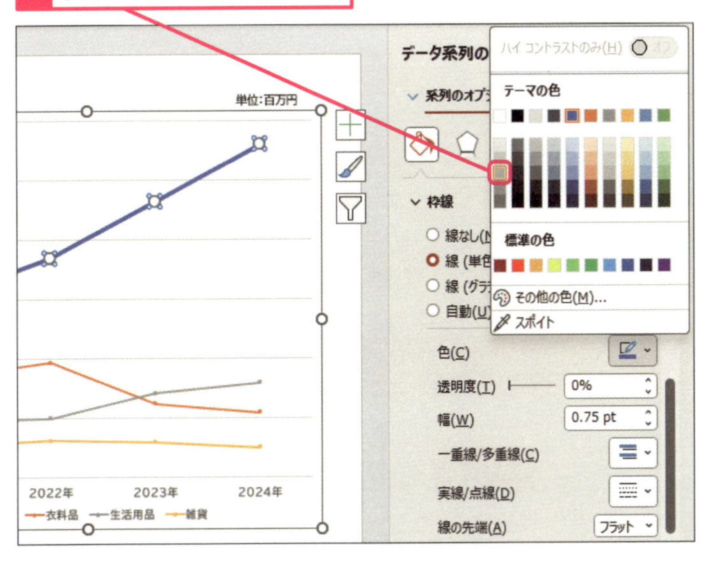

5 ［幅］に「2.5」と入力

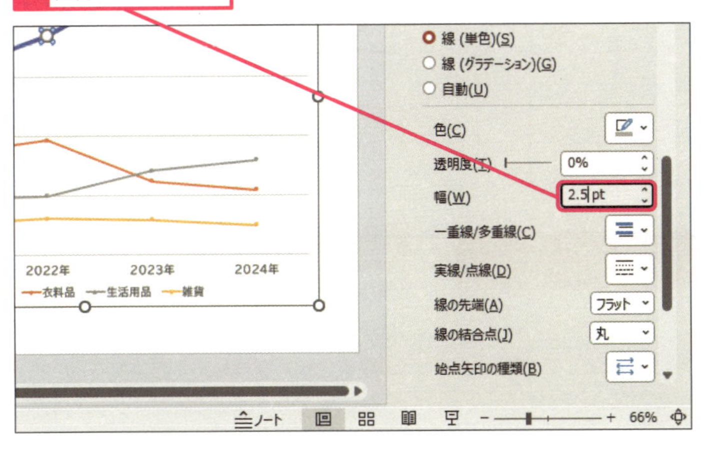

マーカーの色や大きさが変わった

ほかの4本の折れ線にも手順1 ～手順3と同じ設定を行う

使いこなしのヒント

マーカーを削除するには

折れ線グラフのマーカーを削除するには、199ページの［マーカーのオプション］で［なし］をクリックします。

使いこなしのヒント

マーカーにイラストを使う

マーカーにイラストやアイコンを表示するには、199ページの操作4で［種類］の一覧から一番下の［図］をクリックします。［図の挿入］ダイアログボックスが表示されたら、マーカーに使用したいイラストを選びます。

マーカーにアイコンを使うこともできる

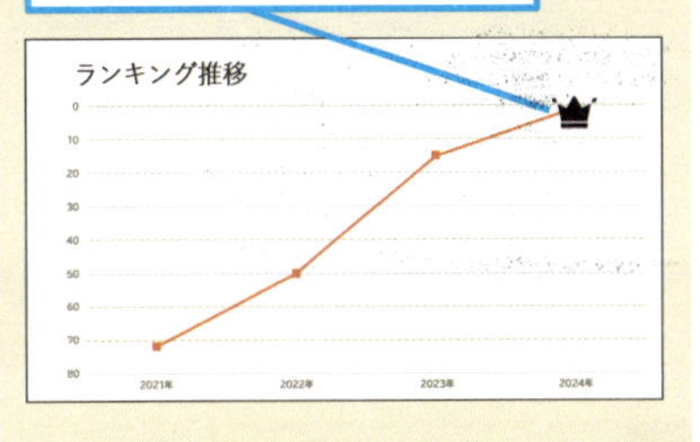

まとめ たかがマーカーと思うことなかれ

作成直後の折れ線グラフは、線が細くてマーカーが小さいため、弱々しい印象があります。インパクトのある折れ線グラフにするには、線を太くしたりマーカーを大きくしたりするなどの改良が必要です。マーカーの形や色を変えると、グラフが見やすくなりデータの違いが明確になります。

凡例を折れ線の右端に表示して視認性をアップする

データラベル

練習用ファイル L065_データラベル.pptx

グラフの凡例を削除して、代わりに折れ線グラフの線の右端に系列名を表示します。［データラベル］の機能を使って系列名を表示すると、グラフのすぐそばにデータの種類が表示されるので、データが読みやすくなります。

キーワード	
データラベル	P.314
凡例	P.314
マーカー	P.315

データラベルの位置を工夫する

Before

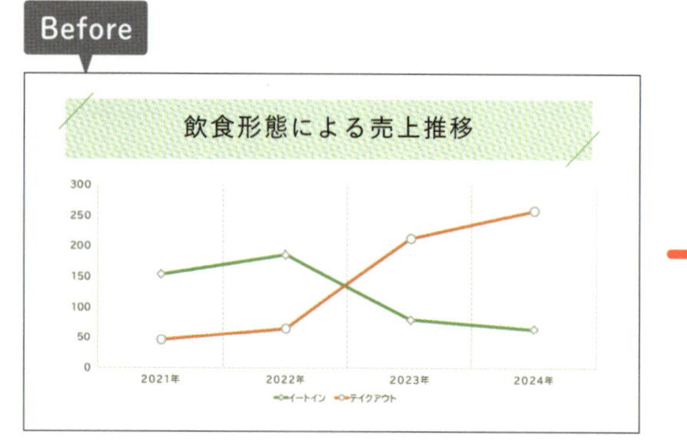

After

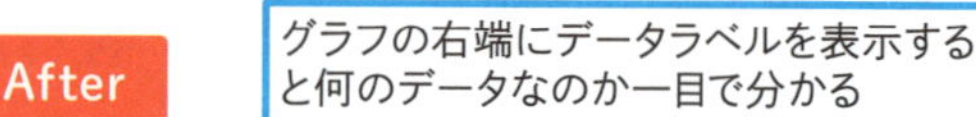

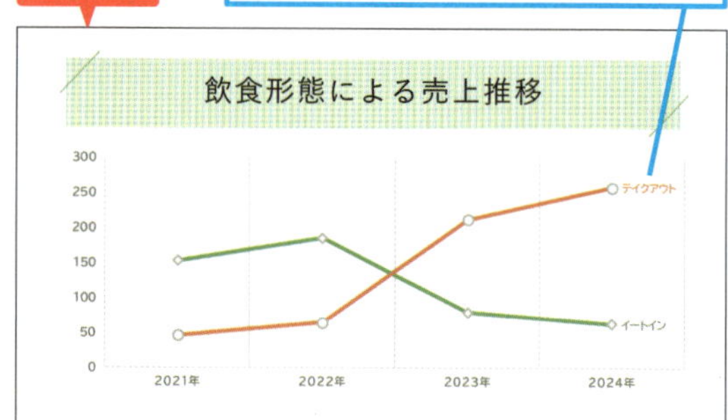

1 系列名を右端に表示する

1 右端のマーカーをゆっくり2回クリック

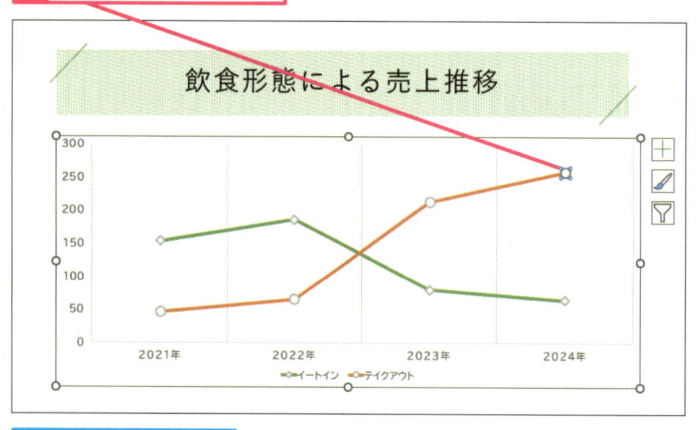

右端のマーカーのみが選択された

ここに注意

操作1でマーカーをクリックすると、最初はすべてのマーカーが選択されます。この状態でデータラベルを表示すると、すべてのマーカーのそばにデータラベルが表示されるので注意しましょう。

● 表示するデータを変更する

2 ［グラフのデザイン］タブをクリック

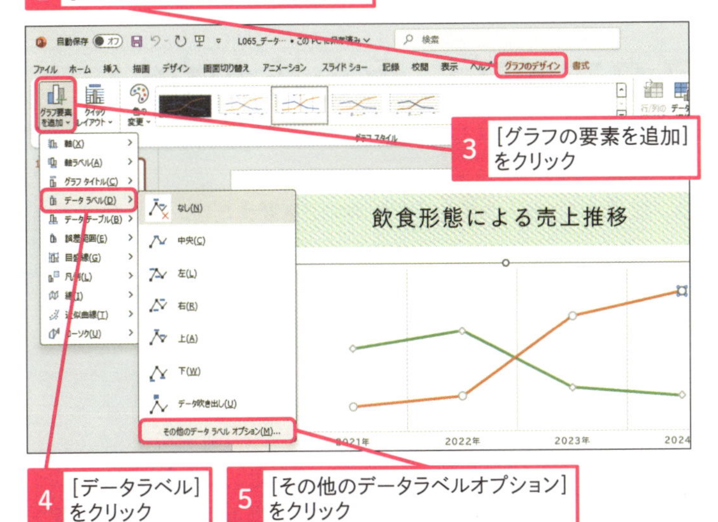

3 ［グラフの要素を追加］をクリック

4 ［データラベル］をクリック

5 ［その他のデータラベルオプション］をクリック

［データラベルの書式設定］作業ウィンドウが表示された

6 ［系列名］をクリックしてチェックマークを付ける

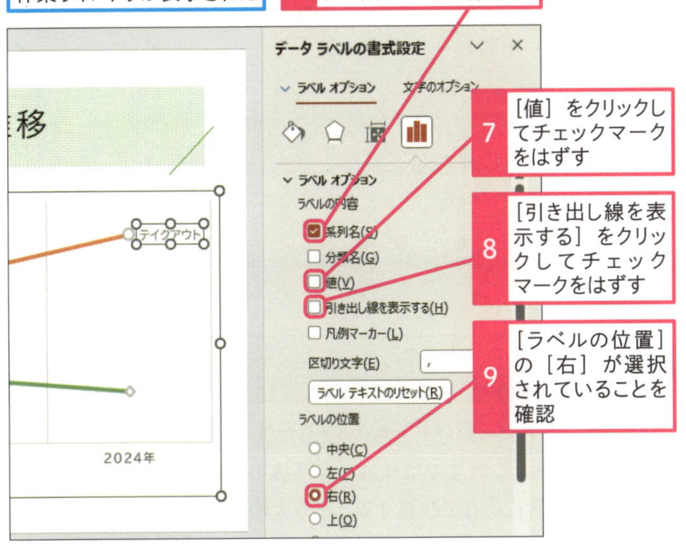

7 ［値］をクリックしてチェックマークをはずす

8 ［引き出し線を表示する］をクリックしてチェックマークをはずす

9 ［ラベルの位置］の［右］が選択されていることを確認

文字を折れ線と同じ色にしサイズを調整しておく

凡例は Delete キーを押して削除しておく

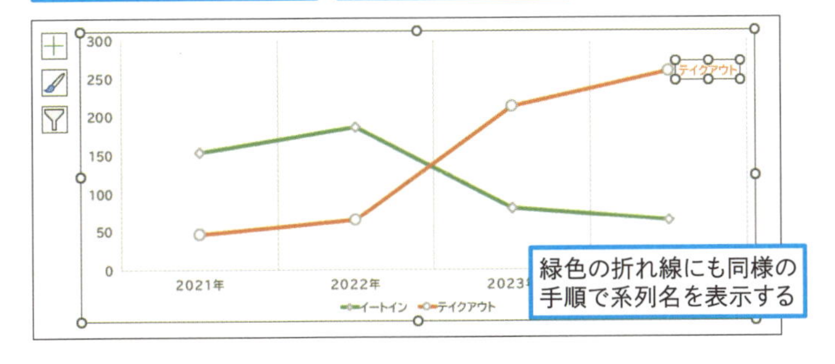

緑色の折れ線にも同様の手順で系列名を表示する

使いこなしのヒント

データラベルの位置はドラッグ操作でも移動できる

データラベルが折れ線と重なってしまったときは、データラベルをゆっくり2回クリックして選択し、外枠にマウスポインターを移動します。マウスポインターが十字の形になったら、そのままドラッグして移動します。

使いこなしのヒント

線の色とデータラベルの色を揃える

データラベルは最初は黒で表示されます。折れ線と同じ色に変更すると、色を見ただけでどの線に対応する内容なのかがひと目で分かります。

まとめ 視線を動かさずにグラフを読み取れるように工夫する

凡例はグラフの下や右に表示されることが多いため、いちいちグラフと凡例の間で視線を動かす必要があります。また、折れ線グラフの線の数が多いと、データを読み間違える心配もあります。このレッスンの操作でデータラベルを凡例代わりに使うと、グラフのそばにデータの種類を表示できるので、視認性が格段にアップします。

この章のまとめ

表やグラフのカスタマイズに手を抜かない

PowerPointで作成した直後の表やグラフはそのままでもきれいですが、意図が正しく伝わるかどうかを必ずチェックしましょう。じっくり見ないと理解できなかったり、意図とは違う見方をされる心配があるときは、表のデザインを見直したり、グラフの色や太さを変えたり、伝えたいポイントを文字で添えるなどのカスタマイズが必要です。誰が見てもひと目で分かる表やグラフを目指しましょう。

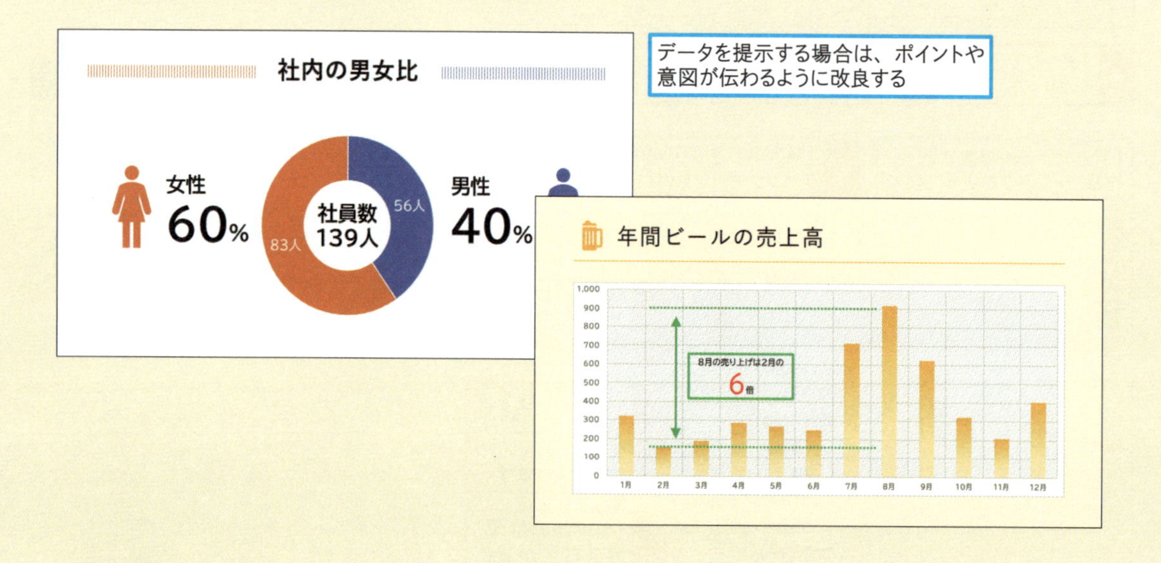

グラフって数字を扱うから難しく捉えがちだったけど、ちょっとした見せ方の工夫で、グンと分かりやすくなるなあ。これまでは作成した直後のままにしていたけど、この章を通して、必要に応じて改良することの大切さを実感しました！

わたしは「グラフはじっくり読ませるものではない」ってところにハッとさせられました。これからは聞き手の立場に立ったグラフが作れるように頑張ります！

データを用いながらプレゼンすると、説得力も上がるからね。どんどん実践しよう！

活用編

第10章

スライドマスターで作業を効率化する

この章では、スライドの修正を効率よく行うテクニックを紹介します。スライドマスターを使って文字の書式やデザインを修正する方法を覚えておくと、複数のスライドをまとめて変更できるので作業効率がアップします。

66	資料の修正をもっと効率化しよう	206
67	すべてのスライドの書式を瞬時に変更する	208
68	特定のレイアウトのスライドの書式をまとめて変更する	212
69	よく使うオリジナルのレイアウトを登録する	214
70	スライド番号に総ページ数を追加して全体のボリュームを見せる	218
71	テーマのデザインを部分的に変更する	222

レッスン
66 Introduction この章で学ぶこと
資料の修正をもっと効率化しよう

PowerPointの機能を知らずに、手作業でひとつずつスライドを修正しているケースがあります。結果は同じでも、適切な機能を使うか使わないかでスライド修正に費やす時間は大きく違います。スライド修正時に役立つスライドマスターの操作を覚えましょう。

一枚ずつ手作業で修正していない？

南さん、どうしたの？　なんだか浮かない顔してるね。

はい、ここまでいろんな機能を覚えましたが、モヤモヤすることがあるんです。例えばすべてのスライドのタイトルのフォントや色を変えるとき、スライドごとに修正するのが面倒で。

共通するタイトルのフォントや色の修正はスライドごとに行っている

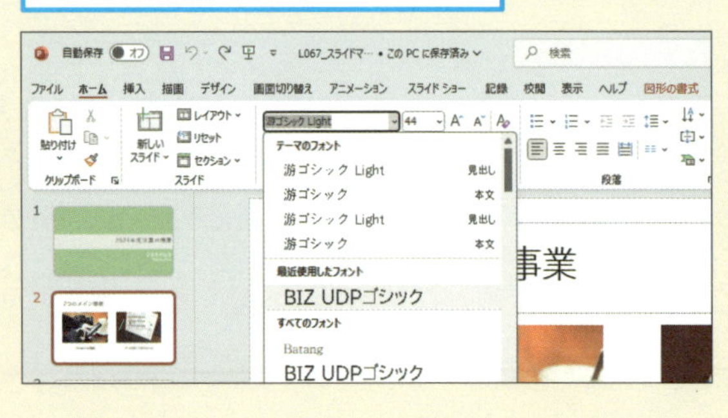

一括で変更できたらいいのにって思ってた！　それでいうと、こういうのも一括でできないかなぁ。

● 総ページ数の表記

● テーマのデザインの変更

知らないばかりに損してる？　その作業はもっと効率化できる！

2人が挙げた操作は、確かにモヤっとする人が多いみたい。でも、この作業、スライドマスターを使えば、パパっと解決するよ！

タイトルの書式を一括で修正できる

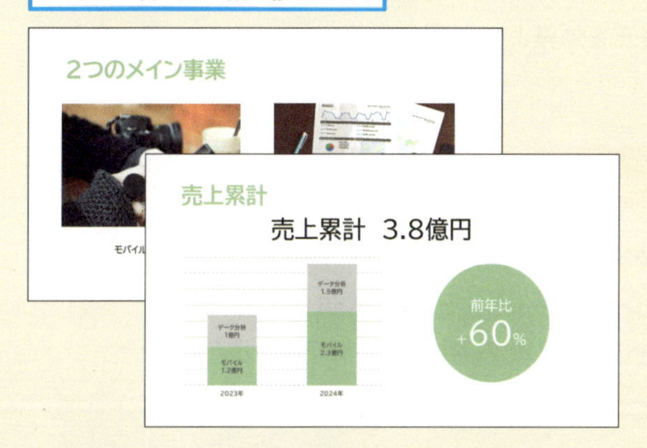

総ページ数を一括で追加できる

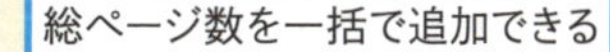

テーマのデザインを部分的に変更できる

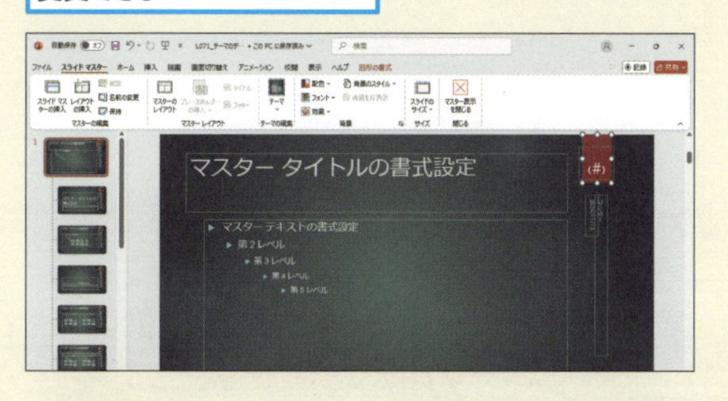

意外と簡単に解決できるんですね。毎回、クリックやドラッグをくり返していたあの時間は一体……。

非効率な作業に気づくのは、パワポに慣れてきた証！　よし！　この章ではとっておきの「スライドマスター」機能も紹介するね。この機能を習得できれば、グンとレベルアップできるよ。

「マスター」なんて付くぐらいだから、この機能を覚えれば、先輩にも自慢できそう！　そのスーパーマスターを早く教えてください！

「スライド」マスターだよ……。最初は難しく感じるかもしれないけど、理解すれば頼もしい機能だからね、一緒に学んでいこう！

レッスン

67 すべてのスライドの書式を瞬時に変更する

スライドマスター

練習用ファイル L067_スライドマスター.pptx

すべてのスライドのタイトルの文字のフォントと色を変更します。1枚ずつ手作業で修正すると時間がかかりますが、[スライドマスター]の機能を使うと、すべてのスライドに共通する修正を効率よく行えます。

キーワード

書式	P.312
図形	P.313
レイアウト	P.315

スライドマスターって何?

スライドマスターとは、スライドの設計図のようなものです。スライドマスターには[タイトルスライド]や[タイトルコンテンツ]など、それぞれのレイアウトごとにデザインや文字の書式などが登録されています。そのため、スライドマスターで変更した内容は自動的にそのレイアウトを適用しているすべてのスライドに反映されます。

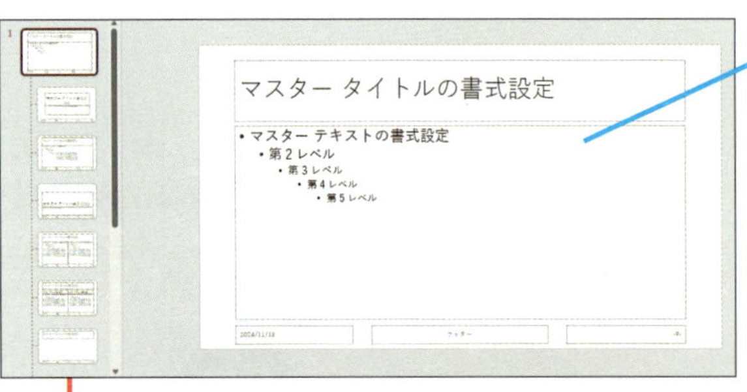

大元のデザインは一番上のスライドマスターの設定に依存する

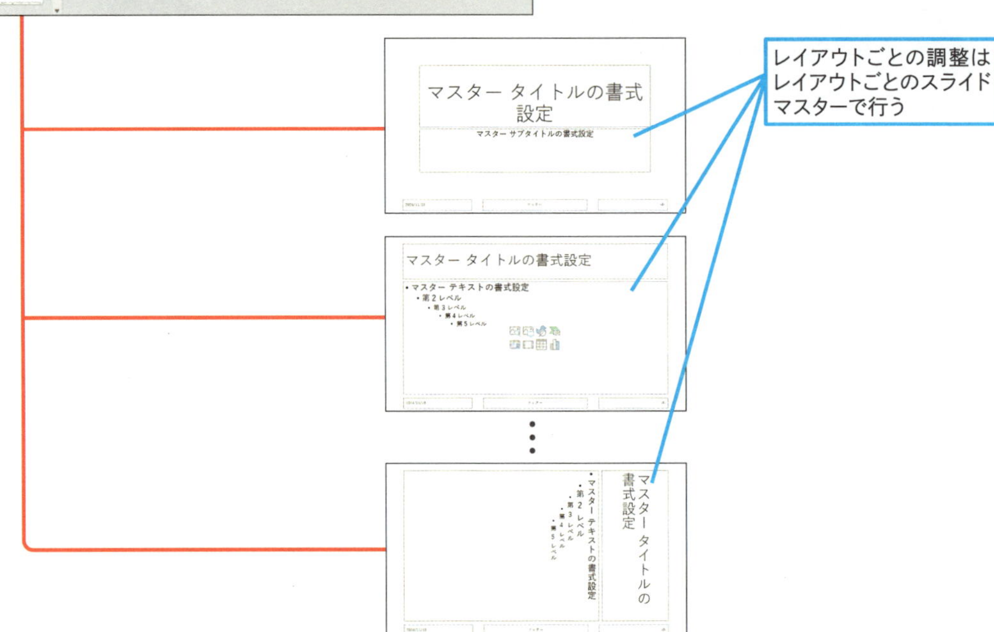

1 スライドマスターを表示する

1 ［表示］タブをクリック

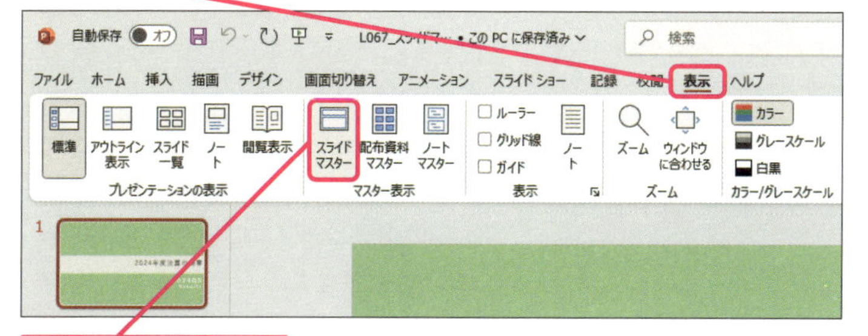

2 ［スライドマスター］をクリック

スライドマスターが表示された

2 すべてのタイトルのフォントと色を変える

1 スクロールバーをドラッグ

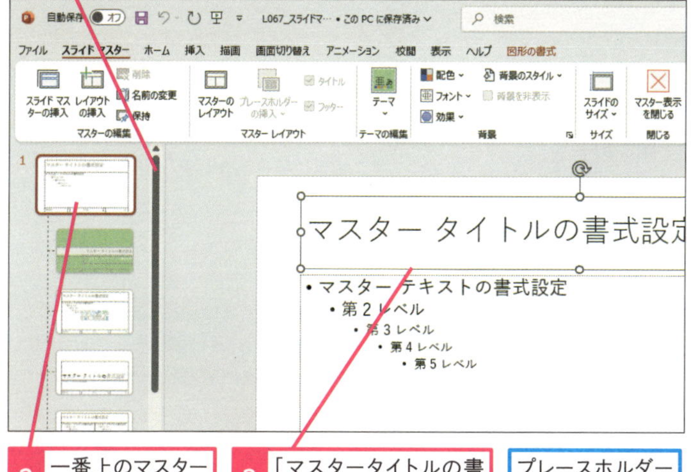

2 一番上のマスターをクリック

3 「マスタータイトルの書式設定」の枠をクリック

プレースホルダーが選択された

使いこなしのヒント

スライドマスターはレイアウトごとに用意されている

スライドマスター画面の左側には、レイアウトの一覧が表示されています。これは、PowerPointに用意されているレイアウトごとにマスターが用意されているという意味です。

使いこなしのヒント

スライドマスター専用のタブが表示される

手順1の操作を実行すると、スライドマスターを編集できる［スライドマスター表示］モードに画面が切り替わります。また、スライドマスターの編集を行うための［スライドマスター］タブが画面に表示されます。

用語解説

マスター

マスターとは原本という意味です。スライドマスターは、スライドの大元の原本ということを示しています。

次のページに続く

● フォントとフォントの色を変更する

4 ［ホーム］タブをクリック

5 ［フォント］をクリック

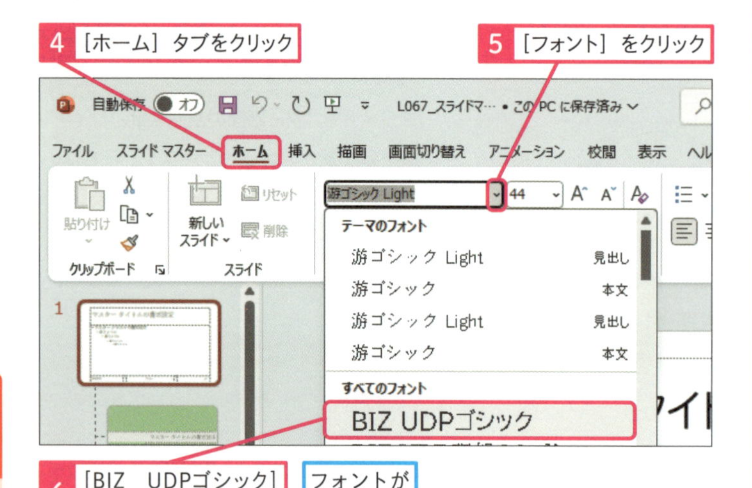

6 ［BIZ　UDPゴシック］をクリック

フォントが変更された

7 ［フォントの色］をクリック

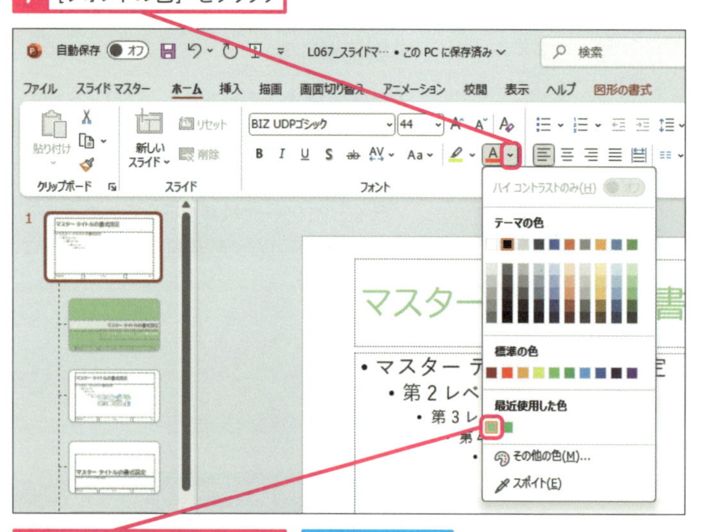

8 ［最近使用した色］にある［薄い緑色］をクリック

フォントの色が変更された

9 ［スライドマスター］タブをクリック

10 ［マスター表示を閉じる］をクリック

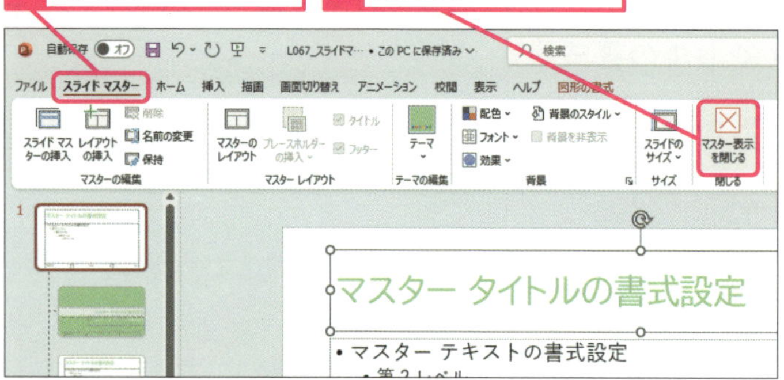

使いこなしのヒント

すべてのスライドに共通の設定をするには

手順2で、一番上のスライドマスターを選択すると、［タイトルとコンテンツ］や［2つのコンテンツ］［タイトルのみ］など、タイトル用のプレースホルダーがあるレイアウトの書式をまとめて変更できます。後から追加したスライドにも自動的に同じ書式が適用されます。

使いこなしのヒント

特定のレイアウトの書式を変更するには

手順2の操作1で、一番上以外のスライドマスターを選択すると、選択したレイアウトが適用されているスライドだけに修正が反映されます。

ここに注意

手順2で目的とは違う書式を設定すると、すべてのスライドに反映されてしまいます。慎重に操作しましょう。

● スライドマスターが閉じた

すべてのスライドのタイトルのフォントと色が変わった

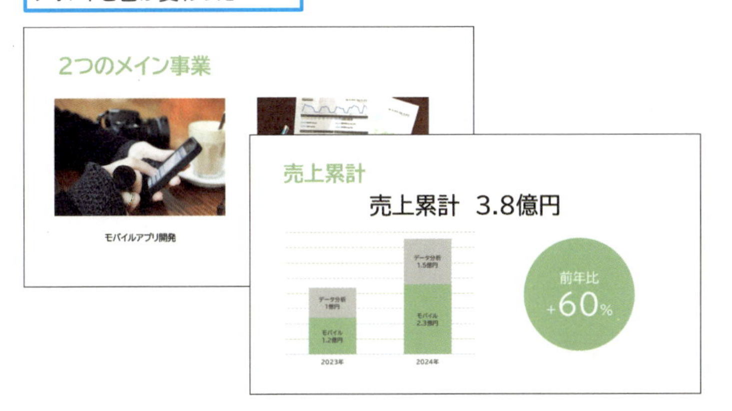

まとめ スライドマスターで効率よく修正しよう

スライドが完成した後に、文字の書式やデザインを変更することがあります。1枚ずつ手作業で行うと時間がかかるばかりでなく修正漏れが起こる可能性もあります。すべてのスライドに共通した修正はスライドマスターを使いましょう。

スキルアップ

すべてのスライドにロゴをまとめて入れる

すべてのスライドにロゴ画像を入れるには、以下の操作で一番上のスライドマスターにロゴ画像を挿入します。スライドマスターに挿入した画像やアイコン、図形はすべてのスライドの同じ位置に同じサイズで表示されます。

スライドマスターを表示しておく

1 一番上のマスターをクリック

2 ［挿入］タブをクリック

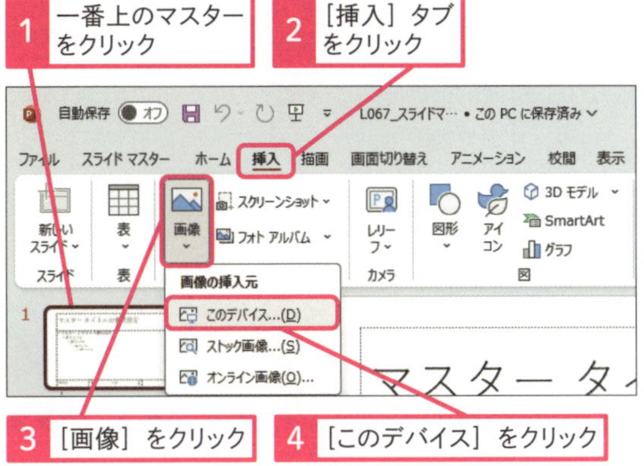

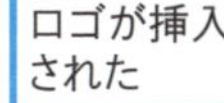

3 ［画像］をクリック

4 ［このデバイス］をクリック

5 挿入するロゴをクリック

6 ［挿入］をクリック

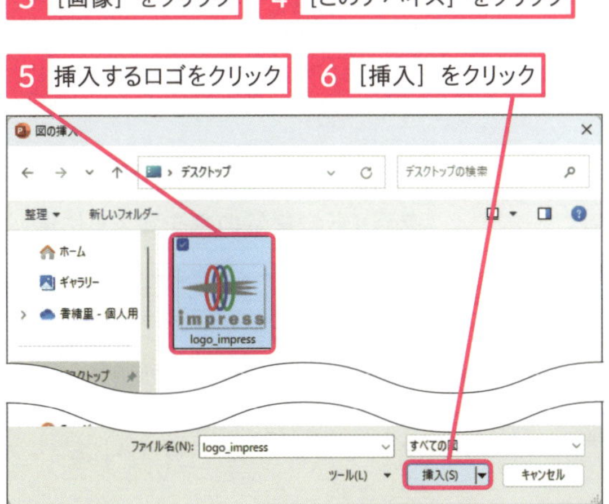

ロゴが挿入された

位置やサイズを調整しておく

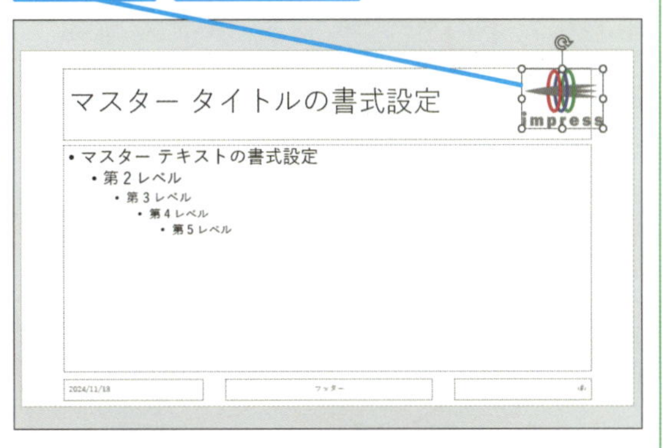

7 ［スライドマスター］タブをクリック

8 ［マスター表示を閉じる］をクリック

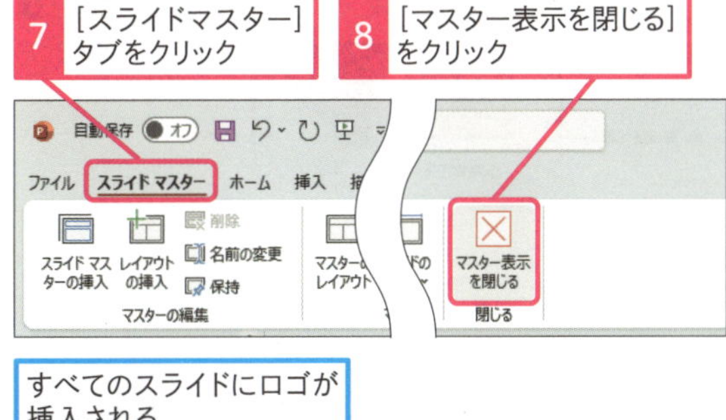

すべてのスライドにロゴが挿入される

レッスン

68 特定のレイアウトの書式をまとめて変更する

書式変更

練習用ファイル L068_書式変更.pptx

レッスン67では、[スライドマスター] を使ってすべてのスライドの書式を変更しましたが、特定のレイアウトの書式だけを変更することもできます。ここでは、中表紙となる [セクション見出し] のレイアウトのスライドに画像を挿入します。

1 特定のレイアウトの背景に画像を挿入する

スライドマスターを表示しておく

1 左側のレイアウトから上から4枚目の [セクション見出しレイアウト] を選択

2 [挿入] タブをクリック

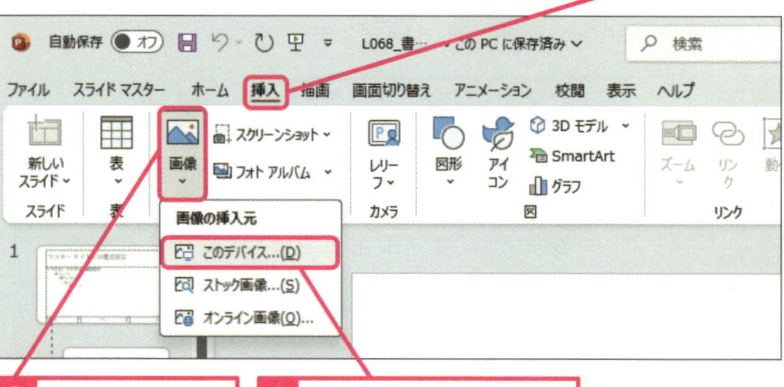

3 [画像] をクリック

4 [このデバイス] をクリック

5 挿入する画像をクリック

6 [挿入] をクリック

キーワード

書式	P.312
スライドマスター	P.313
レイアウト	P.315

使いこなしのヒント

追加するスライドにも反映される

スライドマスターで変更した書式は、作成済みのスライドだけでなく、後から追加する新しいスライドにも自動的に反映されます。

使いこなしのヒント

スライドの背景の色を変えるには

中表紙のスライドの背景色をほかのスライドと変えるのも効果的です。スライドマスターで背景の色を変えるには、変更したいレイアウトを選択し、[スライドマスター] タブの [背景のスタイル] をクリックします。

● 挿入した画像を背景に設定する

画像が挿入された

画像をドラッグしてスライドの左端に移動しておく

7 ［マスタータイトルの書式設定］のプレースホルダーをクリック

8 ［ホーム］タブをクリック

9 ［右揃え］をクリック

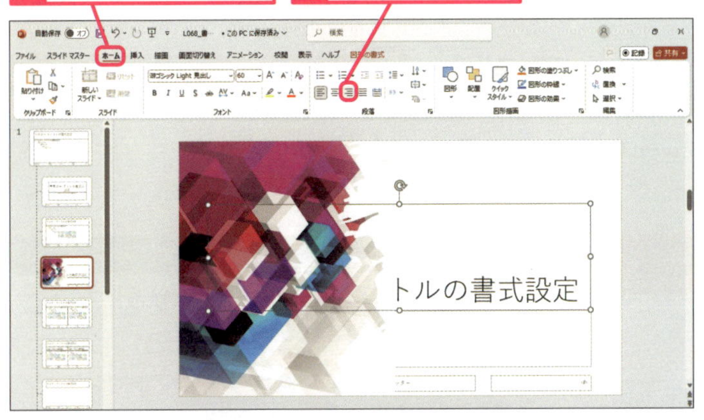

［マスタータイトルの書式設定］のプレースホルダーの文字列が右寄せされた

10 ［スライドマスター］タブをクリック

11 ［マスター表示を閉じる］をクリック

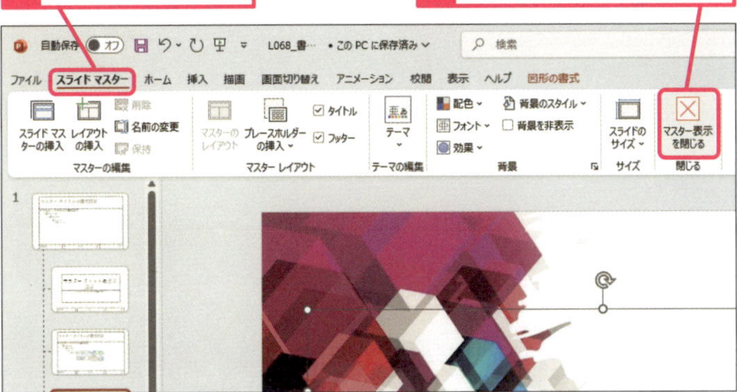

［セクション見出し］のレイアウトの2枚のスライドだけ変更された

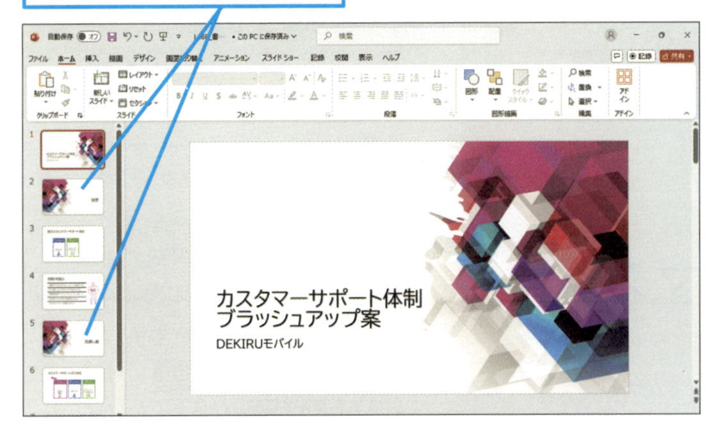

使いこなしのヒント

特定のスライドのフッターを消すには

中表紙のスライド番号を消したいといったように、特定のレイアウトのスライドのフッターをまとめて消すことができます。それには、スライドマスター画面で変更したいレイアウトを選択し、［スライドマスター］タブの［フッター］のチェックボックスをオフにします。

使いこなしのヒント

複数のレイアウトの書式を同時に変えるには

スライドマスター画面の左側で、Ctrlキーを押しながらレイアウトを順番にクリックすると、複数のレイアウトを選択できます。この状態で書式を変更すると、複数のレイアウトの書式をまとめて変更できます。

用語解説

セクション見出し

スライドにはさまざまなレイアウトが用意されており、［セクション見出し］のレイアウトはプレゼンの中表紙に相当するレイアウトです。

まとめ 最初に目的のレイアウトを正しく選ぶ

スライドマスターを使いこなすコツは、最初に目的のレイアウトを正しく選ぶことです。スライドマスター画面の左側に並ぶレイアウトから修正したいレイアウトを選んでおかないと、変更した書式が正しく反映されないので注意しましょう。

レッスン

69 よく使うオリジナルのレイアウトを登録する

レイアウトの挿入

練習用ファイル L069_レイアウトの挿入.pptx

スライドマスターを使って、PowerPointに用意されていないオリジナルのレイアウトを作成して登録します。ここでは、スライドの左側に表のプレースホルダー、右側にグラフのプレースホルダーを配置したレイアウトを作成します。

1 新しいレイアウトを追加する

1 ［表示］タブをクリック

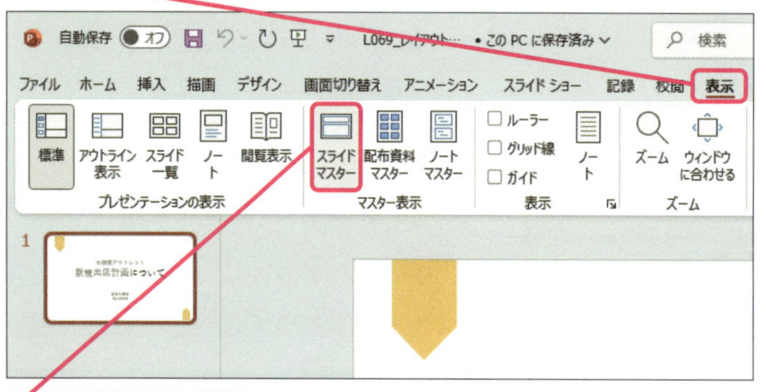

2 ［スライドマスター］をクリック

3 ［タイトルとコンテンツレイアウト］をクリック

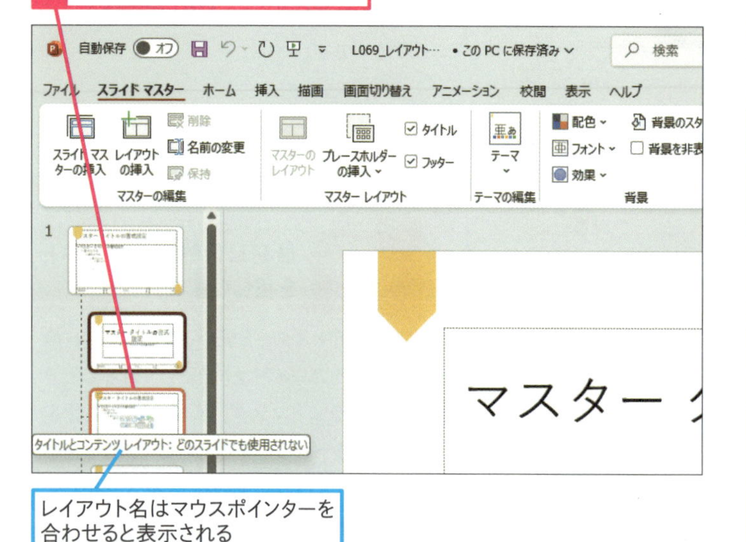

レイアウト名はマウスポインターを合わせると表示される

キーワード

スライドマスター	P.313
プレースホルダー	P.315
レイアウト	P.315

使いこなしのヒント

選択したレイアウトの後ろに追加される

手順1の操作3で［タイトルとコンテンツレイアウト］を選択すると、このレイアウトの後ろに新しいレイアウトが挿入されます。新しいレイアウトはどの位置に挿入してもかまいません。

使いこなしのヒント

スライドマスターのレイアウトを削除してしまった！

左側のスライドマスターのレイアウトをクリックして、［スライドマスター］タブの［削除］ボタンをクリックすると、レイアウトを丸ごと削除できます。間違って削除してしまったときは、クイックアクセスツールバーの［元に戻す］ボタンをクリックします。ただし、スライドで使用しているレイアウトを削除することはできません。

● レイアウトを挿入する

4 ［スライドマスター］タブをクリック

5 ［レイアウトの挿入］をクリック

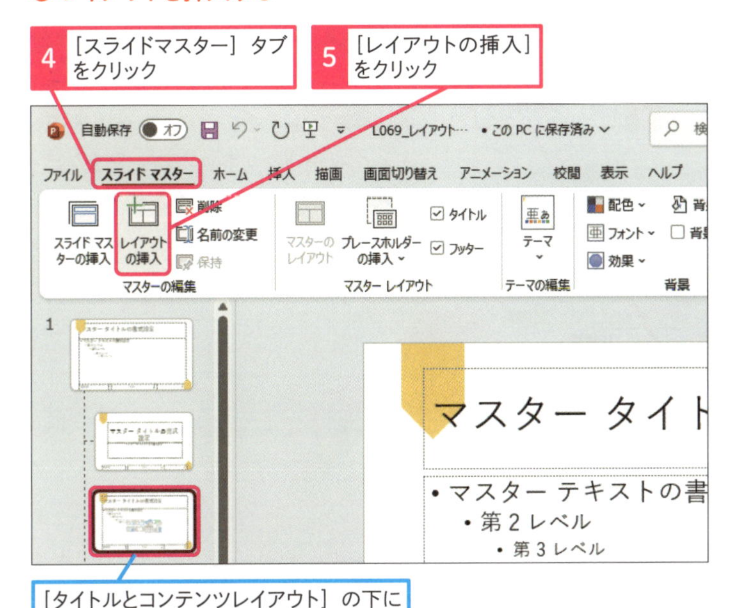

［タイトルとコンテンツレイアウト］の下に新しいレイアウトが挿入された

2 レイアウト名を変更する

1 ［名前の変更］をクリック

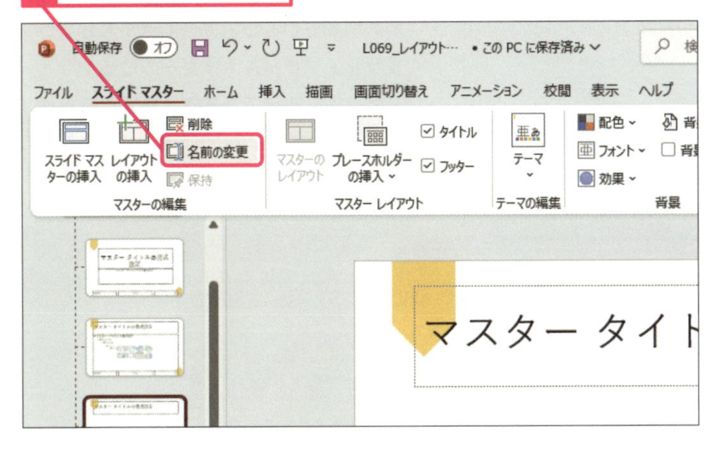

［レイアウト名の変更］ダイアログボックスが表示された

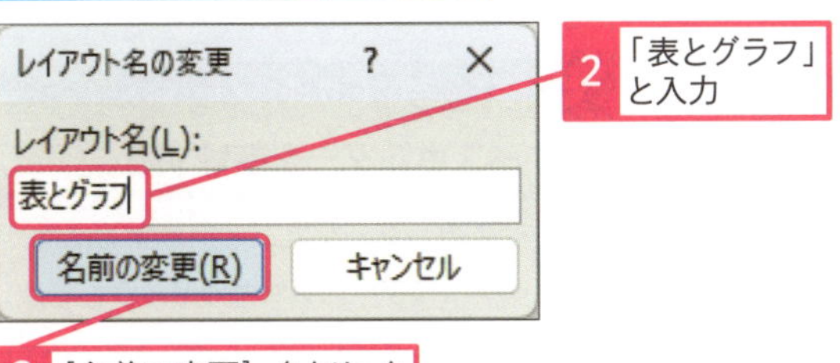

2 「表とグラフ」と入力

3 ［名前の変更］をクリック

使いこなしのヒント

［スライドマスターの挿入］って何？

1つのプレゼンテーションの中で複数のデザインを使うときは、［スライドマスター］タブの［スライドマスターの挿入］ボタンをクリックします。そうすると、新しいスライドを追加するときに、複数のマスターで設定したレイアウトがまとめて表示されます。

1つ目のスライドマスター

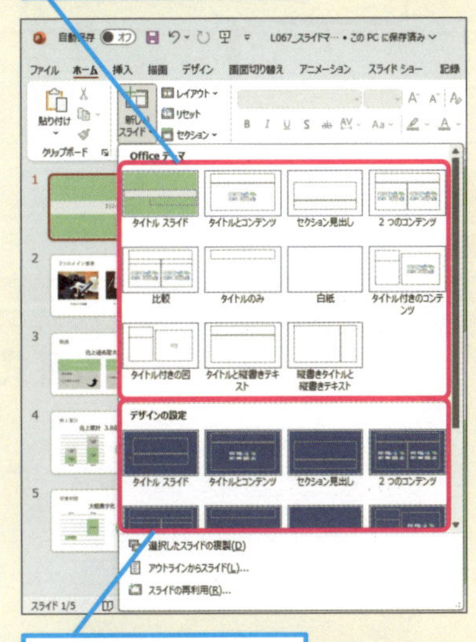

2つ目のスライドマスター

使いこなしのヒント

レイアウト名を後から変更するには

手順2の操作2で入力した名前を変更するには、もう一度［名前の変更］ボタンをクリックします。PowerPointに最初から用意されているレイアウトの名前を変更することもできます。

次のページに続く

3 コンテンツのプレースホルダーを挿入する

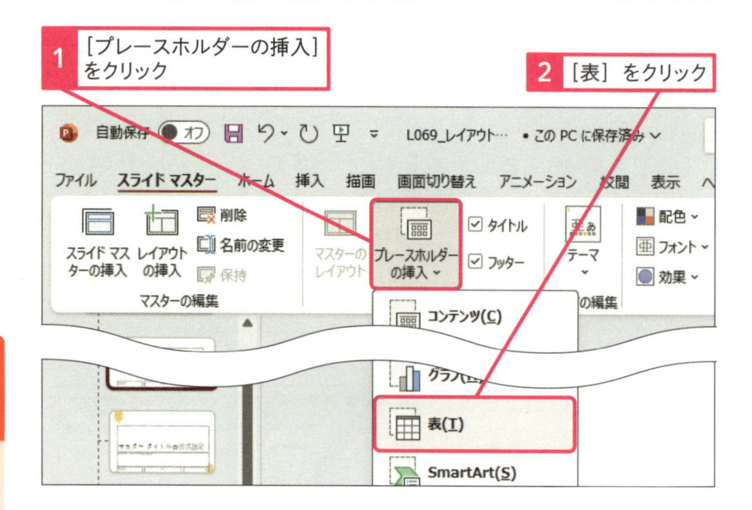

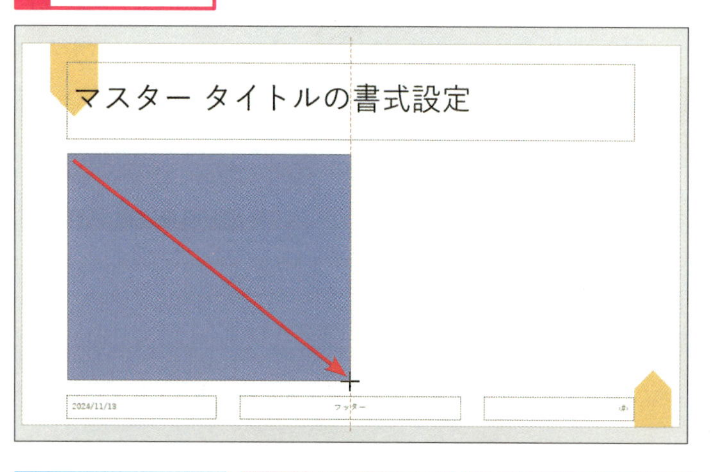

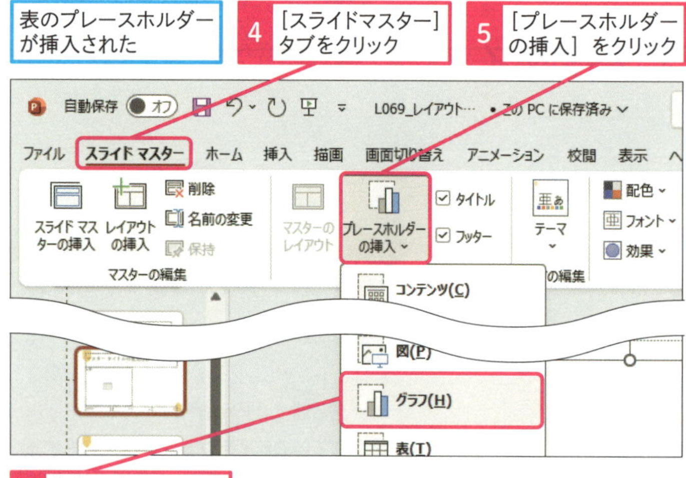

用語解説

コンテンツ

コンテンツとは、スライドの内容のことです。手順3の操作2で［コンテンツ］を選ぶと、スライドに文字やグラフ、図表などを入れるためのプレースホルダーを挿入できます。

使いこなしのヒント

プレースホルダーの組み合わせは自由

手順3で表示されるプレースホルダーは、どの種類をいくつ組み合わせてもかまいません。プレースホルダーの位置やサイズも自由に設定できます。頻繁に行う作業に合わせてレイアウトを作りましょう。

使いこなしのヒント

プレースホルダーを削除する

プレースホルダーを丸ごと削除するには、プレースホルダーの外枠をクリックしてから Delete キーを押します。

● グラフのプレースホルダーを挿入する

7 スライドの右側をドラッグ

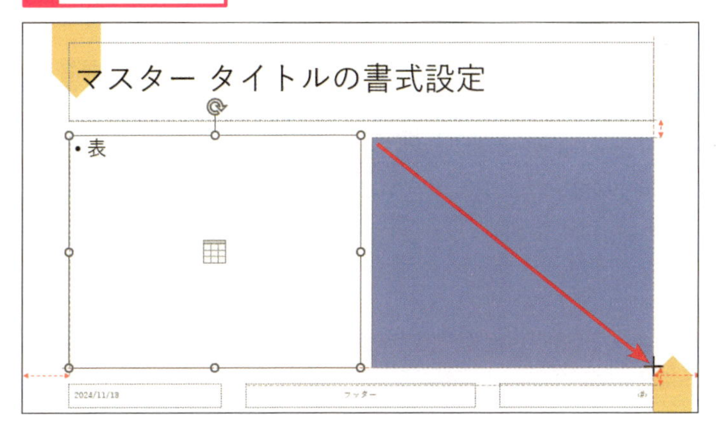

グラフのプレースホルダーが挿入された

8 ［スライドマスター］タブをクリック

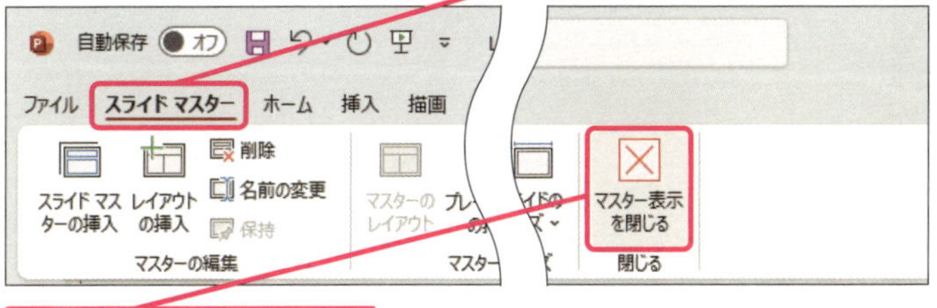

9 ［マスター表示を閉じる］をクリック

4 追加したレイアウトを確認する

1 ［ホーム］タブをクリック

2 ［新しいスライド］をクリック

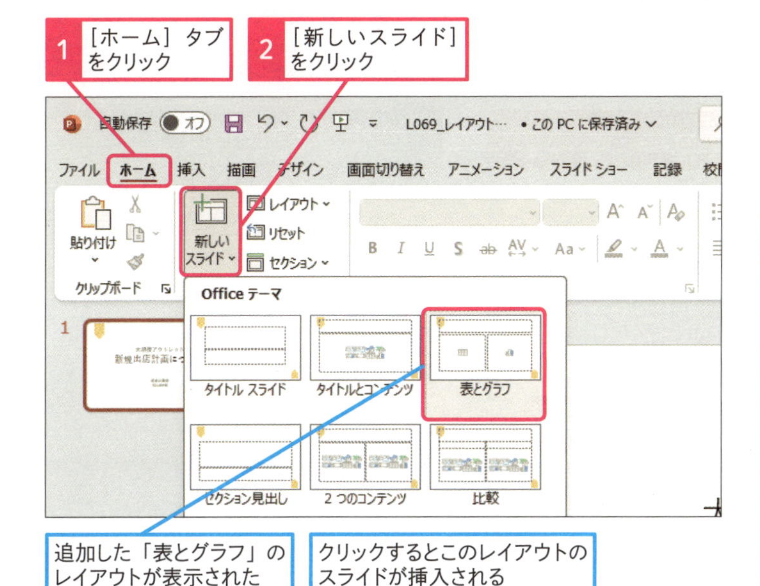

追加した「表とグラフ」のレイアウトが表示された

クリックするとこのレイアウトのスライドが挿入される

使いこなしのヒント

レイアウトの一覧にも表示される

追加したレイアウトは、新しいスライドを挿入するときだけでなく、［ホーム］タブの［レイアウト］ボタンをクリックしたときにも表示されます。

まとめ

見やすいレイアウトを心がけよう

頻繁に使うレイアウトがあるときは、その都度プレースホルダーのサイズや位置を調整するよりも、オリジナルのレイアウトを作成したほうが便利です。レイアウトを作成するときは、1枚のスライドにたくさんのプレースホルダーを詰め込まないように注意しましょう。適度な空白があったほうがすっきりします。

レッスン

70 スライド番号に総ページ数を追加して全体のボリュームを見せる

スライド番号に総スライド数を追加　練習用ファイル　L070_スライド番号.pptx

レッスン36の操作で挿入したスライド番号を「1/5」のように改良します。PowerPointには総スライド数を自動表示する機能がありません。スライドマスター画面で総スライド数を手動で入力します。

キーワード

スライド	P.313
スライドマスター	P.315
プレースホルダー	P.315

スライド番号の見せ方を工夫しよう

ページ番号を入れるとページの参照もしやすくなり、総ページ数を見せると相手にも全体のボリュームが伝わる

1 スライドに総ページ数を表示する

レッスン36を参考に、スライド番号を表示しておく

1 ［表示］タブをクリック

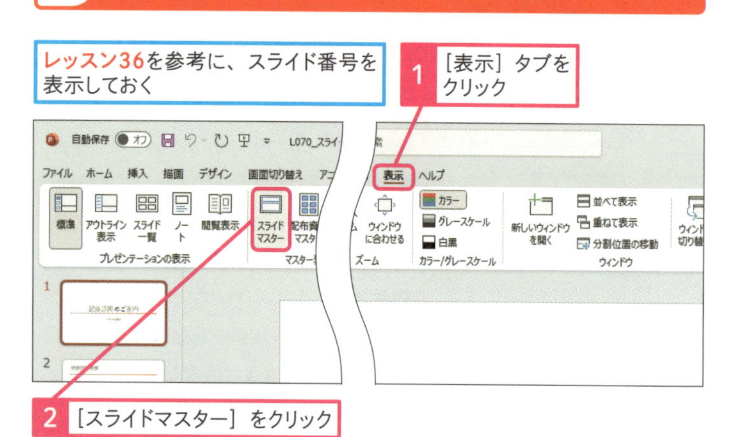

2 ［スライドマスター］をクリック

使いこなしのヒント

スライド番号を表示するには

総スライド数を入力する前に、レッスン36の操作で、すべてのスライドにスライド番号を挿入しておきます。このレッスンでは、スライド番号が挿入された状態で操作を開始します。

● スライドマスター上で総ページ数を入力する

スライドマスターが表示された

3 一番上のマスターをクリック

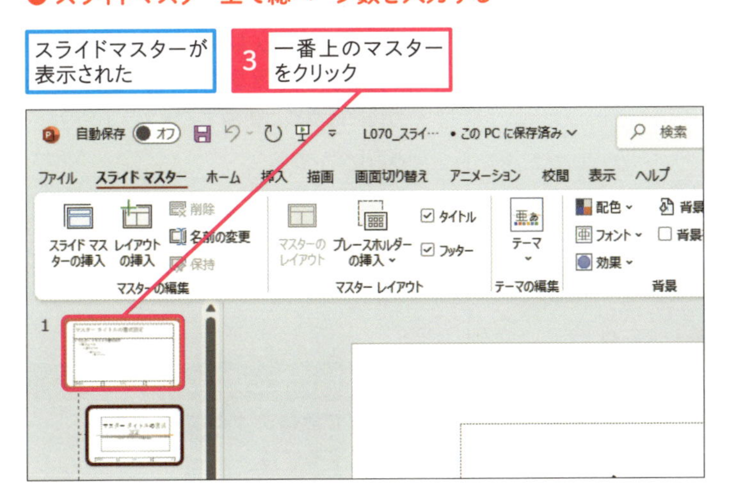

4 右下の「<#>」のプレースホルダーをクリック

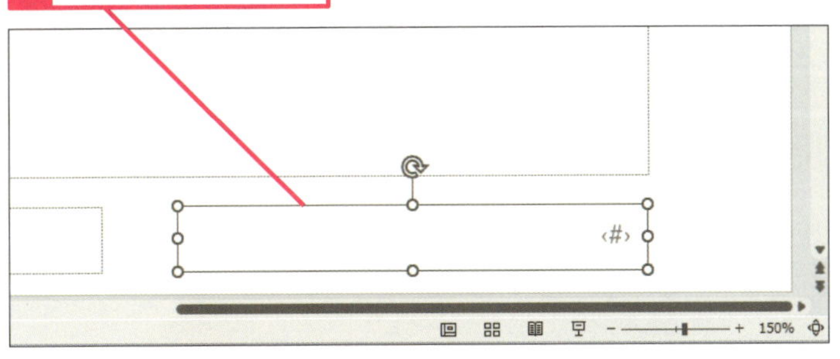

5 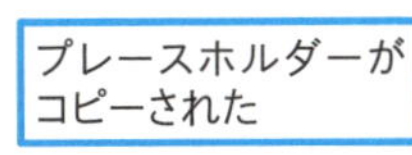 Ctrl + Shift キーを押しながらドラッグ

プレースホルダーがコピーされた

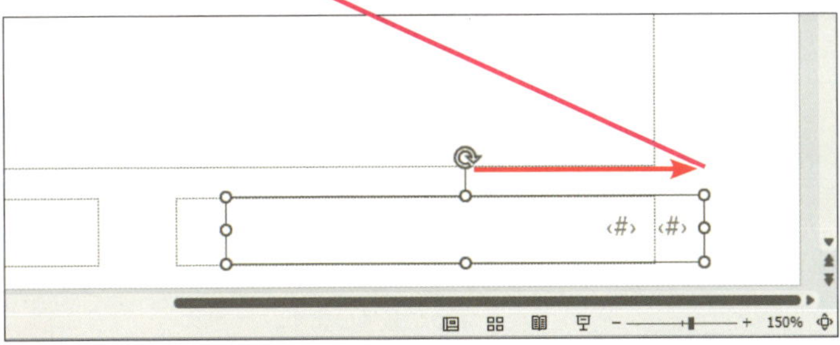

6 プレースホルダーの外枠を右にドラッグ

プレースホルダーの横幅が短くなった

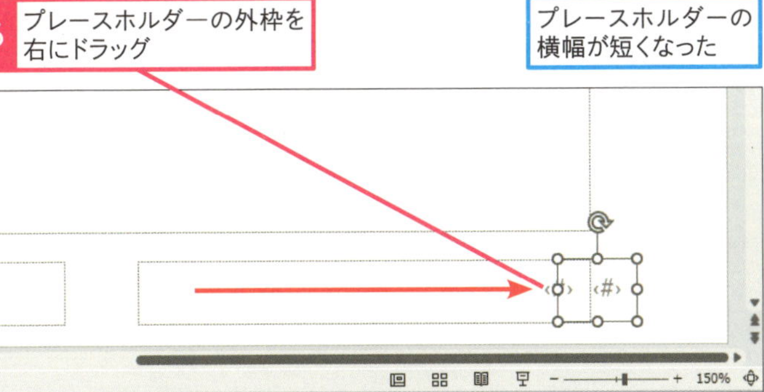

⚠ ここに注意

操作3では、必ず一番上にあるマスターをクリックします。一番上のマスターに設定した内容は、すべてのスライドに反映されます。スライドマスターについては、レッスン67を参照してください。

使いこなしのヒント

「#」と書かれたプレースホルダーは何?

スライドマスター画面にある「<#>」のプレースホルダーは、スライド番号を表示する領域です。「<#>」のプレースホルダーの外枠をドラッグして、スライド番号の位置を変更したり、プレースホルダー全体に書式を付けて、スライド番号のサイズやフォントを変更したりすることもできます。ここでは、「<#>」のプレースホルダーを右側にコピーし、総ページ数を表示するプレースホルダーとして利用しています。

次のページに続く

● 総ページ数を入力する

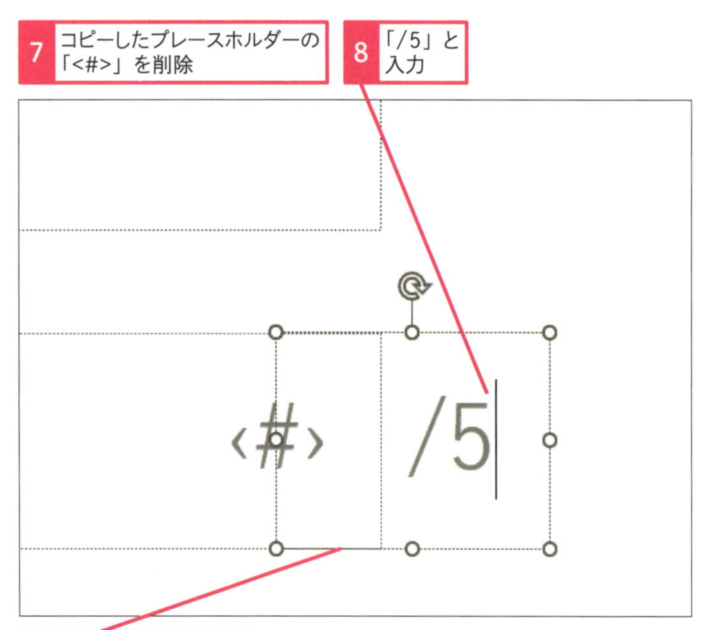

9 プレースホルダーの外枠をクリック

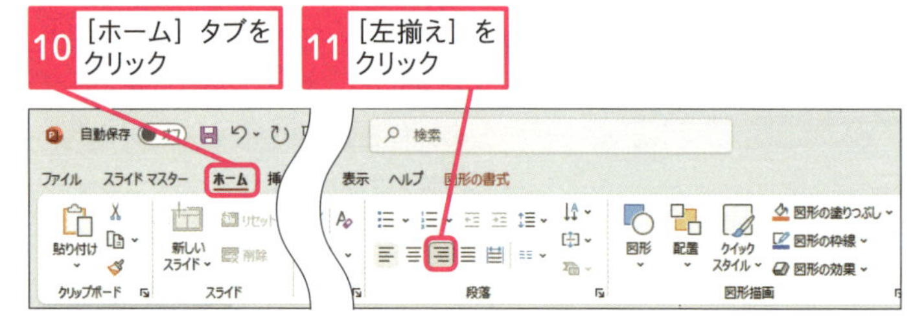

テキストが左揃えになった

‹#›/5

⚠ ここに注意

操作8で入力する「/5」は、このレッスンで使用しているスライドの枚数です。「/」の後には実際に使用する総スライド数を入力しましょう。

使いこなしのヒント

スライド番号の文字を大きくするには

「<#>」のプレースホルダーを選択してから、［ホーム］タブの［フォントサイズ］ボタンを使うと、スライド番号のサイズを変更できます。

使いこなしのヒント

どうして「左揃え」にするの?

「<#>」と「/5」は別々のプレースホルダーに入力されているため、「/5」の位置が「<#>」と被るときれいに表示されません。操作11では、「/5」をプレースホルダーの左に揃えて、「<#>」の真横に表示されるようにしています。

● スライドマスターを閉じる

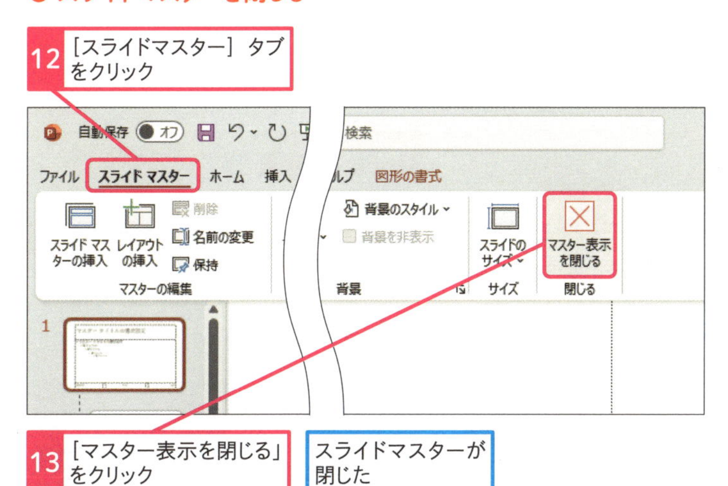

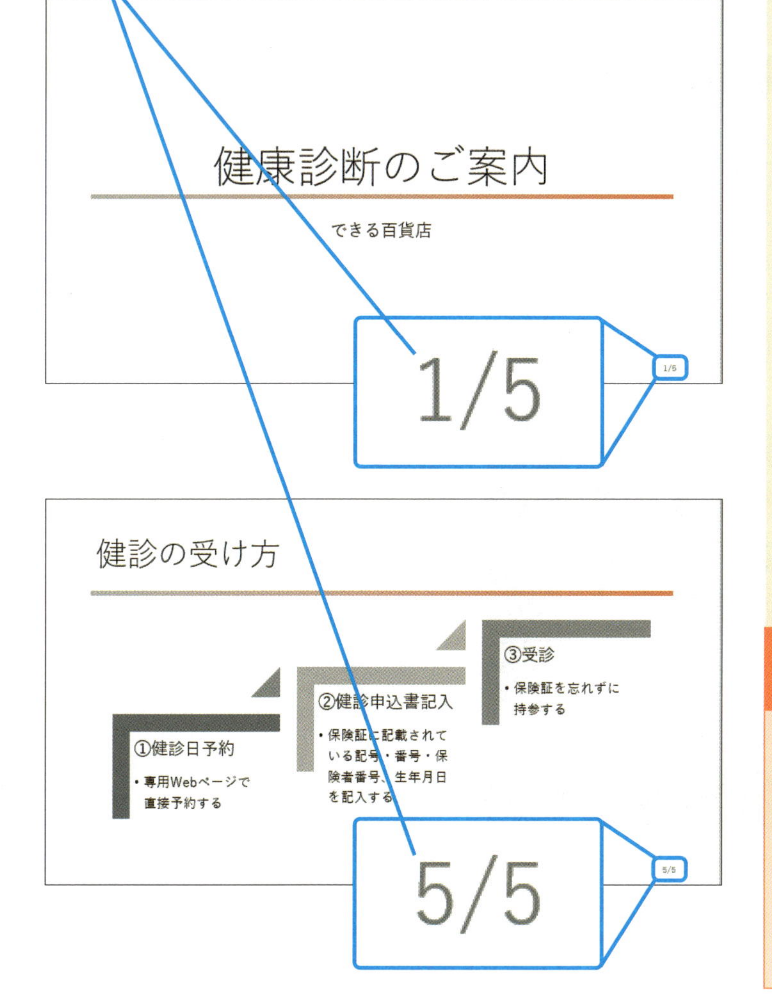

使いこなしのヒント

全体のバランスを確認しよう

スライドマスター画面を閉じたら、スライド番号のバランスを確認します。「1/5」の位置がずれているときは、もう一度スライドマスター画面を表示して、「/5」の枠をドラッグして移動しながら位置を調整します。

まとめ　スライドの枚数が増減したら数字を入力し直す

総スライド数があると、全体のボリュームを把握して進行状況を確認できます。ただし、総スライド数は手動で入力しているため、後からスライドの枚数が変わっても自動的に変わりません。スライドの枚数が変わったら、スライドマスター画面で総スライド数を入力し直します。

レッスン

71 テーマのデザインを部分的に変更する

テーマのデザイン

練習用ファイル L071_テーマのデザイン.pptx

スライドマスターを使うと、[テーマ] のデザインを部分的に変更できます。ここでは、「イオン」というテーマのデザインに表示される右上の図形を削除します。すると、すべてのスライドのデザインが瞬時に変更されます。

1 テーマを変更する

1 [デザイン] タブをクリック

2 [テーマ] のここをクリック

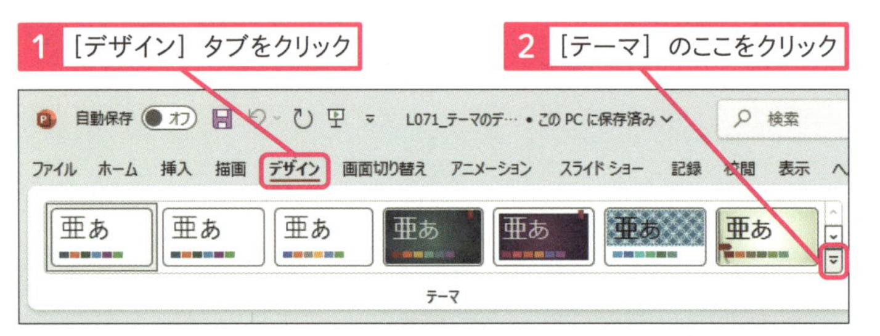

テーマの一覧が表示された

テーマにマウスポインターを合わせると、一時的にスライドのデザインが変わり、設定後の状態を確認できる

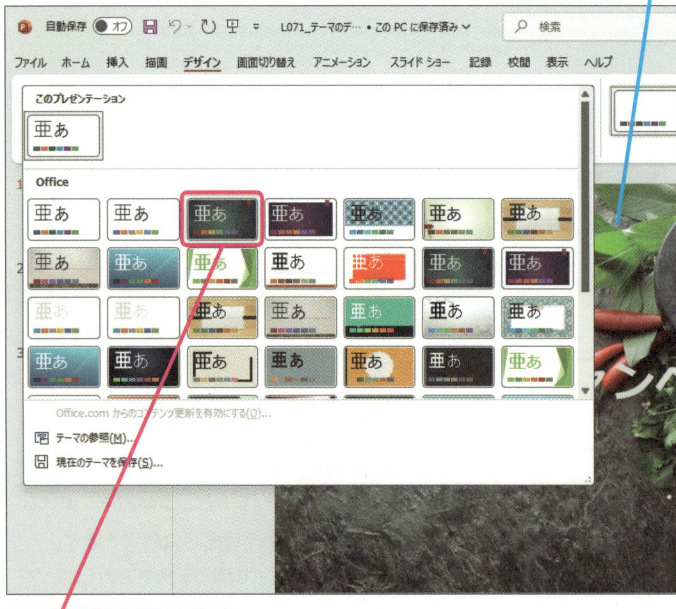

3 [イオン] をクリック

すべてのスライドに選択したテーマが適用された

キーワード

図形	P.313
スライドマスター	P.313
テーマ	P.314

用語解説

テーマ

スライドの模様や背景の色、文字の書式などがセットになったデザインのことを「テーマ」と呼びます。テーマの操作はレッスン17を参照してください。

使いこなしのヒント

テーマ適用後にレイアウトが崩れる場合もある

テーマには文字の書式（フォント、サイズ、配置など）も含まれるため、テーマを適用するとレイアウトが崩れる場合があります。見づらい文字がないかどうかを1枚ずつチェックしましょう。

2 テーマに用意されている図形を削除する

スライドマスターを表示しておく

1 スクロールバーをドラッグ

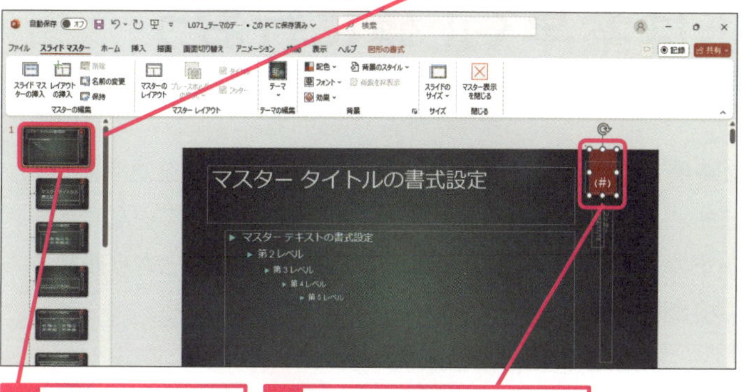

2 一番上のマスターをクリック

3 右上の四角形をクリックして Delete キーを押す

4 ［スライドマスター］タブをクリック

5 ［マスター表示を閉じる］をクリック

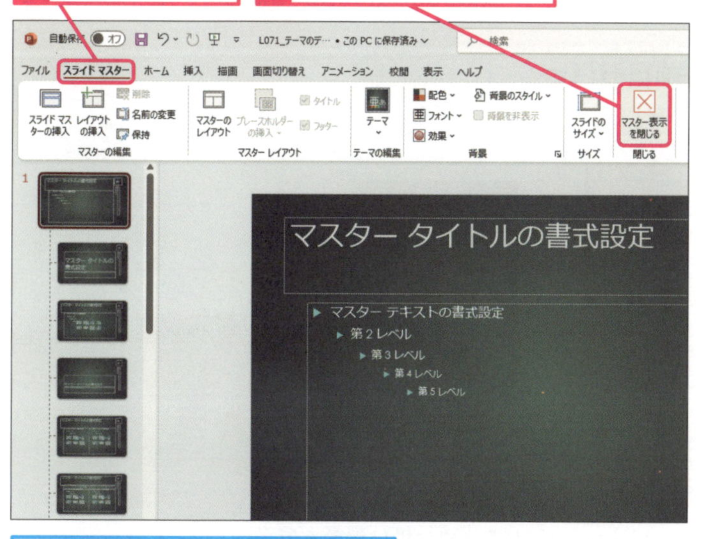

すべてのスライドの右上の四角形が消えた

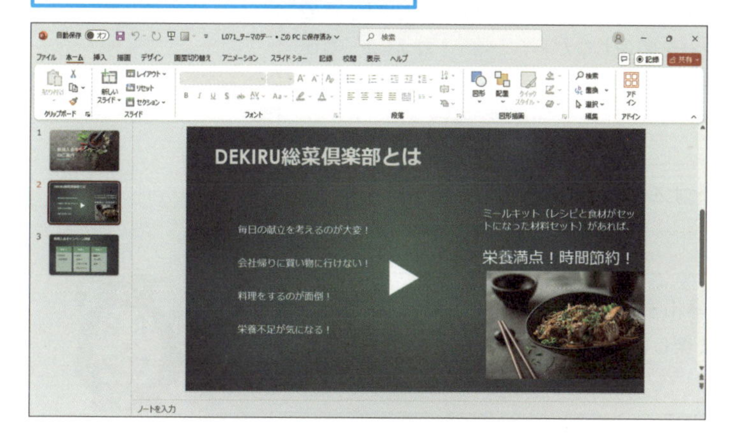

使いこなしのヒント

削除できないデザインもある

テーマによっては、スライドマスターで図形や画像を削除できないものもあります。手順2の操作3でクリックして選択できないものは削除できません。

使いこなしのヒント

図形やイラストを追加できる

テーマのデザインに後から図形やイラストなどを追加してオリジナルのデザインにカスタマイズすることもできます。それには、スライドマスター画面で［挿入］タブをクリックし、［画像］や［図形］を選択します。

まとめ テーマをカスタマイズしてオリジナリティを出す

テーマのデザインにある不要な図形を削除したり画像を追加したりすることで、使うのを諦めていたテーマを活用できるようになります。スライドの設計図であるスライドマスターを使って、テーマのデザインに手を加えれば、オリジナルのデザインに生まれ変わります。

この章のまとめ

スライドの修正は素早く正確に行おう

スライド作成やスライドの修正に膨大な時間を費やすと、ビジネスの生産性が下がります。スライドの修正を効率よく行うなら［スライドマスター］を活用しましょう。PowerPointの機能を正しく使えば、遠回りしている操作を効率よく行えます。この章の中にこれまで使っていなかった機能があれば、その機能を知ることから始めましょう。

オリジナルのレイアウトを登録したり、特定のレイアウトの書式を変更したりすることもできる

「効率化」っていうと、ショートカットキーが真っ先に思い浮かんでいたけど、PowerPointにも時短につながる機能があるとは！　この章で学んだスライドマスターを駆使しながら、ショートカットキーも使えば、さらに効率化できそう！

ね！　それに作業を効率化するのって、結構面白いですね。

「作業をいかに効率化するか」を考えて、それをクリアしたときってミッションみたいで楽しいよね！　2人が効率化の面白さに気づいてくれて嬉しいよ！

活用編

第11章

アニメーションで印象に残るスライドを作る

この章では、画面切り替えやアニメーションなどを設定して、スライドショーでスライドをダイナミックに動かす操作を紹介します。また、PowerPointの録画機能を使って、スライドに動画を挿入するテクニックも解説します。

72	スライドに動きを付けよう	226
73	ダイナミックに動く目次を作る	228
74	スライドをサイコロのように切り替えてリズム感を出す	232
75	箇条書きを順番に表示して聞き手の注目を集める	236
76	複数のアニメーションを自動的に動かしてクリックの手間を省く	240
77	動く3Dイラストで注目を集める	244
78	手順や操作を動画でじっくり見せる	248
79	ナレーション付きのスライドショーを録画する	252
80	ほかのアプリの操作を録画して教材を作る	256
81	録画した動画にテロップを付けて理解を促す	260

レッスン

72 Introduction この章で学ぶこと スライドに動きを付けよう

スライドが完成したら、スライドショーの演出を考えます。オンラインでのプレゼンテーションや大きな会場でプロジェクターを使って発表するプレゼンテーションでは、スライドや文字などに動きを付けると、聞き手の注目を集めることができます。「画面切り替え」「アニメーション」「ビデオ」といった「動き」を上手に取り入れましょう。

PowerPointに存在するアニメーションの種類

スライドに動きを付けるって、なんだかとっても楽しそう！
文字や図形が動き出したら、インパクトのあるプレゼンになって、
うまくいくこと間違いなしですね。

うん、動きがあると、聞き手の注目も集めやすいからね。PowerPointのアニメーションには、スライドショーでスライドが切り替わる「画面切り替え」と、文字やグラフが動く「アニメーション」の2種類あるよ。

◆画面切り替え
スライドショーでスライドを切り替えるときの動きのこと

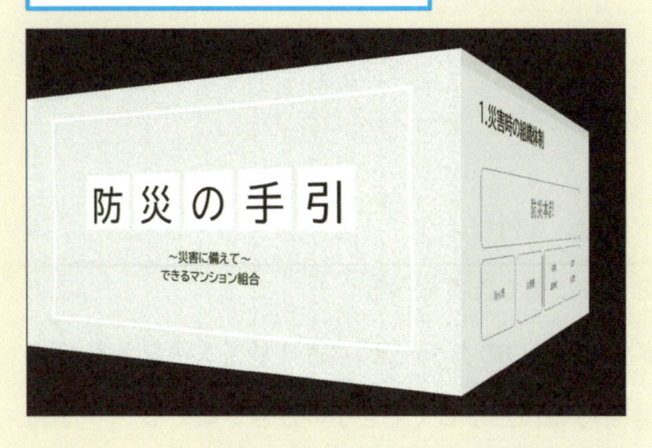

画面の切り替え効果は、1枚ごとに異なる動きを付けるのではなく、スライド全体にシンプルな動きを1種類だけ付けると統一感が出るよ。

◆アニメーション
図形や文字など、スライド上のオブジェクトに設定できる動きのこと

今後の事業方針

❶ 改革による収益力の向上

❷ コーポレートガバナ

アニメーションは絶対必要？

ところで先生、アニメーションって絶対必要なんですか？

いいところに気づいたね。アニメーションはまったく設定しなくても問題ないよ！

ええ！　アニメーションを使ってバンバン動かしたほうが、注目も浴びるし、印象に残るんじゃないんですか？

注意を引き付ける効果はあるよ。でも、アニメーションを大量に設定すると、こんな感じで逆効果になってしまうから注意してね。

いろんなものが動くと、その動きに目が行って、肝心の内容が入ってこないってことですね。

その通り！　この章では、アニメーション以外にも動画の挿入や、パソコン画面の録画方法など、「動き」に関する役立つ内容を紹介していくよ。

レッスン
73 ダイナミックに動く目次を作る

ズーム

練習用ファイル L073_ズーム.pptx

目次スライドがあると、プレゼンテーションの冒頭に概要を説明する際に便利です。[ズーム] の機能を使うと、目次に必要なスライドを指定するだけで目次スライドを作成できます。表紙の後ろに目次スライドを作りましょう。

キーワード

ズーム	P.313
スライドショー	P.313
プレゼンテーション	P.315

「スライドズーム」で各スライドへ自由に移動する

Preview

スライドショー実行中にスライドのサムネイルをクリックすると、ズームしながら目的のスライドが表示される

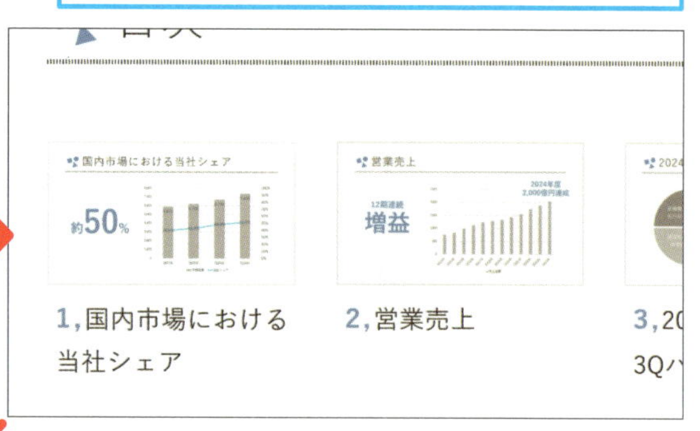

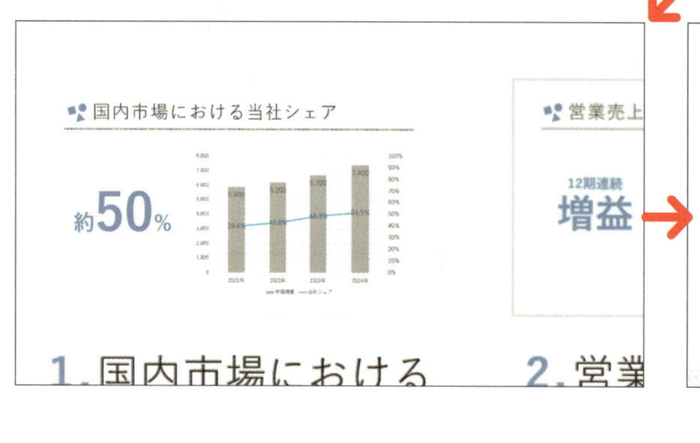

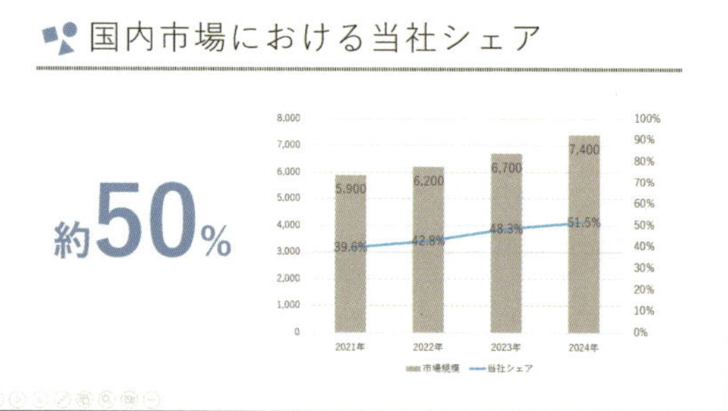

使いこなしのヒント

目的のスライドへシームレスに遷移しよう

[ズーム] 機能を使って目次スライドを作成すると、目次スライドと目的のスライドをマウス操作だけでスマートに行き来できます。目次スライドにはジャンプ先のスライドへのリンクが貼られたサムネイルが表示されるので、文字だけの目次よりも内容を伝えやすいというメリットがあります。

1 スライドへのリンクを作成する

2枚目の目次のスライドを表示しておく

1 [挿入] タブをクリック

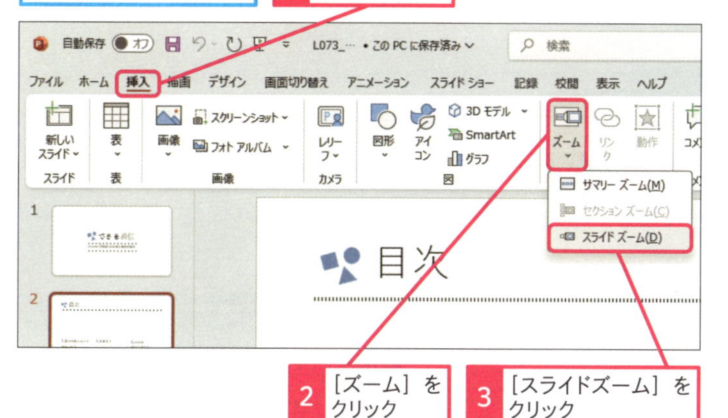

2 [ズーム] をクリック

3 [スライドズーム] をクリック

[スライドズームの挿入] ダイアログボックスが表示された

4 3枚目～5枚目のスライドをクリックして選択

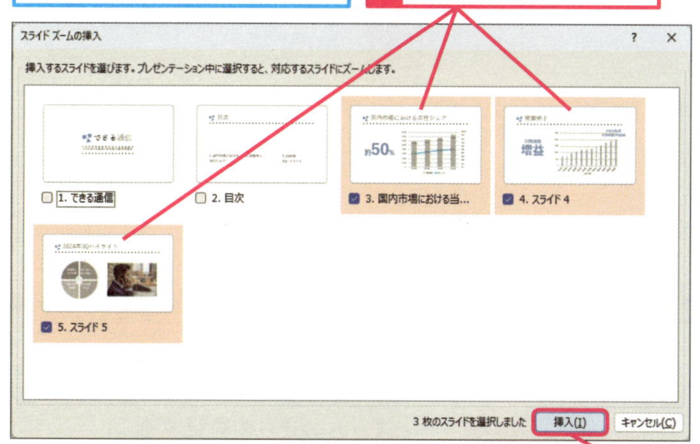

5 [挿入] をクリック

選択したスライドのサムネイルが挿入された

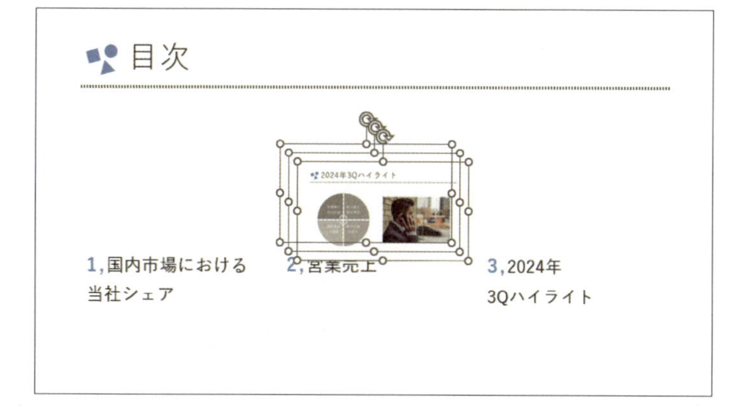

使いこなしのヒント

サマリーズームって何?

[サマリーズーム] を使うと、自動的に新しいスライドが挿入されて、その中に指定したスライドのサムネイルが表示されます。一方、作成済みのスライドを使う場合は、[スライドズーム] を使います。

[サマリーズームの挿入] ダイアログボックスでスライドを選択し、[挿入] をクリックする

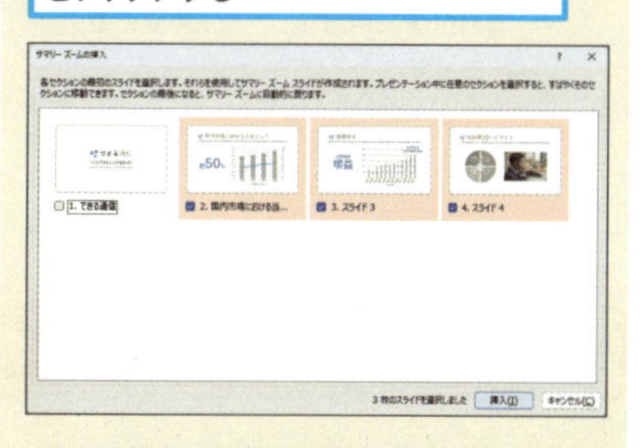

新規でスライドが追加され、選択したスライドのサムネイルが挿入される

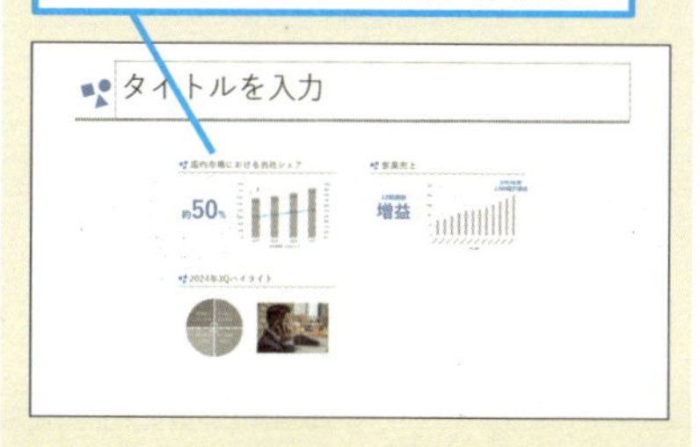

使いこなしのヒント

自動的にセクションが挿入される

上の「使いこなしのヒント」の [サマリーズーム] 機能を使うと、自動的に [セクション] が挿入されます。セクションとは、スライドをグループ分けしたもので、画面左側のスライド一覧に、[既定のセクション] や [目次] などのセクション名が表示されます。

用語解説

サムネイル

サムネイルとは、画像の縮小見本のことです。画像などを一覧表示する際に使われます。

次のページに続く

● サムネイルの位置を移動する

サムネイルをドラッグして移動し、以下のように配置しておく

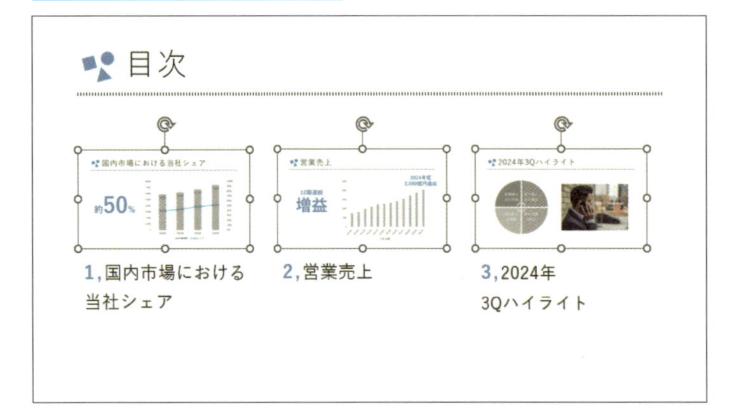

2 スライドショー中に目的のスライドへ移動する

1 F5キーを押す

スライドショーが開始した

2 クリックして目次のスライドを表示

3 スライドのサムネイルをクリック

使いこなしのヒント

[ズーム] タブが表示される

[ズーム] 機能を使って挿入したサムネイルをクリックすると、[ズーム] タブが表示されます。

使いこなしのヒント

図形と同じように編集できる

[ズーム] 機能を使って挿入したサムネイルは、[ズーム] タブにある機能を使って、枠線の色やスタイルなどを自由に編集できます。

使いこなしのヒント

ズームの速さを変更する

[ズーム] タブにある [期間] の数値を変更すると、目的のスライドが表示されるまでの所要時間を変えられます。例えば、数値を大きくすると、サムネイルがゆっくり拡大します。

[期間] に入力した数値が大きくなるほどゆっくりと拡大される

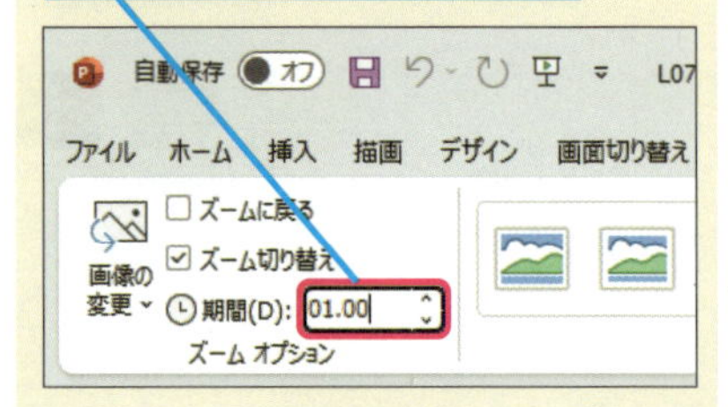

● クリックしたスライドがズームされた

クリックしたスライドに移動した

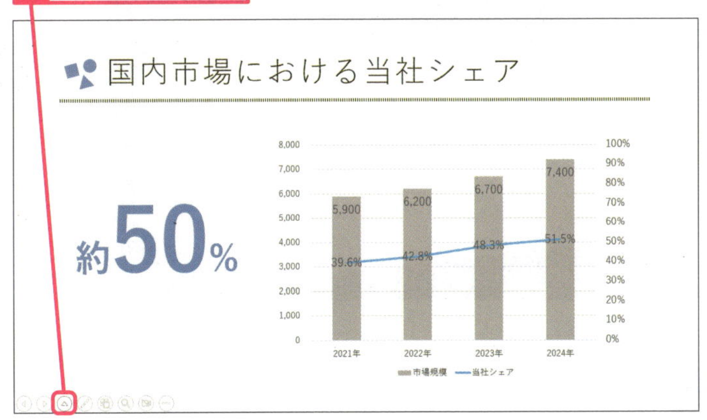

4 画面左下の［△］をクリック

目次のスライドに戻った

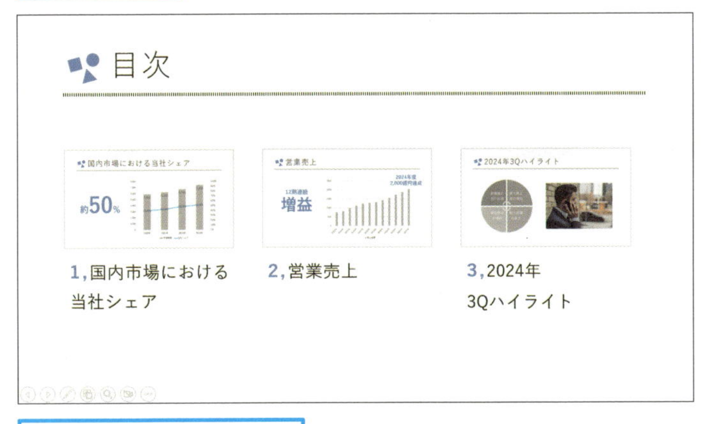

ほかのスライドのサムネイルをクリックすると、そのスライドがズームしながら表示される

使いこなしのヒント

サムネイルにスタイルを適用する

［ズーム］タブにある［ズームのスタイル］にはサムネイルの枠のパターンが用意されており、クリックするだけで枠を付けられます。

1 ［ズームの効果］をクリック

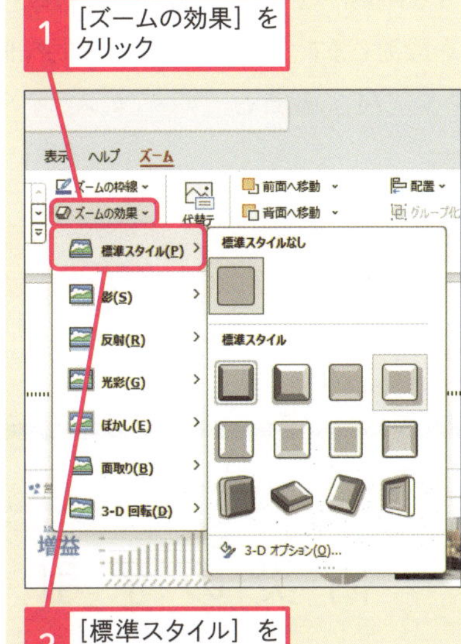

2 ［標準スタイル］をクリック

まとめ 目次やまとめに利用しよう

［ズーム］機能は、スライドショー実行中に別のスライドにジャンプする仕掛けを作るためのものです。目次スライドを作るだけでなく、プレゼンテーションの最後にまとめのスライドを用意して、説明に使ったスライドのサムネイルを並べておくと、説明を振り返りながら目的のスライドにジャンプするといった使い方ができます。

レッスン
74 スライドをサイコロのように切り替えてリズム感を出す

画面切り替え効果

練習用ファイル L074_画面切り替え効果.pptx

スライドショーでスライドが切り替わるときの［画面切り替え］の動きを設定します。ここでは、立体的な四角形が左方向に回転する［キューブ］の動きを、すべてのスライドに設定します。

キーワード

画面切り替え	P.312
スライド	P.313
スライドショー	P.313

スライドが切り替わるときに動きを付ける

Preview

スライドショー実行中に画面を回転させながら次のスライドを表示する

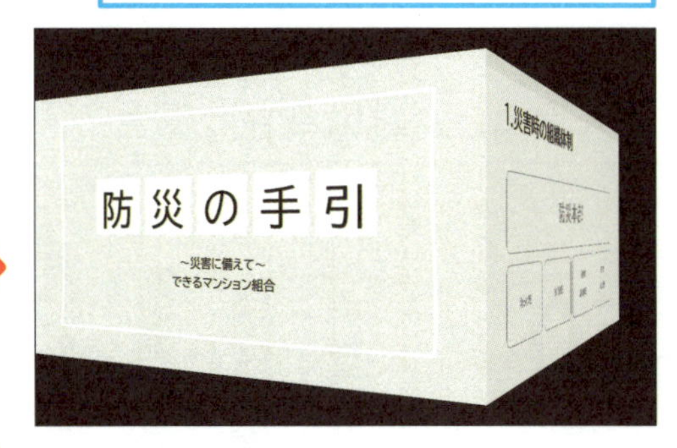

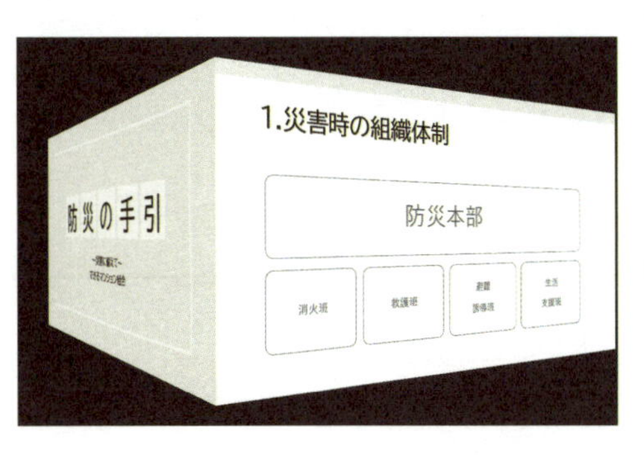

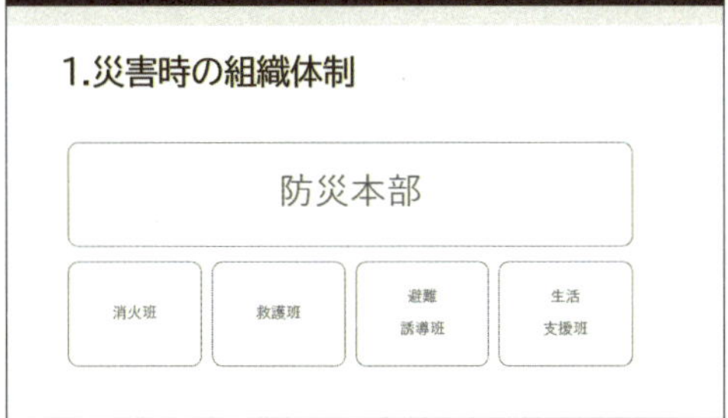

使いこなしのヒント

動きを活用して発表にメリハリを付ける

スライドが切り替わるときに動きがあると、次の説明までの「間」を演出できます。［キューブ］や［カバー］［プッシュ］などの動きを［右から］に設定すると、スライドが左に順番にめくれるので、プレゼンテーションが進んでいくイメージを印象付けられます。

1 画面切り替え効果を設定する

1枚目のスライドを表示しておく

1 ［画面切り替え］タブをクリック

2 ［切り替え効果］をクリック

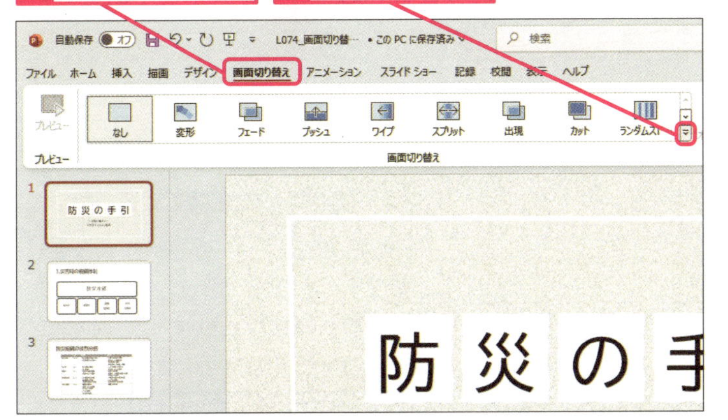

画面切り替え効果が表示された

3 ［キューブ］をクリック

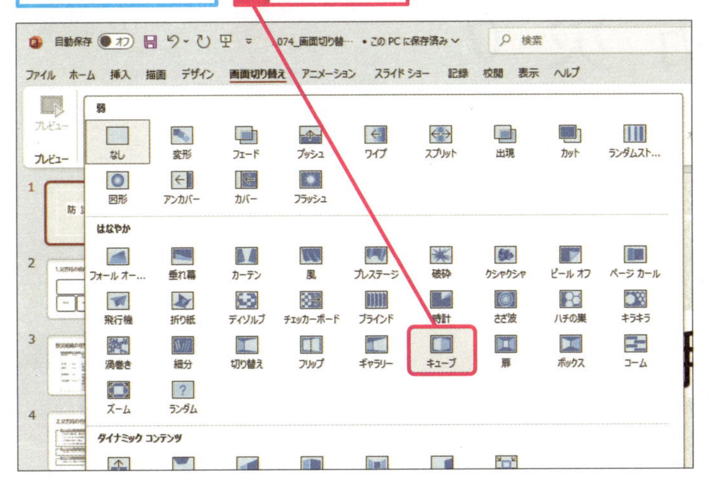

1枚目のスライドに画面切り替え効果が設定された

画面切り替え効果が設定されると星のマークが付く

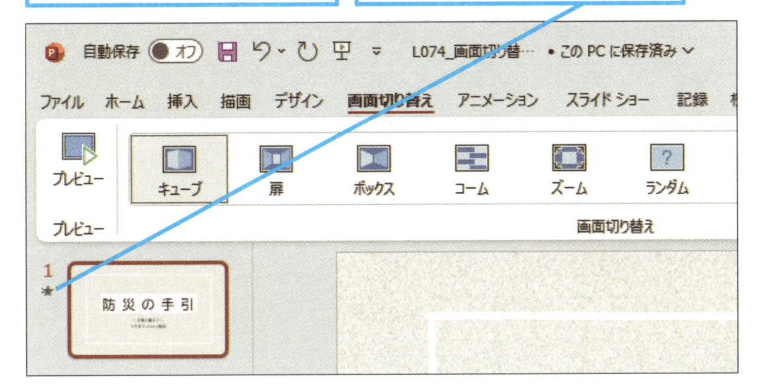

使いこなしのヒント

画面切り替えの種類

画面切り替えには、水面に石を落としたような［さざ波］や、スライドが紙飛行機になって飛び立つような［飛行機］など、ダイナミックで華やかな動きがたくさん用意されています。手順3を参考に、［プレビュー］ボタンをクリックして、動きをよく確認して選びましょう。

使いこなしのヒント

画面切り替えを解除する

設定した画面切り替えを解除するには、［画面切り替え］の一覧から［なし］を選択します。

1 ［画面切り替え］タブをクリック

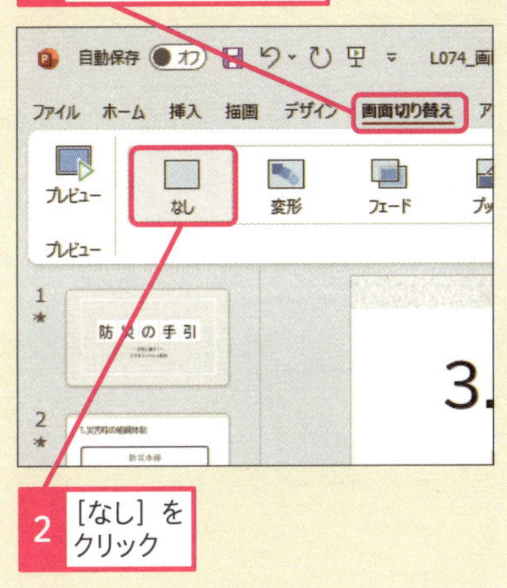

2 ［なし］をクリック

次のページに続く

2 すべてのスライドに同じ効果を適用する

1 ［すべてに適用］をクリック

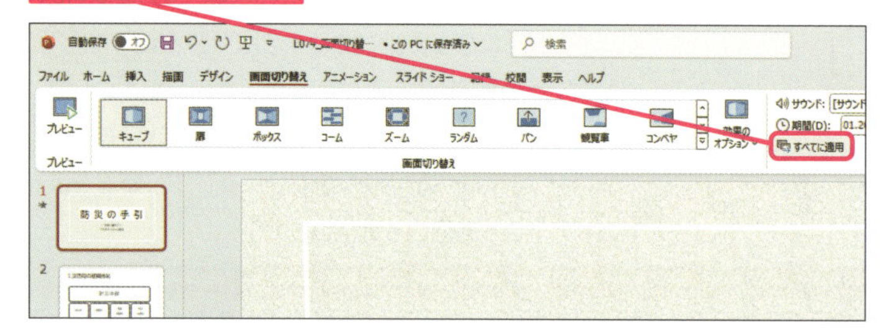

すべてのスライドに［キューブ］の画面切り替え効果が設定された

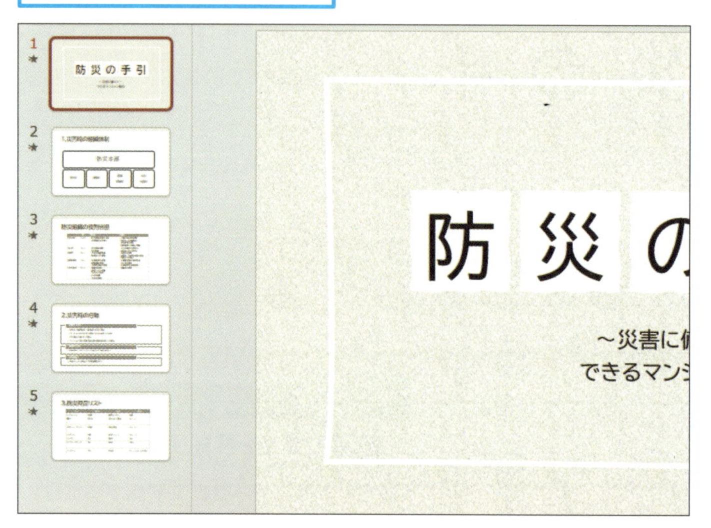

3 プレビューで動きを確認する

1 ［プレビュー］をクリック

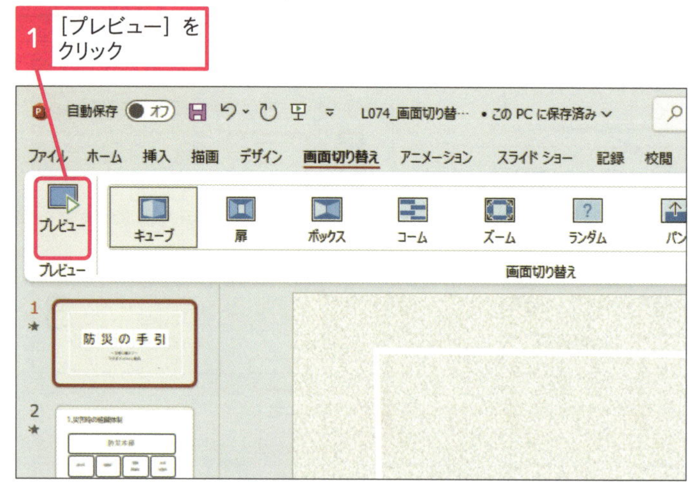

ここに注意

手順2で［すべてに適用］ボタンをクリックしないと、表示中のスライドだけに画面切り替えが設定されるので注意しましょう。

使いこなしのヒント

画面切り替えの速度を変更したい

［画面切り替え］タブの［期間］の数値を変更すると、画面切り替えの速度を変更できます。数値を大きくすると、次のスライドにゆっくり切り替わります。

［期間］に秒数を入力すると切り替え速度が変わる

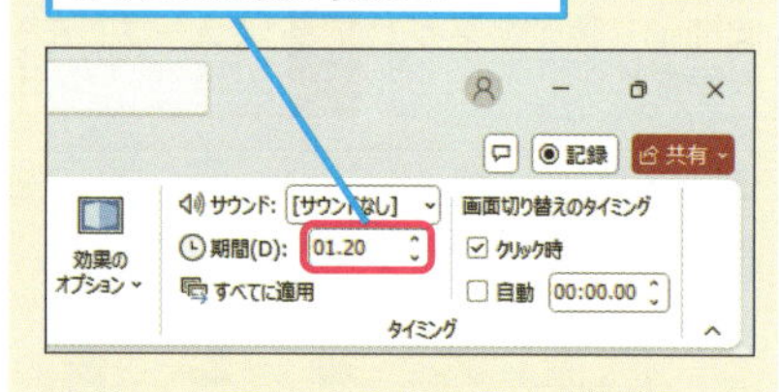

用語解説

プレビュー

プレビューとは、画面切り替えやアニメーションの動きを前もって確認することです。［プレビュー］ボタンをクリックする以外にも、画面左側のスライド番号の下に表示された星のマークをクリックしてプレビューすることもできます。

● 画面切り替えが実行された

適用した画面切り替え効果が
プレビューされた

スライドショーを実行した際も適用した
効果でスライドが切り替わる

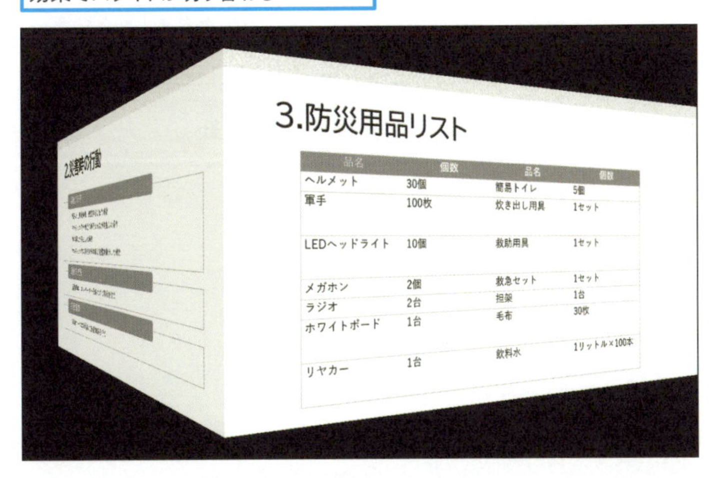

まとめ　画面切り替えは1種類か2種類に抑えよう

画面切り替えを使うときは、すべてのスライドにシンプルな動きを1種類だけ付けるか、表紙のスライドに華やかな動きを付けて2枚目以降には控えめな動きを付けるのがいいでしょう。画面切り替えの動きばかりが目立ってしまうと逆効果です。

スキルアップ

画面切り替え効果の方向を変更するには

[画面切り替え] タブの [効果のオプション] をクリックすると、選択した画面切り替えの方向を変更することができます。[効果のオプション] に表示される項目は、最初に選んだ画面切り替えによって異なります。

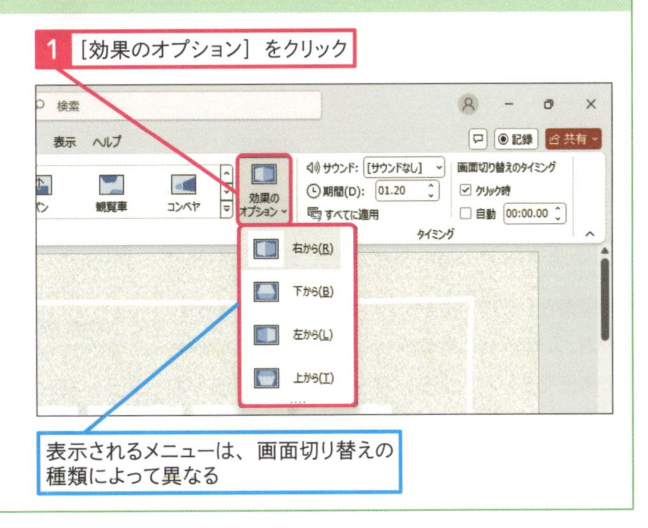

レッスン
75 箇条書きを順番に表示して聞き手の注目を集める

開始のアニメーション

練習用ファイル L075_開始のアニメーション.pptx

スライドショーでスライドをクリックするたびに、箇条書きの文字が1行ずつ順番に表示される［開始のアニメーション］を設定します。箇条書きに動きを付けるときは、文字が読みやすい動きを付けるようにしましょう。

キーワード

アニメーション	P.311
箇条書き	P.312
グラフ	P.312

説明に合わせて箇条書きを1行ずつ表示する

Preview

箇条書きを上から順番に表示する

今後の事業方針

今後の事業方針

1 改革による収益力の

今後の事業方針

1 改革による収益力の向上
2 コーポレートガバナ

今後の事業方針

1 改革による収益力の向上
2 コーポレートガバナンスの改革
3 ダイバーシティの推進
4 サステナビリティへ

使いこなしのヒント

箇条書きにアニメーションを設定するメリット

箇条書きを最初からすべて見せてしまうと、聞き手が2行目や3行目以降の文字に気を取られて、説明に集中できないことがあります。説明している内容に注目してもらうには、説明に合わせて箇条書きを順番に表示するのが効果的です。

事業戦略2025

》2025年末までに中継地点を全国50カ所設置
》契約飲食店を増やす
》配達ス

箇条書きをひとつずつ表示させると注目を集めやすい

1 文字に動きを設定する

プレースホルダー全体にアニメーションを設定して、項目が順番に表示されるようにする

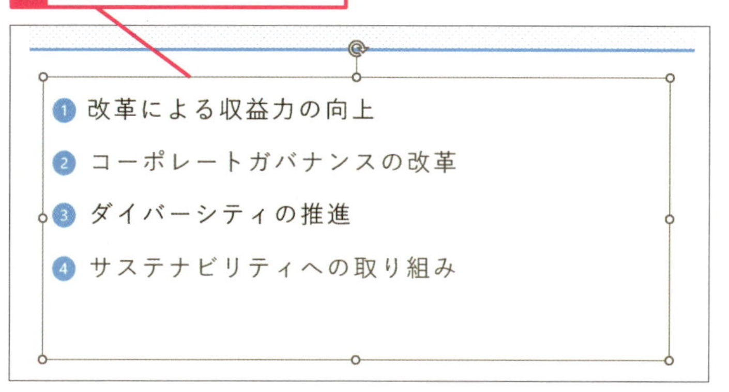

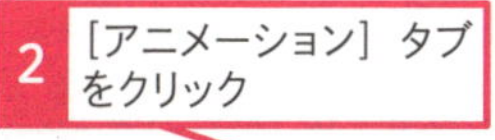

3 ［アニメーションスタイル］をクリック

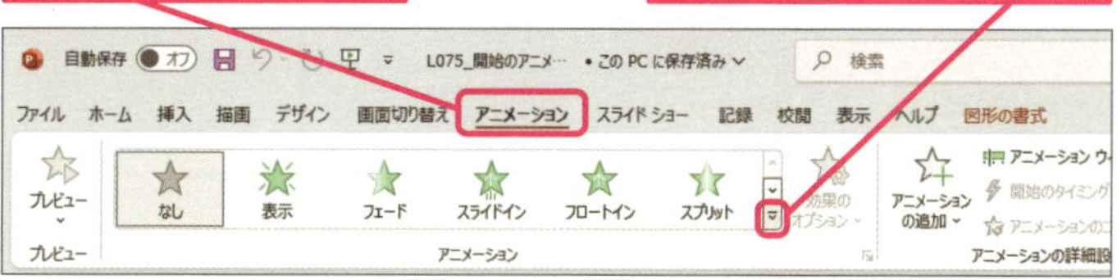

アニメーションの一覧が表示された

4 ［開始］の［ワイプ］をクリック

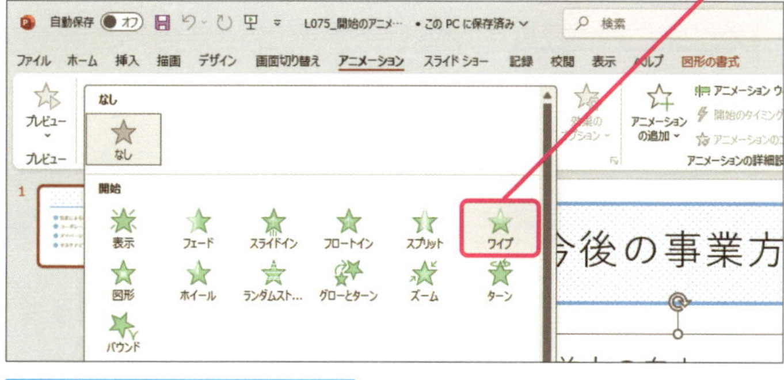

適用したアニメーションの効果がプレビューされた

1 改革による収益力の向上

2 コーポレートガバナンスの改革

3 ダイバーシティの推進

用語解説

アニメーション

PowerPointのアニメーションは、スライド上の文字や図形、画像などに動きを付ける機能のことです。アニメーションには「開始」「強調」「終了」「アニメーションの軌跡」の4種類あり、単独で使用したり組み合わせて使用したりすることができます。

使いこなしのヒント

［開始］のアニメーションって何？

［開始］のアニメーションは文字や図形などがスライドに表示されるときの動きです。スライドにあるものを目立たせる動きが［強調］、スライドから消える動きが［終了］、A地点からB地点まで移動する動きが［アニメーションの軌跡］です。

使いこなしのヒント

設定したアニメーションを削除する

設定したアニメーションを削除するには、スライドに表示されているアニメーションの番号をクリックしてから Delete キーを押します。

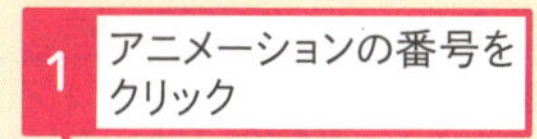

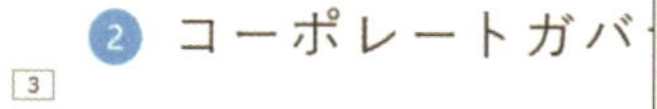

次のページに続く

● ワイプのアニメーションが設定された

アニメーションが動作する順番に番号が表示された

1
① 改革による収益力の向上
2
② コーポレートガバナンスの改革
3
③ ダイバーシティの推進
4
④ サステナビリティへの取り組み

2 文字の表示方向を設定する

1 ［効果のオプション］をクリック

2 ［左から］をクリック

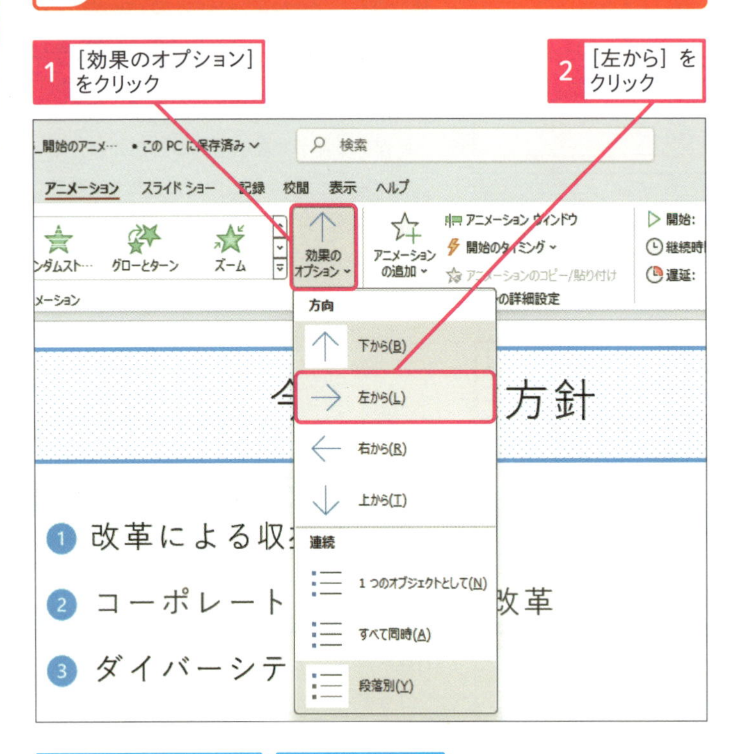

箇条書きが表示される方向が変更した

アニメーションがプレビューされた

① 改革による収益

使いこなしのヒント

一覧にないアニメーションを表示するには

手順1の操作3で表示される一覧以外のアニメーションを設定するには、［その他の開始効果］［その他の強調効果］［その他の終了効果］［その他のアニメーションの軌跡効果］をクリックして専用のダイアログボックスを開きます。

一覧にないアニメーションはここをクリックすると表示される

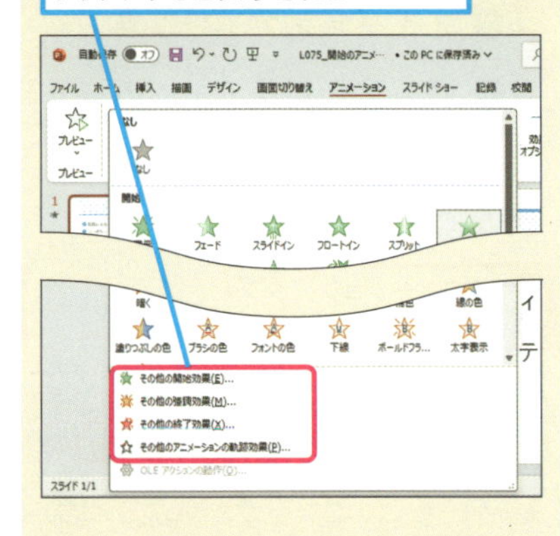

まとめ　アニメーションを使って円滑に説明する

アニメーションと聞くと華やかな動きで注目を集めるものと思いがちですが、アニメーションには説明する内容の理解を助ける役目もあります。箇条書きを1行ずつ順番に表示するアニメーションを付けると、説明している内容だけに注目を集めることができるため、聞き手の理解を助け、プレゼンテーションを円滑に進行する効果が生まれます。

スキルアップ

グラフにアニメーションを設定する

グラフにアニメーションを付けるときは、グラフで伝えたい内容と同じ動きを選択します。例えば、円グラフに［ホイール］の動きを付けると、時計回りに少しずつグラフを表示できます。また、棒グラフに［ワイプ］の動きを付けると、棒が下から伸び上がる動きを再現できます。

●円グラフに動きを付ける

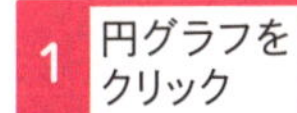
1 円グラフをクリック

2 ［アニメーション］タブをクリック

3 ［アニメーションスタイル］をクリック

4 ［開始］の［ホイール］をクリック

円グラフが時計回りで徐々に表示されるように設定できた

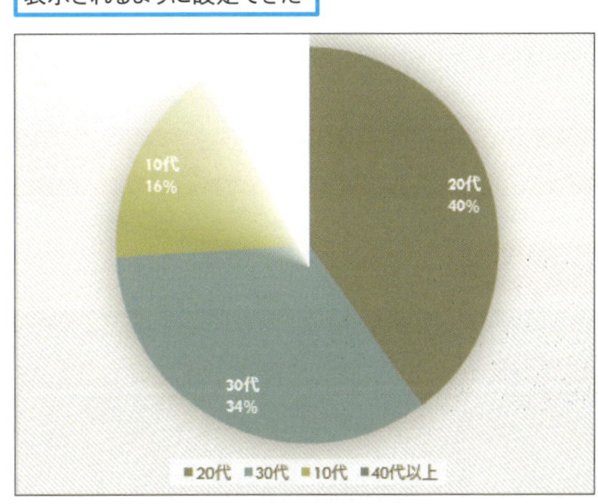

●棒グラフの棒を1本ずつ伸ばす

1 棒グラフをクリック

2 ［アニメーション］タブをクリック

3 ［アニメーションスタイル］をクリック

4 ［開始］の［ワイプ］をクリック

5 ［効果のオプション］をクリック

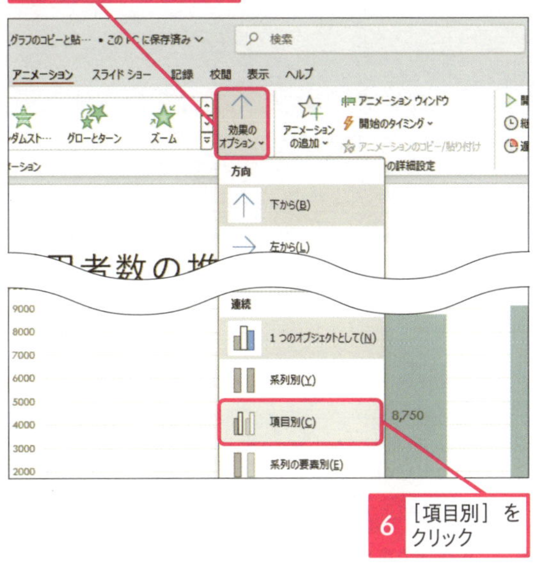

6 ［項目別］をクリック

レッスン

76 複数のアニメーションを自動的に動かしてクリックの手間を省く

アニメーションの追加

練習用ファイル L076_アニメーションの追加.pptx

アニメーションを組み合わせると、オリジナリティのある動きを作ることができます。ここでは､「開始」→「強調」→「終了」→「開始」の4つのアニメーションを組み合わせて、文字やイラストが次々と自動的に動くように設定します。

🔍 キーワード

アニメーション	P.311
スライド	P.313
スライドショー	P.313

会社のロゴと組み合わせた「締め」に使えるアニメーション

▶Preview

開始のアニメーション

→

Thank you for watching!

文字が拡大された後にイラストが浮かび上がるように表示される

強調のアニメーション

終了のアニメーション

→

開始のアニメーション

使いこなしのヒント

アニメーションは番号順に再生される

アニメーションを設定すると、設定した箇所に番号が表示され、この順番で再生されます。どこにどんなアニメーションを付けたのかが分からなくなったときは、番号をクリックすると､［アニメーション］タブで設定した内容を確認できます。

1 複数のアニメーションを組み合わせる

1 プレースホルダーの枠をクリック

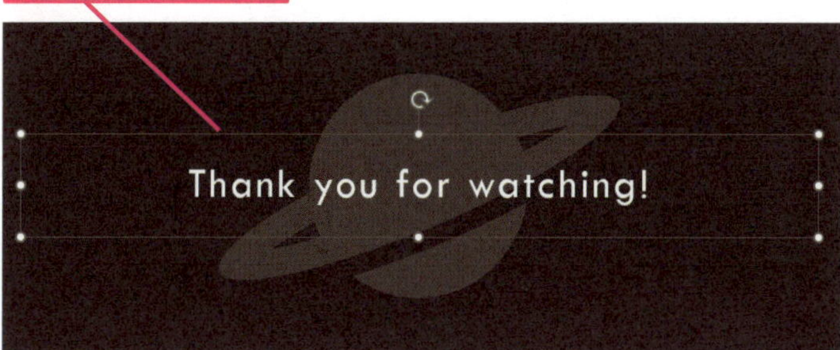

2 [アニメーション] タブをクリック

3 [アニメーションスタイル] をクリック

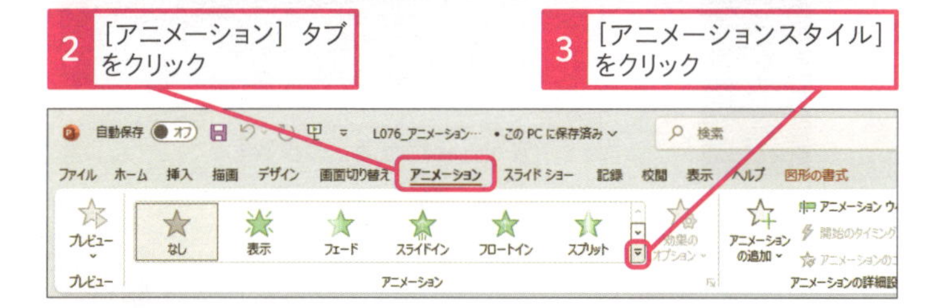

4 [開始] の [ズーム] をクリック

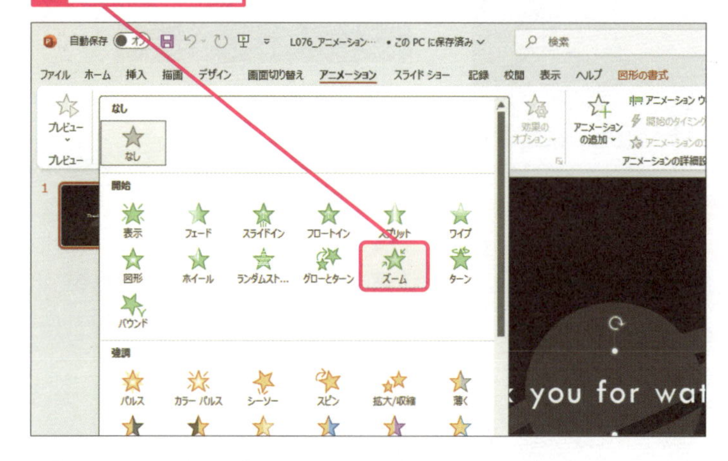

効果がプレビューされた

文字の左に「1」が表示された

使いこなしのヒント

設定したアニメーションを別のウィンドウで確認する

スライドに設定したアニメーションをまとめて確認するときは、[アニメーション] タブにある [アニメーションウィンドウ] ボタンをクリックします。アニメーションウィンドウには、設定箇所やアニメーションの種類などが一覧表示されます。

1 [アニメーションウィンドウ] をクリック

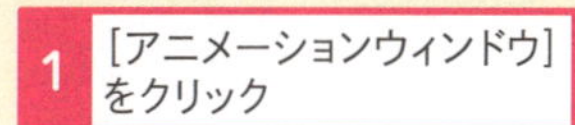

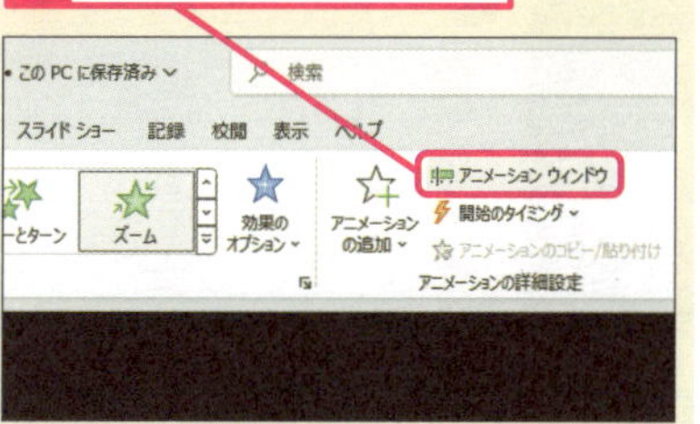

[アニメーションウィンドウ] が表示された

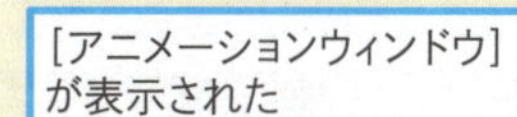

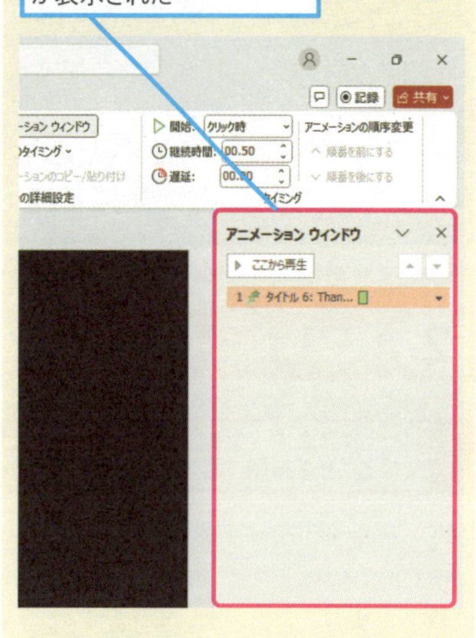

次のページに続く

● アニメーションを追加する

5 ［アニメーションの追加］をクリック

6 ［強調］の［拡大/収縮］をクリック

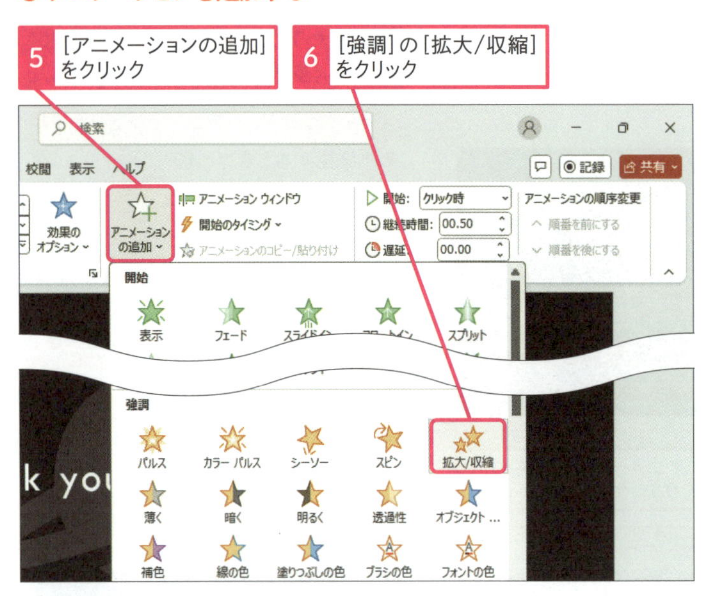

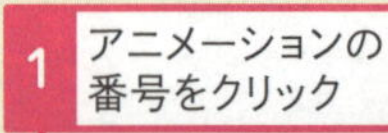

アニメーションが追加された

文字の左に「2」が表示された

2 再生するタイミングを変更する

1 「2」のアニメーションが選択されていることを確認

2 ［アニメーションのタイミング］をクリック

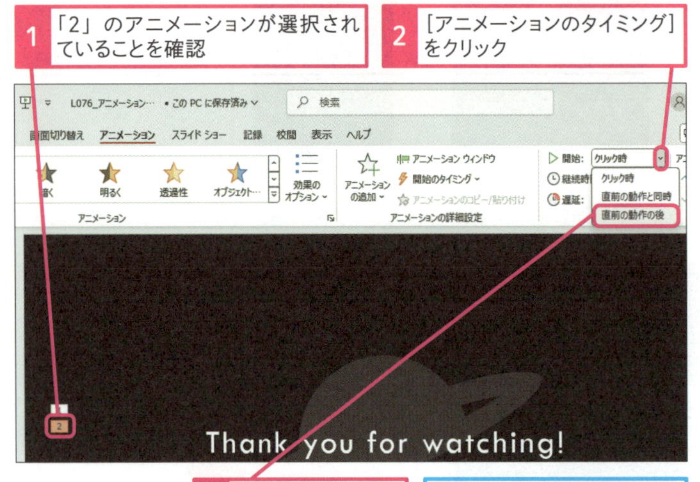

3 ［直前の動作の後］をクリック

アニメーションが再生されるタイミングが変更した

使いこなしのヒント

アニメーションの速さを変更するには

アニメーションを再生する時間は、［アニメーション］タブにある［継続時間］で設定します。継続時間の数値を大きくすると、アニメーションがゆっくり動きます。

1 アニメーションの番号をクリック

2 ［継続時間］の秒数を変更

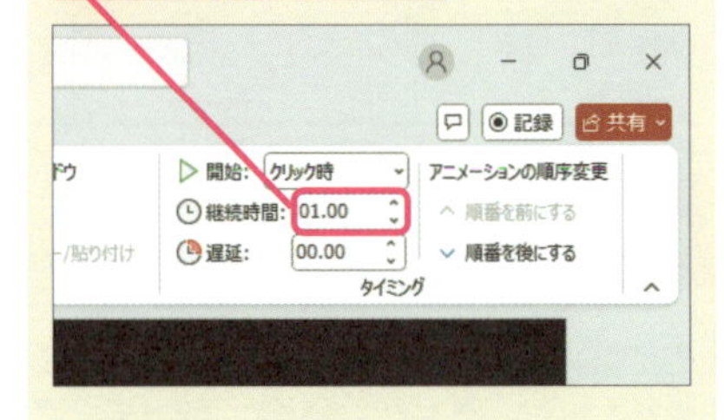

使いこなしのヒント

アニメーションの追加

手順1の操作5で［アニメーションの追加］を選ばずに、アニメーションを付けると、最初に付けたアニメーションが上書きされるので注意しましょう。

使いこなしのヒント

再生されるタイミングの違い

［アニメーション］タブの［開始］を［直前の動作の後］にすると、直前のアニメーションの再生後に自動再生されます。［直前の動作と同時］にすると、直前のアニメーションと同時に動きます。［クリック時］にすると、スライドショーでクリックしたときにアニメーションが動きます。

3 動きを追加し再生のタイミングを変える

1 手順1の操作5を参考に［終了］の［ズーム］を追加

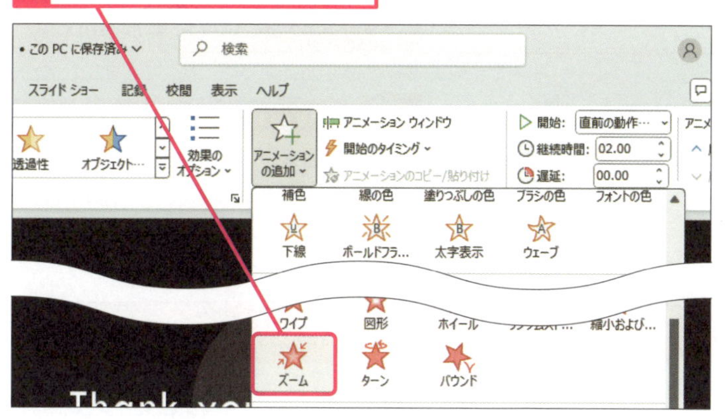

手順2を参考に、［アニメーションのタイミング］を［直前の動作の後］に変更しておく

2 イラストを選択

3 手順1の操作5を参考に［開始］の［フェード］をクリック

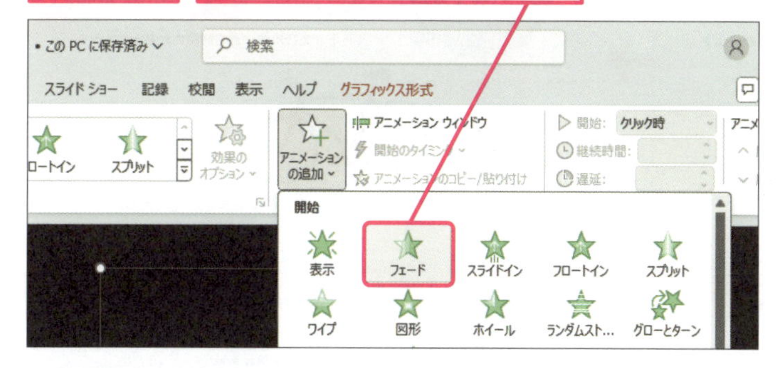

手順2を参考に、［アニメーションのタイミング］を［直前の動作の後］に変更しておく

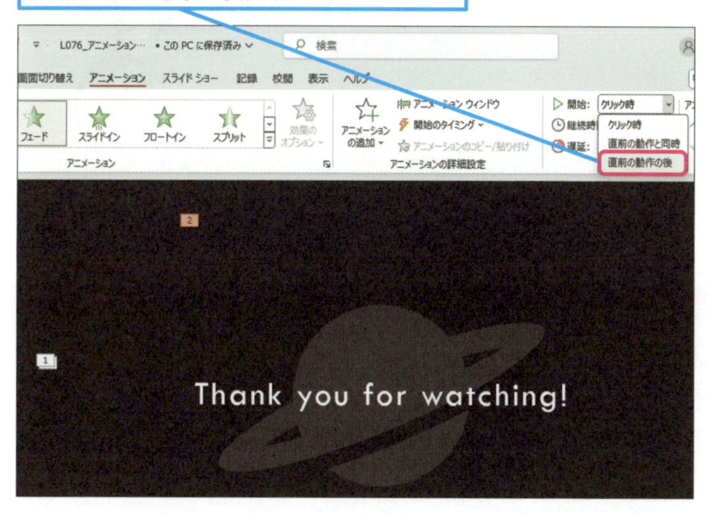

使いこなしのヒント

一定秒数を経過した後に再生するには

直前のアニメーションが再生された後で、一定秒数経過してから次のアニメーションを再生するには、［アニメーション］タブにある［遅延］の数値を指定します。

使いこなしのヒント

アニメーションの順番を変更するには

アニメーションの実行順序を変更するには、順序を変更したいアニメーションの番号をクリックし、［アニメーション］タブにある［順番を前にする］や［順番を後にする］ボタンをクリックします。

アニメーションの番号をクリックして、ボタンをクリックすると順番を変更できる

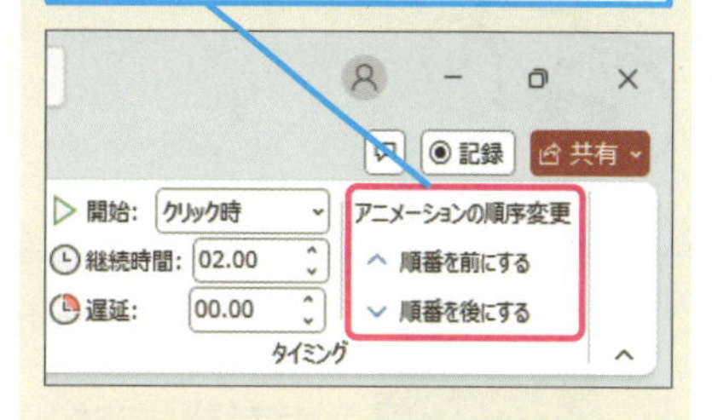

まとめ 複数のアニメーションを連続して動かす

スライド上の文字や画像が次々と表示されたり消えたりする動きは、聞き手を引き付けます。スライドショーでクリックしなくても連続再生されるようにすると、複数のアニメーションが流れるように動くので、発表者は余裕を持って説明に集中できます。

レッスン
77 動く3Dイラストで注目を集める

3Dモデル／変形　練習用ファイル　L077_変形.pptx

自転車のイラストが、左から右に走る動きを設定します。［画面切り替え］の［変形］を使うと、2枚のスライドに別々に挿入した3Dイラストが、1枚目のスライドの位置から2枚目のスライドの位置まで動きます。

キーワード

画面切り替え	P.312
スライド	P.313
変形	P.315

スライド上で走る自転車を作る

Preview

自転車がスライドの左から右に走る

自転車通勤の注意事項
損害保険に加入する
自転車の種類を届け出る
駐輪場所を確保して届け出る
ルートと走行距離、通勤時間の目安を届け出る

会社が指定した安全運転講習を受ける
損害保険に加入する
自転車の種類を届け出る
駐輪場所を確保して届け出る
ルートと走行距離、通勤時間の目安を届け出る

会社が指定した安全運転講習を受ける
損害保険に加入する
自転車の種類を届け出る
駐輪場所を確保して届け出る
ルートと走行距離、通勤時間の目安を届け出る

会社が指定した安全運転講習を受ける
損害保険に加入する
自転車の種類を届け出る
駐輪場所を確保して届け出る
ルートと走行距離、通勤時間の目安を届け出る

使いこなしのヒント

3Dモデルと画面切り替えの合わせワザ

自転車が向きを変えながら走る動きは、2枚のスライドが必要です。1枚目のスライドにはスタート地点の自転車を配置し、2枚目のスライドにはゴール地点の自転車を配置します。この状態で2枚目のスライドに［画面切り替え］の［変形］を設定すると、1枚目の自転車の位置から2枚目の自転車の位置までスムーズに動きます。

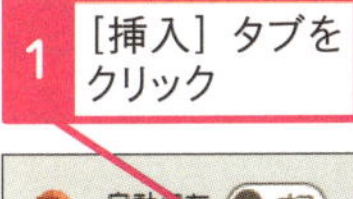

3Dモデルを挿入する

1 ［挿入］タブをクリック

2 ［3Dモデル］をクリック

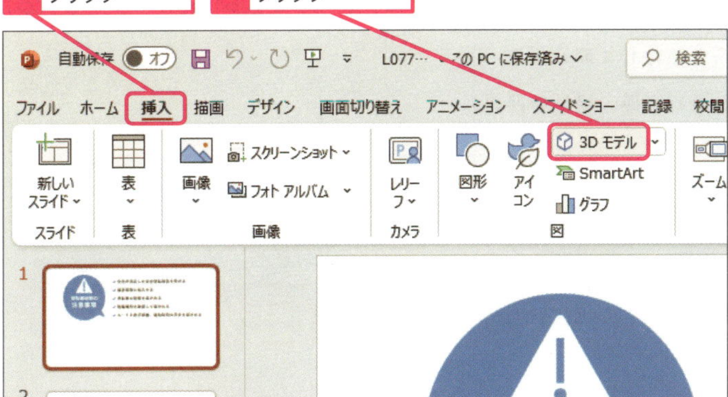

3 「自転車」と入力

4 Enterキーを押す

5 挿入したい3Dモデルをクリック

6 ［挿入］をクリック

3Dモデルがスライドに挿入された

7 ドラッグしてスライドの左端に移動

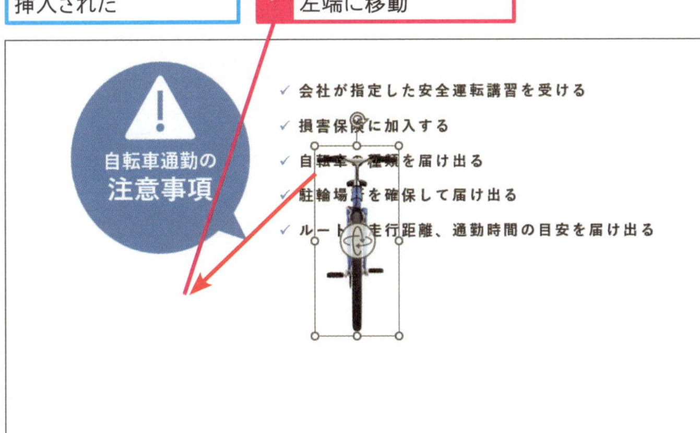

用語解説

3Dモデル

3Dモデルとは、立体的な画像のことです。スライドに3Dモデルを挿入すると、真上から真下から真横からといった具合に、画像を360度好きな角度に回転することができます。

使いこなしのヒント

複数の3Dモデルを一度に挿入する

操作5の後に続けて別の3Dモデルをクリックすると、複数の3Dモデルにチェックマークが付きます。この状態で［挿入］ボタンをクリックすると、複数の3Dモデルをまとめて挿入できます。

複数の3Dモデルを選択して［挿入］をクリックすると、複数の3Dモデルをまとめて挿入できる

次のページに続く

2 3Dモデルの角度を変更する

1 ここにマウスポインターを合わせる

マウスポインターの形が変わった

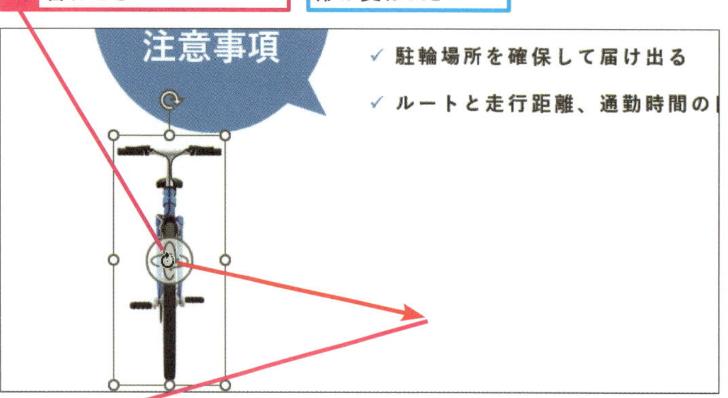

2 ドラッグして角度を調整

3Dモデルの角度が変わった

3 スライドショー中に3Dに動くよう設定する

1 2枚目のスライドをクリック

手順1を参考に、自転車の3Dモデルを挿入して位置と角度を調整しておく

✓ 会社が指定した安全運転講習を受ける
✓ 損害保険に加入する
✓ 自転車の種類を届け出る
✓ 駐輪場所を確保して届け出る
✓ ルートと走行距離、通勤時間の目安を届け出る

使いこなしのヒント

3Dモデルビューでも角度を変えられる

3Dモデルを選択したときに表示される［3Dモデル］タブの［3Dモデルビュー］に用意されている角度をクリックして回転することもできます。

［3Dモデル］タブの［3Dモデルビュー］でも角度を変更できる

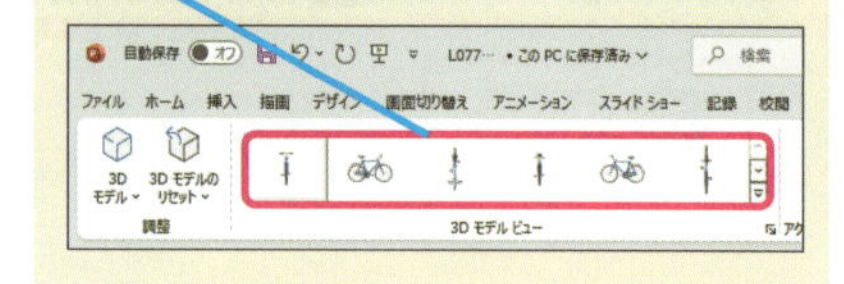

使いこなしのヒント

3Dモデル専用のアニメーションもある

スライドに3Dモデルを挿入すると、［アニメーション］タブのアニメーションの一覧に［スイング］や［ジャンプしてターン］など、3Dモデル専用のアニメーションが表示されます。

［3Dモデル］に適用できるアニメーションが表示される

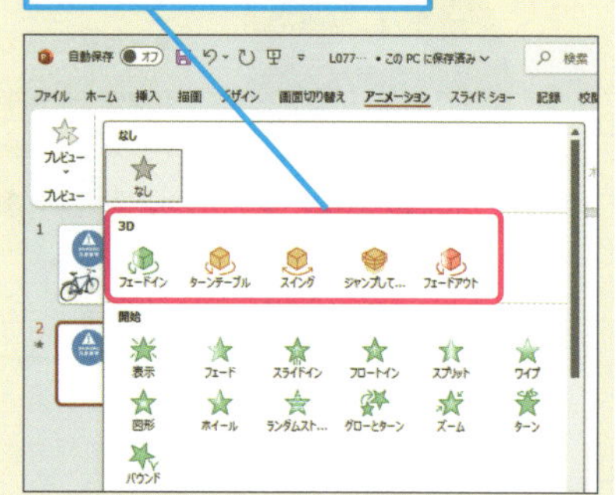

● 画面切り替え効果を適用する

2 2枚目のスライドを選択しておく

3 ［画面切り替え］タブをクリック

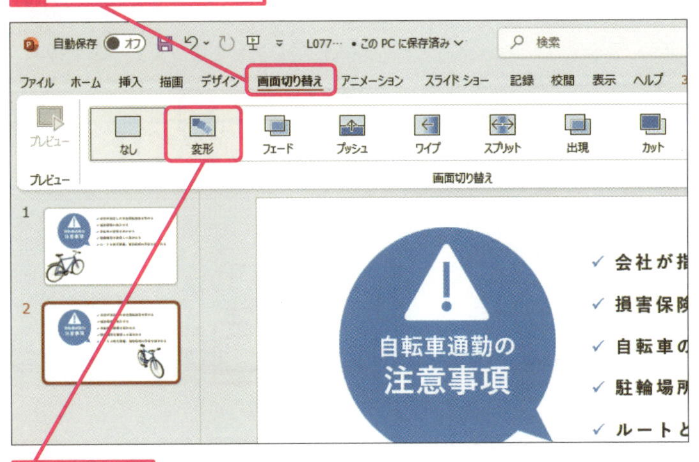

4 ［変形］をクリック

F5 キーを押してスライドショーを実行し2枚目のスライドを表示すると3Dモデルが動く

使いこなしのヒント

文字や図形でも利用できる

［変形］の機能は、3Dモデルだけでなく、文字や図形でも利用できます。例えば、1枚目のスライドに四角形、2枚目のスライドに円を描画すると、四角形から円に変化する動きを再現できます

まとめ　アニメーションにはない動きを作る

画像や図形などの位置や形を変えながら動かす［変形］機能は、アニメーションには用意されていない新しい動きです。［変形］機能は、2枚のスライドを比較して、異なる部分だけを動かすものです。1枚目のスライドをコピーして2枚目のスライドを用意してからチャレンジしてみましょう。

レッスン
78 手順や操作を動画でじっくり見せる

ビデオの挿入／ビデオのトリミング

練習用ファイル L078_ビデオの挿入.pptx

デジタルカメラやスマートフォンなどで撮影した動画をパソコンに取り込んでおけば、簡単にスライドに挿入できます。動画が長すぎるときは、[ビデオのトリミング] 機能を使って不要な部分を削除して調整します。

1 動画を挿入する

ここでは本章の練習用ファイルが保存された[第11章]フォルダーの「cooking.mov」を挿入する

1 [挿入] タブをクリック

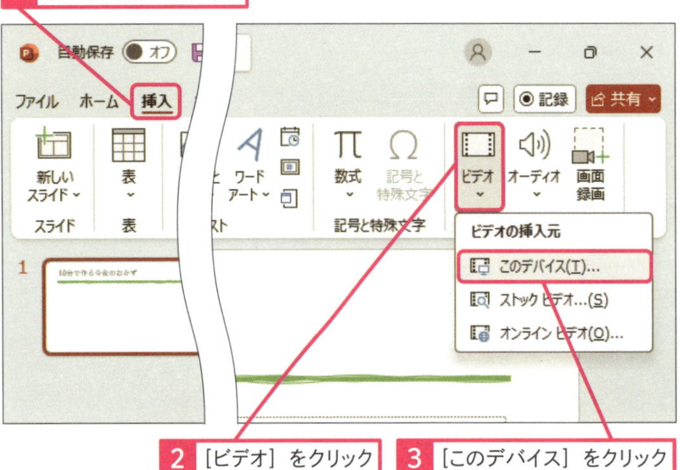

2 [ビデオ] をクリック

3 [このデバイス] をクリック

[ビデオの挿入] ダイアログボックスが表示された

4 動画をクリック

5 [挿入] をクリック

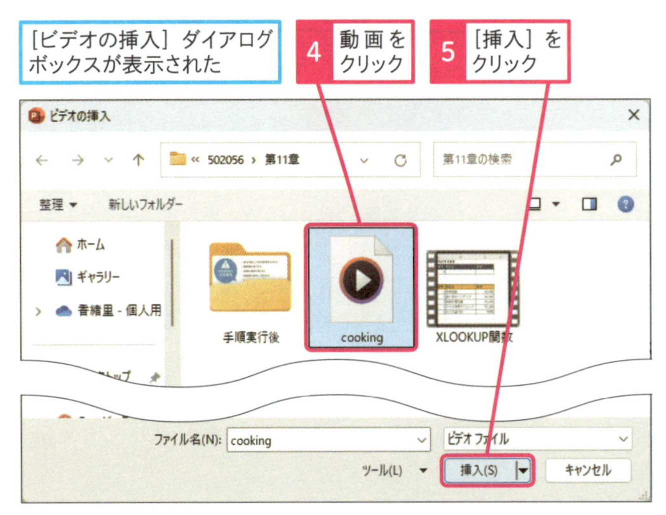

キーワード

ダイアログボックス	P.313
トリミング	P.314
メディア	P.315

使いこなしのヒント

スライドのアイコンからも動画を挿入できる

[タイトルとコンテンツ] などのレイアウトであれば、スライド中央にある [ビデオの挿入] ボタンをを使っても動画を挿入できます。

[ビデオの挿入] をクリックすると操作5の画面が表示される

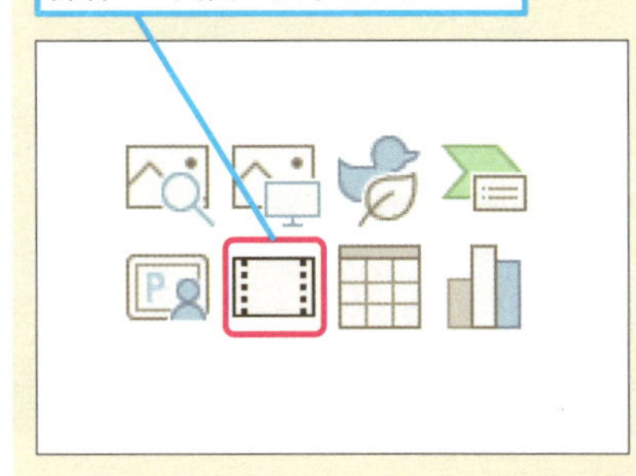

使いこなしのヒント

音楽も挿入できる

[挿入] タブの [オーディオ] から [このコンピューター上のオーディオ] をクリックすると、パソコンに保存済みの音楽ファイルを挿入できます。表紙のスライドに音楽を挿入してオープニング音楽として使ったり、BGMとして使ったりすると効果的です。

● 動画が挿入された

2 動画をトリミングする

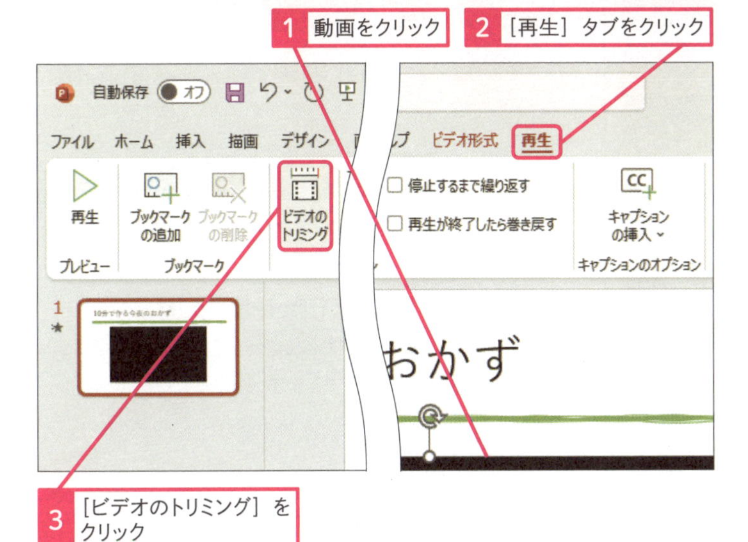

使いこなしのヒント

挿入した動画に影や枠の効果を設定できる

［ビデオ形式］タブにある［ビデオスタイル］の機能を使うと、動画に枠や影を付けることができます。

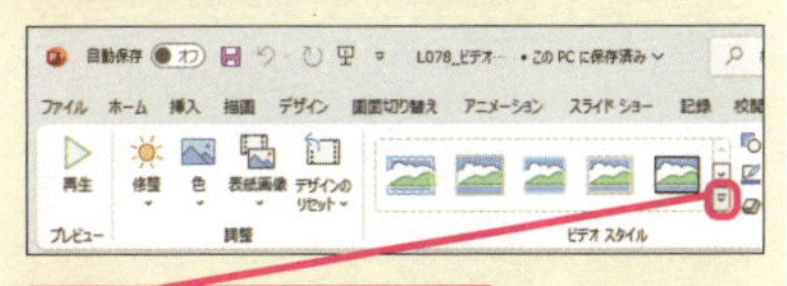

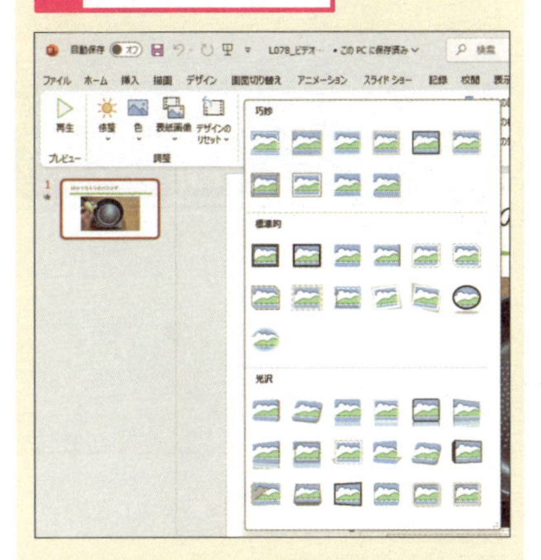

使いこなしのヒント

スライドショーの実行時に動画を全画面で表示するには

［再生］タブにある［全画面再生］のチェックマークを付けると、スライドショーで動画が画面いっぱいに大きく表示されます。

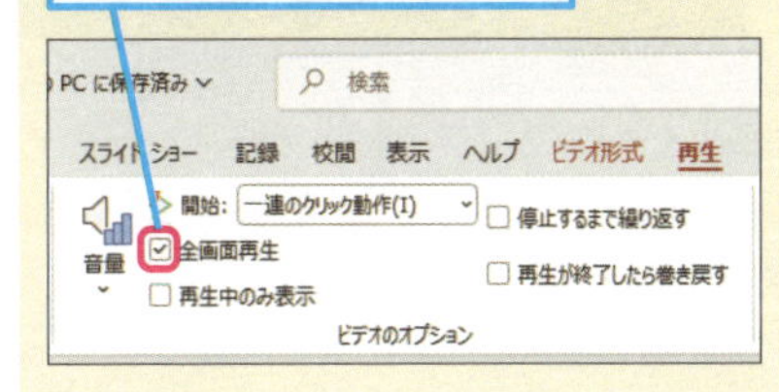

次のページに続く

● 動画の再生範囲を変更する

［ビデオのトリミング］ダイアログボックスが表示された

緑のつまみから赤いつまみの範囲までが再生される

4 緑のつまみをドラッグ

5 赤のつまみをドラッグ

使いこなしのヒント

動画の表紙画像を変更するには

スライドに動画を挿入すると1コマ目が表示されます。以下の操作を行うと、一番見せたいシーンを指定して、動画の表紙にすることができます。表紙用の画像を別途作成したときは、［ファイルから画像を挿入］を選択します。

表紙画像に使用したい部分で動画を止めておく

1 ［ビデオ形式］タブの［表紙画像］をクリック

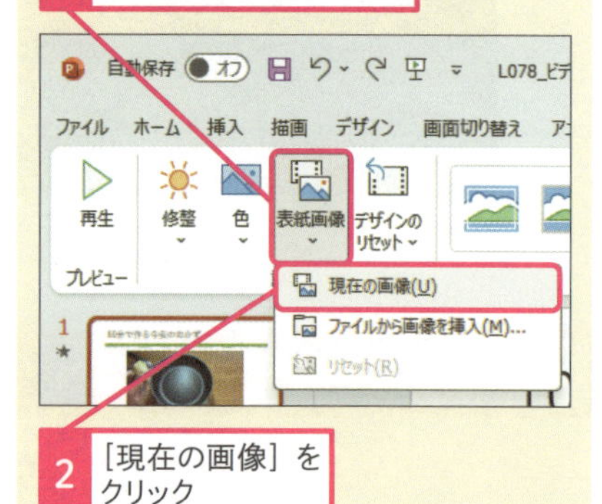

2 ［現在の画像］をクリック

使いこなしのヒント

秒数でトリミング位置を指定できる

［ビデオのトリミング］ダイアログボックスにある［開始時間］と［終了時間］に秒数を入力して、トリミング位置を指定することもできます。

● トリミングした動画をプレビューする

6 ［再生］をクリック

トリミングした動画が再生された

7 ［OK］をクリック

スライドに挿入した動画の再生範囲が変更された

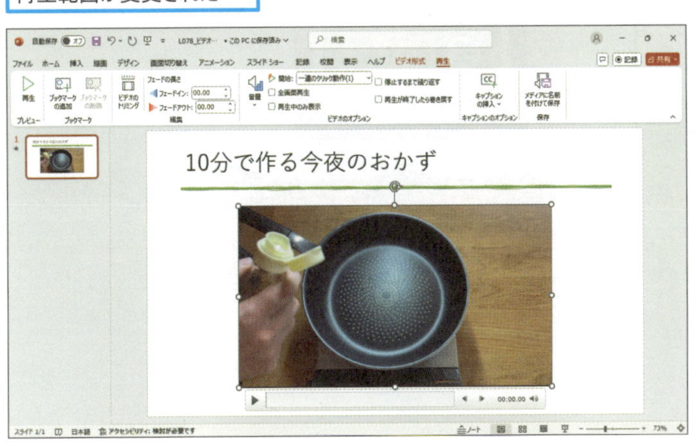

使いこなしのヒント

動画の再生中に別の音声を流すには

以下の操作を行うと、動画の再生中に指定した音声や効果音を流すことができます。動画と音声が同時に流れるようにするには、［効果のオプション］ダイアログボックスの［タイミング］タブで［開始］を［直前の動作と同時］に変更します。

1 ［アニメーション］タブの［効果のその他のオプションを表示］をクリック

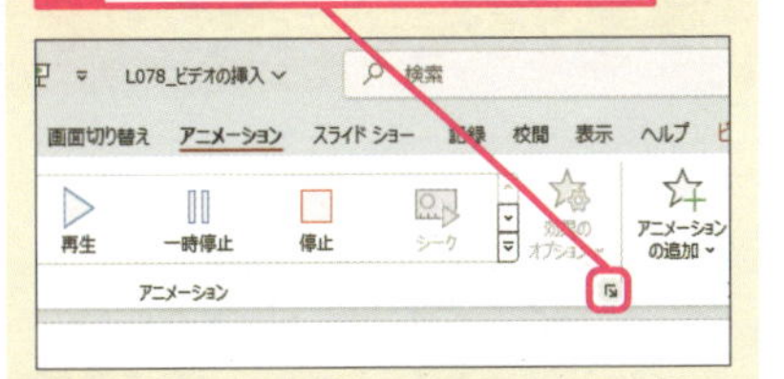

2 ［サウンド］のここをクリックして再生したいサウンドを選択

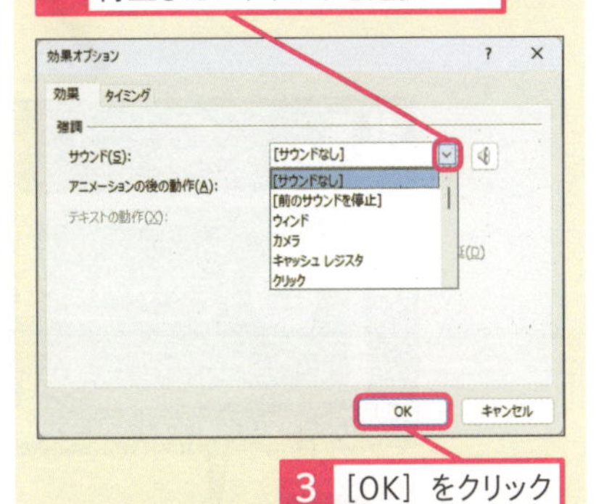

3 ［OK］をクリック

まとめ 動きを表現したいときに動画を使おう

料理の手順や講演会の様子などは、文字よりも動画のほうが分かりやすさがアップします。また、スポーツシーンや動物の姿など、動きがある情報は動画で見せるのが効果的です。動画は「もう少し見たい」くらいの長さにトリミングして使いましょう。

レッスン

79 ナレーション付きのスライドショーを録画する

このスライドから録画

練習用ファイル L079_このスライドから録画.pptx

［このスライドから録画］機能を使って、発表者の顔とナレーション付きのスライドショーを録画します。パソコンにマイクとカメラが接続されていれば、いつも通りにスライドショーを進めるだけで、その様子を録画できます。

キーワード

画面録画	P.312
スライド	P.313
スライドショー	P.313

発表者不在でもプレゼンできる！

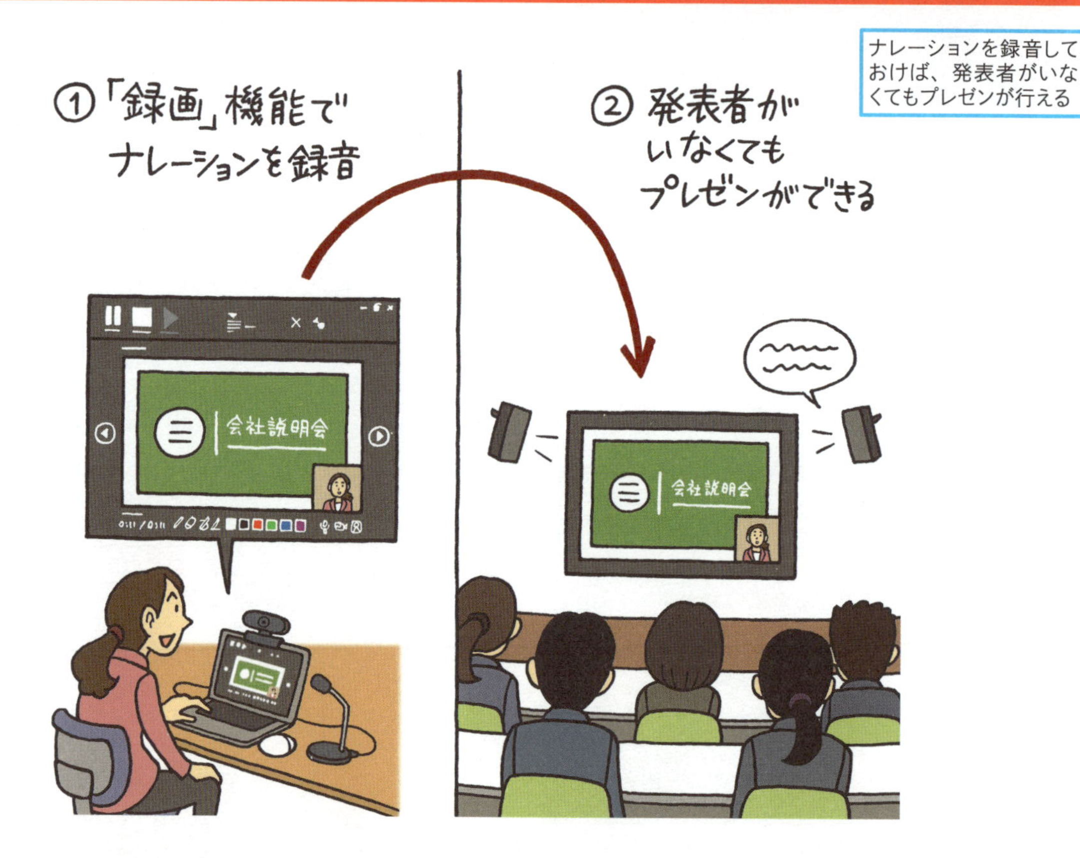

使いこなしのヒント

スライドショーをWebで公開できる

プレゼンテーションで使ったPowerPointのスライドにナレーションを付けてWebに公開するケースが増えてきました。［このスライドから録画］機能を使えば、スライドショーの画面とともに、音声や実行中の操作を録画できるため、発表者がいなくてもスライドショーを実行できます。

1 スライドショーの録画を開始する

1 ［スライドショー］タブをクリック

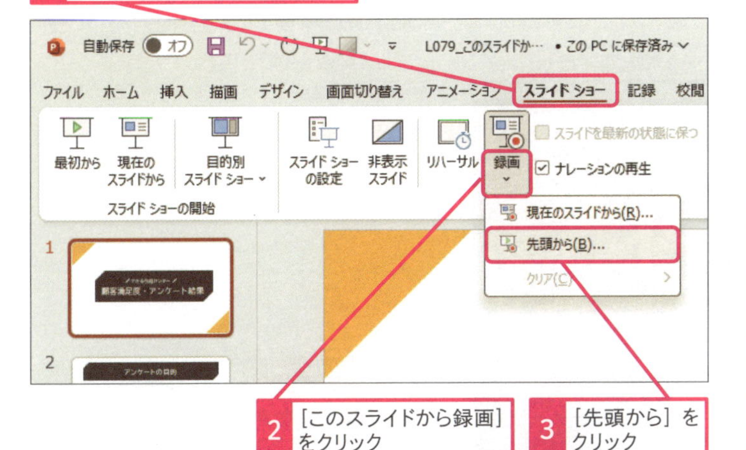

2 ［このスライドから録画］をクリック

3 ［先頭から］をクリック

録画画面が表示された

4 ［記録を開始］をクリック

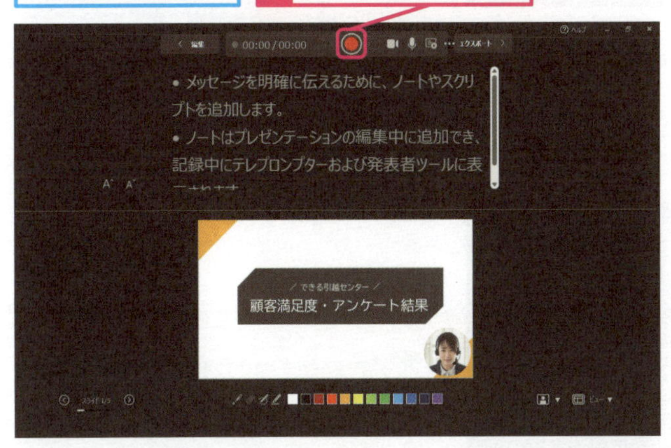

カウントダウンが表示され、録画がスタートする

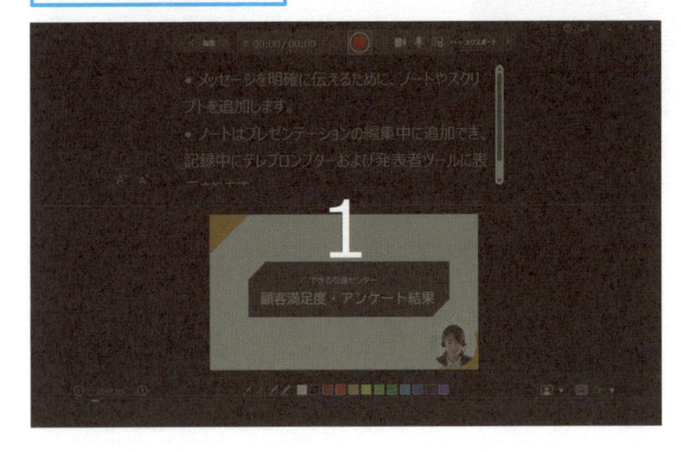

使いこなしのヒント

録画を始める前にチェックしよう！

スライドショーを録画すると、カメラの映像と音声も一緒に録画されます。録画する前に、マイクとカメラの接続を確認し、正しく動くかどうかをチェックしましょう。

使いこなしのヒント

途中のスライドから録画するには

スライドショーの途中から録画をやり直すときは、［スライドショー］タブの［録画］ボタンから［現在のスライドから記録］をクリックします。

使いこなしのヒント

カメラをオフにするには

カメラ付きのパソコンなら、スライドの右下に表示されるワイプ映像も動画として記録されます。マイクとカメラは、録画画面上部のボタンでオンとオフを切り替えられます。

［カメラを無効にする］をクリックする

次のページに続く

2 録画を終了する

1 スライド部分をクリック

スライドが切り替わった

一時停止や停止、再生のボタン

ノートの内容が表示される

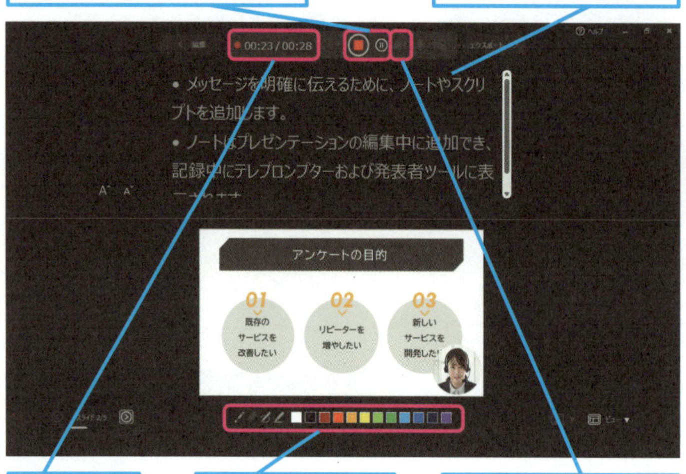

経過時間が表示される

スライドに手書きするペン機能

マイクとカメラのオンオフを切り替えられる

各スライドでナレーションを録音し、最後のスライドまで表示する

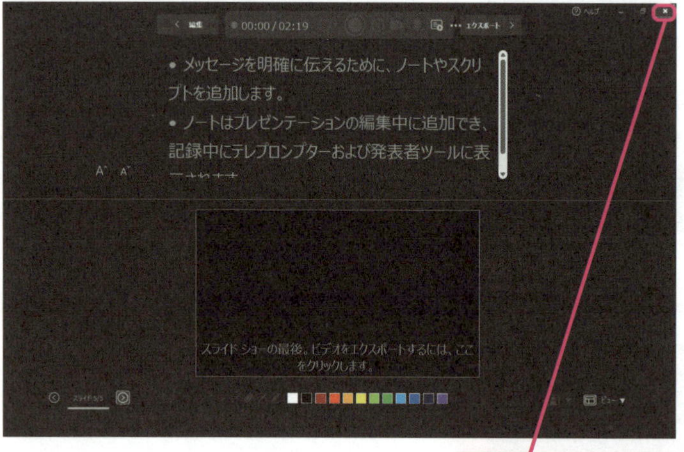

2 [閉じる] ボタンをクリック

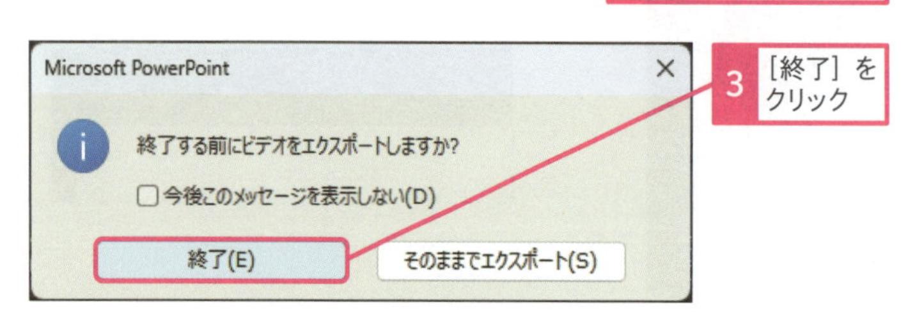

3 [終了] をクリック

使いこなしのヒント

録画を途中で止めるには

途中で操作や説明を間違えたときは、上部の [記録を停止します] ボタンをクリックして録画を中断します。

使いこなしのヒント

一時停止しながら録画できる

手順2の操作1の画面上部にある [記録を一時停止します] をクリックすると、録画途中で中断しながら録画できます。

使いこなしのヒント

録画した内容を削除する

録画を終了した後で操作と音声をすべて削除するには、[記録] タブの [録画をクリア] ボタンから [すべてのスライドのレコーディングをクリア] をクリックします。

[すべてのスライドのレコーディングをクリア] をクリックすると操作と音声が削除される

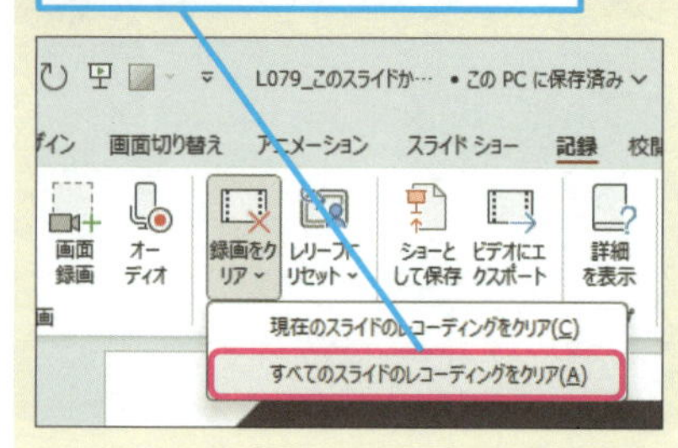

活用編 第11章 アニメーションで印象に残るスライドを作る

● 録画が終了した

録画が終了すると、各スライドに撮影した映像が表示される

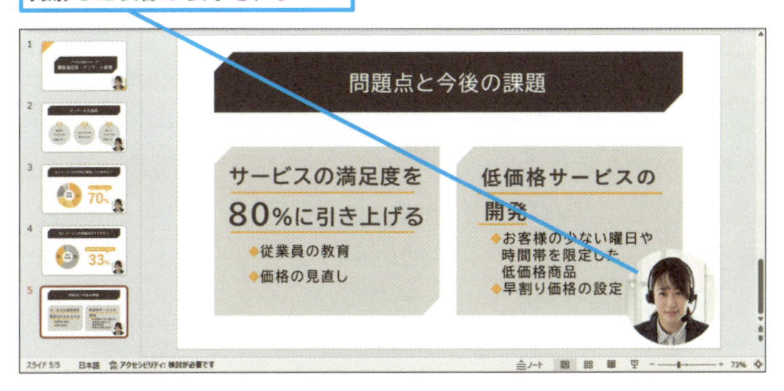

スライドショーを実行すると録画した音声と映像が再生され、自動的にスライドが切り替わる

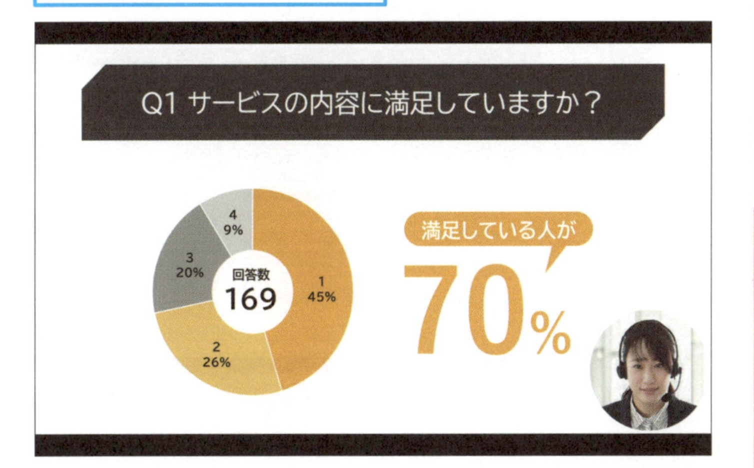

使いこなしのヒント

録画したスライドをWebに公開する

録画したスライドを保存すると、ナレーションとワイプ付きで保存されます。このファイルをWebにアップロードすると、スライドショーを公開できます。PowerPointを持っていない人に見てもらうときは、[ファイル] タブの [エクスポート] から [ビデオの作成] をクリックし、動画ファイルとして保存してからアップロードします。

まとめ しっかり練習してから録画に臨もう

スライドショーの録画中に操作や説明に失敗しても途中のスライドからやり直すことができますが、できるだけ1回で録画を終了したほうが時間の節約になります。それには、話したいことやスライドショーの操作を事前にしっかり練習しておくことが大切です。

使いこなしのヒント

後から録画をやり直すには

録画後に特定のスライドだけ録画をやり直すことができます。やり直したいスライドを表示し、[スライドショー] タブの[録画]ボタンから[現在のスライドから]をクリックします。録画画面で上部の [レコーディングの撮り直し] をクリックすると、表示中のスライドの録画をやり直して上書きできます。

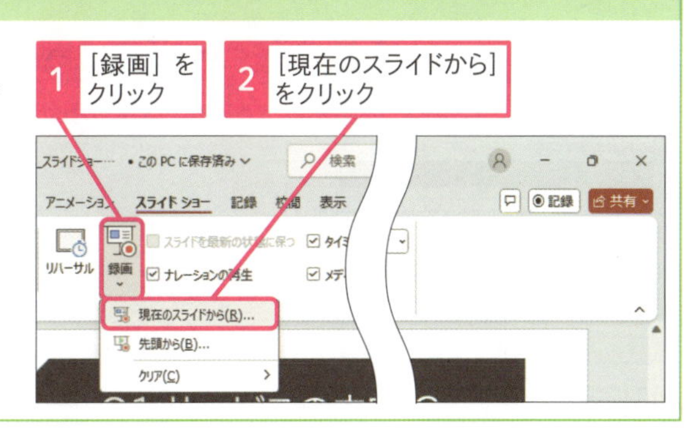

レッスン
80 ほかのアプリの操作を録画して教材を作る

画面録画

練習用ファイル L080_画面録画.pptx

ほかのアプリの使い方を解説する動画を作りたいときにも、PowerPointが活躍します。[画面録画] 機能を使うと、パソコンで操作している様子をそのまま録画して、動画としてスライドに挿入できます。

キーワード

画面録画	P.312
マウスポインター	P.315
メディア	P.315

パソコンの操作画面を簡単に録画できる

[画面録画] 機能を使って、操作を記録する

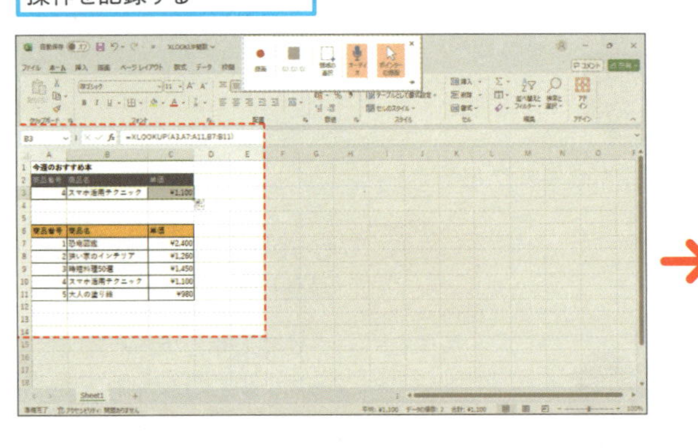

記録した操作が動画としてスライドに挿入される

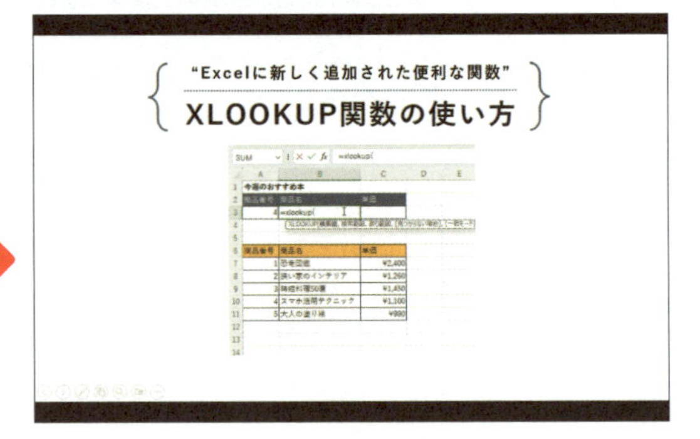

1 画面録画を開始する

Excelを起動し、「XLOOKUP関数.xlsx」のファイルを開いておく

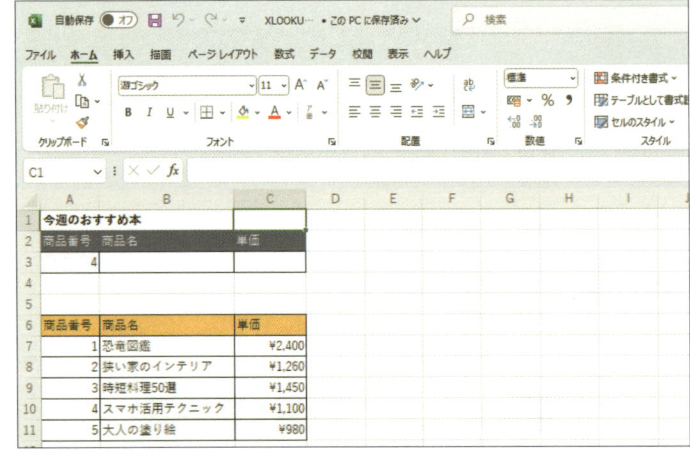

使いこなしのヒント

このレッスンで録画する操作について

ここでは、画面録画の例としてExcelのXLOOKUP関数の操作を録画しています。このレッスンで録画した内容は［手順実行後］フォルダーの[L080_画面録画.pptx]のスライドで確認できます。なお、Excel以外のアプリの操作も同じ操作で録画できます。

● Excelの画面を録画する

1 ［挿入］タブをクリック

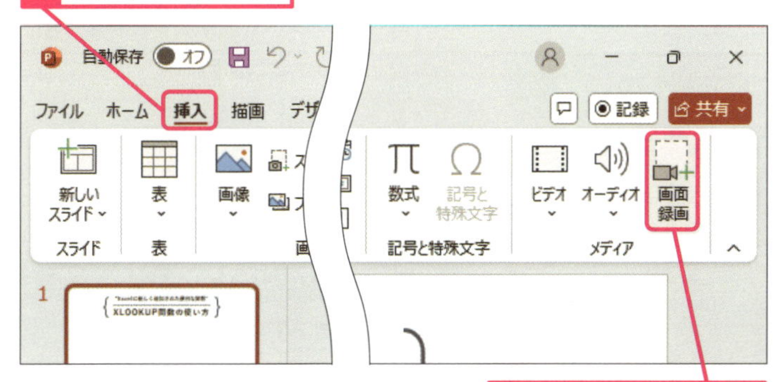

2 ［画面録画］をクリック

自動的にExcelに切り替わった

3 ［領域の選択］をクリック

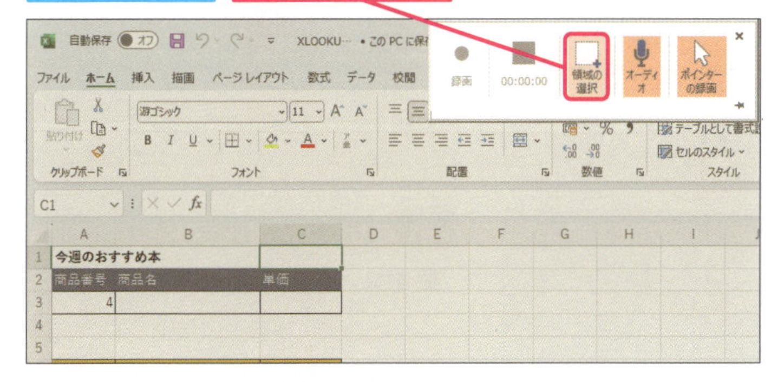

4 録画したい範囲をドラッグ

5 ［録画］をクリック

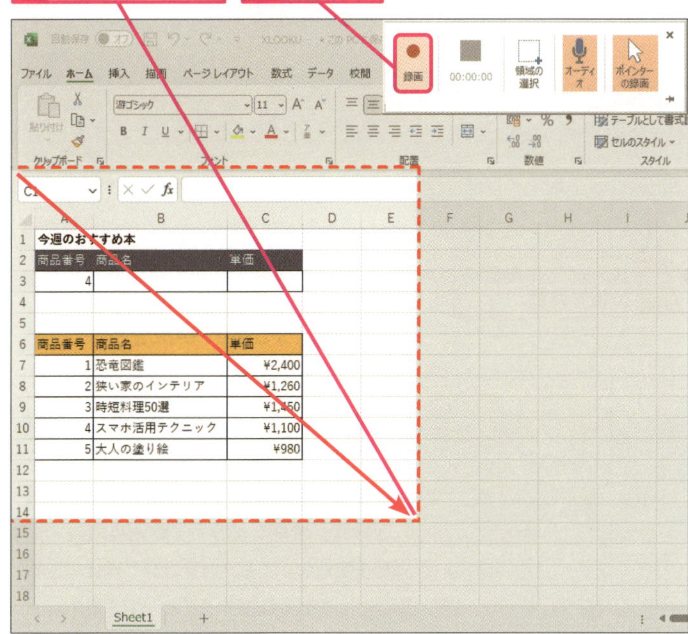

使いこなしのヒント

［領域の選択］をやり直すには

操作4で正しく領域をドラッグできなかったときは、もう一度［領域の選択］ボタンをリックしてドラッグし直します。

使いこなしのヒント

マウスポインターを非表示にするには

マウスポインターの動きが録画されないようにするには、［ポインターの録画］ボタンをクリックしてオフにします。

［ポインターの録画］ボタン

使いこなしのヒント

操作の録画を一時停止するには

［一時停止］ボタンをクリックすると、録画を中断できます。続きの録画を行うには［録画］ボタンをクリックします。

次のページに続く

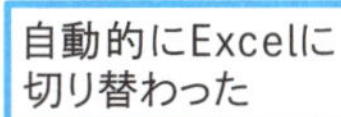

● カウントダウンが表示された

カウントダウンが終了した後に、「XLOOKUP関数.mp4」を参考にしてExcelの画面で操作を行う

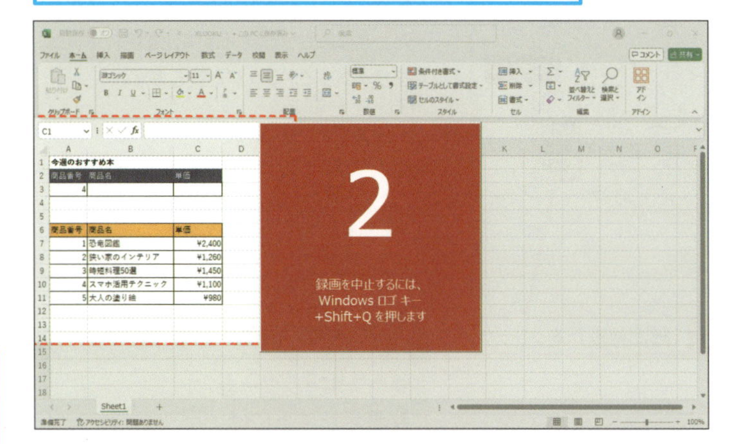

2 画面録画を終了する

1 操作が終わったら、画面上部にマウスポインターを移動

2 ［停止］をクリック

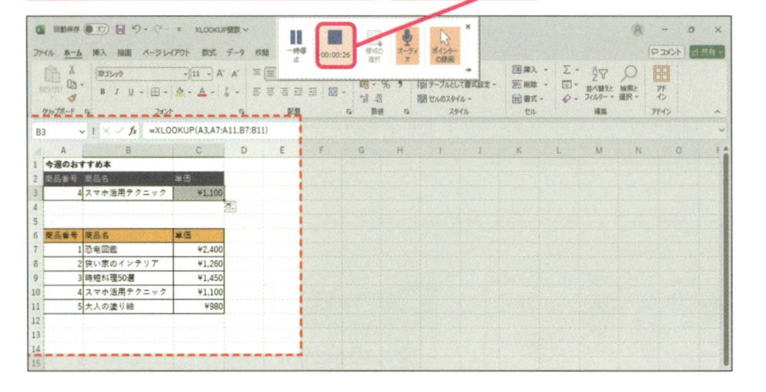

スライドに動画が挿入された

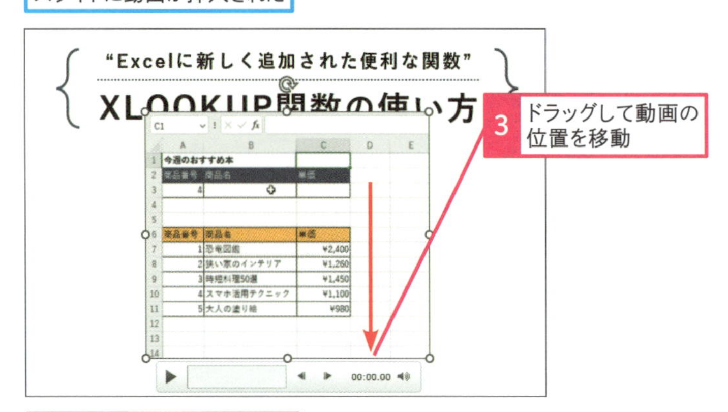

3 ドラッグして動画の位置を移動

［再生］ボタンをクリックして、録画した操作を確認しておく

⚠ ここに注意

録画中は録画用のバーが表示されません。マウスポインターを画面上部に移動すると、バーが表示されます。

使いこなしのヒント

音声も録音される

録画用のバーにある［オーディオ］ボタンがオンになっていると、音声も録画されます。事前にマイクの接続を確認しておきましょう。

使いこなしのヒント

動画ファイルとして保存できる

レッスン87の「使いこなしのヒント」では、［画面録画］機能を使ってスライドに挿入した動画を、単体の動画ファイルとして保存する操作を解説しています。

まとめ PowerPointを録画ツールとして使う

パソコンの操作を解説するときに、実際にアプリを操作している画面を提示すると理解が深まります。PowerPointの［画面録画］機能を使うと、動画専用のアプリを使わなくても、パソコンで操作できることはすべて録画することができます。

スキルアップ

YouTube動画を挿入するには

スライドショー実行中にYouTubeの動画を提示するには、以下の手順でスライドにYouTube動画を挿入します。そうすると、スライドショーを中断してYouTube画面に切り替えなくても、PowerPoint内でスムーズに動画を再生できます。

WebブラウザーでYouTubeにアクセスし、挿入する動画を表示しておく

1 [共有] をクリック

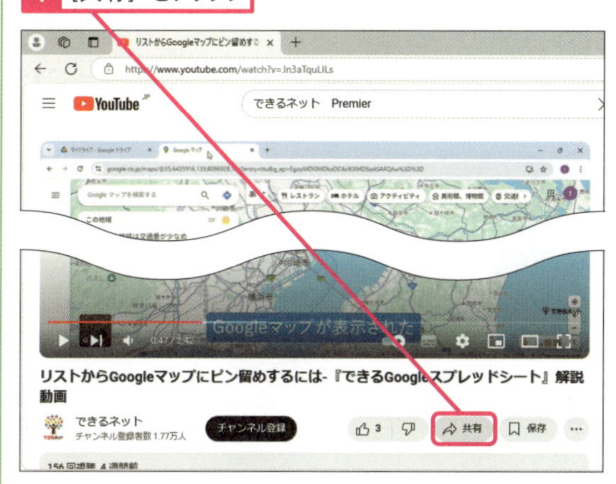

2 [コピー] をクリック

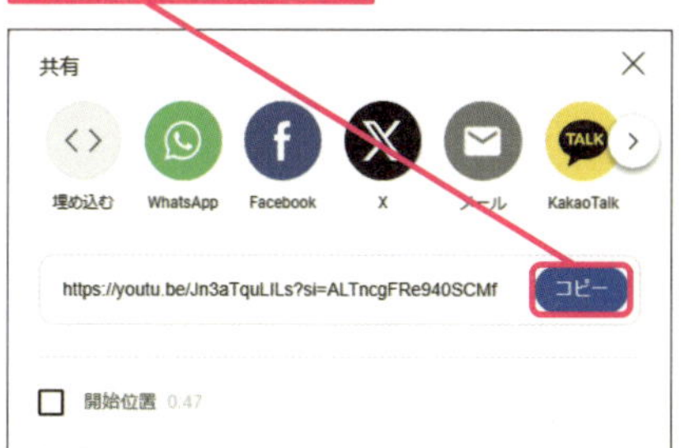

3 [挿入] タブをクリック

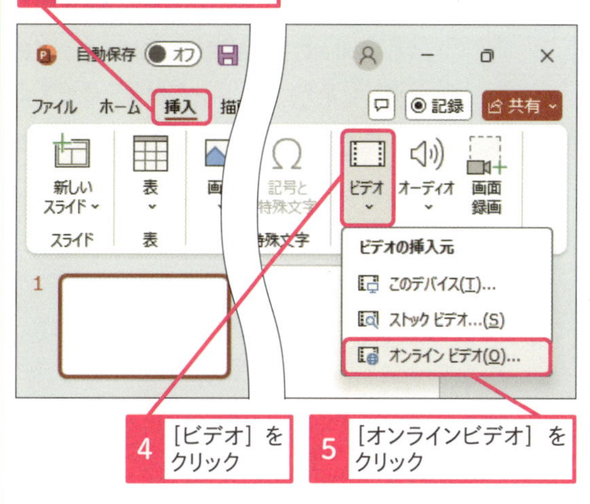

4 [ビデオ] をクリック

5 [オンラインビデオ] をクリック

6 入力欄をクリック

7 Ctrl + V キーを押す

動画のURLが貼り付けられた

8 [挿入] をクリック

YouTubeの動画が挿入された

ドラッグしてサイズや位置を調整

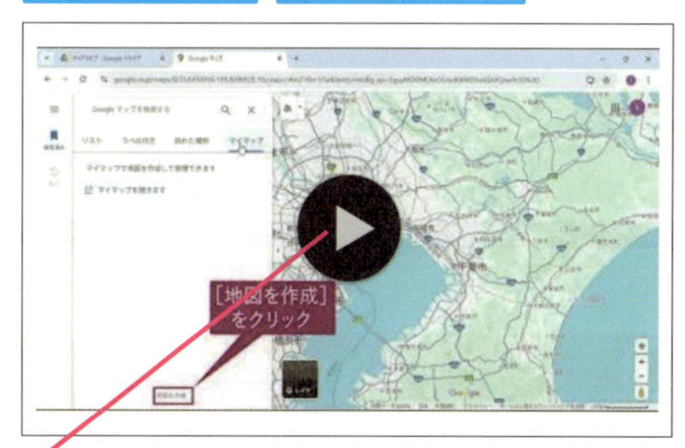

9 動画をクリック

動画が再生された

レッスン
81 録画した動画にテロップを付けて理解を促す

ブックマークの追加

練習用ファイル　L081_ブックマークの追加.pptx

動画の再生中に、テロップの文字が表示されるようにします。[ブックマークの追加] の機能と [アニメーション] の機能を組み合わせると、動画のどの位置にどんなテロップを表示するのかを指定できます。

キーワード

アニメーション	P.311
図形	P.313
ブックマーク	P.315

録画した操作画面にキャプションを入れる

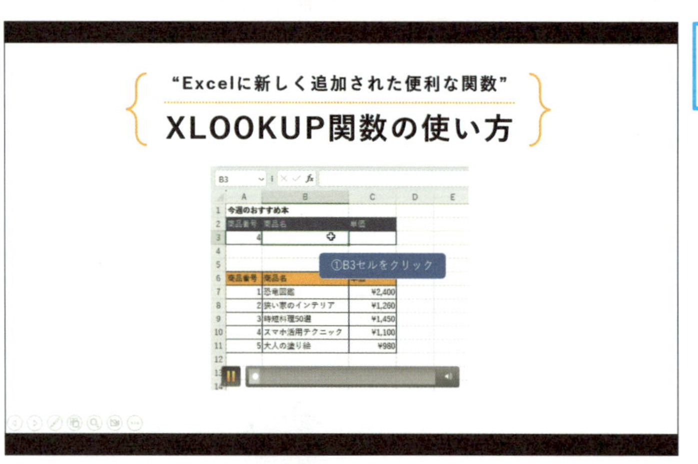

動画編集ソフトを使わずに動画にテロップを追加できる

1 ブックマークを追加する

レッスン31を参考に、図形を挿入しテロップの文字を入力しておく

1 動画をクリック

今週のおすすめ本

①B3セルをクリック

00:00.00

2 [再生/一時停止] をクリック

使いこなしのヒント
このレッスンの操作動画について

ここでは、レッスン80でスライドに挿入したExcelの操作解説の動画にテロップを追加します。パソコンの画面を録画する操作は、レッスン80を参照してください。

● テロップを表示する位置で再生を止める

3 テロップを表示したい位置で［再生/一時停止］をクリック

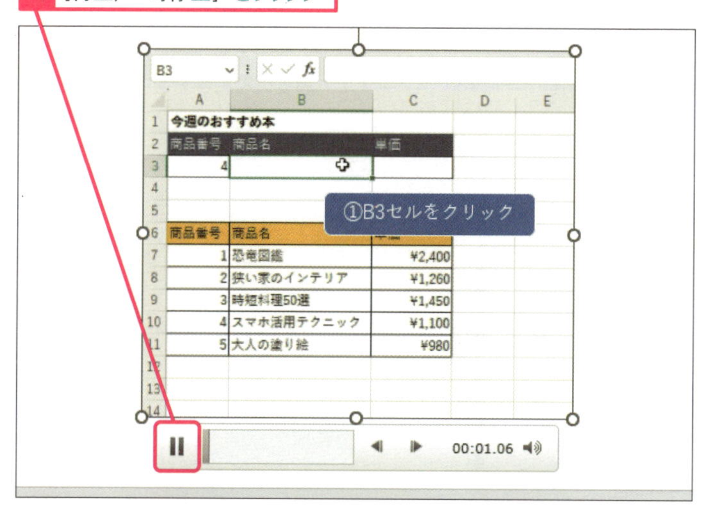

4 ［再生］タブをクリック

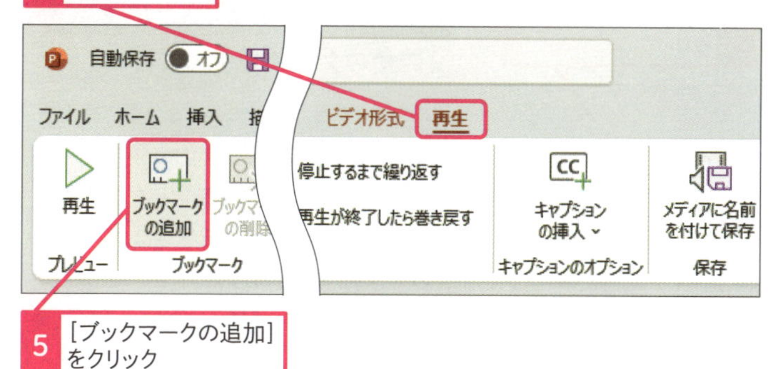

5 ［ブックマークの追加］をクリック

再生バーにオレンジ色の「●」が表示された

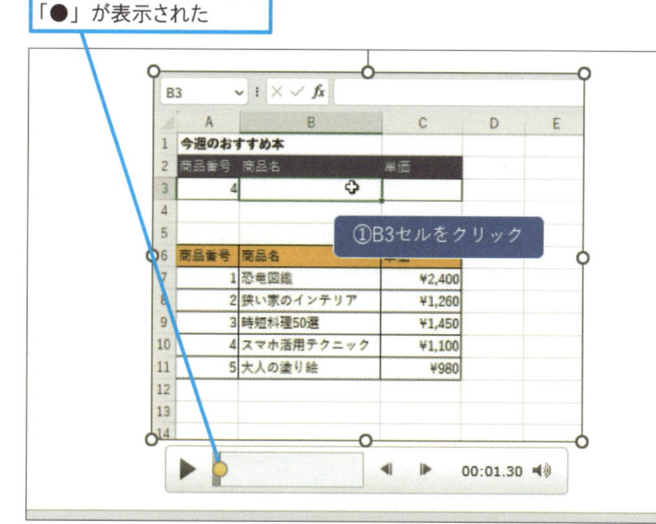

用語解説

ブックマーク

ブックマークには「しおり」という意味があります。PowerPointでは、スライドに挿入した動画内で何らかのアクションを起こしたい位置のことを「ブックマーク」と呼びます。

使いこなしのヒント

再生しながらブックマークの位置を決める

ブックマークの位置は、動画を再生しながら設定します。複数のテロップを表示する場合は、テロップを表示する位置や消す位置で再生を止めて、それぞれにブックマークを設定します。

使いこなしのヒント

ブックマークを削除するには

設定したブックマークを削除するには、削除したいブックマーク（オレンジ色の●）をクリックし、［再生］タブの［ブックマークの削除］ボタンをクリックします。

次のページに続く ➡

2 テロップにアニメーションを設定する

1 図形をクリック

2 [アニメーション] タブをクリック

3 [アニメーションスタイル] をクリック

4 [開始] の [フェード] をクリック

5 [開始のタイミング] をクリック

6 [ブックマーク時] をクリック

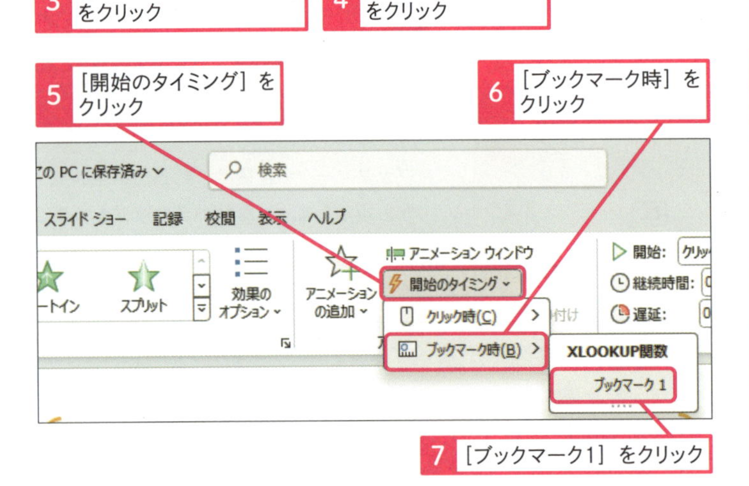

7 [ブックマーク1] をクリック

手順1で再生を停止したタイミングでテロップが表示されるように設定された

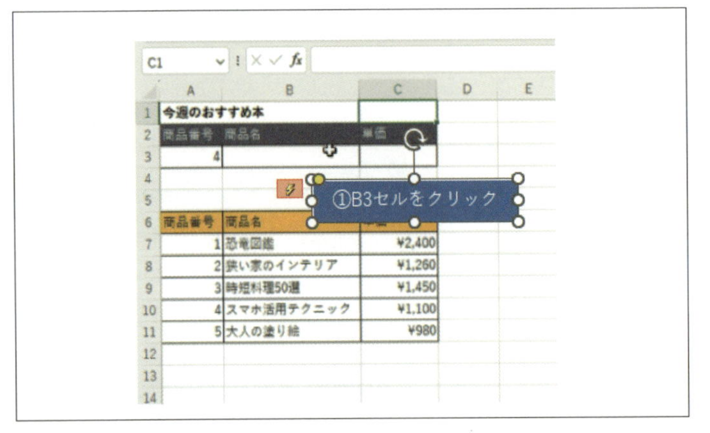

使いこなしのヒント

テロップに合うアニメーションって?

テロップに付けるアニメーションは、[フェード] や [アピール] のように、シンプルで控えめな動きを選びます。ただし、アニメーションを設定しないとテロップを表示することができません。

使いこなしのヒント

[開始のタイミング] って何?

アニメーションをどのタイミングで動かすのかを設定するのが [開始のタイミング] です。ブックマークを設定した位置でアニメーションを再生する場合は、[ブックマーク時] を選びます。

使いこなしのヒント

ブックマークに付く番号は?

手順2の操作5で [ブックマーク時] に表示される [ブックマーク1] は、最初に設定したブックマークという意味です。複数のブックマークを設定すると、設定した順番に自動的に連番が付きます。

● 動画を再生してテロップを確認する

スライドショーを実行し動画を再生すると
テロップが表示される

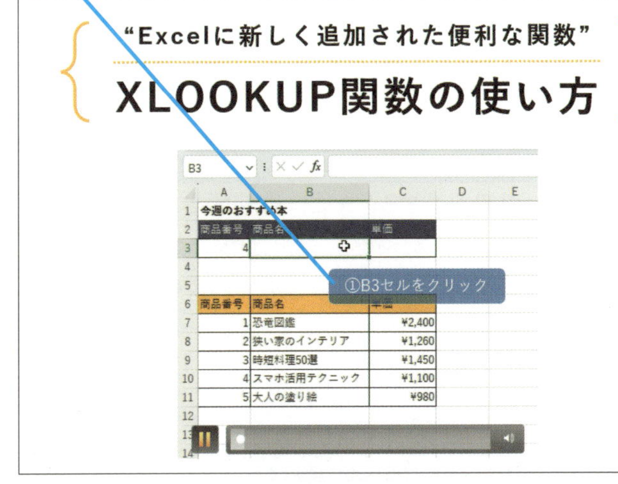

まとめ PowerPointで本格的な動画編集が行える

動画の再生中に、操作のポイントが文字として表示されると分かりやすさがアップします。［ブックマークの追加］と［アニメーション］機能を組み合わせて使うと、動画編集アプリさながらの操作を実現できます。

スキルアップ

テロップが消えるようにするには

動画の再生中にテロップを消すには、テロップを消したい位置にブックマークを設定してから、テロップの図形に終了のアニメーションを設定します。最後に、テロップのアニメーションを動かす［開始のタイミング］を2つ目のブックマークに指定します。

テロップを消したい位置で
動画の再生を止めておく

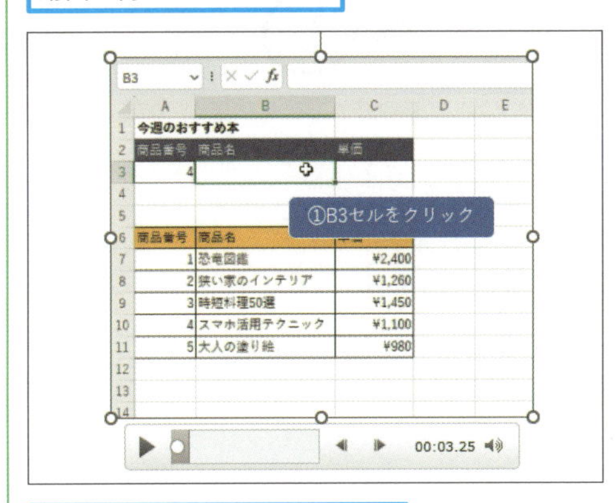

手順1を参考に、ブックマークを
追加しておく

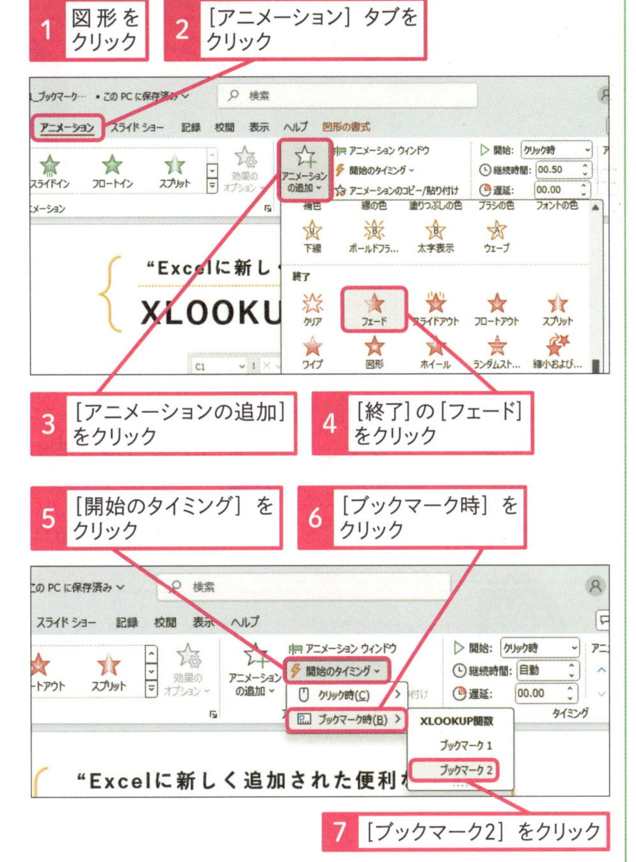

この章のまとめ

「動き」を取りいれる目的を理解して使おう

アニメーションや動画など「動き」のあるスライドは、インパクトがあって注目を集めることができるので、プレゼンテーションや販促資料などで利用するケースが増えています。スライドに「動き」を使う最大の目的は、聞き手の理解を助けることです。箇条書きを順番に表示したり、操作の過程を動画で見せたりすることで、聞き手の理解が深まるときには積極的に利用しましょう。ただし、スライドを印刷した際に、アニメーションや動画は再生できません。別途動画ファイルを配布するなどして対応するといいでしょう。

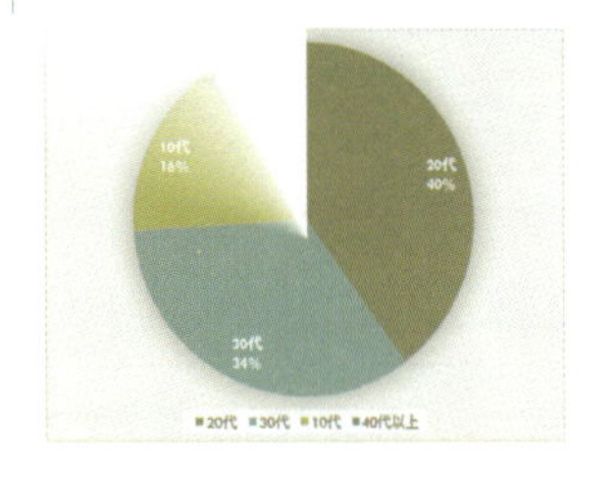

アニメーションや動画は聞き手の理解を助けるために使用する

「操作画面を動画にしておきました！」なんてサラリと言えたら……。よし、この機能の素晴らしさを伝えるために、［画面録画］機能の使い方を録画して、そのスライドをナレーション付きのスライドショーとして録画すれば、ふふふ……。

ちょっとややこしいけど、使い方としては間違っていない、か？

この機能をすごく気に入ってくれてうれしい！　ただ、画面録画中の音声も［オーディオ］をオフにしないと、録音されてしまうから気を付けてね！

活用編

第12章

スマートなプレゼンや資料共有のひと工夫

この章では、スライドショーで発表者が使える便利な機能を紹介します。また、「クラウド」と呼ばれるサービスを利用して、スライドをWeb上に保存したり、ほかの人と共有したりする操作についても解説します。

82	資料共有時に役立つテクニックを知ろう	266
83	自分の画面だけに虎の巻のメモを表示する	268
84	説明中にペンを使ってライブ感を出す	272
85	プレゼン直前にスライド枚数を調整する	274
86	ダブルクリックでスマートにスライドショーをスタートする	276
87	スライド全体を動画として保存する	278
88	共有したスライドで仲間と自由に意見を交換する	280

レッスン
82 Introduction この章で学ぶこと
資料共有時に役立つテクニックを知ろう

PowerPointには、プレゼンテーション本番で使える機能も用意されています。スライドショー実行中に発表者だけが見られる画面やペンの機能を使って、スマートに進行しましょう。また、スライドをWeb上に保存すると、外出先でスマートフォンから閲覧したり、ほかの人とスライドを共有したりすることもできます。

スライドショー実行時に役立つテクニック

ここまでたくさんのスライド作成のテクニックを学んできましたね。

「PowerPoint って何?」ってところから始まったけど、いろいろな使い方を習得できた気がします。

そう言ってもらえてうれしいよ（しみじみ）。
じゃあ、ここまで学んできた二人にぴったりのプレゼンや資料共有時に役立つテクニックをこの章で紹介しよう！

● この章で解説する内容の一例

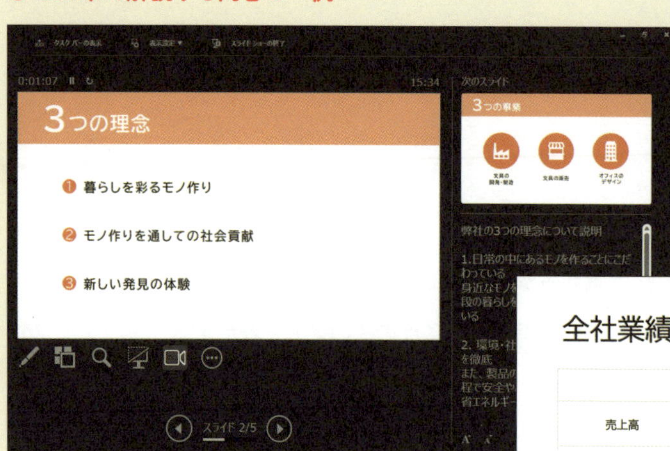

発表者だけが見れる画面で注意点やポイントを見ながらプレゼンする

プレゼン中にペンでスライドに書き込みする

全社業績

単位：百万円

	2024年 第一四半期	2025年 第一四半期	増減
売上高	742	630	△112
売上総利益	516	443	△73
営業損益	16	△65	
経常損益	9	△57	

OneDriveを活用してデータを共有する

それから、この章では「クラウド」を活用してファイルを共有する方法も紹介するよ。

インターネット上にデータを保存できるサービスや仕組みのことですよね！ PowerPointでも活用できるんですか？

うん！ クラウドにデータを保存しておくと、いろんな機器からファイルにアクセスして、閲覧したり、編集したりできるからとっても便利なんだ！

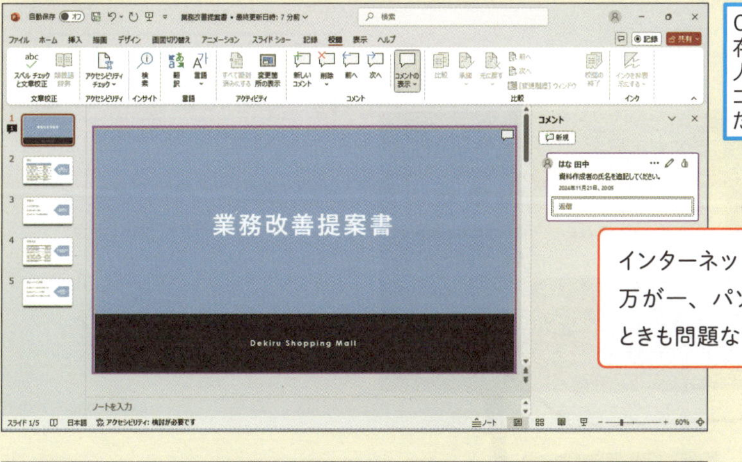

OneDriveにファイルを保存し共有すると、ほかの人がスライドを編集したり、コメントを入れてやり取りしたりできる

インターネット上にデータがあれば、万が一、パソコンが壊れてしまったときも問題なしですね。

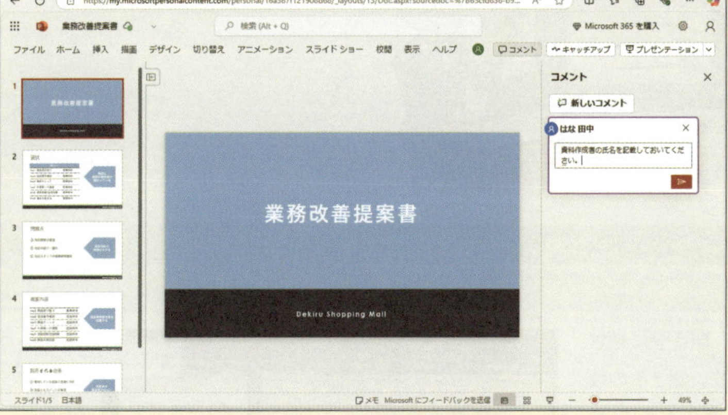

クラウドにデータがあれば、ブラウザ上で編集することもできる

とっても便利そう！ クラウドを活用できるようになれば、ますます作業が捗りますね。

さっそく実践してみよう！

レッスン
83 自分の画面だけに虎の巻のメモを表示する

ノートペイン／発表者ツール　練習用ファイル　L083_発表者ツール.pptx

スライドショーでは、聞き手に見せる画面とは別に発表者専用の［発表者ツール］の画面を利用できます。この画面には、ノートペインに入力したメモが表示されるため、説明する内容を確認しながら進行できます。

キーワード

スライドショー	P.313
ノート表示	P.314
発表者ツール	P.314

発言内容をまとめたメモを見ながらプレゼンできる

発表者だけが見られる画面で、メモを確認しながらプレゼンテーションできる

使いこなしのヒント

［発表者ツール］って何?

発表者ツールは、スライドショーの実行中に、聞き手に見せる画面とは別の画面で利用する機能の総称です。聞き手の画面にはスライドだけが表示されますが、発表者の画面には、次のスライドやノートペインに入力したメモ、経過時間などが表示されます。271ページの「使いこなしのヒント」では、発表者ツールの画面構成と役割を解説しています。

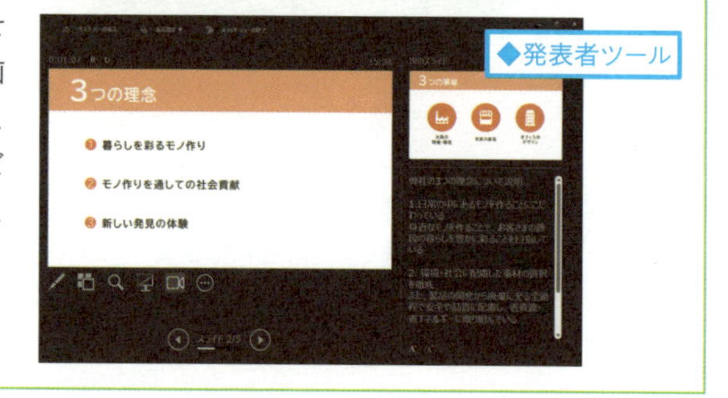

◆発表者ツール

1 ノートペインを表示する

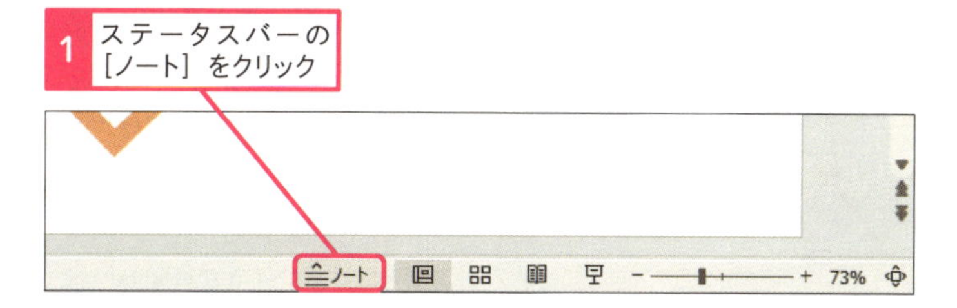

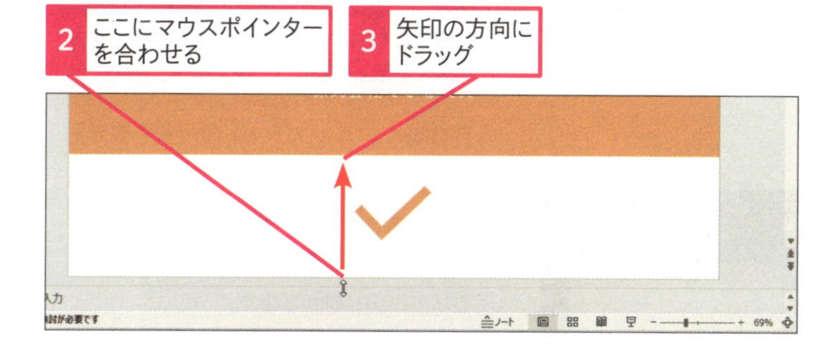

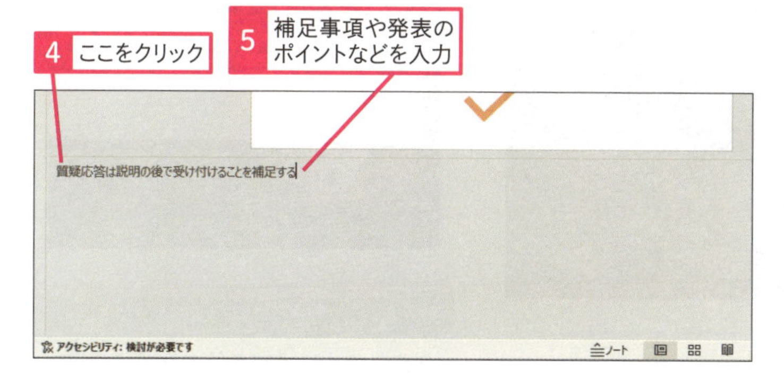

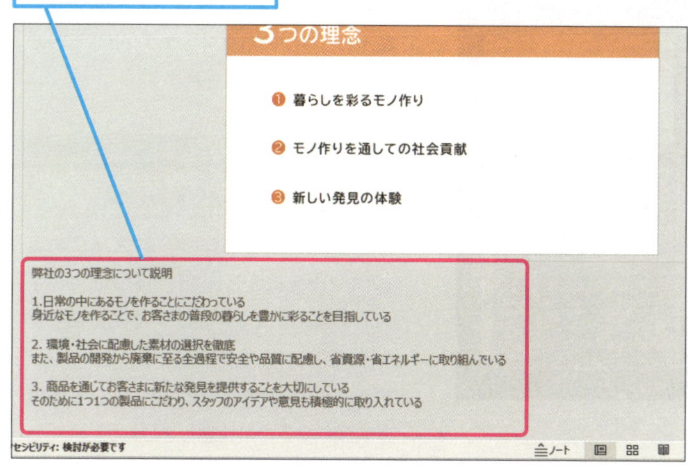

用語解説

ノートペイン

ノートペインは、スライドの下部に表示される領域のことです。ノートペインには、スライドで説明したい内容や補足などを入力します。

使いこなしのヒント

［表示］タブからも表示できる

［表示］タブにある［ノート］をクリックすると、ノート表示モードに切り替わります。ノートペインには文字しか入力できませんが、ノート表示モードでは、入力した文字に書式を付けたり、画像や図形などを挿入することができます。

使いこなしのヒント

ノートペインを非表示にするには

ステータスバーの［ノート］をクリックするごとに、ノートペインの表示と非表示が交互に切り替わります。

使いこなしのヒント

メモは簡潔に入力する

ノートペインに入力するメモは、スライドショー実行中に素早く確認できるように、ポイントを絞って簡潔に入力しましょう。

次のページに続く

2 発表者ツールを表示する

1 ［スライドショー］タブをクリック

2 ［発表者ツールを使用する］にチェックマークが付いていることを確認

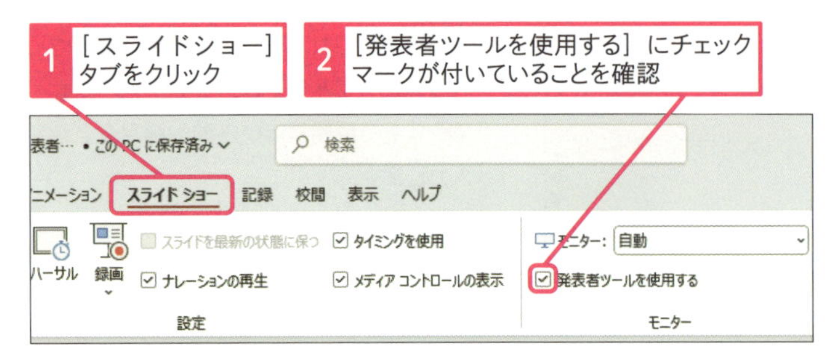

3 F5キーを押す

● 発表者のパソコン画面

スライドショーが実行され、発表者の画面には発表者ツールが表示された

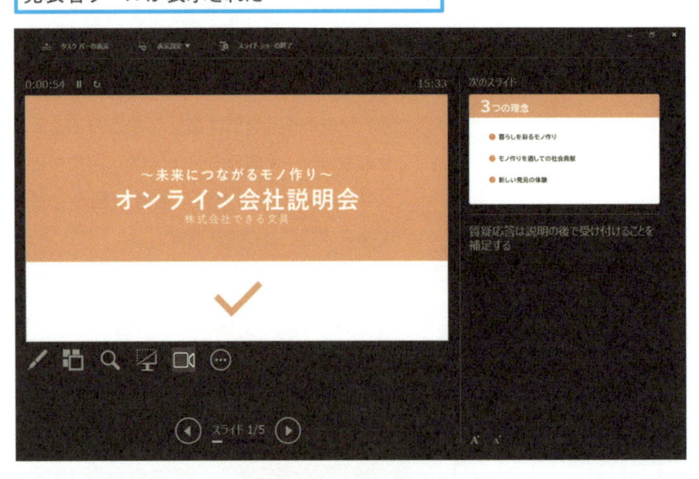

ノートペインに入力したメモはここに表示される

4 画面をクリック

2枚目のスライドに入力した発表用のメモが表示される

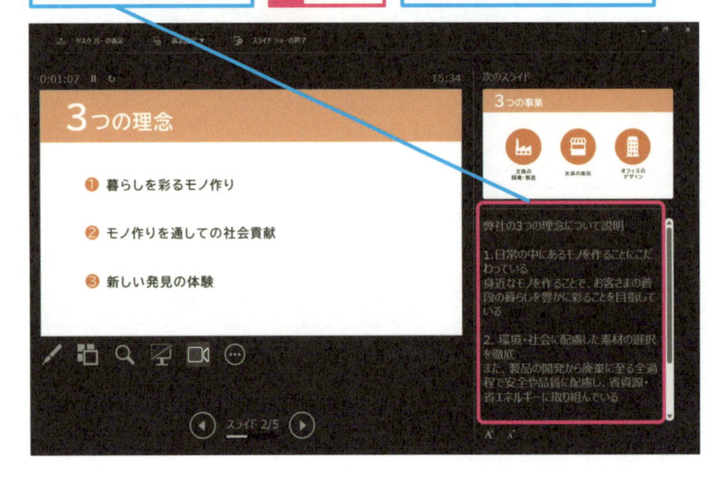

使いこなしのヒント
外部機器を接続すると自動的に発表者ツールが表示される

パソコンに2台のモニター機器（プロジェクターやパソコン画面など）が接続されていると、スライドショーの実行時に、発表者のモニターには発表者ツール、聞き手のモニターにはスライドが自動的に表示されます。

使いこなしのヒント
発表者ツールですべてのスライドを表示するには

発表者ツールでスライドの一覧を表示したいときは、左下の［すべてのスライドを表示します］ボタンをクリックします。一覧からスライドをクリックすると、そのスライドに切り替わります。

［すべてのスライドを表示します］をクリックする

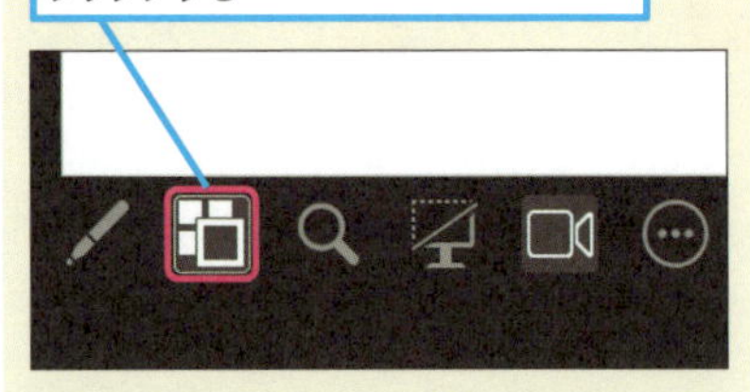

使いこなしのヒント
カメラのオンオフを切り替えるには

［挿入］タブの［レリーフ］を使って発表者の顔をスライドに表示しているときは、左下のカメラのボタンをクリックするとオンとオフを切り替えられます。

使いこなしのヒント
メモの文字を大きくするには

メモの文字サイズは、メモの左下にある［テキストを拡大します］ボタンと［テキストを縮小します］ボタンで変更できます。文字を大きくすると見やすくなりますが、メモの量が多いとスクロールするのが大変になるので注意しましょう。

使いこなしのヒント

［発表者ツール］の画面構成

［発表者ツール］には、中央に聞き手に見せるスライドが大きく表示され、その周りにスライドショー実行中に使える機能が並んでいます。

● モニターが1つしかない場合に［発表者ツール］を表示する

1 スライドショーを実行しスライドを右クリック

2 ［発表者ツールを表示］をクリック

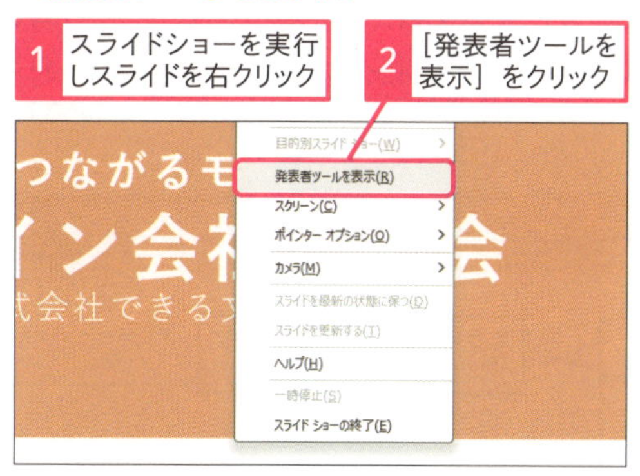

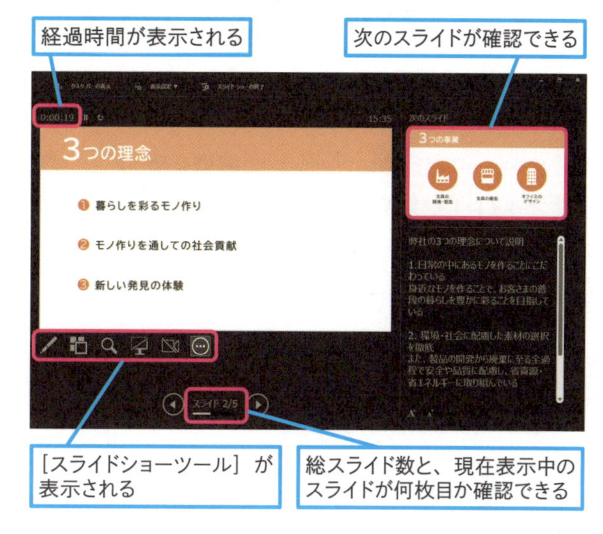

● 聞き手側の画面

聞き手が見ているディスプレイにはスライドのみが表示される

～未来につながるモノ作り～
オンライン会社説明会
株式会社できる文具

3つの理念

❶ 暮らしを彩るモノ作り

❷ モノ作りを通しての社会貢献

❸ 新しい発見の体験

ここに注意

Zoomなどのオンライン会議ツールを使ってスライドショーを実行するときは、発表者ツールの画面がそのまま映し出されるのを防ぐために、［発表者ツールを使用する］のチェックマークを外しておきましょう。

まとめ　発表者ツールを使いこなせば説明の不安が軽減される

プレゼンテーション本番は、どれだけ準備していても緊張するものです。［発表者ツール］を使うと、メモや経過時間などを専用画面で確認できるので、発表者の安心につながります。モニターが1つしかない練習段階で発表者ツールを使うには、スライドショーの画面で右クリックし、メニューから［発表者ツールを表示］をクリックします。

レッスン
84 説明中にペンを使ってライブ感を出す

ペン

練習用ファイル L084_ペン.pptx

スライドショーの実行中に［ペン］の機能を使うと、マウスをドラッグしてスライド上に線や図形などを書き込むことができます。説明に合わせてスライドに印を付けると、その場で操作しているライブ感が生まれます。

キーワード

スライド	P.313
スライドショー	P.313
ペン	P.315

ペンを使って注目してほしい部分を目立たせる

スライドショーの実行中にペンで書き込みができる

使いこなしのヒント

スライドの一部を指し示しながら説明する

右の操作で［レーザーポインター］をクリックすると、マウスポインターが赤く光った形状になります。この状態でスライドの一部を指し示すと、聞き手の視線を集められます。ただし、ペンのような書き込みはできません。

売上総利益 516
損益 16
損益 9

レーザーポインター
ペン
蛍光ペン
消しゴム
スライド上のインクをすべて消去

1 左下の［ペン］をクリック

2 ［レーザーポインター］をクリック

1 蛍光ペンで書き込みをする

1 F5キーを押す

スライドショーが実行された

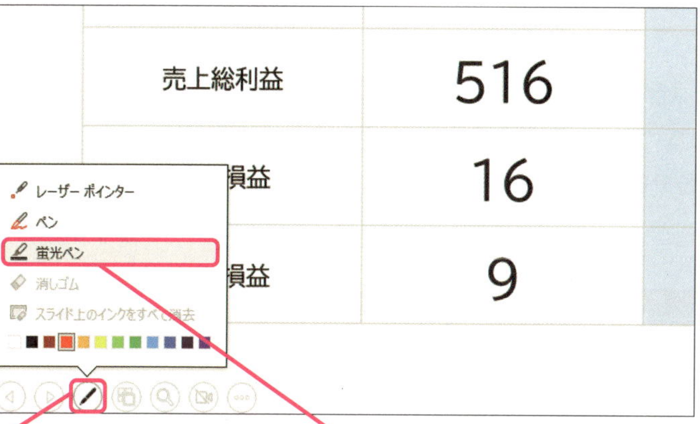

2 左下の［ペン］をクリック

3 ［蛍光ペン］をクリック

4 目立たせたい部分をドラッグ

5 Escキーを押す

全社業績

単位：百万円

	2024年 第一四半期	2025年 第一四半期	増減
売上高	742	630	△112
売上総利益	516	443	△73
営業損益	16	△65	
経常損益	9	△57	

ペンが解除された

スライドショーを終了すると、インクの保持のメッセージが表示される

6 ［破棄］をクリック

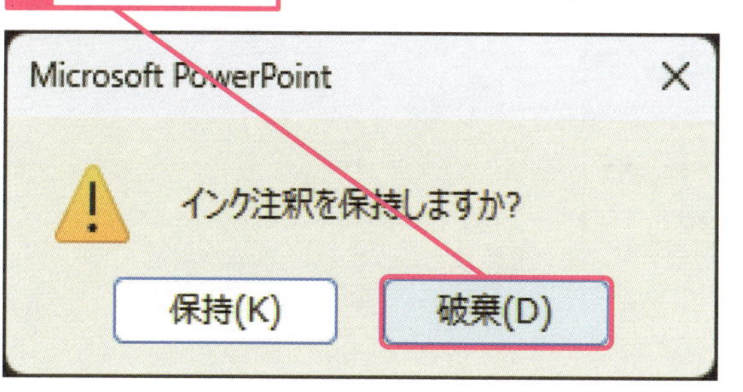

使いこなしのヒント

ペンは2種類ある

ペンには［ペン］と［蛍光ペン］の2種類が用意されており、ペンより蛍光ペンのほうが太いペン先です。選択したペンの種類によってマウスポインターの形状が変化します。

［ペン］で描画した線

年 半期	増減
0	△112
3	△73
5	

使いこなしのヒント

書き込んだ内容を消すには

ペンの書き込みをその場で消すには、操作3で［消しゴム］をクリックします。マウスポインターの形状が消しゴムに変わったら、消したいペンをクリックします。

使いこなしのヒント

インク注釈を保存するとどうなるの?

操作6で［保持］をクリックすると、ペンで書き込んだ内容が図形としてスライド上に表示されます。

まとめ ペンのショートカットキーを覚えよう

スライドショーでは、ショートカットキーでペンを使えるようにしておくと便利です。Ctrl+Pキーでペンの開始と終了、Ctrl+Eキーで消しゴムの開始と終了、Eキーでペンをすべて消去します。スライドショーの操作に慣れてきたら試してみましょう。

レッスン
85 プレゼン直前にスライド枚数を調整する

非表示スライド

練習用ファイル L085_非表示スライド.pptx

スライドショーで使わないスライドを非表示スライドに設定します。[非表示スライド] ボタンをクリックするだけなので、プレゼンテーションの直前でも簡単にスライドの枚数を調整できます。

キーワード

スライド	P.313
スライド番号	P.313
プレゼンテーション	P.315

使わないスライドを一時的に非表示にする

急な変更があったときでも表示するスライドを簡単に調整できる

1 非表示スライドに設定する

ここでは4枚目のスライドを非表示にする

4枚目のスライドを表示しておく

1 [スライドショー] タブをクリック

自動保存 オフ L085_非表示… • この PC に保存済み
ファイル ホーム 挿入 描画 デザイン 画面切り替え アニメーション スライド ショー 記録
最初から 現在のスライドから 目的別スライド ショー スライド ショーの設定 非表示スライド リハーサル 録画 スライドを最新の状態 ナレーションの再生
スライド ショーの開始 設定

2 [非表示スライド] をクリック

時短ワザ

右クリックでも設定できる

右クリックでも非表示スライドを設定できます。左側のスライド一覧で非表示にしたいスライドを右クリックし、[非表示スライド] をクリックします。

● 4枚目のスライドが非表示になった

非表示になったスライドは番号にバックスラッシュが表示される

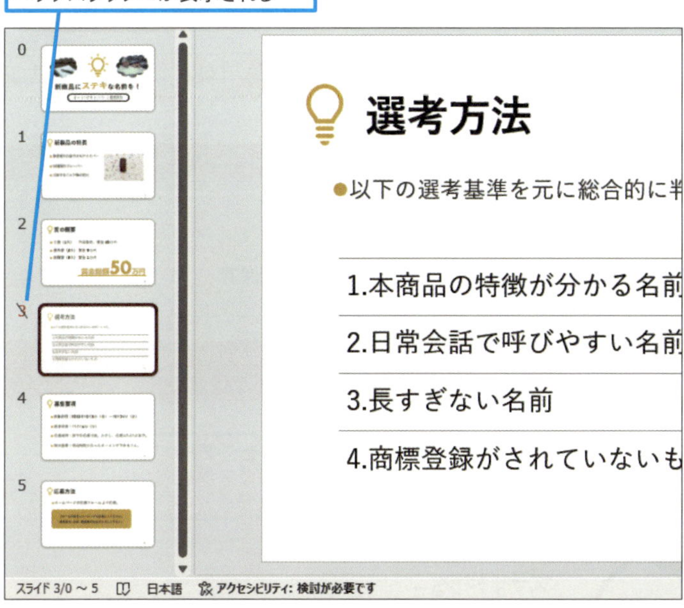

3 ステータスバーの［スライド一覧］をクリック

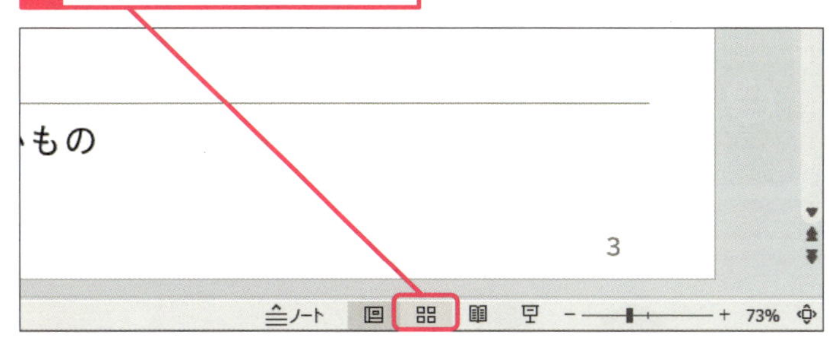

4 4枚目のスライドを末尾にドラッグして移動

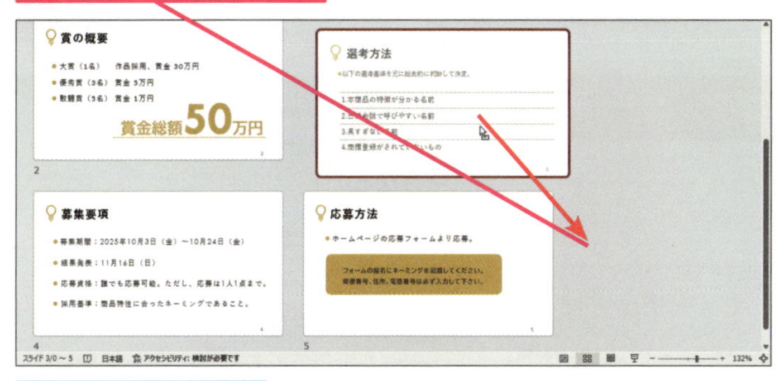

スライド番号の欠けを回避できた

使いこなしのヒント

非表示スライドの設定を解除するには

非表示スライドの設定を解除するには、解除するスライドを選択し、［スライドの表示］をクリックします。

クリックするごとに［非表示スライド］と［スライドの表示］が切り替わる

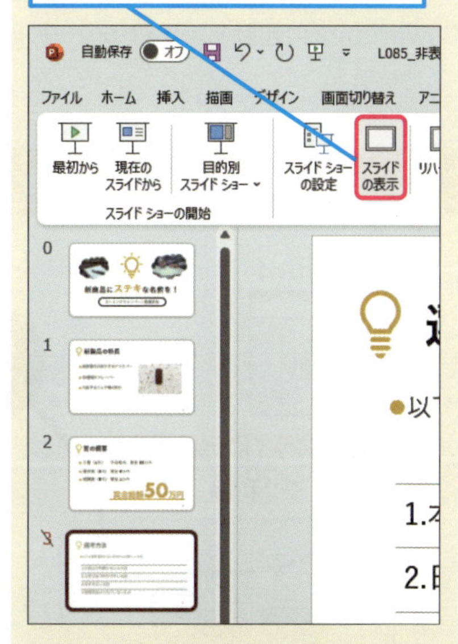

使いこなしのヒント

なぜスライドを移動するの？

途中のスライドを非表示にすると、スライド番号がとびとびになってしまいます。スライド番号を連番にするには、非表示にしたスライドを末尾に移動します。

まとめ　臨機応変にスライド枚数を調整しよう

プレゼンテーション直前に持ち時間が変更になるなどのトラブルに備えて、非表示スライドに設定する方法を知っておくといいでしょう。スライドを削除したわけではないので、必要なときにいつでも再利用が可能です。

レッスン
86 ダブルクリックでスマートにスライドショーをスタートする

スライドショー形式で保存

練習用ファイル L086_スライドショー形式.pptx

作成したスライドをスライドショー形式で保存します。スライドショー形式で保存すると、保存先のアイコンをダブルクリックするだけでPowerPointの起動とスライドショーの開始を同時に行えます。

キーワード

スライドショー	P.313
デスクトップ	P.314
名前を付けて保存	P.314

スムーズにスライドショーを実行する

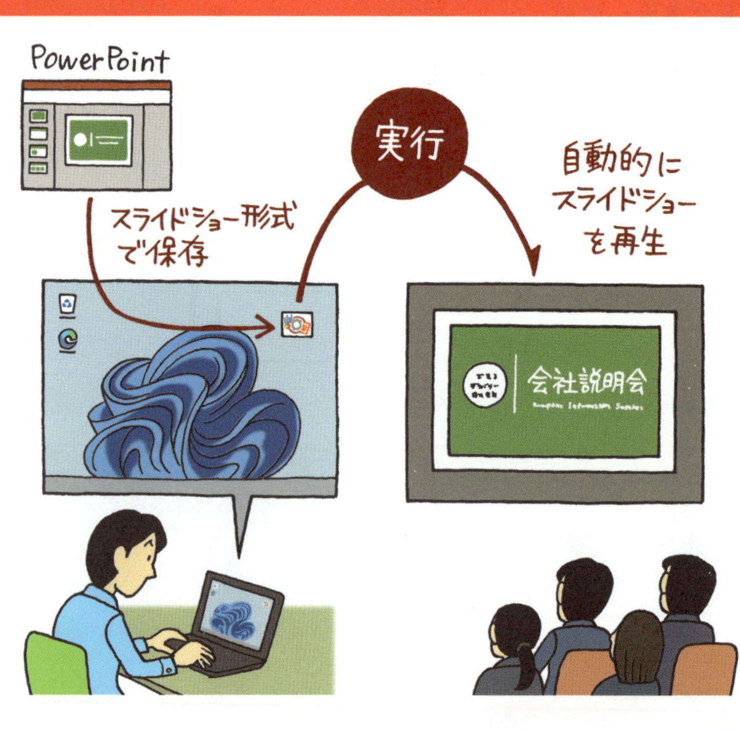

ファイルをダブルクリックするだけでスライドショーを実行できる

1 スライドショー形式で保存する

1 ［ファイル］タブをクリック

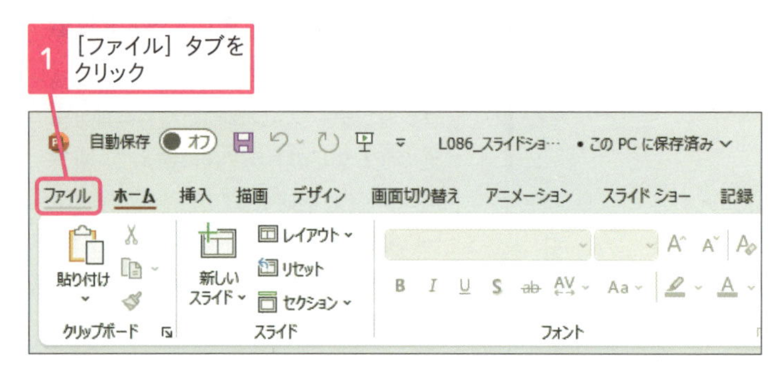

使いこなしのヒント

スライドショー形式で保存するとどうなるの？

［ファイルの種類］を［PowerPointスライドショー］として保存すると、保存先のアインをダブルクリックするだけでスライドショーを実行できます。ファイルを開いたり、F5キーなどでスライドショーを実行したりする必要はありません。

● デスクトップに保存する

2 ［名前を付けて保存］をクリック

3 ［参照］をクリック

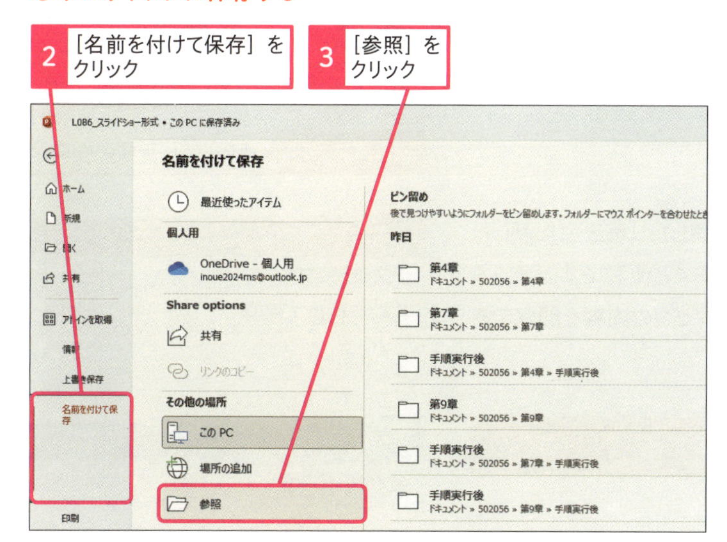

4 ［デスクトップ］をクリック

5 ここをクリックして［PowerPoint スライドショー］を選択

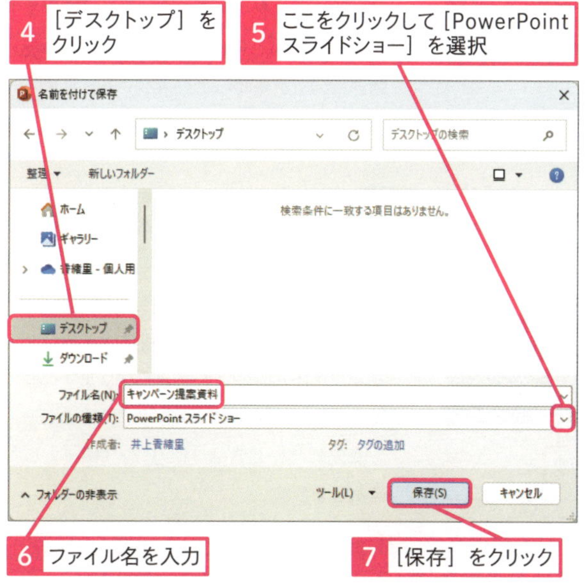

6 ファイル名を入力

7 ［保存］をクリック

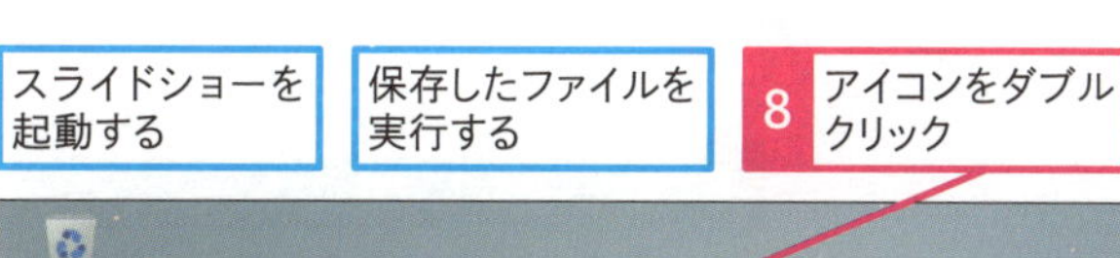

スライドショーを起動する

保存したファイルを実行する

8 アイコンをダブルクリック

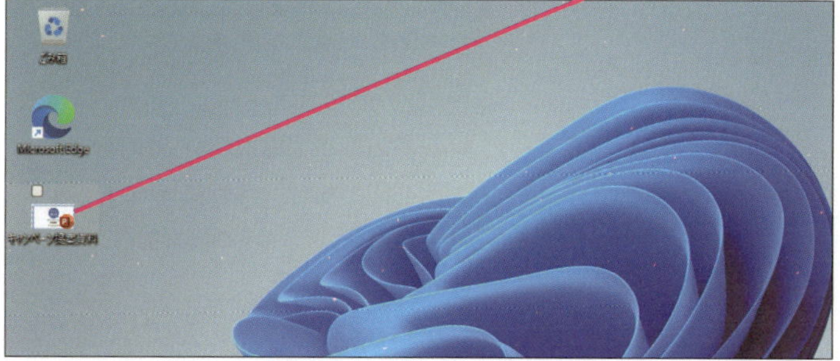

スライドショーが実行される

使いこなしのヒント
デスクトップに保存して使う

スライドショーとして保存するときは、デスクトップに保存すると便利です。デスクトップなら素早くファイルを見つけ出してスライドショーを実行できます。OneDriveに保存してもいいですが、プレゼンテーションを行う場所でインターネットが利用できなければ保存したファイルを開けません。

使いこなしのヒント
スライドを切り替えるには

スライドショー形式で保存しても、スライドショーの操作はレッスン37と同じです。スライド上をクリックすると次のスライドに切り替わります。

スライドをクリックすると次のスライドが表示される

まとめ　スマートでスピーディーにスライドショーを始めよう

スライドショー形式で保存すると、「PowerPointを起動する」「ファイルを開く」「スライドショーを開始する」の3つの操作をスピーディーに行えます。また、スライド一覧やノートペインなどの編集画面が一度も表示されないので、スマートに進行できます。

レッスン

87 スライド全体を動画として保存する

ビデオの作成

練習用ファイル L087_ビデオの作成.pptx

プレゼンで使ったスライドを後からWebに公開したり第三者に渡したりするときは、動画ファイルとして保存しておくと便利です。そうすると、PowerPointを持っていなくても、プレゼンの内容を閲覧できます。

1 メディアに名前を付けて保存する

1 ［ファイル］タブをクリック

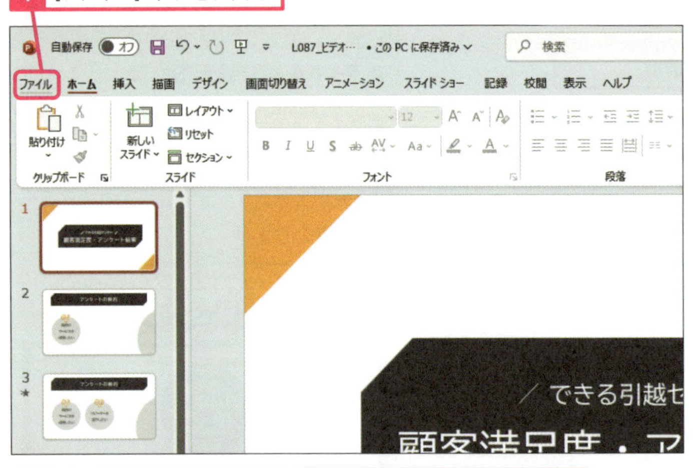

2 ［エクスポート］をクリック

3 ［ビデオの作成］をクリック

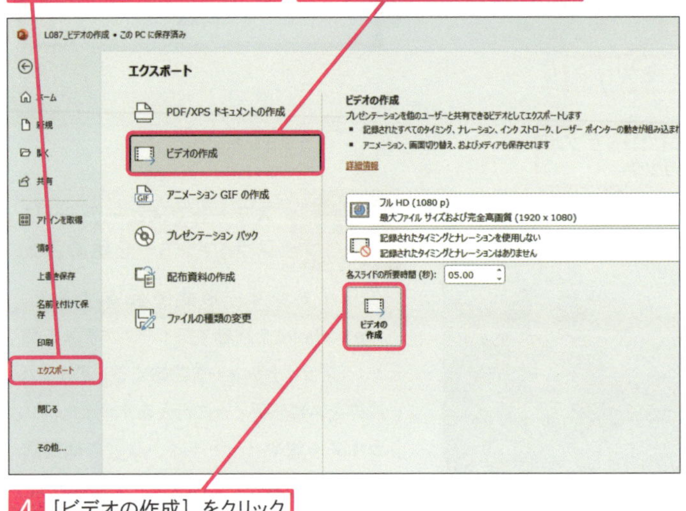

4 ［ビデオの作成］をクリック

キーワード

デスクトップ	P.314
名前を付けて保存	P.314
メディア	P.315

用語解説

エクスポート

他のアプリで利用できるようにファイルを保存することを「エクスポート」と呼びます。ここでは、PowerPointのファイルを動画用のファイルにエクスポートします

使いこなしのヒント

画質を選べる

操作3の画面で、動画の画質を選べます。初期設定の「フルHD」は画質はきれいですがファイルサイズが大きくなります。画質よりもファイルサイズを小さくすることを優先したいときは「HD」や「標準」に変更します。

使いこなしのヒント

スライドに挿入した動画を単体で保存する

レッスン80の［画面録画］機能を使ってスライドに挿入した動画を単体として保存するには、スライドの動画を右クリックして表示されるメニューから［メディアに名前を付けて保存］をクリックし、保存先とファイル名を指定します。

● 動画ファイルの保存場所を選択する

ここではデスクトップに保存する

5 ［デスクトップ］をクリック

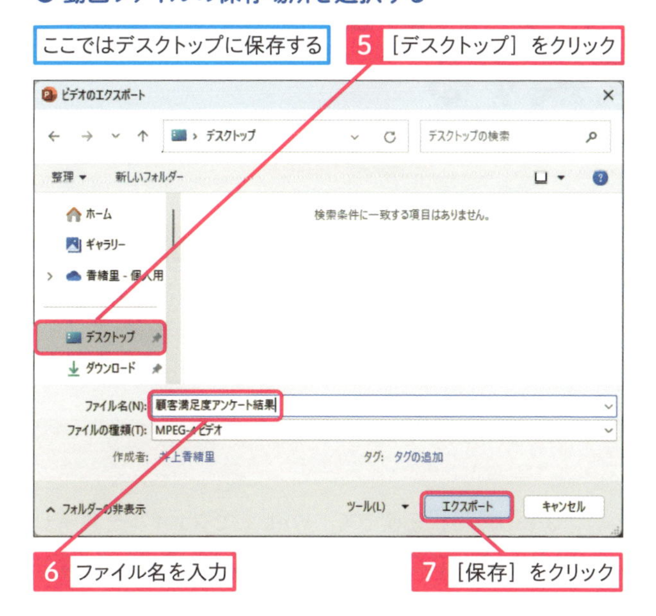

6 ファイル名を入力

7 ［保存］をクリック

2 動画ファイルを開く

手順1で保存した動画ファイルを開く

デスクトップを表示しておく

1 ファイルをダブルクリック

メディアプレーヤーが起動して動画が再生された

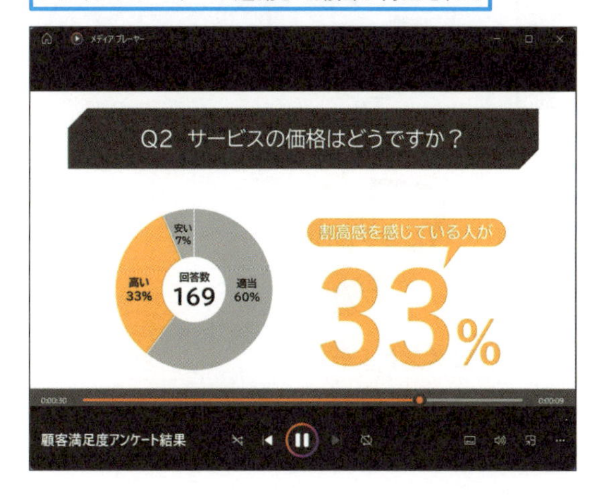

使いこなしのヒント

ナレーションや画面切り替えの秒数も保存できる

手順1操作3の画面で、［記録されたタイミングとナレーションを使用する］を選ぶと、スライドに挿入したナレーションや画面切り替えの秒数も保存できます。［記録されたタイミングとナレーションを使用しない］を選ぶと、ナレーションが削除されて既定では5秒間隔でスライドが切り替わります。

使いこなしのヒント

アニメーションや画面切り替えも保存される

動画ファイルとして保存すると、スライドに設定したアニメーションや画面切り替えも保存され、動画の再生時に自動的に動きます。

使いこなしのヒント

インストール済みのアプリで再生できる

動画ファイルを開くと、パソコンにインストールされている動画再生アプリが自動的に起動します。ここでは、Windows11に標準装備の［メディアプレーヤー］で再生しています。

まとめ プレゼン後の公開手段として使う

プレゼン後に一定期間スライドの内容を公開することがあります。Web上にPowerPointのファイルをそのままアップロードすると、PowerPointを持っていない人が閲覧するのに苦労したり、スライドを改ざんされたりする心配があります。動画ファイルを公開すれば、誰でも閲覧でき改ざんも防げます。

レッスン
88 共有したスライドで仲間と自由に意見を交換する

共有　練習用ファイル　L088_共有.pptx

PowerPointで作成したスライドをWeb上の「OneDrive」に保存します。Web上に保存すると、外出先で閲覧するだけなく、第三者とのファイルのやりとりや共同作業をスムーズに行えるようになります。

キーワード

Microsoft Edge	P.311
OneDrive	P.311
共有	P.312

クラウドに保存してプレゼンテーションファイルを共有する

既存のサービスを利用することで初期費用が抑えられたり、情報共有が簡単に行えたりするなどの理由で、クラウドを導入する企業が増えています。ここでは、マイクロソフトのクラウドサービスのひとつである「OneDrive」を使って、Web上でファイルを共有します。「OneDrive」を利用するには、Microsoftアカウントが必要です。まだ取得していない場合は、以下のサイトから無料で取得できます。

▼以下のWebページでMicrosoftアカウントを作成できる
https://account.microsoft.com/

1 OneDriveに共有するファイルを保存する

OneDriveに保存するファイルを開いておく

1 ［ファイル］タブをクリック

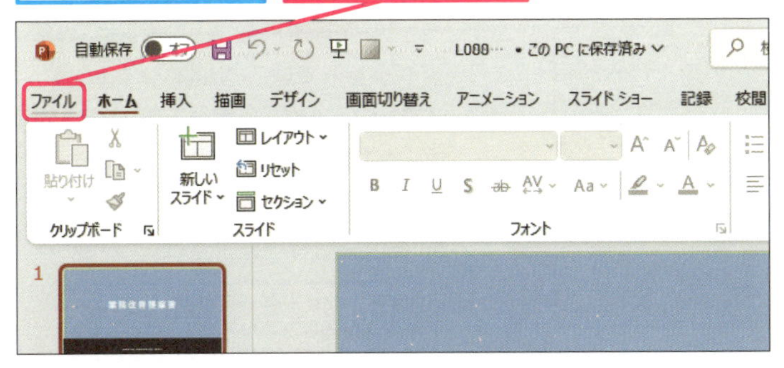

2 ［名前を付けて保存］をクリック

3 ［OneDrive-個人用］をクリック

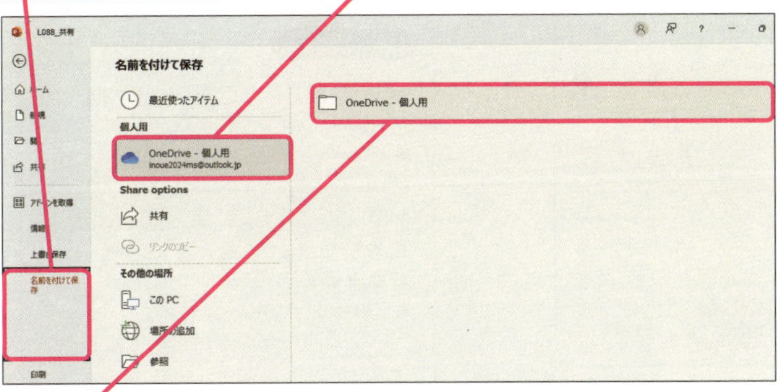

4 ［OneDrive-個人用］をクリック

［名前を付けて保存］ダイアログボックスが表示された

ここでは「共有」という名前のフォルダーにファイルを保存する

5 ［新しいフォルダー］をクリック

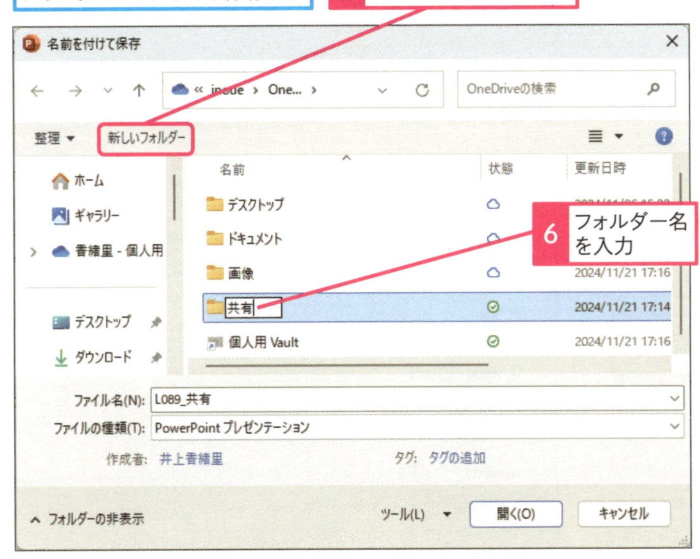

6 フォルダー名を入力

用語解説

クラウド

作成したデータをパソコンに保存するのではなくWeb上に保存して必要なときに取り出して利用する使い方やその形態を「クラウド」と呼びます。

使いこなしのヒント

OneDriveで利用できる容量

Microsoftアカウントでサインインすると、Web上の保存場所であるOneDriveを利用できます。OneDriveに保存できる容量は以下の通りです。

● OneDriveのプラン

容量	価格
5GB	無料
100GB	260円/月 2,440円/年
1TB	1,490円/月 14,900円/年

使いこなしのヒント

フォルダーを使い分けよう

OneDriveには最初から用意されている［ドキュメント］などのフォルダーがありますが、後からフォルダーを追加することも可能です。どこに何を保存したのかが分かるように上手にフォルダーを利用しましょう。

次のページに続く

● フォルダー内にファイルを保存する

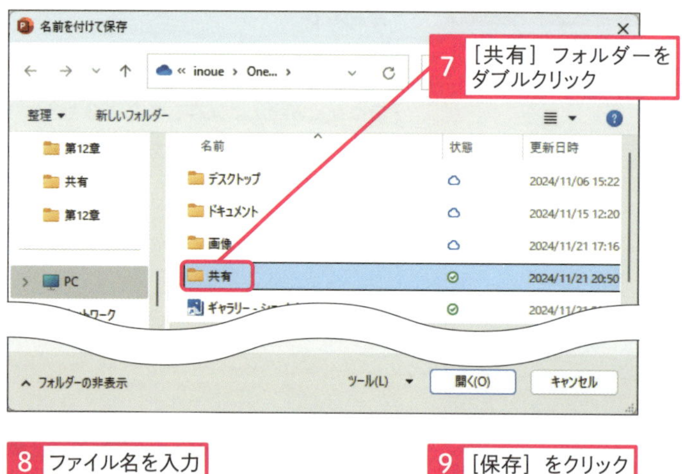

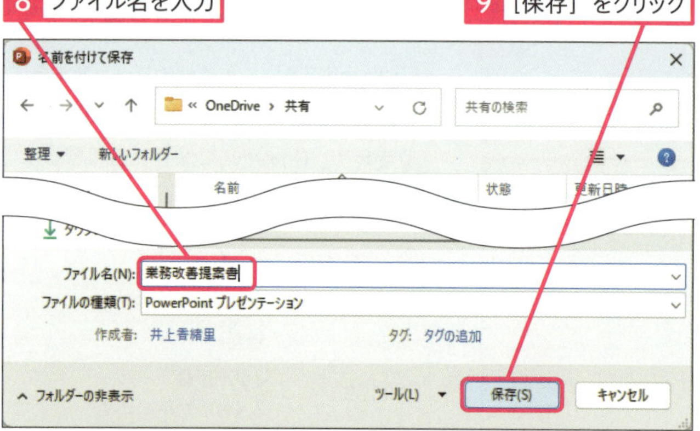

OneDriveに作成した［共有］フォルダーにファイルが保存される

使いこなしのヒント

Webブラウザーで保存したファイルを確認する

OneDriveに保存したファイルは、Webブラウザーで確認することもできます。Webブラウザーで以下のURLにアクセスし、左側のフォルダー一覧から目的のフォルダーを選択します。

▼OneDriveのWebページ

https://onedrive.live.com/

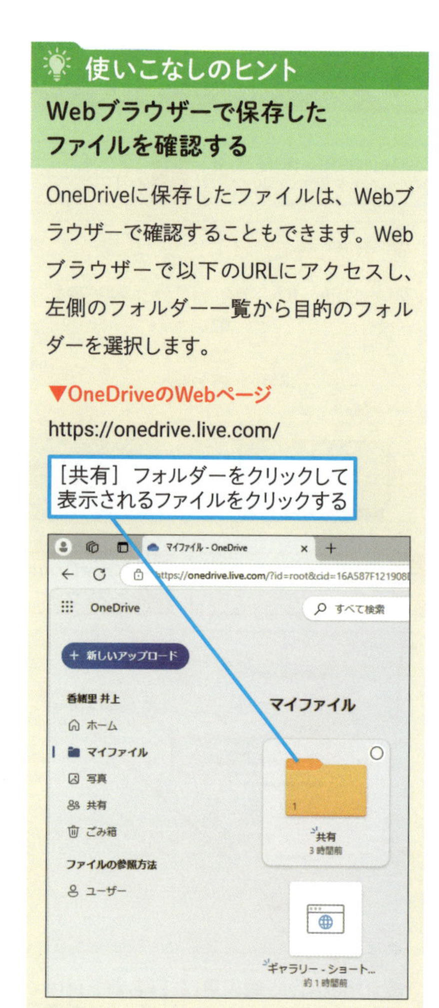

使いこなしのヒント

OneDriveに保存したファイルをエクスプローラーから開く

OneDriveに保存したファイルの開き方の一つに、エクスプローラーを使う方法があります。以下の操作でエクスプローラー画面の左にあるOneDriveをクリックすると、OneDriveの内容が表示されます。

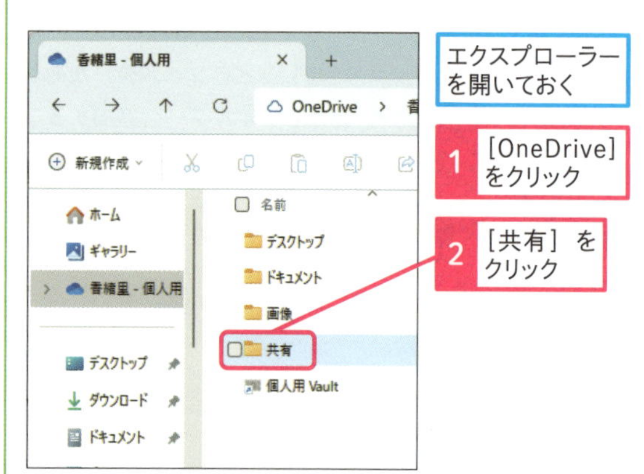

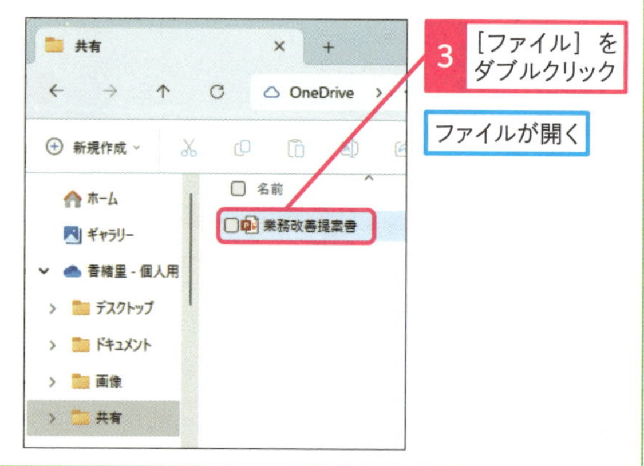

2 OneDriveに保存したスライドを共有する

手順1で保存したファイルを開いておく

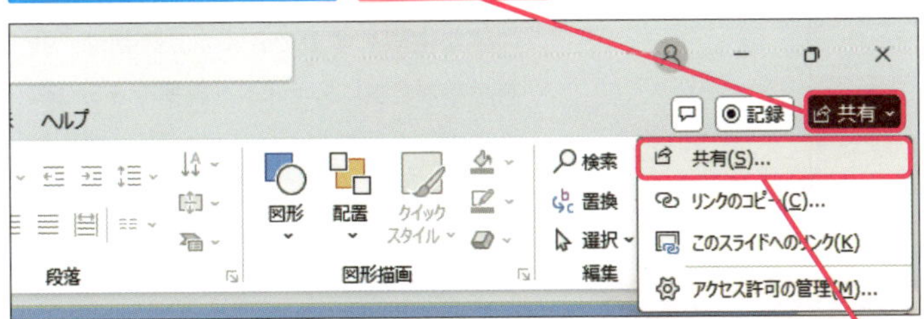

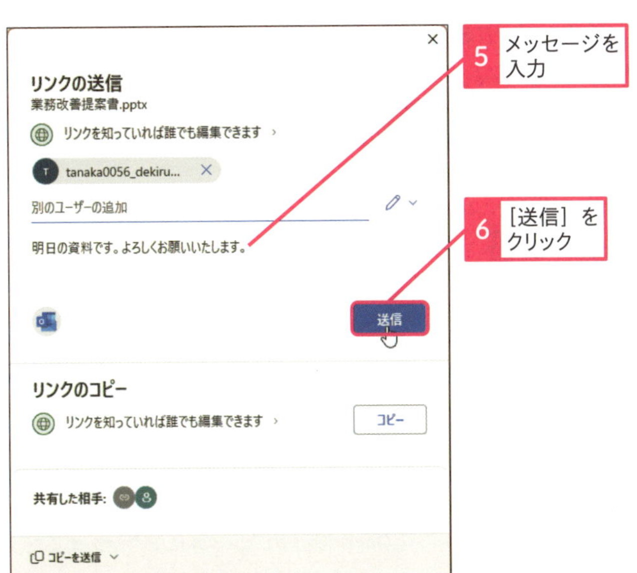

⚠ ここに注意

OneDriveに保存したファイルを共有するときは、操作2で共有したい相手のメールアドレスを入力します。メールアドレスは正しく入力しましょう。間違って送信した場合は、287ページの使いこなしのヒントの操作で、すぐに共有を解除しましょう。

使いこなしのヒント

URLを共有するには

操作4で［コピー］をクリックすると、OneDriveにアクセスするためのリンク先が表示されます。[コピー]ボタンをクリックしてメールやSNS、オンライン会議などでリンク先を貼り付けてから、共有相手に送信しましょう。

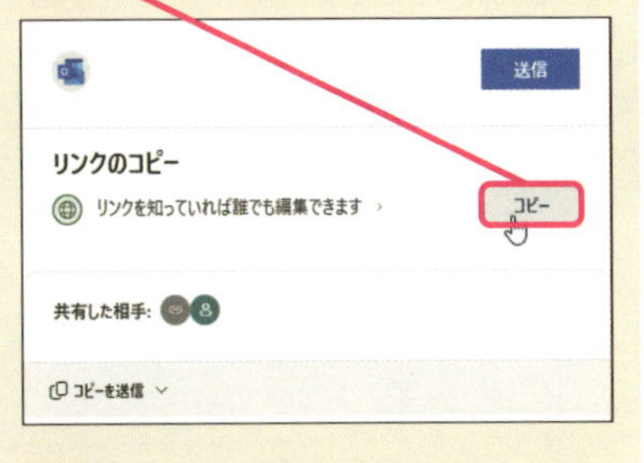

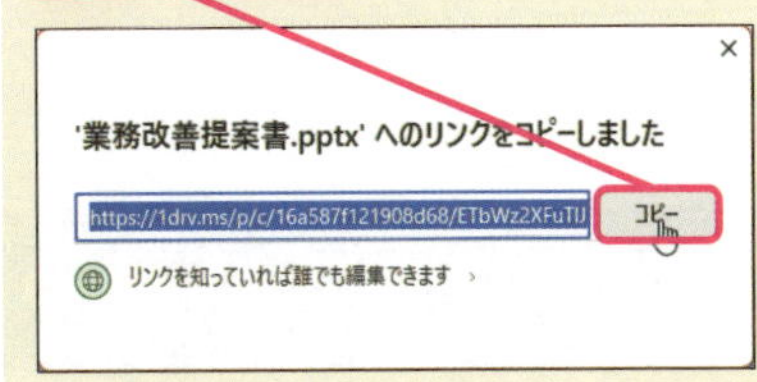

次のページに続く

● ファイルが共有された

7 ［閉じる］をクリック

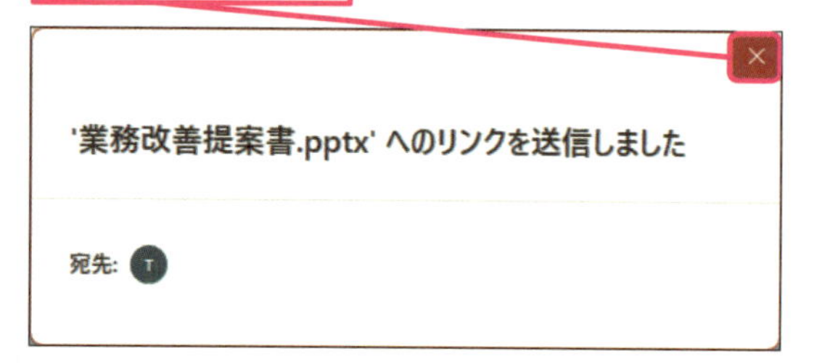

3 共有されたファイルを開く

ここでは井上さんが共有したファイルを、田中さんが開く例で操作を解説する

メールソフトやWebメールを開いておく

1 ［開く］をクリック

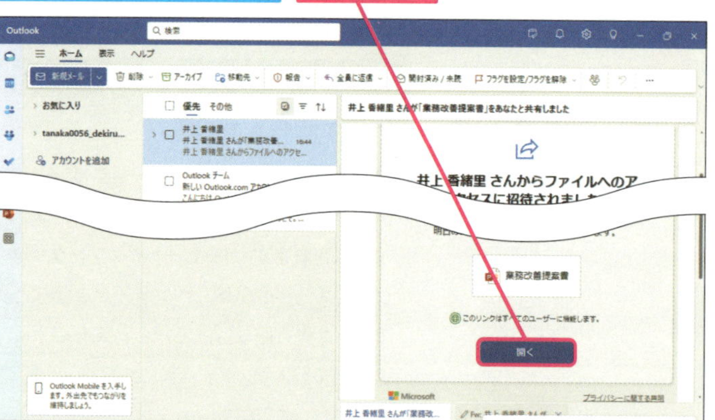

Microsoft Edgeが起動し、OneDrive上で共有されているファイルが表示された

2 ［サインイン］をクリック

使いこなしのヒント
共有相手の編集権限を変更できる

手順2操作2の画面で、メールアドレスの右側の［▼］をクリックすると、共有相手の編集権限を変更できます。最初は、共有相手が自由にスライドを編集できる［編集可能］が選択されていますが、［表示可能］に変更すると、閲覧のみが可能となります。

使いこなしのヒント
共有相手にはメールが送られる

メールアドレスを指定してファイルを共有すると、相手には共有の通知メールが送られます。通知メールを受け取った人がメール内の［開く］をクリックすると、共有されたスライドが表示されます。

用語解説
リンク

リンクとは、何かに関連付けられていることを意味します。ファイルを共有すると、OneDrive上のファイルにアクセスするための関連付けが行われます。

● Microsoftアカウントでサインインできた

3 ［編集］をクリック

4 ［デスクトップで開く］をクリック

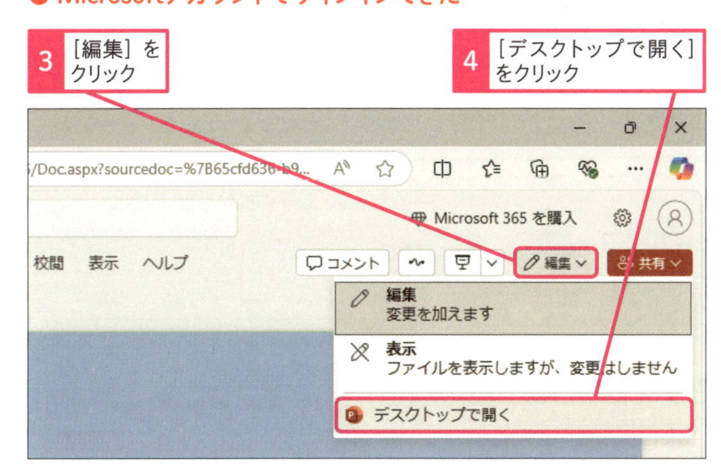

確認画面が表示された

PowerPointが起動した

5 ［編集を有効にする］をクリック

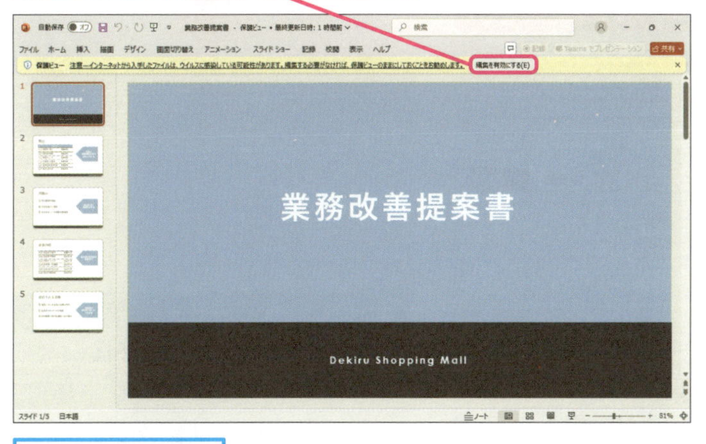

スライドが編集可能な状態になる

使いこなしのヒント

Web用PowerPointで編集する

操作4で［編集］をクリックすると、Web上で無料で利用できるPowerPointを使ってスライドを表示・編集できます。ただし、製品版のPowerPointに比べて、使える機能は制限されています。

Web用PowerPointの画面

ここに注意

共有されたスライドを表示すると、操作5のように、画面上部に黄色いバーが表示されます。［編集を有効にする］をクリックしないと、スライドの編集ができないので注意しましょう。

次のページに続く

4 共有されたスライドにコメントを入力する

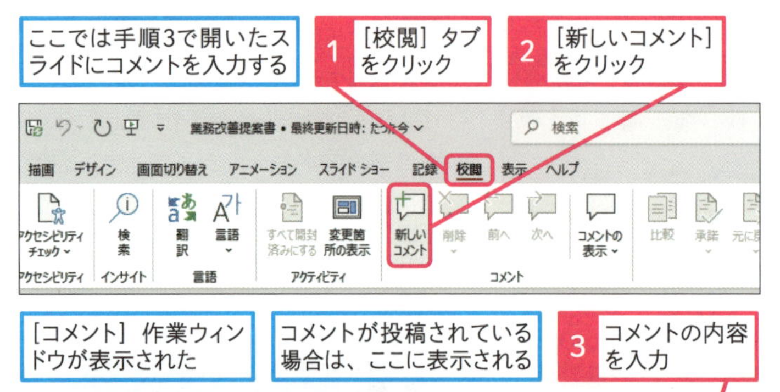

5 投稿されたコメントに返信する

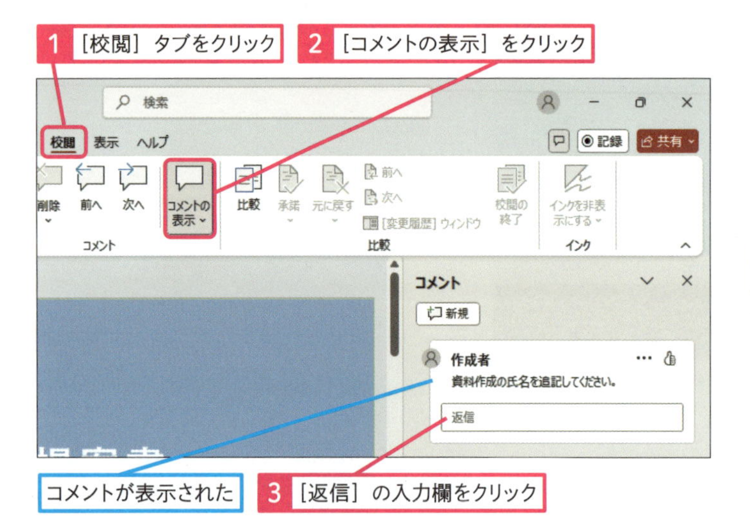

使いこなしのヒント

Web用PowerPointでコメントを投稿する

285ページの使いこなしのヒントで解説したWeb用PowerPointでコメントを入力するときは、以下の操作を行います。

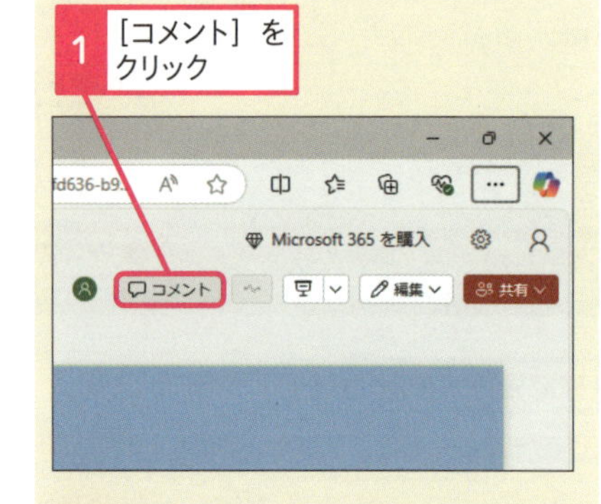

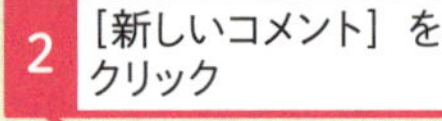

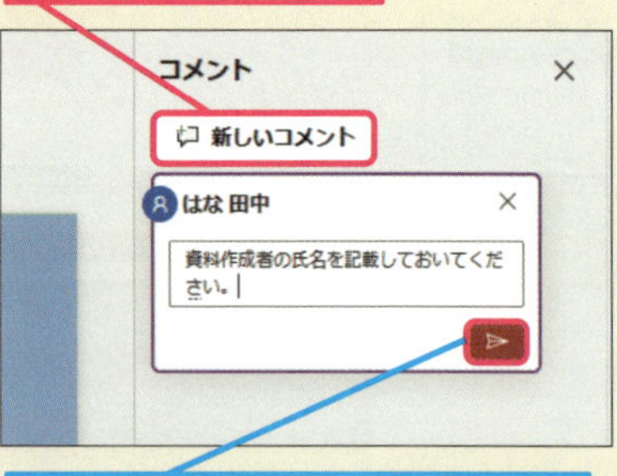

コメントを入力し［コメントを投稿する］をクリックする

使いこなしのヒント

共有しなくてもコメント機能は使える

［コメント］機能は、共有していないスライドでも使えます。自分用の覚書などを入力しておくと便利です。

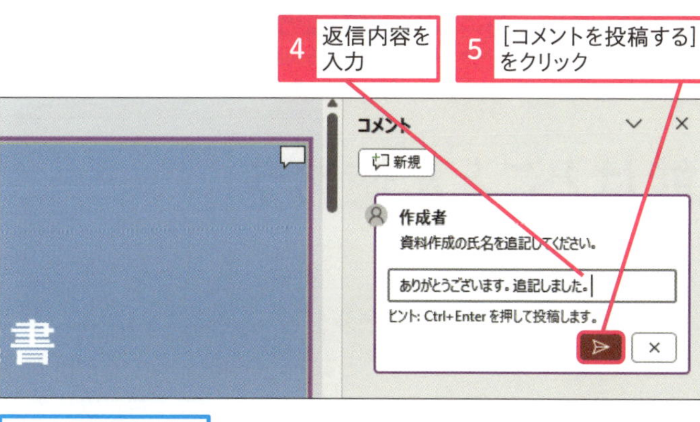

コメントが投稿される

使いこなしのヒント

コメントを削除するには

スライド上のコメントを削除するには、削除したいコメントマーク（□）をクリックし、［校閲］タブの［削除］ボタンをクリックします。

まとめ　OneDriveを使ってスライドの保存や共有を行おう

Web上の保存場所であるOneDriveを使うと、スライドを保存して外出先から閲覧するだけでなく、第三者にOneDriveを介してスライドを配布したり、グループで同じスライドを編集したりすることができます。OneDriveの利用には、Microsoftアカウントが必要です。

使いこなしのヒント

ファイルの共有を解除するには

グループでの作業が終わったら、以下の操作でファイルの共有を解除しましょう。共有を解除すると、ほかの人がOneDrive上のファイルを表示できなくなります。そのため、知らないうちにスライドの内容を書き換えられたりするなどのトラブルを防ぐことができます。

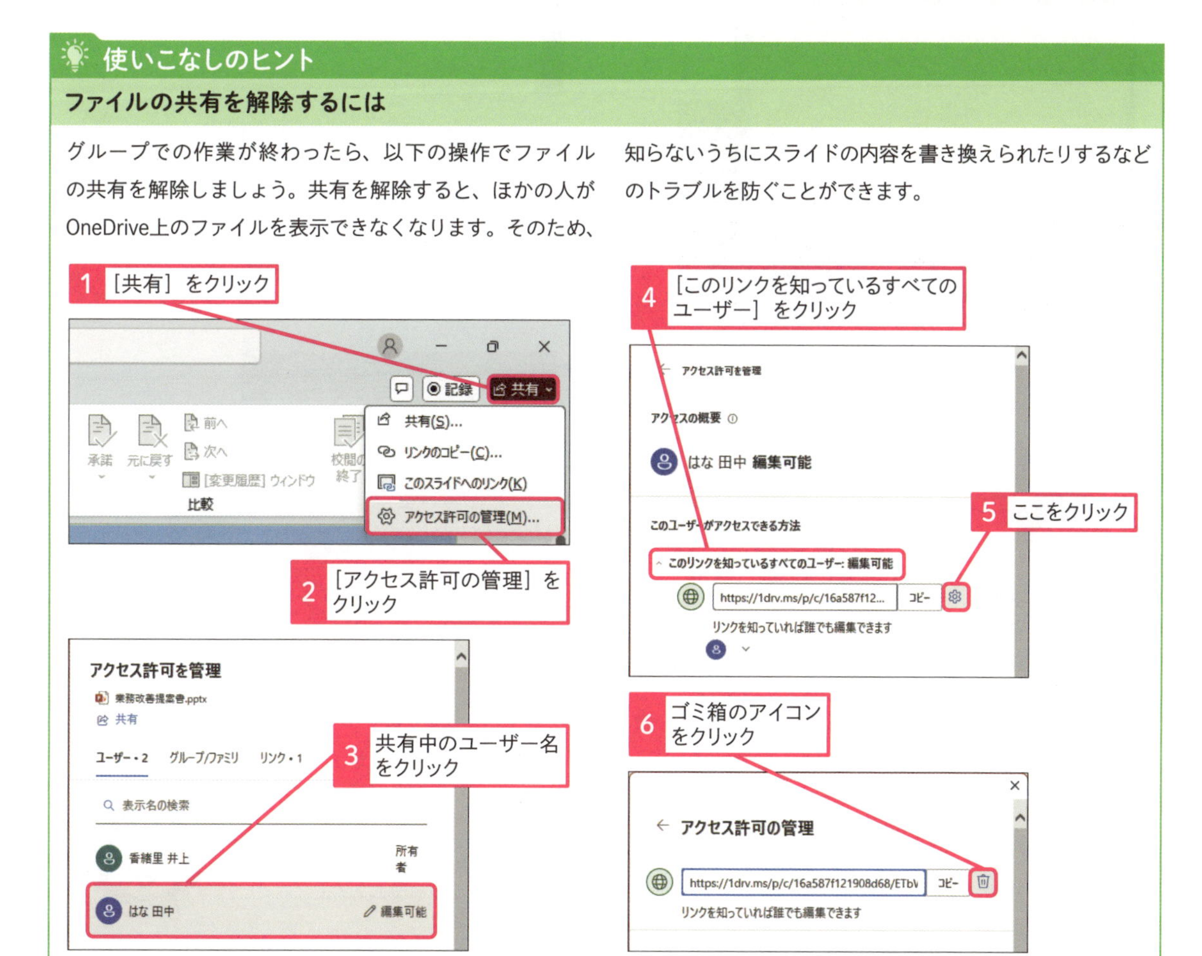

この章のまとめ

便利な機能はとことん使おう

PowerPointでスライドを作成するのはそれほど難しい操作ではありません。ただし、直感的に操作できる分、いつも使う機能が固定され、PowerPointの便利な機能を知らずにいるかもしれません。
［発表者ツール］や［ペン］など、発表者用に用意されている機能を使うと、スマートにスライドショーを進行できます。さらに、OneDriveにスライドを保存してグループで作業を行う操作を覚えると、PowerPointの使い方の幅がグンと広がります。

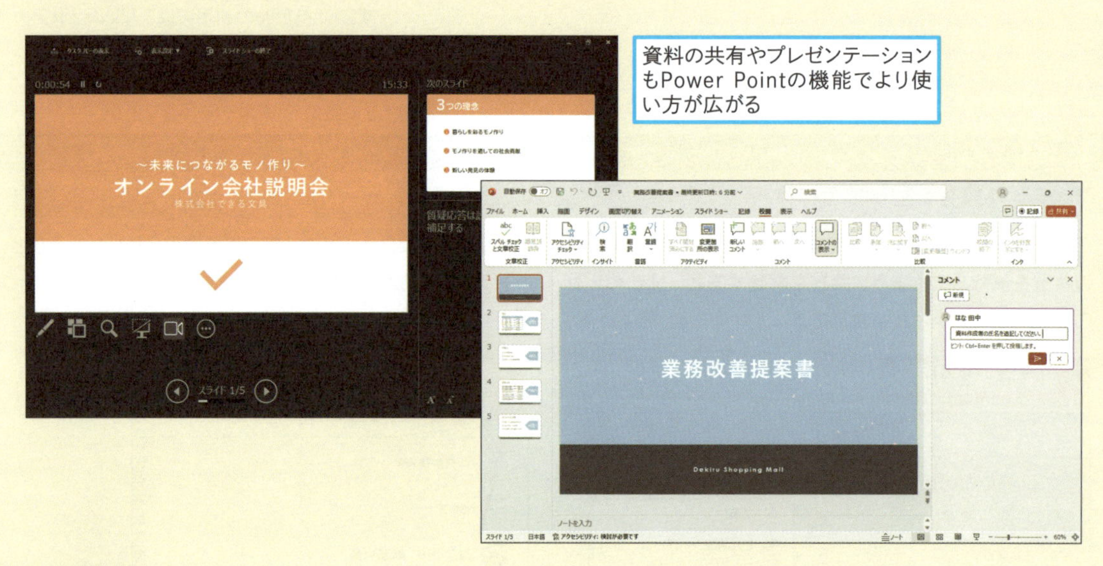

［発言者ツール］を使えば、緊張するプレゼンも何とか乗り切れそうです。

クラウドの活用もチームで1つのデータを扱うときに便利！　ファイルごとにコメントのやりとりが残るので、後から読み返すこともできますね。

PowerPointは資料を作成するだけじゃなくて、実際にその資料を使うときに便利な機能もたくさんあります。ぜひ活用してみてね！

活用編

第13章

生成AIを使って スライドを楽々自動作成

この章では、Microsoft 365のPowerPointに搭載されたAI（Copilot）を使ってスライドを効率的に作成する方法を紹介します。Copilotを使うと、テーマに沿ったスライドを作成したり、新しいスライドを追加したりといった作業をAIが自動的に行います。

89	AIを使うとスライド作成で楽ができる	290
90	テーマに沿ったスライドを自動的に作成する	292
91	デザイナーでスライドの見栄えを変える	294
92	Copilotでスライドを追加する	296
93	Copilotで写真を追加する	298
94	イラストや画像を生成して挿入する	300
95	Copilotでアニメーションを付ける	302
96	スライドの内容を要約する	304
97	Word文書からスライドを作る	306

レッスン

89 Introduction この章で学ぶこと AIを使うとスライド作成で楽ができる

AI（人工知能）が社会全体に広まり、私たちの生活を大きく変えています。AIをPowerPointで利用すると、スライドのたたき台を自動作成したり適切な画像を挿入してもらうことができるので、スライド作成の時間を大幅に短縮できます。この章ではMicrosoft 365のみ対応しているレッスンがあります（PowerPoint 2024/2021では利用できません）。Microsoft 365のみ対応のレッスンは、レッスン番号の下に「Microsoft 365」と表記しています。

Copilotって何？

AIにはいろいろなサービスがあるけれど、その中でもマイクロソフトが提供するAIサービスが「Microsoft Copilot（マイクロソフトコパイロット）」。WindowsやOfficeアプリなど、Microsoft製品と組み合わせて利用します。

Copilot？　どういう意味でしょうか？

Copilotは「副操縦士」という意味だよ。パソコンを操作する人間の隣でCopilotがアシストしてくれるイメージだね。Copilotにすべてを任せるのではなく、主役はあくまでも人間。PowerPointでもさまざまな操作をアシストしてくれるよ！

PowerPointではスライド作成や、画像、アニメーションの追加、スライドの要約などができる

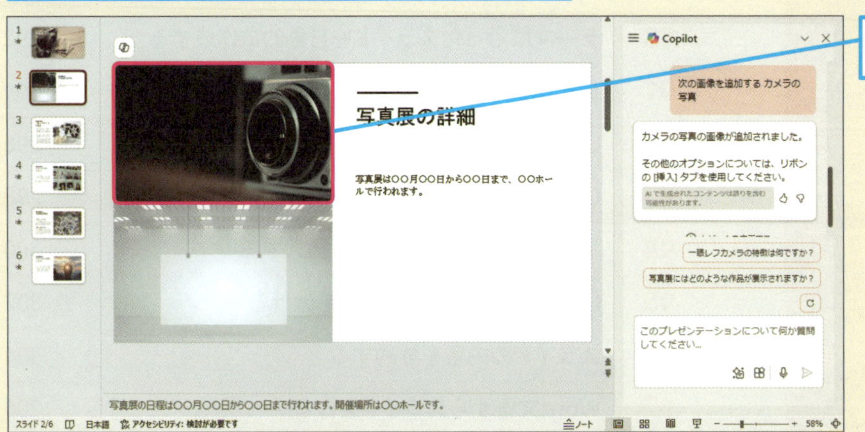

Copilotで画像を追加

Copilotの種類と使い方

PowerPointがますます便利になるね。

そうだね。Microsoft Copilotには次の表のサービスが用意されているよ。この章で主に紹介するのはPowerPointのアプリ内で使える「Copilot in PowerPoint」。Microsoft 365のPowerPointに有料版の「Microsoft 365 Copilot」や「Microsoft Copilot Pro」を契約することで利用できるよ。

製品名	価格	必要なMicrosoft365の契約	データ保護
Microsoft Copilot	無料	–	保護されない
Microsoft Copilot Pro	有料 (月契約)	Microsoft 365 Personal、 Microsoft 365 Familyなど	保護されない
Microsoft 365 Copilot	有料 (年契約)	Microsoft 365 Apps for business、 Microsoft 365 Business Basic、 Microsoft 365 E3など	保護される

● Copilot in PowerPointの使い方

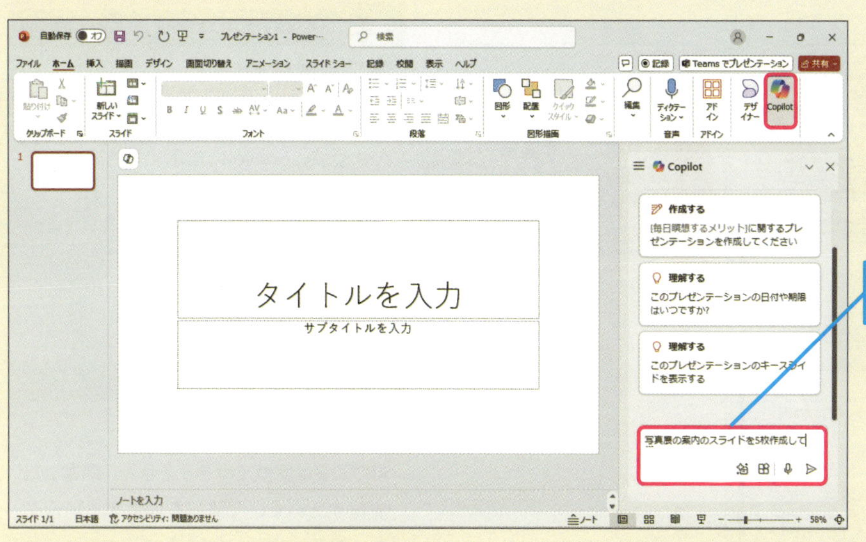

[Copilot]をクリックしてプロンプトを入力する

レッスン
90 テーマに沿ったスライドを自動的に作成する

Microsoft 365　Copilot in PowerPoint　練習用ファイル　なし

PowerPointでCopilotを利用すると、作りたいスライドのテーマを指定するだけで資料のたたき台を作成できます。ここでは、Copilotを使って写真展の案内のスライドを作成してみましょう。

1 Copilotでスライドを生成する

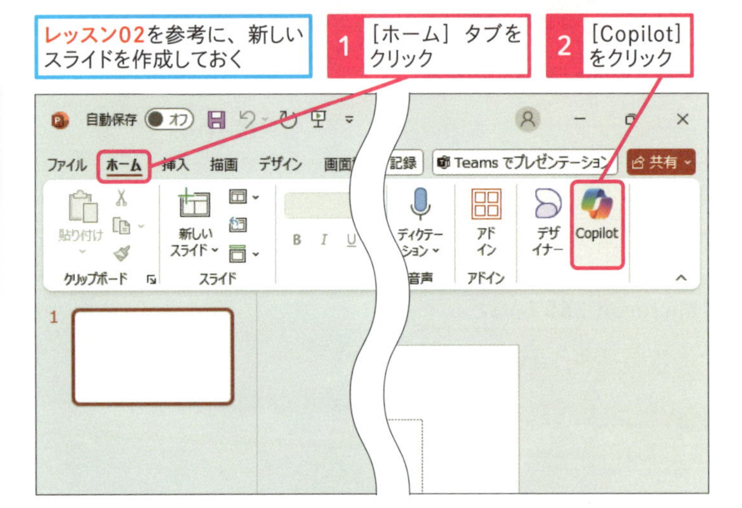

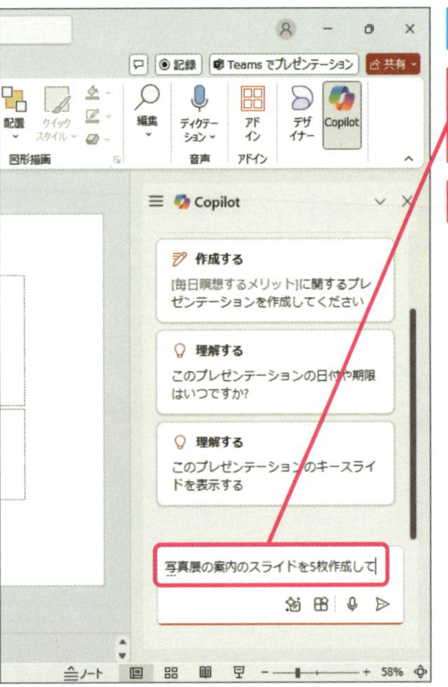

キーワード

Copilot	P.311
スライド	P.313
ノート表示	P.314

用語解説
Copilot in PowerPoint

PowerPointで利用するMicrosoftのAIサービスを「Copilot in PowerPoint」と呼びます。PowerPointでCopilotを使うには、有料の「Copilot Pro」もしくは「Copilot for Microsoft 365」が必要です。なお、PowerPoint 2024/2021では利用できません。

使いこなしのヒント
質問は具体的に

手順1の操作3の「スライドを5枚作成して」のように、Copilotに指示する内容はなるべく具体的に入力します。

使いこなしのヒント
AIは完璧ではない

AIの回答は完璧ではありません。間違った情報やあいまいな情報を提供する場合もあります。スライドのたたき台をそのまま使うのではなく、検証や裏付けを行って必要に応じて内容を修正して使いましょう。

●スライドの生成が始まる

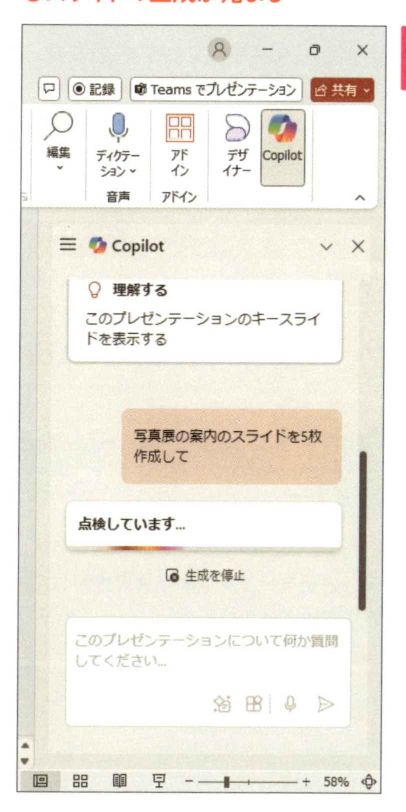

5 生成が完了するまでしばらく待つ

テーマに沿った5枚のスライドが生成された

ノートも生成された

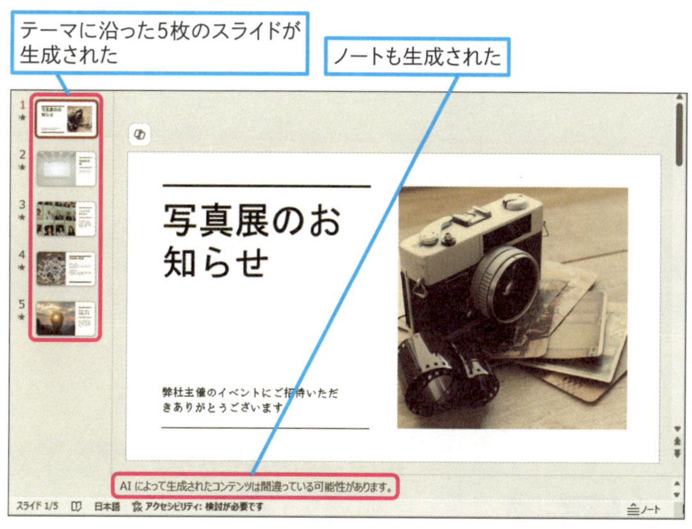

使いこなしのヒント

生成されるスライドはその都度変わる

同じ指示を入力しても、その時によってCopilotが生成するスライドのデザインや内容はまちまちです。イメージと違うスライドが生成された場合は、同じ質問を入力し直すのも方法の一つです。

使いこなしのヒント

5枚以上のスライドが生成される場合もある

スライドの枚数を指示しても、それ以上のスライドが生成される場合もあります。不要なスライドは Delete キーで削除します。

使いこなしのヒント

ノートも自動生成される

Copilotでスライドを生成すると、それぞれのスライドのノートも自動生成されます。

まとめ スライドのたたき台はAIに任せる

従来、提案書や報告書などのスライドをいちから作成すると、多くの時間がかかることが悩みの種でした。しかし、Copilotを使うことで、スライドのたたき台を数十秒で作ることができます。その分、スライドのブラッシュアップに多くの時間を割くことができ、スライドの質が向上します。

レッスン

91 デザイナーでスライドの見栄えを変える

Microsoft 365　デザインを適用　練習用ファイル　L091_デザインを適用.pptx

Copilotが作成したスライドのデザインが気に入らないときは、レッスン56と同じ操作で、［デザイナー］機能を使って後から変更できます。ここでは、レッスン90で自動生成した5枚のスライドのデザインを変更します。

1 スライドのデザインを変更する

1枚目のスライドを表示しておく

1 ［ホーム］タブをクリック

2 ［デザイナー］をクリック

［デザイナー］作業ウィンドウにデザイン案が表示された

3 使いたいデザイン案をクリック

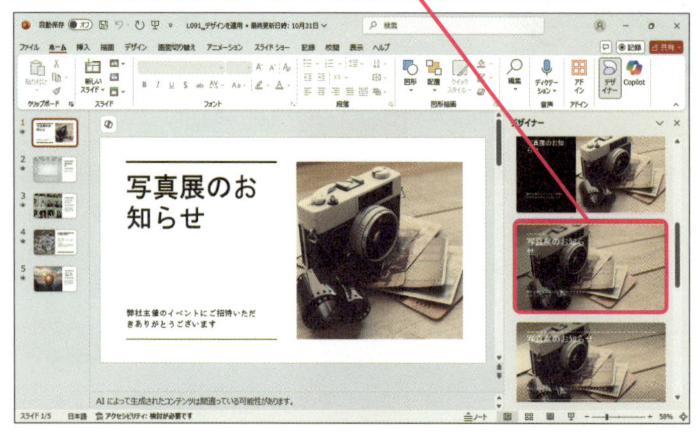

キーワード

Copilot	P.311
スライド	P.313
タブ	P.314

用語解説

デザイナー

「デザイナー」は、スライドの内容を判断して、適切なデザインの候補を提案してくれる機能です。［デザイナー］については、レッスン56で詳しく解説しています。

使いこなしのヒント

同じデザインで統一感を出す

1枚目の表紙のデザインを選ぶと、2枚目以降のデザイン候補にも似たデザインが表示されます。背景の色あいや写真のトーン、図形の色など、1枚目と同じデザインを選ぶと、スライド全体に統一感が出ます。

●デザインが適用された

選択したデザインが適用された

2 ほかのスライドのデザインも変更する

1 2枚目のスライドをクリック

[デザイナー] 作業ウィンドウに2枚目のデザイン案が表示される

2 使いたいデザインをクリック

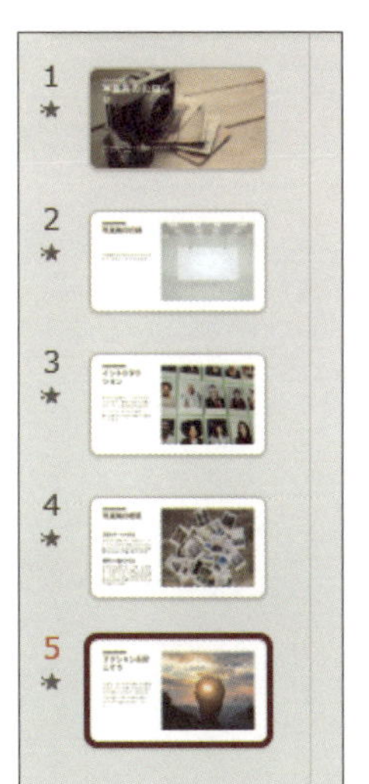

同様にほかのスライドのデザインも変更する

使いこなしのヒント

パネルに操作ガイドが表示される

スライドを自動生成した直後に、Copilotのパネルに「Designerには、検討すべき他のレイアウトオプションもあります。」と表示されます。文章内の「Designer」の文字をクリックすると、手順1の操作3と同じ［デザイナー］パネルが開きます。

使いこなしのヒント

デザインを変更しなくてもよい

Copilotが自動生成したスライドにはデザインが適用されています。そのデザインをそのまま使うときは、このレッスンの操作を行う必要はありません。

まとめ デザインの変更もPowerPointに任せる

せっかくCopilotを使って短時間でスライドのたたき台を作っても、デザインの変更に時間をかけては意味がありません。［デザイナー］機能を使って、効率よくスライドのデザインを変更するといいでしょう。

レッスン

92 Copilotでスライドを追加する

Microsoft 365　スライドの追加　練習用ファイル　L092_スライドの追加.pptx

Copilotが自動生成したスライドに内容が足りないというときもあるでしょう。Copilotのパネルで追加したいスライドの内容を指示すると、後からスライドを追加できます。

1 スライドを追加する

2枚目のスライドの後ろにスライドを追加する

1 2枚目のスライドをクリック

2 ［ホーム］タブをクリック

3 ［Copilot］をクリック

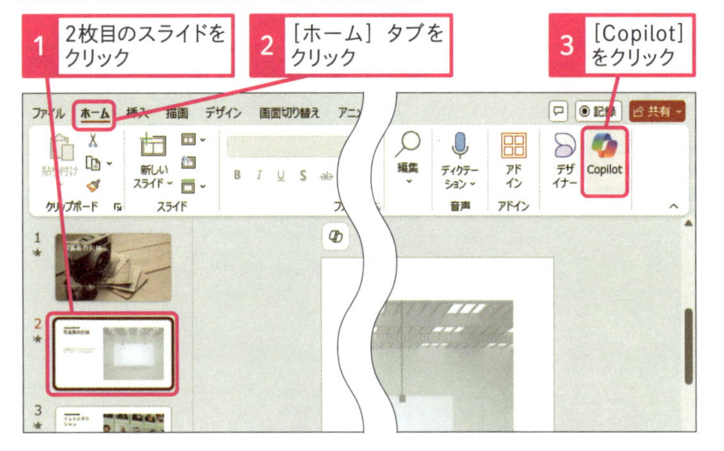

4 ［プロンプトを表示する］をクリック

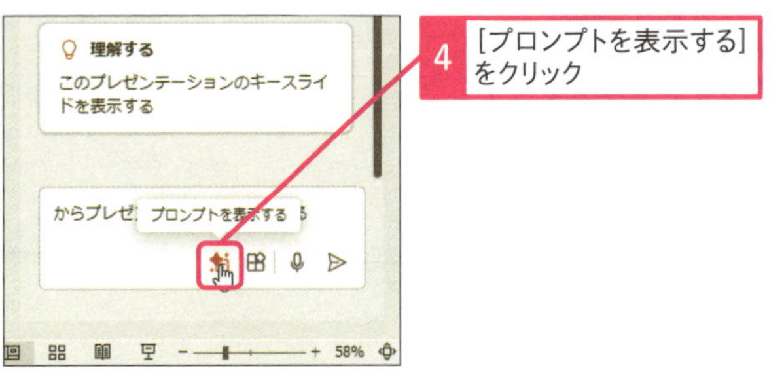

プロンプトの一覧が別ウィンドウで表示された

5 ［スライドの追加］をクリック

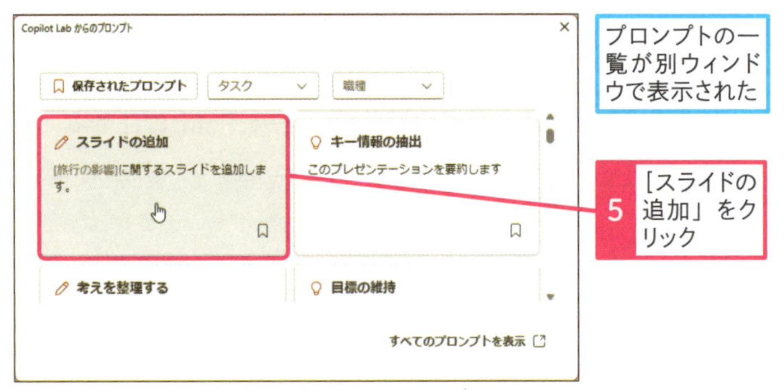

キーワード

Copilot	P.311
スライド	P.313
タブ	P.314

用語解説

プロンプト

Copilotに指示するための内容のことです。Copilotのパネルの入力欄に、具体的かつ簡潔に入力するのがポイントです。

●一眼レフカメラに関するスライドを追加する

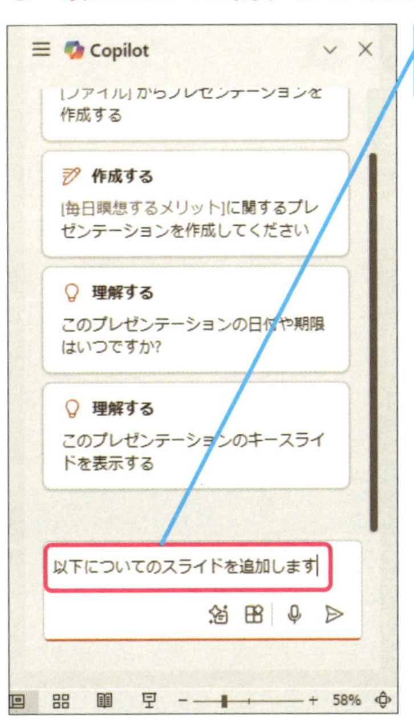

「以下についてのスライドを追加します」と入力された

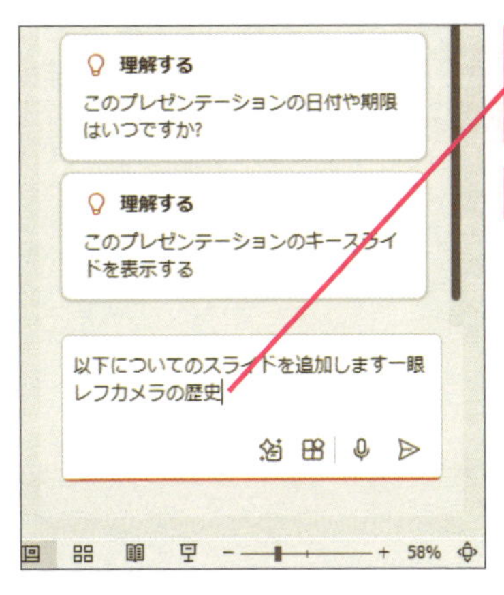

6 「以下についてのスライドを追加します」の後に「一眼レフカメラの歴史」と入力

7 Enter キーを押す

2枚目の後ろにカメラの歴史に関するスライドが追加された

使いこなしのヒント

直接プロンプトを入力しない

2024年11月時点では、入力欄に直接「一眼レフカメラの歴史のスライドを追加して」というプロンプトを入力してもエラーになります。Copilotは日々進化しており、機能や画面が不定期に変更されています。現時点ではプロンプトを表示してから操作しましょう。

使いこなしのヒント

生成された内容は検証して使う

292ページで解説したように、AIは完璧ではありません。Copilotが生成したスライドの内容を確認し、必要に応じて修正して使います。

まとめ スライドの追加も自由自在

Copilotを使えば、スライドのたたき台を作り、後から不足している内容を追加するまでをAIで自動生成できるので、作業時間を大幅に短縮できます。反面、「Delete」キーでスライドを削除したり、「ホーム」タブを使って文字の書式を付けるなどの基本操作は手作業のほうが早くできます。用途に合わせて使い分けましょう。

Copilotで写真を追加する

Microsoft 365　**写真の追加**　練習用ファイル　L093_写真の追加.pptx

Copilotを使うと、指示した内容の写真をスライドに挿入できます。イメージ通りの写真を入れるには、「男性カメラマンの写真」や「走る柴犬の写真」のように、イメージを具体的に伝えるのがポイントです。

1 2枚目のスライドに写真を追加する

レッスン90を参考に、2枚目のスライドを表示し、Copilotを起動しておく

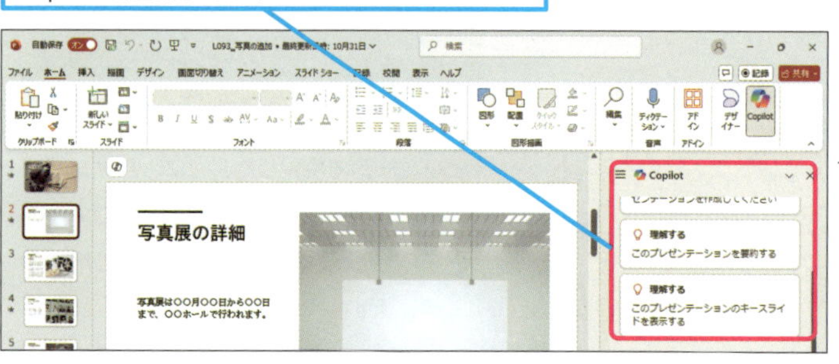

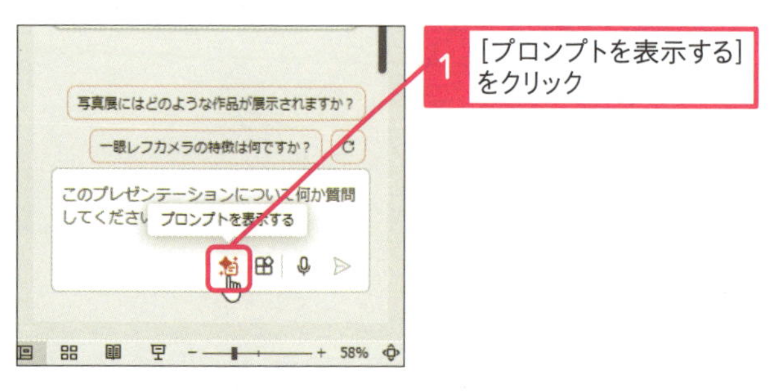

1 ［プロンプトを表示する］をクリック

プロンプトの一覧が別ウィンドウで表示された

2 ［画像を追加する］をクリック

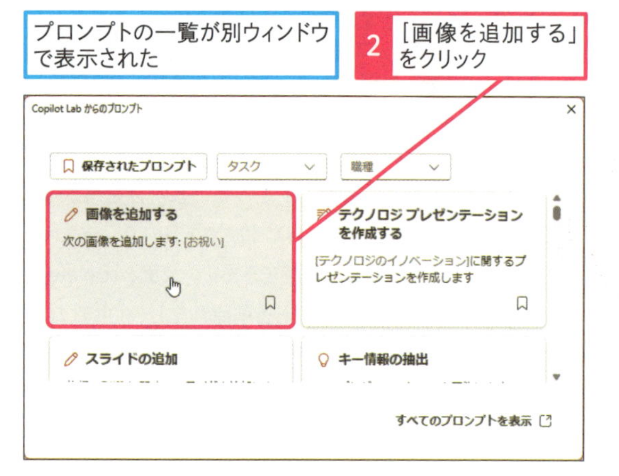

キーワード

Copilot	P.311
アイコン	P.311
スライド	P.313

使いこなしのヒント

写真の一覧が表示される場合もある

操作4の後で、Copilotのパネルに写真の候補が複数枚表示される場合があります。一覧から使いたい写真をクリックして［挿入］をクリックすると、スライドに追加されます。

使いこなしのヒント

レイアウトが自動的に変わる

スライドに複数の写真が挿入されると、スライドのレイアウトが自動的に変わり、写真が重ならないように配置し直されます。

●男性カメラマンの写真を追加する

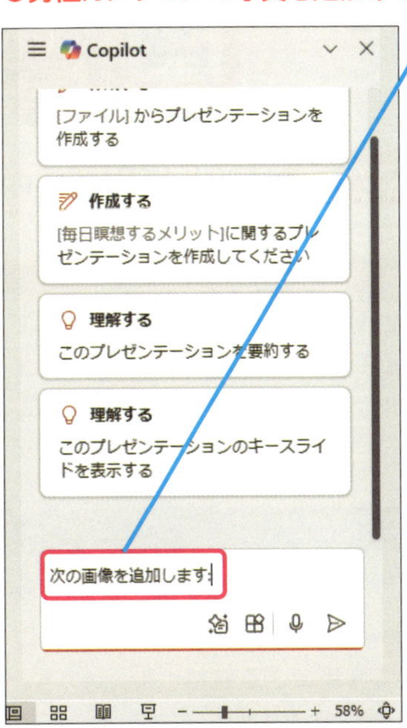

「次の画像を追加します:」と入力された

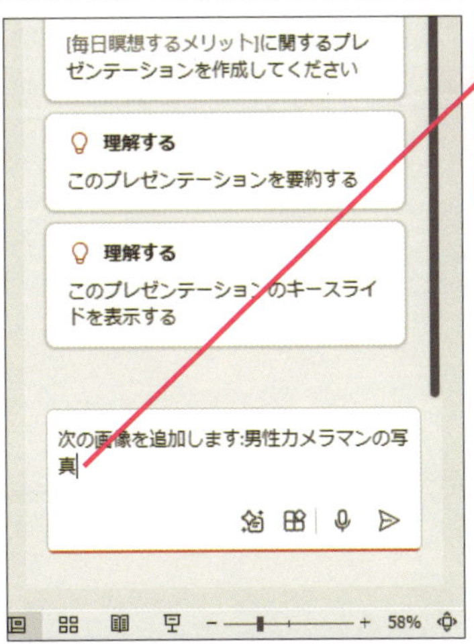

3 「次の画像を追加します:」の後に「男性カメラマンの写真」と入力

4 Enter キーを押す

2枚目のスライドに男性カメラマンの写真が追加された

写真展の詳細

写真展は〇〇月〇〇日から〇〇日まで、〇〇ホールで行われます。

使いこなしのヒント

不要な写真は削除する

2024年11月時点では、Copilotを使ってスライド上の写真を別の写真に差し替えることはできません。最初から表示されていた写真が不要な場合は、写真を選択してから Delete キーで削除します。

不要な写真をクリックし、Delete キーで削除する

まとめ 写真を探す手間を省ける

手動でスライドに写真を入れようと思ったら、[挿入] タブにある [アイコン] 機能を使ってイラストや写真を探す必要があります。Web上でイメージ通りの写真を探すときはさらに時間がかかります。Copilotを使うと、写真を探す手間がなくなり、効率よくスライド作成を進められます。

レッスン

94 イラストや画像を生成して挿入する

Microsoft Copilot

練習用ファイル L094_MSCopilot.pptx

無料で使えるMicrosoft CopilotとPowerPointを連携して使うこともできます。ここでは、Microsoft Copilotの画像生成機能を使ってオリジナルのイラストを作成し、スライドに挿入します。

1 既存の画像を削除する

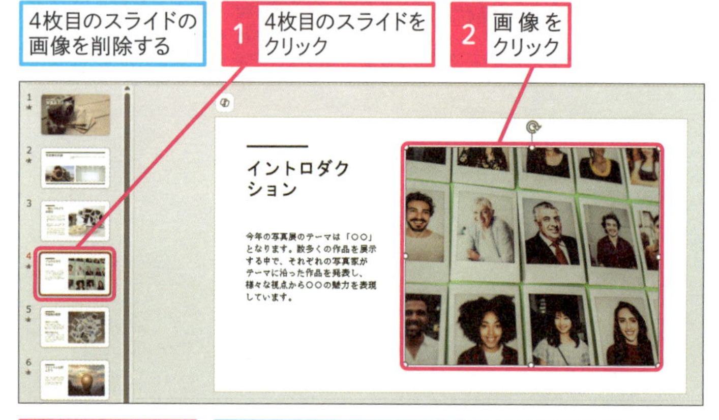

3 Deleteキーを押す

空のプレースホルダーが残っている場合は、外枠をクリックしてDeleteキーで削除する

2 Microsoft Copilotを起動して画像を生成する

3 Enterキーを押す

キーワード

Copilot	P.311
スライド	P.313
ハンドル	P.314

用語解説

Microsoft Copilot

Windows 11やブラウザーのMicrosoft Edgeで利用できる無料のCopilotです。Windows11のタスクバーにある［Copilot］ボタンやEdgeの画面右上にある［Copilot］ボタンをクリックして起動します。

使いこなしのヒント

PowerPoint 2024/2021でも利用できる

Copilot in PowerPointは、Microsoft 365アプリで利用する有料のAIサービスです。一方Microsoft CopilotはWindows 11に付随する無料のサービスです。そのため、PowerPoint 2024/2021でもMicrosoft Copilotを利用できます。

●画像が生成された

4人のカメラマンが並んだイラストが生成された

4 [download] をクリック

3 スライドに画像を挿入する

レッスン32を参考に、ダウンロードした画像を4枚目のスライドに挿入する

画像のサイズを調整する

1 画像の四隅にあるハンドルを内側にドラッグ

イントロダクション

今年の写真展のテーマは「〇〇」となります。数多くの作品を展示する中で、それぞれの写真家がテーマに沿った作品を発表し、様々な視点から〇〇の魅力を表現しています。

レッスン34を参考に、画像の位置を調整する

使いこなしのヒント

画像生成AIとは

画像生成AIとは、人間が指示した通りに画像を作成する技術のことで、Copilotも画像生成を行うことができます。ただし、画像生成AIに関する法律が整備されていないので、利用方法によっては著作権を侵害する可能性があるので注意しましょう。

使いこなしのヒント

ダウンロードした画像はどこに保存されるの？

手順2の操作4でダウンロードした画像は、「ダウンロード」フォルダーに保存されます。[図の挿入] ダイアログボックスで左側の「ダウンロード」フォルダーを選ぶと、ダウンロードした画像が表示されます。

まとめ Microsoft Copilotと連携して使う

PowerPoint 2024/2021を使っているからCopilotは使えないとあきらめる必要はありません。Windowsに付随する無料のMicrosoft Copilotを使って、スライドの文章を作成したり画像を生成したりした結果を、PowerPoint 2024/2021のスライドで利用できます。

レッスン

95 Copilotでアニメーションを付ける

Microsoft 365　アニメーション

練習用ファイル　L095_アニメーション.pptx

Copilotを使って、スライドにアニメーションを付けてみましょう。選択中のスライドが操作の対象になるので、プロンプトを入力する前にスライドを切り替えておきます。

1 1枚目のスライドにアニメーションを付ける

レッスン90を参考に、1枚目のスライドを表示し、Copilotを起動しておく

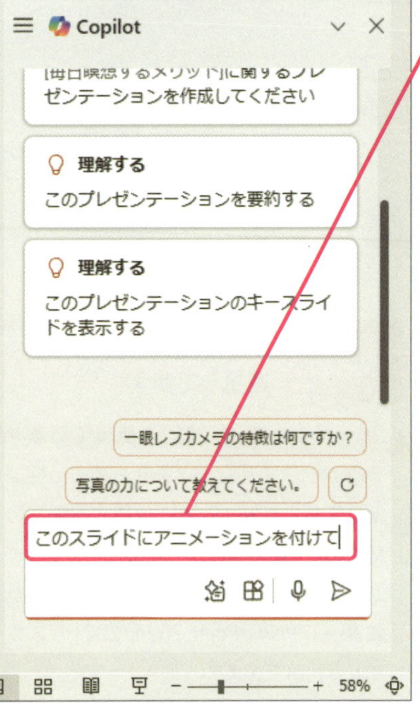

1 「このスライドにアニメーションを付けて」と入力

2 Enter キーを押す

キーワード

Copilot	P.311
アニメーション	P.311
スライド	P.313

使いこなしのヒント

設定済みのアニメーションを削除しておく

スライドに設定済みのアニメーションや画面切り替えがあると、Copilotでアニメーションを付けることができません。233ページや237ページの使いこなしのヒントの操作でアニメーションや画面切り替えを削除してから操作しましょう。

●アニメーションが付いた

アニメーションが設定されると星のマークが付く

2 プレビューで動きを確認する

1 ［アニメーション］タブをクリック

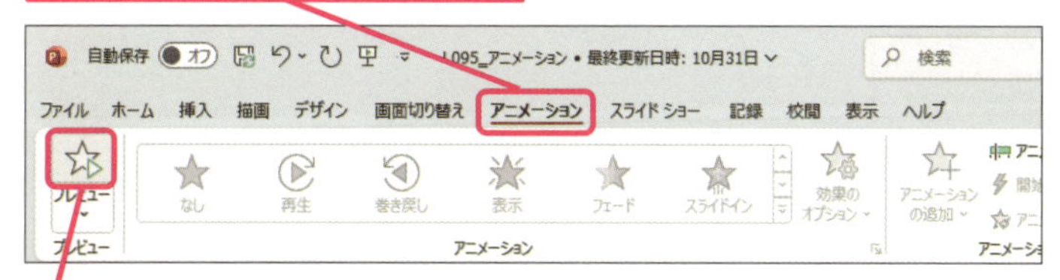

2 ［プレビュー］をクリック

アニメーションがプレビューされた

使いこなしのヒント

複数のアニメーションが設定される

ここでは、タイトルとサブタイトル、背景の写真にそれぞれアニメーションが設定されました。どこにどんなアニメーションが設定されたかを確認するには、［アニメーション］タブに切り替えて、スライド上の数字をクリックします。

［フェード］のアニメーションが設定されている

まとめ　アニメーションに迷ったらCopilotを使う

PowerPointのアニメーションの種類はたくさんあるので、動きを確認するだけでも時間がかかります。どのアニメーションが適切か迷うこともあるでしょう。Copilotを使うと、スライド上の文字や画像、図形などにそれぞれ適切なアニメーションを設定できます。

レッスン

96 スライドの内容を要約する

Microsoft 365　スライドの要約　練習用ファイル　L096_スライドの要約.pptx

Copilotの要約機能を使うと、スライドの内容を解析してCopilotのパネルに要約を箇条書きで表示します。スライドの枚数が多くても要約を見れば、ポイントを素早く理解できます。

1 スライドを要約する

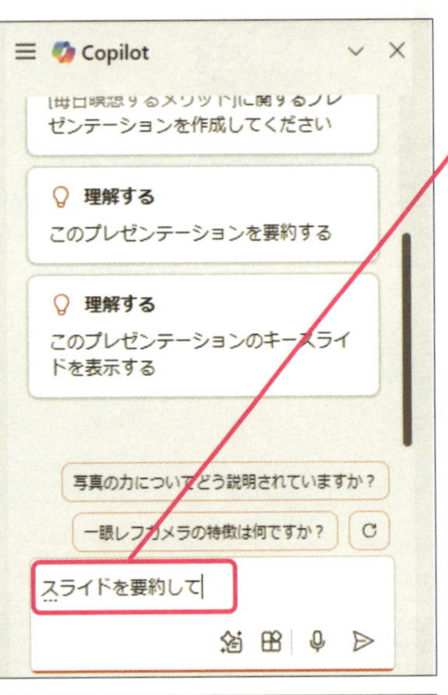

レッスン90を参考に、Copilotを起動しておく

1 「スライドを要約して」と入力

2 Enter キーを押す

Copilot

スライドを要約して

もちろんです。以下はスライドの要約です：

写真展のお知らせ

- 弊社主催のイベントにご招待いただきありがとうございます。

写真展の詳細

- 写真展は○○月○○日から○○日まで、…われます。

この要約が役に立つことを願っています。何か他にお手伝いできることがあれば教えてください。

コピー

AI で生成されたコンテンツは誤りを含む可能性があります。

すべてのスライドが要約された

キーワード

Copilot	P.311
スライド	P.313
タブ	P.314

用語解説

要約

要約とは、文章の重要な部分を分かりやすく短くまとめることです。

使いこなしのヒント

［プロンプトの表示］からも指示できる

プロンプト領域にある［プロンプトを表示する］を選び、プロンプトの一覧から［キー情報の抽出］をクリックして実行することもできます。

使いこなしのヒント

要約から当該スライドにジャンプできる

要約結果の箇条書きの末尾にあるリンクボタンをクリックすると、対応するスライドにジャンプします。

2 文字数を指定して要約する

スライドの内容を200文字で要約する

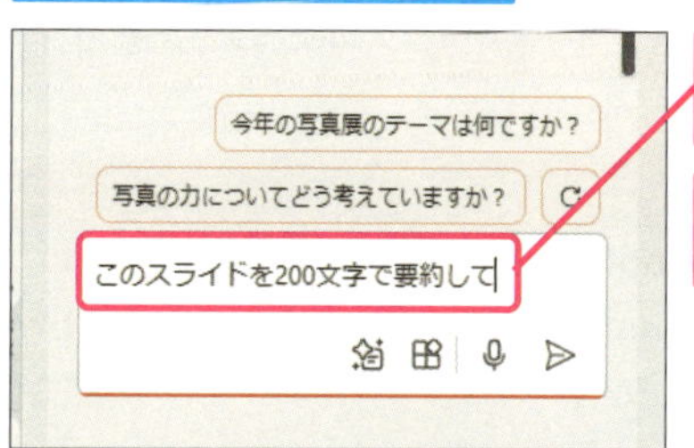

1 「このスライドを200文字で要約して」と入力

2 Enter キーを押す

このスライドは、弊社主催の写真展についての案内です。写真展は〇〇月〇〇日から〇〇日まで〇〇ホールで開催されます。テーマは「〇〇」で、様々な視点からその魅力を表現した作品が展示されます。一眼レフカメラの歴史や、世界中から集まった優れた作品も紹介されます。写真は私たちの視点を変え、人生を豊かにする力を持っています。ぜひご参加ください 1 2 3 4 5 6 。

今年の写真展のテーマは何ですか？

写真の力についてどう考えていますか？

約200文字で要約された

使いこなしのヒント

要約結果をスライドに表示するには

Copilotのパネルに表示された要約結果をスライドに表示するには、要約の下部にある[コピー]をクリックします。その後で、要約を貼り付けたいスライドを表示して［ホーム］タブの［貼り付け］をクリックします。

まとめ

プレゼンテーション全体の解析が得意

CopilotはPowerPointに備わる機能を実行するだけでなく、複数のスライドの内容を総合的に解析することに優れています。要約を手動で行うと、すべてのスライドを読み込んで箇条書きにまとめる時間と力量が必要ですが、Copilotなら簡単です。Copilotを使うことで、スライド作成全体のパフォーマンスが向上します。

スキルアップ

セクションでスライドを整理する

［プロンプトを表示する］から［考えを整理する］をクリックすると、スライドの内容を解析してグループ分けを行います。グループの先頭には「セクション」が追加され、2枚目のスライドには各セクションの名前が表示されるため、目次スライドとして利用できます。

スライドがグループ分けされる

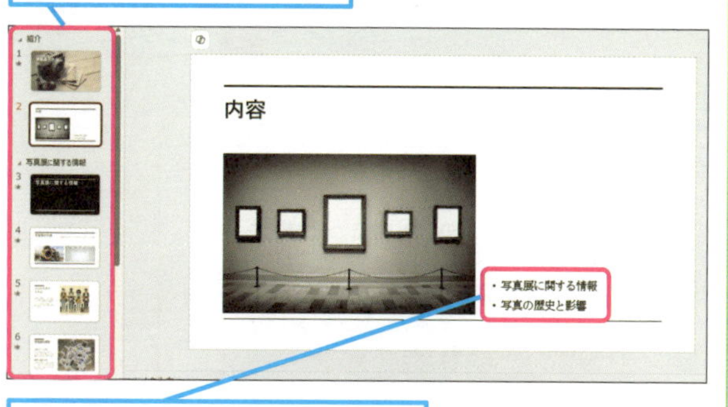

2枚目のスライドには各セクションの名前が表示される

レッスン

97 Word文書からスライドを作る

Microsoft 365　文書からスライド作成　練習用ファイル　プロモーション案.docx

Copilotを使うと、Wordで作成した企画書や提案書を基にしてプレゼンテーションを作成できます。Copilotが文書の内容を判断し、スライドに分けたり不足している内容を追加したりしてくれます。

1 Word文書のリンクをコピーする

「プロモーション案.docx」をOneDriveに保存しておく

1 「プロモーション案.docx」ファイルをダブルクリック

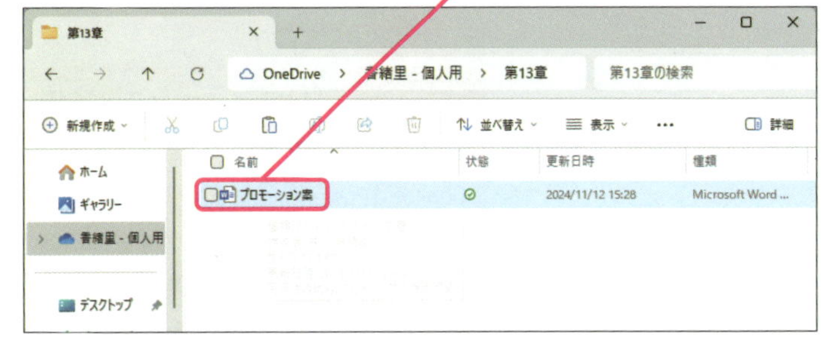

Wordが起動して選択したファイルが開いた

2 ［共有］をクリック

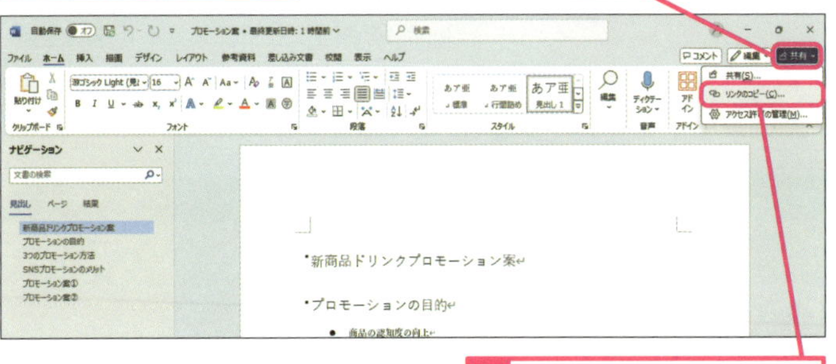

3 ［リンクのコピー］をクリック

リンクのコピーについての画面が表示された

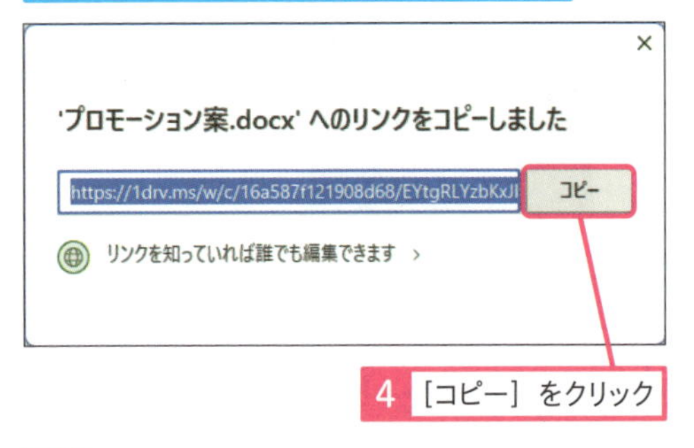

4 ［コピー］をクリック

キーワード

Copilot	P.311
OneDrive	P.311
スライド	P.313

使いこなしのヒント

OneDrive以外の文書は使えない

プレゼンテーションの基になるWord文書は、必ずOneDriveに保存しておく必要があります。OneDrive以外の場所に保存した文書ではスライドの自動作成は行えません。

使いこなしのヒント

入力欄にWord文書を貼り付けることもできる

Word文書の内容をコピーしてCopilotの入力欄に貼り付け、「この内容を4枚のスライドにして」などの質問をすると、スライドを自動作成できます。ただし、入力欄には文字制限があるので、長い文書を貼り付けることはできません。

2 文書からスライドを作成する

レッスン02を参考に、新しいスライドを作成しておく

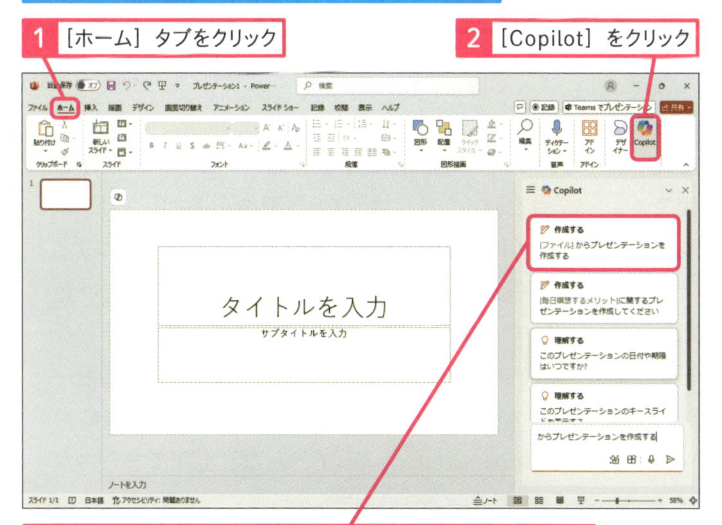

3 ［［ファイル］からプレゼンテーションを作成する］をクリック

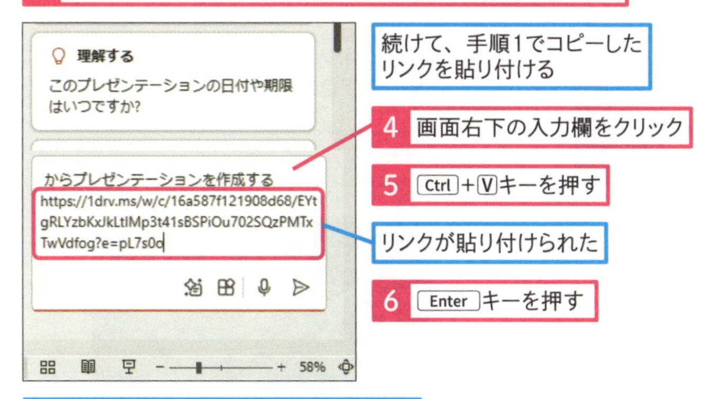

Word文書からスライドが自動生成された

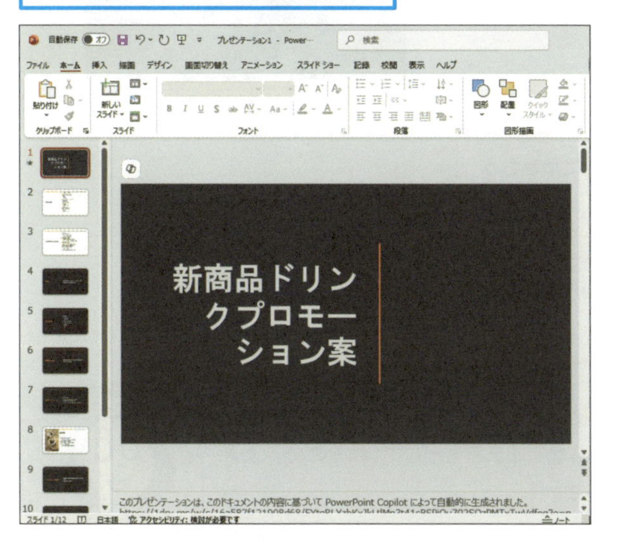

使いこなしのヒント

Word文書にない内容が追加される

Word文書には入っていなかった内容のスライドが勝手に追加される場合があります。これは、Copilotが不足していると判断した内容を追加するためです。

使いこなしのヒント

文書の一覧が表示される場合もある

手順1の操作4で文書のリンク先をコピーしなくても、手順2の操作3を選んだときに、OneDriveに保存済みのWord文書の一覧が表示される場合もあります。その場合はスライドの元にする文書を選ぶだけでスライドが自動作成されます。

まとめ スライド作成の時間を大幅に短縮できる

レッスン90では、Copilotを使っていちからスライドを作りましたが、企画書などのWord文書があれば、その文書を元にスライドを作ったほうがより効率的です。Copilotが不足している内容を勝手に追加したりデザインを付けたりしてくれるので、自動作成されたスライド全体を見渡して調整するだけでOKです。

この章のまとめ

Copilotが活きるシーンで使おう

AIをどのように使うかが企業の競争力となり、個人のパフォーマンスに影響する時代です。Copilotは、PowerPointの画面内で会話形式で使えるため、手軽に利用できるAIサービスです。ただし、PowerPointでAIが使えるからと言って、スライドの作成の一から十までをCopilotで行う必要はありません。文字を大きくしたり色を付けたりするなどの基本的な操作をCopilotで行うと、プロンプトの入力に時間がかかってかえって非効率です。PowerPointでCopilotが活躍するのは、スライドのたたき台を作ったり、スライドや画像を追加したり、スライドを解析するシーンです。タブから操作するシーンとCopilotを使うシーンを上手に使い分けて、スライド作成を効率よく行いましょう。なお、PowerPointで使えるCopilotは有料のサービスです。早急に契約せずに、まずは無料のMicrosoft Copilotでどんなことができるのかを試してみるといいでしょう。

写真展の概要

多彩なテーマの作品
今年の写真展では、多彩なテーマに基づいた作品が展示されており、様々なジャンルの写真愛好家や芸術家から高く評価されています。

世界中の優れた作品
今年の写真展では、世界中から集まった優れた作品が展示されており、その中には、写真愛好家や芸術家から高い評価を受けた作品が含まれています。

Copilotでスライドのたたき台を作り、文章や文字色の調整などはタブ操作で行うと効率がよい

写真展の概要

自然がテーマの作品
今年の写真展では、自然をテーマにさまざまな作品が展示されています。

5人の写真家
今回は世界で活躍する5人の写真家が参加しています。写真家ごとに展示室が分かれています。

テーマしか決まっていないときなど、たたき台があると便利ですよね。

スライドの要約なども、内容の把握が素早くできるので活用できそうです。

そうだね！Copilotの機能が使えるとスピーディーにスライドが作成できてとっても便利。いろいろなアイデアも出してくれるので、よき相談相手として付き合っていこう！

付録 ショートカットキー一覧

さまざまな操作を特定の組み合わせで実行できるキーのことをショートカットキーと言います。ショートカットキーを利用すれば、PowerPointやWindowsの操作を効率化できます。

● ファイルの操作

操作	キー
[印刷] の画面の表示	Ctrl+P
上書き保存	Shift+F12 / Ctrl+S
新規作成	Ctrl+N
名前を付けて保存	F12
ファイルを開く	Ctrl+F12 / Ctrl+O
ファイルを閉じる	Ctrl+F4 / Ctrl+W

● スライドショーの操作

操作	キー
[ホーム] 画面の表示	Alt+F
インクの変更履歴を表示	Ctrl+M
現在のスライドからスライドショーを開始	Shift+F5
サウンドのミュート／ミュート解除	Alt+U
指定スライドを表示	数字+Enter
スクリーンを一時的に黒くする	B / .
スクリーンを一時的に白くする	W / ,
[すべてのスライド] ダイアログボックスの表示	Ctrl+S
スライドショーの開始	F5
スライドショーの再開	Shift+F5
スライドショーの終了	Esc
スライドの書き込みを削除	E
タスクバーの表示	Ctrl+T
次のスライドを表示	N / space / → / ↓ / Enter / Page Down
非表示に設定されたスライドを表示	H
マウス移動時に矢印を非表示／表示	Ctrl+H / Ctrl+U
マウスポインターを消しゴムに変更	Ctrl+E
マウスポインターをペンに変更	Ctrl+P
マウスポインターを矢印に変更	Ctrl+A
前のスライドに戻る	P / Back space / ← / ↑ / Page Up
スライド一覧を表示	−
メディアの音量を上げる／下げる	Alt+↑ / Alt+↓
メディアの再生／一時停止	Alt+P
メディアの再生を停止	Alt+Q
メディアの前／次のブックマークに移動	Alt+Home / Alt+End

● 全般の操作

操作	キー
メディアを後／前へスキップ	Alt+Shift+← / Alt+Shift+→
[アウトライン] タブと [スライド] タブの切り替え	Ctrl+Shift+Tab
切り取り	Ctrl+X
グリッド線の表示／非表示	Shift+F9
検索の実行	Ctrl+F
コピー	Ctrl+C
新規スライドの挿入	Ctrl+M
すべて選択	Ctrl+A

[スペルチェックと文章校正] の実行	F7
置換の実行	Ctrl+H
直前の操作を繰り返す	Ctrl+Y
直前の操作を元に戻す	Ctrl+Z
複数ウィンドウの切り替え	Ctrl+F6
ヘルプの表示	F1
リボンの表示/非表示	Ctrl+F1
ルーラーの表示/非表示	Shift+Alt+F9

● 図形の操作

グループ化	Ctrl+G
グループ化の解除	Ctrl+Shift+G
縦方向に拡大	Shift+↑
縦方向に縮小	Shift+↓
次のプレースホルダーへ移動	Ctrl+Enter
等間隔で繰り返しコピー	Ctrl+D
左に回転	Alt+←
プレースホルダーの選択	F2
右に回転	Alt+→
横方向に拡大	Shift+→
横方向に縮小	Shift+←

● 文字の編集

1つ上のレベルへ移動	Alt+Shift+↑
1つ下のレベルへ移動	Alt+Shift+↓
上付きに設定/解除	Ctrl+Shift+;
大文字と小文字の切り替え	Shift+F3
箇条書きのレベルを上げる	Alt+Shift+← / Shift+Tab
箇条書きのレベルを下げる	Tab / Alt+Shift+→
下線に設定/解除	Ctrl+U
行頭文字を付けずに改行	Shift+Enter
[形式を選択して貼り付け] ダイアログボックスの表示	Ctrl+Alt+V
下付きに設定/解除	Ctrl+;
斜体に設定/解除	Ctrl+I
書式のみコピー	Ctrl+Shift+C
書式のみ貼り付け	Ctrl+Shift+V
中央揃え	Ctrl+E
[ハイパーリンクの挿入] ダイアログボックスの表示	Ctrl+K
左揃え	Ctrl+L
フォントサイズの拡大	Ctrl+Shift+> / Ctrl+]
フォントサイズの縮小	Ctrl+Shift+< / Ctrl+[
フォント書式の解除	Ctrl+space
[フォント] ダイアログボックスの表示	Ctrl+T / Ctrl+Shift+F / Ctrl+Shift+P
太字に設定/解除	Ctrl+B
右揃え	Ctrl+R
両端揃え	Ctrl+J

● ウィンドウの操作

新しいウィンドウを開く	Ctrl+N
ウィンドウの切り替え	Alt+Tab
ウィンドウを最小化	⊞+↓
ウィンドウを最大化	⊞+↑
ウィンドウをすべて最小化	⊞+M
ウィンドウを閉じる	Ctrl+W
仮想デスクトップを移動	⊞+Ctrl+← / ⊞+Ctrl+→
仮想デスクトップを作成	⊞+Ctrl+D
仮想デスクトップを終了	⊞+Ctrl+F4
画面の表示方法を選択	⊞+P
画面ロック	⊞+L
タスクバーを選択	⊞+T
タスクビューを表示	⊞+Tab
デスクトップを表示	⊞+D
デスクトップをプレビュー	⊞+,

用語集

Copilot
マイクロソフトが提供する生成AIサービス。WindowsやOfficeアプリなど、Microsoft製品と組み合わせて利用する。

Microsoft Edge（マイクロソフトエッジ）
マイクロソフトが開発したブラウザーの名称。Windows 11に標準で搭載されている。

OneDrive（ワンドライブ）
マイクロソフトが提供しているクラウドサービスの1つ。Microsoftアカウントを取得すると、インターネット上にある5GBの保存場所を無料で利用できる。
→クラウド

PDF（ピーディーエフ）
アドビ株式会社が開発した電子文書をやりとりするためのファイル形式の1つ。パソコンの環境に依存せずにファイルを表示できるのが特徴

SmartArt（スマートアート）
項目や概念図などの情報を表すときによく使われる図表を簡単に作成できる機能。
→図表

アート効果
画像の編集機能の1つ。画像を水彩画風やガラス風にワンタッチで加工できる。

アイコン
ファイルやフォルダーなどを表した絵文字のこと。作成したソフトウェアや保存したファイルの種類によって、アイコンの絵柄が異なる。また、マイクロソフトが提供する白黒のシンプルなイラストのことを「アイコン」と呼ぶ。

アニメーション
スライドショーを実行したときに、オブジェクトが動く特殊効果のこと。文字や図表、グラフなどにそれぞれ動きや表示方法を設定できる。
→オブジェクト、グラフ、図表、スライドショー

インク
［描画］タブをクリックしたときに表示されるツールのこと。ペンの種類や色、太さを選んでスライド上をドラッグすると、線や文字を描ける。気づいた点を書き込むときに利用する。
→スライド、タブ、ペン

インクの再生
［インク］機能を使ってスライド上に描いた手書きの文字や図形を、描いた順にアニメーションのように動かす機能。
→アニメーション、インク、図形、スライド

印刷
配布資料などを作るためにスライドを紙に出力すること。PowerPointでは、［印刷］の画面で用紙やレイアウトなどの設定を変更すると、右側の印刷イメージに反映される。また、スライドからPDFファイルの作成もできる。
→PDF、スライド、配布資料、レイアウト

上書き保存
前回ファイルを保存した場所に、同じ名前でファイルを保存すること。上書き保存を実行すると、前回のファイルが破棄されて最新の内容に更新される。

エクスプローラー
パソコン内のフォルダーやファイルを管理するツール。［エクスプローラー］をクリックすると、フォルダーウィンドウが表示される。パソコンに接続されている機器やフォルダー、ファイルの一覧が表示され、フォルダーやファイルの新規作成や削除・コピー・移動などを簡単に行える。

エクスポート
PowerPointで作成したスライドをほかのソフトウェアで利用できるファイル形式で保存すること。
→スライド

オブジェクト
スライドに挿入した文字や画像、グラフ、図形などのこと。
→グラフ、図形、スライド

箇条書き
スライド上の「テキストを入力」と書かれたプレースホルダーに入力する文字のこと。箇条書きの先頭には「行頭文字」と呼ばれる記号が自動的に付与される。
→行頭文字、スライド、プレースホルダー

画面切り替え
スライドショーを実行したときに、スライドが切り替わるタイミングで動く効果のこと。
→スライド、スライドショー

画面録画
パソコンで操作する様子を音声付きで録画する機能のこと。録画した動画はスライドに挿入される。
→スライド

行間
行と行の間隔のこと。PowerPointには、「行間」と「段落前」「段落後」の3つの設定がある。
→段落

行頭文字
箇条書きの先頭に表示される記号や文字のこと。行頭文字には「箇条書き」と「段落番号」の2種類がある。
→箇条書き、段落

共有
自分以外のユーザーがフォルダーやファイルを閲覧できるようにすること。OneDriveに保存したフォルダーやファイルは、相手を指定して共有できる。
→OneDrive

クラウド
データをインターネット上に保存して利用する仕組みのこと。また、そのサービスや形態のこと。マイクロソフトは、OneDriveやOutlook.comなどのサービスを提供しており、Microsoftアカウントを取得すると無料で利用できる。
→Microsoftアカウント、OneDrive

グラフ
構成比や伸び率、推移などの数値の大きさや増減などの情報を棒や線などの図形を使って視覚的に見せるもの。細かな数値を羅列するよりも全体的な数値の傾向を把握しやすくなる。
→図形

系列
グラフを構成する要素の中で、凡例に表示される関連データの集まりのこと。例えば棒グラフでは、1本1本の棒が系列を表す。
→グラフ

作業ウィンドウ
スライドペインの右側に表示されるウィンドウのこと。PowerPointには、図の書式設定やアニメーションを設定する作業ウィンドウが用意されている。
→アニメーション、作業ウィンドウ、書式設定、スライド

ショートカットキー
特定の機能を実行するために用意されているキーの組み合わせのこと。例えば、PowerPointでは、Ctrl+Sキーを押すとスライドの保存を実行できる。
→スライド

書式
文字の「色」や「大きさ」、図の「色」や「位置」など見ためを変えるためのさまざまな設定のこと。

書式設定
文字のサイズやフォント、図形の色や配置などの見ためを設定すること。
→図形、フォント

ズーム
リンク先のスライドのサムネイルを挿入する機能。目次スライドを作るときに役立つ。
→スライド

図形
［挿入］タブの［図形］ボタンをクリックして描く四角形や吹き出しなどの図形のこと。図形の種類を選んでスライド上をドラッグすると、図形を描画できる。
→図形、スライド、タブ

スケッチ
図形の枠線を曲線やフリーハンドのラフな線に変更する機能。
→図形

スタート画面
PowerPointを起動した直後に表示される画面のこと。［新しいプレゼンテーション］をクリックすればスライドを新規作成できる。テーマが設定されたスライドやテンプレートも開けるのが特徴。
→スライド、テーマ、テンプレート、
プレゼンテーション

スタイル
図形や表、画像などの書式を登録し、クリックするだけで複数の書式を設定できるようにした機能。例えば［表のスタイル］には、セルの色や罫線の組み合わせパターンが複数用意されている。
→書式、図形、スタイル、表

図表
組織図やベン図など、物事の概念や順序などを図形と文字で表したもの。PowerPointでは「SmartArt」の機能を使って図表を作成できる。
→図形、SmartArt

スライド
PowerPointで作成する、プレゼンテーションのそれぞれのページのこと。
→プレゼンテーション

スライドショー
説明に合わせてスライドを切り替えることができる表示モード。プレゼンテーションの本番で使う。PowerPointでは、リハーサルの機能でスライドショーの経過時間や発表時間を確認できる。
→スライド、プレゼンテーション

スライド番号
スライドに表示されるスライドの順番を表す番号のこと。スライド番号は、スライドを追加したり削除したりしても自動で更新される。
→スライド

スライドマスター
フォントの種類、サイズ、色などの文字書式や背景色、箇条書きのスタイルなど、スライドのすべての書式を管理している画面のこと。レイアウトごとにスライドマスターが用意されている。
→箇条書き、書式、スタイル、スライド、フォント、レイアウト

ダイアログボックス
ファイルの保存や画像の挿入などの詳細設定を行う専用の画面のこと。選択している機能によって画面に表示される項目は異なる

タスクバー
デスクトップの下部に表示されるバーのこと。［エクスプローラー］や起動中のアプリがボタンとして表示され、ボタンをクリックしてウィンドウを切り替えできる。
→デスクトップ、エクスプローラー

タブ
リボンの上部にある切り替え用のつまみのこと。[ファイル] タブや [ホーム] タブなど、よく利用する機能がタブごとに分類されている。特定の機能を選択すると、[スライドマスター] タブなどの通常は表示されないタブが表示される。また、プレースホルダー内の文字の先頭位置を揃える機能のことも [タブ] と呼ぶ。
→スライドマスター、タブ、プレースホルダー

段落
Enter キーを押してから次の Enter キーを押すまでの文字の塊のこと。

データラベル
グラフに表示できる値や割合などを示す数値のこと。例えば、円グラフでは、全体から見た各データの割合を表すパーセンテージの数値を表示できる。
→グラフ

テーマ
スライド全体のデザインや配色、書式がセットになって登録されているもの。
→書式、スライド

デスクトップ
Windows 11を起動したときに表示される画面のこと。PowerPointを終了すると、デスクトップに戻る。

トリミング
イラストや写真などの不要な部分を切り取る機能。ビデオやオーディオの前後を削除するときにもトリミング機能を使う。

名前を付けて保存
作成したスライドの保存場所や名前を設定して保存する操作のこと。
→スライド

ノート表示
ノートペインを大きく表示できる表示モード。[ノート表示] モードでは、文字に書式を設定したり図形やイラストなどを挿入したりすることができる。
→書式、図形

配布資料
スライドの内容を印刷して配布できるようにしたもの。印刷レイアウトを変更するだけで、1枚の用紙に複数のスライドやメモ書きができる罫線などを印刷できる。
→印刷、スライド、レイアウト

発表者ツール
スライドショーの実行時に利用できる機能の総称。ノートペインに入力したメモの内容や次のスライドの内容、経過時間などを確認しながら説明できる。
→スライド、スライドショー、ノートペイン

ハンドル
オブジェクトを選択すると表示される、調整用のつまみのこと。ハンドルには [サイズ変更ハンドル] や [回転ハンドル] などがある。
→オブジェクト、テキストボックス、
プレースホルダー、マウスポインター

凡例
グラフの系列に設定した内容を表示している部分のこと。例えば、棒グラフでは棒の色が何を表しているのかが凡例として表示される。
→グラフ、系列

表
縦と横の罫線でデータを区切って見せるもの。[挿入] タブの [表] ボタンから行数と列数を指定して表を作成できる。なお、PowerPointの表ではExcelのような計算はできない。
→タブ、表

表示形式
数値の見せ方を設定する機能のこと。グラフ内の数値に￥記号を付けたり、「人」や「円」などの単位を付けることができる。
→グラフ

フォント
文字の形のこと。ゴシック体や明朝体などの文字の形から任意の形に変更できる。また、文字を総称して「フォント」と呼ぶこともある。

ブックマーク
動画の再生中に何らかのアクションを起こす位置のこと。[再生] タブの [ブックマークの追加] から設定する。
→タブ

フッター
配布資料やスライドの下部に表示される領域のこと。ページ番号や日付などの情報を入力すると、すべてのスライドの同じ位置に同じ情報が表示される。
→スライド

プレースホルダー
スライドにデータを入力するための枠のこと。文字を入力するためのプレースホルダーや、表、グラフを入力するためのプレースホルダーがある。
→グラフ、スライド、表

プレゼンテーション
限られた時間内で、聞き手に何かを伝えたり、聞き手を説得したりするために行う行為。PowerPointを利用すれば、プレゼンテーション用の資料を簡単に作成できる。

ヘッダー
配布資料やスライドの上の方に表示される領域のこと。ヘッダーを利用すれば、すべてのスライドの同じ位置に会社名や作成者の情報を表示できる。
→スライド

ペン
スライドショーの実行中に、マウスをドラッグしてスライドに書き込みをする機能のこと。[ペン]と[蛍光ペン] の2種類が用意されている。
→スライド、スライドショー

変形
スライド内の図形や画像などを動かす画面切り替え機能のひとつ。
→画面切り替え、図形、スライド

マーカー
折れ線グラフで、線と線をつなぐ「●」や「×」などの記号のこと。マーカーの種類やサイズ、色は後から自由に変更できる。
→グラフ

マウスポインター
マウスを動かしたときに連動して画面に表示される目印のこと。ソフトウェアや合わせる位置によってマウスポインターの形が変化する。

メディア
スライドに挿入したビデオ(動画)やサウンド(音楽)のこと。
→スライド

ルーラー
スライドペインの上側と左側に表示される目盛りのこと。[表示] タブの [ルーラー] のチェックマークをクリックするたびに、ルーラーの表示と非表示が交互に切り替わる。
→タブ

レイアウト
PowerPointでスライドに配置されているプレースホルダーの組み合わせのパターンのこと。[スライドマスター] 画面で、オリジナルのレイアウトを登録することもできる。
→スライド、スライドマスター、プレースホルダー

索引

記号・数字・アルファベット

AI 290
3Dモデル 245
Copilot 292, 297, 300, 311
Copilot in PowerPoint 292
Excel 92
Googleマップ 170
Microsoft Copilot 300
Microsoft Edge 129, 284, 311
Microsoftアカウント 37, 280
OneDrive 280, 306, 311
　共有 281
　共有の解除 287
　保存 281
PDF 128, 311
SmartArt 100, 102, 144, 311
SVG 134
Web用PowerPoint 285
　コメント 286
　編集 285
Word 306
XPS 128
YouTube 259

ア

アート効果 156, 311
アイコン 134, 150, 162, 311
アウトライン表示 49
新しいスライド 46
アニメーション 237, 302, 311
　3Dモデル 245
　追加 242, 263
　テロップ 261
　文字 161
アプリ 256
インク 273, 311
インクの再生 161, 311
印刷 124, 126, 311
上書き保存 37, 311
エクスプローラー 39, 282, 311
エクスポート 128, 278, 312
閲覧表示 33
オブジェクト 152, 176, 312
折れ線グラフ 198
音楽 248

カ

箇条書き 48, 134, 144, 312
画像生成AI 301
画面切り替え 233, 247, 312
画面録画 256, 278, 312
起動 28
行 74
行間 139, 312
行頭文字 49, 134, 312
　アイコン 134
　変更 49
共有 31, 280, 312
[クイックレイアウト] ボタン 90
クラウド 280, 312
グラデーション 166, 191
グラフ 82, 184, 312
　Excel 92
　アニメーション 239
　円グラフ 184
　棒グラフ 82, 188, 194
グラフエリア 86
グラフタイトル 88
グラフ要素 88, 185
グループ化 152
グレースケール 124, 190
系列 84, 189, 312
　重なり 189
　系列名の表示 202
　選択 190
　非表示 91
コメント 31
コンテンツ 216

サ

作業ウィンドウ 64, 157, 312
　[コメント] 作業ウィンドウ 286
　[図形の書式設定] 作業ウィンドウ 105, 195
　[図の書式設定] 作業ウィンドウ 157

[データラベルの書式設定]作業ウィンドウ 186
[データ系列の書式設定]作業ウィンドウ 189
[デザイナー]作業ウィンドウ 175
[背景の書式設定]作業ウィンドウ 64
サマリーズーム 229
サムネイル 228
軸 88
軸ラベル 88
自動保存 37
写真 108, 110, 154, 298
集合縦棒グラフ 82, 189
終了 29
ショートカットキー 312
書式 45, 182, 192, 208, 312
書式設定 64, 157, 165, 213, 313
ズーム 228, 241, 313
ズームスライダー 31
スクリーンショット 170
図形 104, 313
色 106
回転 105
グラデーション 169
サイズ 107
挿入 104
手書き風 162
トリミング 154
塗りつぶし 158, 165
配置 176
ハイパーリンク 171
枠線 106
枠線の削除 107
スケッチ 162, 313
スタート画面 28, 313
スタイル 75, 313
SmartArt 102
アニメーション 237, 262
グラフ 86, 95
ズーム 231
表 75, 182
ペン 183
ステータスバー 31, 269
図表 100, 102, 144, 313
スポイト 158
スマートガイド 80
スライド 29, 31, 313
スライド一覧表示 32, 56
スライドサイズ 34
スライドショー 122, 253, 313
保存 252, 276
録画 252
スライドショー形式 276
[スライドショー]ツールバー 122
スライドのレイアウト 298
スライド番号 118, 218, 275, 313
スライドペイン 31
スライドマスター 208, 218, 222, 313
正円 104
正方形 104
セクション見出し 213
セル 74, 78, 182
改行 74
結合 76
選択 77
組織図 100, 144

タ

ダイアログボックス 38, 82, 118, 313
タイトルスライド 44, 118, 208
タイトルバー 31
タスクバー 29, 92, 313
縦書き 54, 80
タブ 31, 142, 314
段落 52, 138, 314
段落番号 52, 136
地図 170
調整ハンドル 104
データラベル 88, 185, 202, 314
テーブルデザイン 75, 182
テーブルレイアウト 76
テーマ 62, 174, 222, 314
手書き 160, 162
テキストウィンドウ 101
テキストボックス 54
デザイナー 174, 294
デスクトップ 29, 277, 314
テロップ 261

動画 248
YouTube 259
保存 278
ドーナツグラフ 185
トリミング 110, 154, 249, 314

ナ

名前を付けて保存 36, 277, 314
二重線 194
ノート表示 32, 314
ノートペイン 269

ハ

背景 64, 158, 164
背景グラフィック 64
ハイパーリンク 171
配布資料 117, 126, 314
発表者ツール 268, 314
バリエーション 63, 174
貼り付けのオプション 94
ハンドル 55, 78, 301, 314
凡例 88, 314
非表示スライド 274
表 78, 314
移動 80
罫線 182
縦横比 78
挿入 74
デザインの変更 75
表示形式 90, 186, 315
表示モード 32
標準表示 32, 56
表スタイル 182
ファイル 38
ファイル名 36
フォント 66, 141, 315
フォントサイズ 107, 140
フォントの書式 68
ブックマーク 261, 315
フッター 118, 127, 315
プレースホルダー 31, 44, 315
挿入 216
フォントサイズ 141
プレゼンテーション 42, 315
プレビュー 234
プロンプト 296
ヘッダー 118, 127, 315
ペン 160, 272, 315
変形 244, 315
棒グラフ 82, 188, 194

マ

マーカー 199, 202, 315
マウスポインター 44, 51, 62, 315
マスター 209
メディア 278, 315
目盛線 88, 193
文字 48
アニメーション 237
グラデーション 169

ヤ

矢印 196
ユーザー名 287
要約 304

ラ

リボン 31
解像度 31
非表示 31
リンク 93, 229, 284
ルーラー 142, 160, 315
レイアウト 47, 74, 315
レーザーポインター 272
列 74, 78
レベル 50
録画 252
画面 253
テロップ 260
ナレーション 254
ロゴ 211

ワ

ワイドサイズ 34

索引

■著者

井上香緒里（いのうえ かおり）

テクニカルライター。SOHOのテクニカルライターチーム「チーム・モーション」を立ち上げ、IT書籍や雑誌の執筆、Webコンテンツの執筆を中心に活動中。2007年から2015年まで「Microsoft MVP アワード（Microsoft Office PowerPoint)」を受賞。近著に『できるPowerPoint 2021 Office 2021 & Microsoft 365両対応』『できるPowerPointパーフェクトブック　困った！& 便利ワザ大全 Office2021/2019/2016/Microsoft3654対応』『できるゼロからはじめるワード超入門 Office 2021&Microsoft 365 対応』『できるWord&Excel & PowerPoint Office 2021 & Microsoft 365両対応』（以上、インプレス）などがある。

STAFF

シリーズロゴデザイン　山岡デザイン事務所<yamaoka@mail.yama.co.jp>
カバー・本文デザイン　伊藤忠インタラクティブ株式会社
カバーイラスト　こつじゆい
本文イラスト　ケン・サイトー
スライド制作協力　ハシモトアキノブ
DTP制作　町田有美
校正　株式会社トップスタジオ

デザイン制作室　今津幸弘<imazu@impress.co.jp>
　鈴木　薫<suzu-kao@impress.co.jp>
制作担当デスク　柏倉真理子<kasiwa-m@impress.co.jp>

編集　浦上諒子<urakami@impress.co.jp>
編集長　藤原泰之<fujiwara@impress.co.jp>

オリジナルコンセプト　山下憲治

■商品に関する問い合わせ先

このたびは弊社商品をご購入いただきありがとうございます。本書の内容などに関するお問い合わせは、下記のURLまたは二次元バーコードにある問い合わせフォームからお送りください。

https://book.impress.co.jp/info/

上記フォームがご利用いただけない場合のメールでの問い合わせ先

info@impress.co.jp

※お問い合わせの際は、書名、ISBN、お名前、お電話番号、メールアドレス に加えて、「該当するページ」と「具体的なご質問内容」「お使いの動作環境」を必ずご明記ください。なお、本書の範囲を超えるご質問にはお答えできないのでご了承ください。

- ●電話やFAXでのご質問には対応しておりません。また、封書でのお問い合わせは回答までに日数をいただく場合があります。あらかじめご了承ください。
- ●インプレスブックスの本書情報ページ https://book.impress.co.jp/books/1124101076 では、本書のサポート情報や正誤表・訂正情報などを提供しています。あわせてご確認ください。
- ●本書の奥付に記載されている初版発行日から1年が経過した場合、もしくは本書で紹介している製品やサービスについて提供会社によるサポートが終了した場合はご質問にお答えできない場合があります。

■落丁・乱丁本などの問い合わせ先

FAX　03-6837-5023

service@impress.co.jp

※古書店で購入された商品はお取り替えできません。

できるPowerPoint 2024 Copilot対応
Office 2024&Microsoft 365版

2024年12月21日　初版発行

著　者　井上香緒里 & できるシリーズ編集部

発行人　高橋隆志

編集人　藤井貴志

発行所　株式会社インプレス
〒101-0051　東京都千代田区神田神保町一丁目105番地
ホームページ　https://book.impress.co.jp/

印刷所　株式会社広済堂ネクスト

ISBN978-4-295-02056-1 C3055

Printed in Japan